U0286849

科学与工程
计算技术丛书

MATLAB
数值算法手册

温 正◎编著

清华大学出版社

北京

内 容 简 介

本书针对数学建模中常用的数值算法的实现编写了MATLAB程序，帮助读者使用相关算法实现科学问题的求解。

全书共16章，首先简单介绍了MATLAB基本运算，然后重点介绍了MATLAB数学建模中常用数值算法的实现方法，包括常用运算、矩阵分解、特征值与特征向量、线性方程组、非线性方程与方程组、数据插值、曲线拟合、数值积分、常微分方程组、数据分析、极值问题、数学变换与滤波、序列排序、特殊函数求值等内容；附录部分给出了MATLAB自带的数学函数，方便读者查阅验证。本书提供了全部MATLAB程序代码，方便读者直接调用。本书程序代码按照算法的实现流程编写，尽量少地采用MATLAB内置函数。

本书算法均通过MATLAB函数实现，可供广大科研工作者、工程技术人员直接使用。本书特别适合参加数学建模大赛的选手选用，也可以作为高等院校数值分析课程的配套参考书。

图书在版编目（CIP）数据

MATLAB数值算法手册 / 温正编著. —北京：清华大学出版社，2023.5
（科学与工程计算技术丛书）
ISBN 978-7-302-62652-7

Ⅰ. ①M… Ⅱ. ①温… Ⅲ. ①计算机辅助计算—Matlab软件—手册 Ⅳ. ①TP391.75-62

中国国家版本馆CIP数据核字（2023）第023694号

策划编辑：盛东亮
责任编辑：吴彤云
封面设计：李召霞
责任校对：时翠兰
责任印制：刘海龙

出版发行：清华大学出版社
   网   址：http://www.tup.com.cn, http://www.wqbook.com
   地   址：北京清华大学学研大厦A座   邮 编：100084
   社 总 机：010-83470000   邮 购：010-62786544
   投稿与读者服务：010-62776969, c-service@tup.tsinghua.edu.cn
   质 量 反 馈：010-62772015, zhiliang@tup.tsinghua.edu.cn
   课 件 下 载：http://www.tup.com.cn, 010-83470236
印 装 者：三河市天利华印刷装订有限公司
经   销：全国新华书店
开   本：203mm×260mm 印   张：30.75 字   数：881千字
版   次：2023年7月第1版   印   次：2023年7月第1次印刷
印   数：1～1500
定   价：128.00元

产品编号：098508-01

序 言
FOREWORD

致力于加快工程技术和科学研究的步伐——这句话总结了 MathWorks 坚持超过 30 年的使命。

在这期间，MathWorks 有幸见证了工程师和科学家使用 MATLAB 和 Simulink 在多个应用领域中的无数变革和突破：汽车行业的电气化和不断提高的自动化；日益精确的气象建模和预测；航空航天领域持续提高的性能和安全指标；由神经学家破解的大脑和身体奥秘；无线通信技术的普及；电力网络的可靠性；等等。

与此同时，MATLAB 和 Simulink 也帮助了无数大学生在工程技术和科学研究课程里学习关键的技术理念并应用于实际问题，培养他们成为栋梁之材，更好地投入科研、教学以及工业应用，指引他们致力于学习、探索先进的技术，融合并应用于创新实践。

如今，工程技术和科研创新的步伐令人惊叹。创新进程以大量的数据为驱动，结合相应的计算硬件和用于提取信息的机器学习算法。软件和算法几乎无处不在——从孩子的玩具到家用设备，从机器人和制造体系到每种运输方式——让这些系统更具功能性、灵活性、自主性。最重要的是，工程师和科学家推动了这些进程，他们洞悉问题，创造技术，设计革新系统。

为了支持创新的步伐，MATLAB 发展成为一个广泛而统一的计算技术平台，将成熟的技术方法（如控制设计和信号处理）融入令人激动的新兴领域，如深度学习、机器人、物联网开发等。对于现在的智能连接系统，Simulink 平台可以让您实现模拟系统，优化设计，并自动生成嵌入式代码。

"科学与工程计算技术丛书"系列主题反映了 MATLAB 和 Simulink 汇集的领域——大规模编程、机器学习、科学计算、机器人等。我们高兴地看到"科学与工程计算技术丛书"支持 MathWorks 一直以来追求的目标：助您加速工程技术和科学研究。

期待着您的创新！

Jim Tung
MathWorks Fellow

To Accelerate the Pace of Engineering and Science. These eight words have summarized the MathWorks mission for over 30 years.

In that time, it has been an honor and a humbling experience to see engineers and scientists using MATLAB and Simulink to create transformational breakthroughs in an amazingly diverse range of applications: the electrification and increasing autonomy of automobiles; the dramatically more accurate models and forecasts of our weather and climates; the increased performance and safety of aircraft; the insights from neuroscientists about how our brains and bodies work; the pervasiveness of wireless communications; the reliability of power grids; and much more.

At the same time, MATLAB and Simulink have helped countless students in engineering and science courses to learn key technical concepts and apply them to real-world problems, preparing them better for roles in research, teaching, and industry. They are also equipped to become lifelong learners, exploring for new techniques, combining them, and applying them in novel ways.

Today, the pace of innovation in engineering and science is astonishing. That pace is fueled by huge volumes of data, matched with computing hardware and machine-learning algorithms for extracting information from it. It is embodied by software and algorithms in almost every type of system — from children's toys to household appliances to robots and manufacturing systems to almost every form of transportation — making those systems more functional, flexible, and autonomous. Most important, that pace is driven by the engineers and scientists who gain the insights, create the technologies, and design the innovative systems.

To support today's pace of innovation, MATLAB has evolved into a broad and unifying technical computing platform, spanning well-established methods, such as control design and signal processing, with exciting newer areas, such as deep learning, robotics, and IoT development. For today's smart connected systems, Simulink is the platform that enables you to simulate those systems, optimize the design, and automatically generate the embedded code.

The topics in this book series reflect the broad set of areas that MATLAB and Simulink bring together: large-scale programming, machine learning, scientific computing, robotics, and more. We are delighted to collaborate on this series, in support of our ongoing goal: to enable you to accelerate the pace of your engineering and scientific work.

I look forward to the innovations that you will create!

Jim Tung
MathWorks Fellow

前言
PREFACE

MATLAB 是美国 MathWorks 公司出品的商业数学软件，常用于算法开发、数据可视化、数据分析以及数值计算的高级技术计算语言和交互式环境。MATLAB 已成为数学建模和求解的重要工具之一。

数学建模是通过计算得到的结果解释实际问题，并接受实际的检验，建立数学模型的全过程。在数学建模过程中，需要对所要建立模型的思路进行阐述，对所得的结果进行数学上的分析。最终利用获取的数据资料，对模型的所有参数进行求解计算。

数学模型建立后，就需要对模型进行求解，随着计算技术的发展，涌现了众多的求解算法。MATLAB 提供了众多的数学函数用于求解各种问题。本书摒弃利用 MATLAB 内置函数的求解方法，结合常用的经典数值方法，利用 MATLAB 编写函数实现，既能帮助读者掌握算法的内涵，也能实现对各种现实问题的求解。

1. 本书特点

本书以算法理论为基础，以代码实现为根本。根据数学建模后可能采用的求解算法进行讲解，理论联系实际，帮助读者掌握算法的 MATLAB 实现方法。本书提供的 MATLAB 算法实现函数均通过了典型算例的验证，准确性值得信赖，读者也可以根据需要自行验证。

本书结合编者多年的数学建模经验与实际问题的求解方法，将数学建模后的求解方法及其 MATLAB 实现详细地讲解给读者。读者根据求解需要，可以从本书中选择恰当的方法对问题进行求解，既可以直接调用本书的函数，也可以根据自己的需要修改本书提供的函数实现问题的求解。

本书直接根据数值算法理论编写了独立的 MATLAB 函数，尽量少地采用 MATLAB 内置函数，这样可以方便读者根据需要对求解函数进行修改以实现特定问题的求解。

例如，MATLAB 提供了 chol() 函数，可以实现对称正定矩阵的 Cholesky 分解，而本书则编写了 choll() 函数来实现，它们的求解结果是一致的。读者在学习过程中可能会发现，本书编写的个别函数与 MATLAB 内置函数的求解结果会有出入，这是由于采用的算法或求解精度需求不同造成的。

2. 本书内容

本书面向从事数学建模工作的科技工作者，尤其适合参加数学建模大赛的读者。本书在简单介绍 MATLAB 基础知识后，给出了各种数值问题的求解算法，并用 MATLAB 进行实现。本书内容安排如下。

第 1 章　MATLAB 基本运算　　　　　　第 2 章　常用运算
第 3 章　矩阵分解　　　　　　　　　　第 4 章　特征值与特征向量
第 5 章　线性方程组　　　　　　　　　第 6 章　非线性方程
第 7 章　非线性方程组　　　　　　　　第 8 章　数据插值
第 9 章　曲线拟合　　　　　　　　　　第 10 章　数值积分
第 11 章　常微分方程组　　　　　　　　第 12 章　数据分析
第 13 章　极值问题　　　　　　　　　　第 14 章　数学变换与滤波
第 15 章　序列排序　　　　　　　　　　第 16 章　特殊函数求值
附录 A　内部运算符及函数一览

本书所有代码均已在 MATLAB R2020a/R2022a 中调试运行通过。虽然本书中编写的函数也可以采用 MATLAB 内置函数减少代码行数，但是编者并未采用，这样可以更好地与算法相结合。

3. 读者对象

本书不仅适合寻求提高数学模型求解能力的读者，更适合有志于参加全国数学建模大赛的在校学生，具体读者对象如下：

- ★ MATLAB 工程应用技术人员
- ★ 广大科研工作者
- ★ 数学建模大赛参赛者
- ★ 数值算法爱好者
- ★ 高等院校的教师和学生
- ★ 培训机构的教师和学员

4. 读者服务

为了方便解决本书中的疑难问题，读者在学习过程中遇到与本书有关的技术问题，可以访问"算法仿真"微信公众号与编者保持联系，并获取更多资源。后期编者还会将本书算法使用 MATLAB 内置函数的实现代码不定期分享到公众号中，读者可与本书运行结果进行对比学习。

5. 本书作者

本书由温正编著，虽然在本书的编写过程中力求叙述准确、完善，但由于水平有限，书中欠妥之处在所难免，希望读者和同仁能够及时指出，共同促进本书质量的提高。

最后再次希望本书能为读者的学习和工作提供帮助！

编　者
2023 年 2 月

知 识 结 构
CONTENT STRUCTURE

生成矩阵
加减运算
乘法运算
除法运算
矩阵分解运算
矩阵求秩
复数矩阵
三角函数运算
指数和对数运算
常见分布随机数

第1章
MATLAB基本运算

多项式运算
常规矩阵求逆
对称正定矩阵求逆
托普利兹矩阵求逆
求一般行列式的值
产生随机数

第2章
常用运算

对称正定矩阵的乔利斯基分解
矩阵的三角分解
一般实矩阵的QR分解
一般实矩阵的奇异值分解
奇异值分解法求广义逆

第3章
矩阵分解

约化实矩阵为赫申伯格矩阵
双重步QR法
约化对称矩阵为对称三对角阵
变形QR法
雅可比法
雅可比过关法
乘幂法

第4章
特征值与特征向量

MATLAB
数值算法手册(A)

第5章
线性方程组

全选主元高斯消去法
全选主元高斯-约当消去法
追赶法
列选主元高斯消去法
分解法
平方根法
列文逊法
高斯-赛德尔迭代法
共轭梯度法
豪斯荷尔德变换法
广义逆法
病态方程组求解

第6章
非线性方程

对分法
牛顿迭代法
埃特金迭代法
试位法
连分式法
QR法
牛顿下山法

第7章
非线性方程组

梯度法
拟牛顿法
广义逆法
蒙特卡罗法

第8章
数据插值

拉格朗日插值
连分式插值
埃尔米特插值
埃特金逐步插值
光滑插值
三次样条插值
二元插值

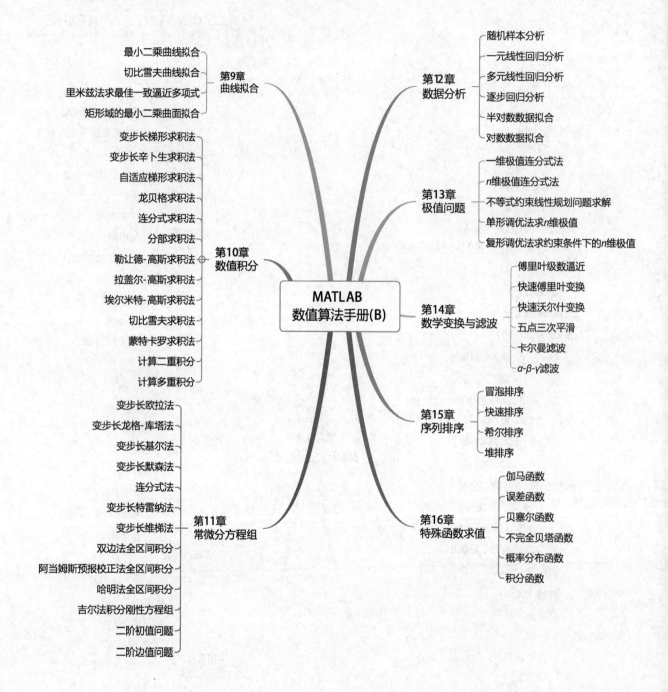

最小二乘曲线拟合

切比雪夫曲线拟合

里米兹法求最佳一致逼近多项式

矩形域的最小二乘曲面拟合

第9章
曲线拟合

变步长梯形求积法

变步长辛卜生求积法

自适应梯形求积法

龙贝格求积法

连分式求积法

分部求积法

勒让德-高斯求积法

拉盖尔-高斯求积法

埃尔米特-高斯求积法

切比雪夫求积法

蒙特卡罗求积法

计算二重积分

计算多重积分

第10章
数值积分

变步长欧拉法

变步长龙格-库塔法

变步长基尔法

变步长默森法

连分式法

变步长特雷纳法

变步长维梯法

双边法全区间积分

阿当姆斯预报校正法全区间积分

哈明法全区间积分

吉尔法积分刚性方程组

二阶初值问题

二阶边值问题

第11章
常微分方程组

MATLAB
数值算法手册(B)

随机样本分析

一元线性回归分析

多元线性回归分析

逐步回归分析

半对数数据拟合

对数数据拟合

第12章
数据分析

一维极值连分式法

n维极值连分式法

不等式约束线性规划问题求解

单形调优法求n维极值

复形调优法求约束条件下的n维极值

第13章
极值问题

傅里叶级数逼近

快速傅里叶变换

快速沃尔什变换

五点三次平滑

卡尔曼滤波

α-β-γ滤波

第14章
数学变换与滤波

冒泡排序

快速排序

希尔排序

堆排序

第15章
序列排序

伽马函数

误差函数

贝塞尔函数

不完全贝塔函数

概率分布函数

积分函数

第16章
特殊函数求值

目 录
CONTENTS

第1章

CHAPTER 1

MATLAB 基本运算

MATLAB 是目前在国际上被广泛接受和使用的科学与工程计算软件。随着不断的发展，MATLAB 已经成为一款集数值运算、符号运算、数据可视化、程序设计、仿真等多种功能于一体的集成软件。本章主要介绍 MATLAB 的基本运算，这些运算都是通过内置函数实现的。

1.1 生成矩阵

在 MATLAB 中，生成矩阵的方法有很多种：直接输入矩阵元素；对已知矩阵进行组合、转向、移位操作；读取数据文件；使用函数直接生成特殊矩阵。表 1-1 列出了常用的特殊矩阵生成函数。

表 1-1 常用的特殊矩阵生成函数

函 数 名	说 明	函 数 名	说 明
zeros	全0矩阵	eye	单位矩阵
ones	全1矩阵	company	伴随矩阵
rand	均匀分布随机矩阵	hilb	Hilbert矩阵
randn	正态分布随机矩阵	invhilb	Hilbert逆矩阵
magic	魔方矩阵	vander	Vander矩阵
diag	对角矩阵	pascal	Pascal矩阵
triu	上三角矩阵	hadamard	Hadamard矩阵
tril	下三角矩阵	hankel	Hankel矩阵

【例 1-1】随机矩阵输入以及矩阵中数据的读取示例。

在命令行窗口中依次输入以下语句，同时会显示相应的输出结果。

```
>> A=rand(5)
A =
    0.0512    0.4141    0.0594    0.0557    0.5681
    0.8698    0.1400    0.3752    0.6590    0.0432
    0.0422    0.2867    0.8687    0.9065    0.4148
    0.0897    0.0919    0.5760    0.1293    0.3793
    0.0541    0.1763    0.8402    0.7751    0.7090
>> A(:,1)                                          %A 中第 1 列
ans =
```

```
    0.7577
    0.7431
    0.3922
    0.6555
    0.1712
>> A(:,2)                                                    %A 中第 2 列
ans =
    0.7060
    0.0318
    0.2769
    0.0462
    0.0971
>> A(:,3:5)                                                  %A 中第 3~5 列
ans =
    0.8235    0.4387    0.4898
    0.6948    0.3816    0.4456
    0.3171    0.7655    0.6463
    0.9502    0.7952    0.7094
    0.0344    0.1869    0.7547
>> A(1,:)                                                    %A 中第 1 行
ans =
    0.7577    0.7060    0.8235    0.4387    0.4898
>> A(2,:)                                                    %A 中第 2 行
ans =
    0.7431    0.0318    0.6948    0.3816    0.4456
>> A(3:5,:)                                                  %A 中第 3~5 行
ans =
    0.3922    0.2769    0.3171    0.7655    0.6463
    0.6555    0.0462    0.9502    0.7952    0.7094
    0.1712    0.0971    0.0344    0.1869    0.7547
```

【例 1-2】矩阵的运算示例。

在命令行窗口中依次输入以下语句，同时会显示相应的输出结果。

```
>> A^2                                                      %矩阵的乘法运算
ans =
    0.4011    0.2015    0.7194    0.7772    0.4955
    0.2436    0.5555    0.8460    0.5994    0.9364
    0.3919    0.4631    1.7354    1.4175    1.0347
    0.1410    0.2939    0.9334    0.8985    0.6118
    0.2995    0.4842    1.8414    1.5305    1.1836
>> A.^2                                                     %矩阵的点乘运算
ans =
    0.0026    0.1715    0.0035    0.0031    0.3227
    0.7565    0.0196    0.1408    0.4343    0.0019
    0.0018    0.0822    0.7547    0.8217    0.1721
    0.0080    0.0085    0.3318    0.0167    0.1439
```

```
     0.0029      0.0311      0.7059      0.6008      0.5026
>> A^2\A.^2                                                      %矩阵的除法运算
ans =
     0.2088      0.5308     -0.4762      0.8505     -0.0382
     1.3631     -0.1769      1.1661      0.8143     -4.2741
    -0.3247     -0.0898      1.5800      2.7892     -1.0326
    -0.5223      0.0537     -0.5715     -2.4802      0.4729
     0.5725      0.0345     -1.4792     -1.1727      3.1778
>> A^2-A.^2                                                      %矩阵的减法运算
ans =
     0.3984      0.0300      0.7159      0.7741      0.1728
    -0.5129      0.5359      0.7052      0.1652      0.9345
     0.3901      0.3810      0.9807      0.5958      0.8626
     0.1330      0.2854      0.6016      0.8818      0.4679
     0.2965      0.4531      1.1355      0.9297      0.6809
>> A^2+A.^2                                                      %矩阵的加法运算
ans =
     0.4037      0.3730      0.7229      0.7803      0.8182
     1.0001      0.5751      0.9868      1.0337      0.9383
     0.3937      0.5453      2.4901      2.2392      1.2068
     0.1491      0.3023      1.2652      0.9152      0.7558
     0.3024      0.5153      2.5473      2.1314      1.6862
```

【例 1-3】汉克尔矩阵求解。汉克尔矩阵(Hankel Matrix)是指每条副对角线上的元素都相等的矩阵。
在命令行窗口中依次输入以下语句，同时会显示相应的输出结果。

```
>> clear,clc
>> c=[1:3],r=[3:9]
c =
     1     2     3
r =
     3     4     5     6     7     8     9
>> H=hankel(c,r)
H =
     1     2     3     4     5     6     7
     2     3     4     5     6     7     8
     3     4     5     6     7     8     9
```

【例 1-4】希尔伯特矩阵及希尔伯特逆矩阵生成。希尔伯特矩阵（Hilbert Matrix）是一种数学变换矩阵，
正定且高度病态（即任何一个元素发生一点变动，整个矩阵的行列式的值和逆矩阵都会发生巨大变化），病
态程度与阶数相关。

在命令行窗口中依次输入以下语句，同时会显示相应的输出结果。

```
>> A=hilb(5)
A =
     1.0000      0.5000      0.3333      0.2500      0.2000
     0.5000      0.3333      0.2500      0.2000      0.1667
     0.3333      0.2500      0.2000      0.1667      0.1429
```

```
    0.2500     0.2000     0.1667     0.1429     0.1250
    0.2000     0.1667     0.1429     0.1250     0.1111
>> format rat                                              %更改输出格式
>> A
A =
    1          1/2        1/3        1/4        1/5
    1/2        1/3        1/4        1/5        1/6
    1/3        1/4        1/5        1/6        1/7
    1/4        1/5        1/6        1/7        1/8
    1/5        1/6        1/7        1/8        1/9
>> format short                                           %还原输出格式
```

【例 1-5】希尔伯特逆矩阵求解。

在命令行窗口中依次输入以下语句，同时会显示相应的输出结果。

```
>> A=invhilb(5)
A =
      25        -300        1050       -1400         630
    -300        4800      -18900       26880      -12600
    1050      -18900       79380     -117600       56700
   -1400       26880     -117600      179200      -88200
     630      -12600       56700      -88200       44100
```

1.2　加减运算

进行矩阵加法、减法运算的前提是参与运算的两个矩阵或多个矩阵必须具有相同的行数和列数，即 A、B、C 等多个矩阵均为 $m \times n$ 矩阵；或者其中有一个或多个矩阵为标量。

在上述前提下，对于同型的两个矩阵，其加减法定义如下。

$C = A \pm B$，矩阵 C 的各元素 $C_{mn} = A_{mn} \pm B_{mn}$。

当其中含有标量 x 时，$C = A \pm x$，矩阵 C 的各元素 $C_{mn} = A_{mn} \pm x$。

由于矩阵的加法运算归结为其元素的加法运算，容易验证，因此矩阵的加法运算满足以下运算律。

（1）交换律：$A + B = B + A$。

（2）结合律：$A + (B + C) = (A + B) + C$。

（3）存在零元：$A + 0 = 0 + A = A$。

（4）存在负元：$A + (-A) = (-A) + A$。

【例 1-6】矩阵加减法运算示例。已知矩阵 $A = [10\ 5\ 79\ 4\ 2; 1\ 0\ 66\ 8\ 2; 4\ 6\ 1\ 1\ 1]$，矩阵 $B = [9\ 5\ 3\ 4\ 2; 1\ 0\ 4 -23\ 2; 4\ 6\ -1\ 1\ 0]$，行向量 $C = [2\ 1]$，标量 $x = 20$，试求 $A + B$、$A - B$、$A + B + x$、$A - x$、$A - C$。

在命令行窗口中依次输入以下语句，同时会显示相应的输出结果。

```
>> clear,clc
>> A=[10 5 79 4 2;1 0 66 8 2;4 6 1 1 1];
>> B=[9 5 3 4 2;1 0 4 -23 2;4 6 -1 1 0];
>> x=20;
>> C=[2 1];
>> ApB=A+B
```

```
ApB =
    19    10    82     8     4
     2     0    70   -15     4
     8    12     0     2     1
>> AmB=A-B
AmB =
     1     0    76     0     0
     0     0    62    31     0
     0     0     2     0     1
>> ApBpX=A+B+x
ApBpX =
    39    30   102    28    24
    22    20    90     5    24
    28    32    20    22    21
>> AmX=A-x
AmX =
   -10   -15    59   -16   -18
   -19   -20    46   -12   -18
   -16   -14   -19   -19   -19
>> AmC= A-C
错误使用  -
矩阵维度必须一致。
```

在计算 $A-C$ 中，MATLAB 返回错误信息，并提示矩阵的维数必须相等。这也证明了矩阵进行加减法运算必须满足一定的前提条件。

1.3　乘法运算

MATLAB 中矩阵的乘法运算包括两种：数与矩阵的乘法、矩阵与矩阵的乘法。

1. 数与矩阵的乘法

由于单个数在 MATLAB 中是以标量存储的，因此数与矩阵的乘法也可以称为标量与矩阵的乘法。

设 x 为一个数，A 为矩阵，则定义 x 与 A 的乘积 $C=xA$ 仍为一个矩阵，C 中的元素就是用数 x 乘以矩阵 A 中对应的元素而得到，即 $C_{mn}x=xA_{mn}$。数与矩阵的乘法满足以下运算律。

$$1A=A$$
$$x(A+B)=xA+xB$$
$$(x+y)A=xA+yA$$
$$(xy)A=x(yA)=y(xA)$$

【例 1-7】矩阵数乘示例。已知矩阵 $A=[0\ 3\ 3;1\ 1\ 0;-1\ 2\ 3]$，$E$ 为 3 阶单位矩阵，$E=[1\ 0\ 0;0\ 1\ 0;0\ 0\ 1]$，试求 $2A+3E$。

在命令行窗口中依次输入以下语句，同时会显示相应的输出结果。

```
>> A=[0 3 3;1 1 0;-1 2 3];
>> E=eye(3);
>> R=2*A+3*E                              %矩阵的数乘
```

```
R =
     3     6     6
     2     5     0
    -2     4     9
```

2. 矩阵与矩阵的乘法

两个矩阵的乘法必须满足被乘矩阵的列数与乘矩阵的行数相等。设 A 为 $m×h$ 矩阵，B 为 $h×n$ 矩阵，则两个矩阵的乘积 $C=A×B$ 为一个矩阵，且 $C_{mn} = \sum_{1}^{h} A_{mh} × B_{hn}$。

矩阵之间的乘法不遵循交换律，即 $A×B≠B×A$。但矩阵乘法遵循以下运算律。

（1）结合律：$(A×B)×C=A×(B×C)$。

（2）左分配律：$A×(B+C)=A×B+A×C$。

（3）右分配律：$(B+C)×A=B×A+C×A$。

（4）单位矩阵的存在性：$E×A=A$，$A×E=A$。

【例 1-8】矩阵乘法示例。已知矩阵 A=[2 1 4 0; 1 −1 3 4]，矩阵 B= [1 3 1; 0 −1 2; 1 −3 1; 4 0 −2]，试求矩阵乘积 $A×B$ 及 $B×A$。

在命令行中依次输入以下语句，同时会显示相应的输出结果。

```
>> A=[2 1 4 0;1 -1 3 4];
>> B=[1 3 1;0 -1 2;1 -3 1;4 0 -2];
>> R1=A*B
R1 =
     6    -7     8
    20    -5    -6
>> R2=B*A                        %由于不满足矩阵的乘法条件，故 B*A 无法计算
错误使用  *
用于矩阵乘法的维度不正确。请检查并确保第 1 个矩阵中的列数与第 2 个矩阵中的行数匹配。要执行按元素相乘，
请使用 '.*'。
```

1.4　除法运算

矩阵的除法是乘法的逆运算，分为左除和右除两种，分别用运算符号\和/表示。如果矩阵 A 和矩阵 B 是标量，那么 A/B 和 $A\backslash B$ 是等价的。

对于一般的二维矩阵 A 和 B，当进行 $A\backslash B$ 运算时，要求 A 的行数与 B 的行数相等；当进行 A/B 运算时，要求 A 的列数与 B 的列数相等。

【例 1-9】矩阵除法示例。设矩阵 A= [1 2; 1 3]，矩阵 B= [1 0; 1 2]，试求 $A\backslash B$ 和 A/B。

在命令行窗口中依次输入以下语句，同时会显示相应的输出结果。

```
>> A=[1 2;1 3];
>> B=[1 0;1 2];
>> R1=A\B
R1 =
     1    -4
     0     2
```

```
>> R2=A/B
R2 =
          0    1.0000
    -0.5000    1.5000
```

1.5　矩阵分解运算

矩阵的分解常用于求解线性方程组，常用的矩阵分解函数如表 1–2 所示。

表 1-2　常用的矩阵分解函数

函数名	说　明	函数名	说　明
eig	特征值分解	chol	Cholesky分解
svd	奇异值分解	qr	QR分解
lu	LU分解	schur	Schur分解（舒尔分解）

说明：奇异值分解是线性代数中一种重要的矩阵分解，是特征分解在任意矩阵上的推广。

【例 1-10】矩阵分解运算。
在命令行窗口中依次输入以下语句，同时会显示相应的输出结果。

```
>> A=[8,1,6;3,5,7;4,9,2];
>> [U,S,V]=svd(A)                        %矩阵的奇异值分解，A=U*S*V′
U =
    -0.5774    0.7071    0.4082
    -0.5774    0.0000   -0.8165
    -0.5774   -0.7071    0.4082
S =
    15.0000         0         0
          0    6.9282         0
          0         0    3.4641
V =
    -0.5774    0.4082    0.7071
    -0.5774   -0.8165   -0.0000
    -0.5774    0.4082   -0.7071
>> L = lu(A)                             %矩阵的 LU 分解
L =
    8.0000    1.0000    6.0000
    0.5000    8.5000   -1.0000
    0.3750    0.5441    5.2941
```

1.6　矩阵求秩

采用全选主元高斯消去法计算矩阵 A 的秩。设有 $m×n$ 矩阵

$$A = \begin{bmatrix} a_{00} & a_{01} & \cdots & a_{0,n-1} \\ a_{10} & a_{11} & \cdots & a_{1,n-1} \\ \vdots & \vdots & \ddots & \vdots \\ a_{m-1,0} & a_{m-1,1} & \cdots & a_{m-1,n-1} \end{bmatrix}$$

取 $k = \min\{m, n\}$。对于 $r = 0, 1, \cdots, k-1$，用全选主元高斯消去法将 A 变为上三角矩阵，直到某次 $a_{rr} = 0$ 为止，矩阵 A 的秩为 r。

在 MATLAB 中，可以直接使用自带的 rank() 函数求矩阵的秩。

【例 1-11】求 5×4 矩阵 A 的秩。

$$A = \begin{bmatrix} 1 & 2 & 3 & 4 \\ 5 & 6 & 7 & 8 \\ 9 & 10 & 11 & 12 \\ 13 & 14 & 15 & 16 \\ 17 & 18 & 19 & 20 \end{bmatrix}$$

在编辑器中输入以下代码。

```
clc, clear
% 矩阵求秩
A=[1 2 3 4;
   5 6 7 8;
   9 10 11 12;
   13 14 15 16;
   17 18 19 20];
B=rank(A)
fprintf('RANK=%d\n',B);
```

运行程序，输出结果为

```
RANK=2
```

1.7　复数矩阵

复数矩阵的生成有两种方法：一种是直接输入复数元素；另一种是将实部和虚部矩阵分开建立，再写成和的形式，此时实部矩阵和虚部矩阵的维度必须相同。

【例 1-12】复数矩阵的生成。

在命令行窗口中依次输入以下语句，同时会显示相应的输出结果。

```
>> clear,clc
>> A=[-1+20i,-3+40i;1-20i,30-4i]                    %复数元素
A =
 -1.0000 +20.0000i  -3.0000 +40.0000i
  1.0000 -20.0000i  30.0000 - 4.0000i
>> real(A)                                          %矩阵 A 的实部
ans =
```

```
      -1    -3
       1    30
>> imag(A)                                    %矩阵 A 的虚部
ans =
      20    40
     -20    -4
>> B=real(A);
>> C=imag(A);
>> D=B+C*i                                    %由矩阵 A 的实部和虚部构造复向量矩阵
D =
  -1.0000 +20.0000i  -3.0000 +40.0000i
   1.0000 -20.0000i  30.0000 - 4.0000i
```

利用 complex()函数也可以创建复数，语法如下。

```
c=complex(a,b)                               %用两个实数 a 和 b 创建复数 c，c=a+bi
```

其中，c 与 a、b 是同型的数组或矩阵。如果 b 是全零的，c 也依然是一个复数。例如，c=complex(1,0)返回复数 1，isreal(c)返回 false，而 1+0i 则返回实数 1。

```
c=complex(a)
```

输入参数 a 作为复数 c 的实部，c 的虚部为 0，但 isreal(a)返回 false，表示 c 是一个复数。

【例 1-13】创建复数 3+2i 和 3+0i。

在命令行窗口中依次输入以下语句，同时会显示相应的输出结果。

```
>> a=complex(3,2)                            %创建复数 3+2i
a =
   3.0000 + 2.0000i
>> b=complex(3,0)                            %创建复数 3+0i
b =
   3.0000 + 0.0000i
>> c=3+0i                                    %直接创建复数 3+0i
c =
     3
>> b==c                                      %b 的值与 c 相等
ans =
     1
>> isreal(b)                                 %b 是复数
ans =
     0
>> isreal(c)                                 %c 是实数
ans =
     1
```

虽然 b 与 c 相等，但 b 是由 complex()函数创建的，属于复数，c 则是实数。

复数的基本运算与实数相同，都是使用相同的运算符或函数。此外，MATLAB 还提供了一些专门用于复数运算的函数，如表 1-3 所示。

表 1-3　复数运算函数

函 数 名	说 明	函 数 名	说 明
abs	求复数或复数矩阵的模	angle	求复数或复数矩阵的幅角，单位为rad
real	求复数或复数矩阵的实部	imag	求复数或复数矩阵的虚部
conj	求复数或复数矩阵的共轭	isreal	判断是否为实数
unwrap	去掉幅角突变	cplxpair	按复数共轭对排序元素群

求矩阵的模的 abs() 函数使用方法如下。

```
Y=abs(X)
```

其中，Y 是与 X 同型的数组，如果 X 中的元素是实数，函数返回其绝对值；如果 X 中的元素是复数，函数返回复数模值，即 sqrt(real(X).^2+imag(X).^2)。

abs() 函数是 MATLAB 中十分常用的数值计算函数。

【例 1-14】求复数 3+2i 的模。

在命令行窗口中依次输入以下语句，同时会显示相应的输出结果。

```
>> a=abs(3+2i)                      %求复数 3+2i 的模
a =
   3.6056
```

求复数的共轭的 conj() 函数使用方法如下。

```
Y=conj(Z)
```

conj() 函数返回 Z 中元素的复共轭值，即 $conj(Z) = real(Z) - i*imag(Z)$。

【例 1-15】求复数 3+2i 的共轭值。

在命令行窗口中依次输入以下语句，同时会显示相应的输出结果。

```
>> Z=3+2i;
>> conj(Z)                          %求 3+2i 的共轭值
ans =
   3.0000 - 2.0000i
```

复数 Z 的共轭，其实部与 Z 的实部相等，虚部是 Z 的虚部的相反数。

1.8　三角函数运算

MATLAB 中常用的三角函数如表 1-4 所示。

表 1-4　常用的三角函数

序号	函数名	调用格式	序号	函数名	调用格式
1	正弦函数	Y=sin(X)	7	反余弦函数	Y=acos(X)
2	双曲正弦函数	Y=sinh(X)	8	反双曲余弦函数	Y=acosh(X)
3	余弦函数	Y=cos(X)	9	正切函数	Y=tan(X)
4	双曲余弦函数	Y=cosh(X)	10	双曲正切函数	Y=tanh(X)
5	反正弦函数	Y=asin(X)	11	反正切函数	Y=atan(X)
6	反双曲正弦函数	Y=asinh(X)	12	反双曲正切函数	Y=atanh(X)

【**例 1-16**】常用三角函数简单应用示例。

在命令行窗口中依次输入以下语句，同时会显示相应的输出结果。

```
>> x=magic(2)
x =
     1     3
     4     2
>> y=sin(x)                          %计算矩阵正弦
y =
    0.8415    0.1411
   -0.7568    0.9093
>> y=cos(x)                          %计算矩阵余弦
y =
    0.5403   -0.9900
   -0.6536   -0.4161
>> y=sinh(x)                         %计算矩阵双曲正弦
y =
    1.1752   10.0179
   27.2899    3.6269
>> y=cosh(x)                         %计算矩阵双曲余弦
y =
    1.5431   10.0677
   27.3082    3.7622
>> y=asin(x)                         %计算矩阵反正弦
y =
   1.5708 + 0.0000i   1.5708 - 1.7627i
   1.5708 - 2.0634i   1.5708 - 1.3170i
>> y=acos(x)                         %计算矩阵反余弦
y =
   0.0000 + 0.0000i   0.0000 + 1.7627i
   0.0000 + 2.0634i   0.0000 + 1.3170i
>> y=asinh(x)                        %计算矩阵反双曲正弦
y =
    0.8814    1.8184
    2.0947    1.4436
>> y=acosh(x)                        %计算矩阵反双曲余弦
y =
         0    1.7627
    2.0634    1.3170
```

1.9　指数和对数运算

在 MATLAB 中，常用的指数和对数运算函数包括 exp()、expm() 和 logm()。指数运算函数语法如下。

```
Y=exp(X)                             %计算矩阵 X 的指数并返回 Y，输入参数 X 必须为方阵
Y=expm(X)
```

expm()函数计算的是矩阵指数，而 exp()函数则分别计算每个元素的指数。若输入矩阵是上三角阵或下三角阵，两个函数计算结果中主对角线位置的元素是相等的，其余元素则不相等。expm()函数的输入参数必须为方阵，而 exp()函数则可以接受任意维度的数组作为输入。

【例 1-17】对矩阵分别用 expm()和 exp()函数计算魔方矩阵及其上三角阵的指数。

在命令行窗口中依次输入以下语句，同时会显示相应的输出结果。

```
>> a=magic(3)
a =
     8     1     6
     3     5     7
     4     9     2
>> b=expm(a)                           %对矩阵 a 求指数
b =
  1.0e+06 *
    1.0898    1.0896    1.0897
    1.0896    1.0897    1.0897
    1.0896    1.0897    1.0897
>> c=exp(a)                            %对矩阵 a 的每个元素求指数
c =
  1.0e+03 *
    2.9810    0.0027    0.4034
    0.0201    0.1484    1.0966
    0.0546    8.1031    0.0074
>> b=triu(a)                           %抽取矩阵 a 中的元素构成上三角阵
b =
     8     1     6
     0     5     7
     0     0     2
>> expm(b)                             %求上三角阵的指数
ans =
  1.0e+03 *
    2.9810    0.9442    4.0203
         0    0.1484    0.3291
         0         0    0.0074
>> exp(b)                              %求上三角阵每个元素的指数
ans =
  1.0e+03 *
    2.9810    0.0027    0.4034
    0.0010    0.1484    1.0966
    0.0010    0.0010    0.0074
```

对上三角阵 b 分别用 expm()和 exp()函数计算，主对角线位置元素相等，其余元素则不相等。

矩阵对数函数语法如下。

```
L=logm(A)                              %计算矩阵 A 的对数并返回 L，输入参数 A 必须为方阵
```

如果矩阵 A 是奇异的或有特征值在负实数轴，那么 A 的主要对数是未定义的，函数将计算非主要对数

并打印警告信息。logm()函数是 expm()函数的逆运算。

```
[L,exitflag]=logm(A)                          % exitflag 是一个标量值，用于描述 logm() 函数的退出状态
```

exitflag=0 表示函数成功完成计算；exitflag=1 时，需要计算太多的矩阵平方根，但此时返回的结果依然是准确的。

【例 1-18】先对方阵计算指数，再对结果计算对数，得到原方阵。

在命令行窗口中依次输入以下语句，同时会显示相应的输出结果。

```
>> x=[1,0,1;1,0,-2;-1,0,1];
>> y=expm(x)                                   %对矩阵计算指数
y =
    1.4687         0    2.2874
    3.1967    1.0000   -1.8467
   -2.2874         0    1.4687
>> xx=logm(y)                                  %对所得结果计算对数，得到的矩阵 xx 等于矩阵 x
xx =
    1.0000   -0.0000    1.0000
    1.0000    0.0000   -2.0000
   -1.0000    0.0000    1.0000
```

logm()函数是 expm()函数的逆运算，因此得到的结果与原矩阵相等。

1.10　常见分布随机数

在 MATLAB 中，产生常见分布随机数的函数如表 1-5 所示。

表 1-5　产生常见分布随机数的函数

函　数　名	调　用　形　式	注　释
unidrnd	R=unidrnd(N) R=unidrnd(N,m) R=unidrnd(N,m,n)	均匀分布（离散）随机数
exprnd	R=exprnd(Lambda) R=exprnd(Lambda,m) R=exprnd(Lambda,m,n)	参数为Lambda的指数分布随机数
normrnd	R=normrnd(MU,SIGMA) R=normrnd(MU,SIGMA,m) R=normrnd(MU,SIGMA,m,n)	参数为MU，SIGMA的正态分布随机数
chi2rnd	R=chi2rnd(N) R=chi2rnd(N,m) R=chi2rnd(N,m,n)	自由度为N的卡方分布随机数
trnd	R=trnd(N) R=trnd(N,m) R=trnd(N,m,n)	自由度为N的t分布随机数

续表

函 数 名	调 用 形 式	注 释
frnd	R=frnd(N_1,N_2) R=frnd(N_1,N_2,m) R=frnd(N_1,N_2,m,n)	第一自由度为N_1，第二自由度为N_2的F分布随机数
gamrnd	R=gamrnd(A,B) R=gamrnd(A,B,m) R=gamrnd(A,B,m,n)	参数为A,B的伽马分布随机数
betarnd	R=betarnd(A,B) R=betarnd(A,B,m) R=betarnd(A,B,m,n)	参数为A,B的贝塔分布随机数
lognrnd	R=lognrnd(MU,SIGMA) R=lognrnd(MU,SIGMA,m) R=lognrnd(MU,SIGMA,m,n)	参数为MU,SIGMA的对数正态分布随机数
nbinrnd	R=nbinrnd(R,P) R=nbinrnd(R,P,m) R=nbinrnd(R,P,m,n)	参数为R,P的负二项式分布随机数
ncfrnd	R=ncfrnd(N_1,N_2, delta) R=ncfrnd(N_1,N_2, delta,m) R=ncfrnd(N_1,N_2, delta,m,n)	参数为N_1,N_2,delta的非中心F分布随机数
nctrnd	R=nctrnd(N,delta) R=nctrnd(N,delta,m) R=nctrnd(N,delta,m,n)	参数为N,delta的非中心t分布随机数
ncx2rnd	R=ncx2rnd(N,delta) R=ncx2rnd(N,delta,m) R=ncx2rnd(N,delta,m,n)	参数为N,delta的非中心卡方分布随机数
raylrnd	R=raylrnd(B) R=raylrnd(B,m) R=raylrnd(B,m,n)	参数为B的瑞利分布随机数
wblrnd	R= wblrnd(A,B) R= wblrnd(A,B,m) R= wblrnd(A,B,m,n)	参数为A,B的威布尔随机数
binornd	R=binornd(N,P) R=binornd(N,P,m) R=binornd(N,P,m,n)	参数为N,P的二项分布随机数
geornd	R=geornd(P) R=geornd(P,m) R=geornd(P,m,n)	参数为P的几何分布随机数
hygernd	R=hygernd(M,K,N) R=hygernd(M,K,N,m) R=hygernd(M,K,N,m,n)	参数为M,K,N的超几何分布随机数

续表

函 数 名	调 用 形 式	注 释
poissrnd	R=poissrnd(Lambda) R=poissrnd(Lambda,m) R=poissrnd(Lambda,m,n)	参数为Lambda的泊松分布随机数
random	Y=random('name',A1,A2,A3,m,n)	服从指定分布的随机数

1. 二项分布随机数

在概率论和统计学中，二项分布是 n 个独立的是/非试验中成功的次数的离散概率分布，其中每次试验的成功概率为 p。这样的单次成功/失败试验又称为伯努利试验。实际上，当 $n=1$ 时，二项分布就是伯努利分布，二项分布是显著性差异的二项试验的基础。

在 MATLAB 中，可以使用 binornd()函数产生二项分布随机数，语法如下。

```
R=binornd(N,P)       %N、P 为二项分布的两个参数，返回服从参数为 N、P 的二项分布的随机数
                     %且 N、P、R 的形式相同
R=binornd(N,P,m)     %m 是一个 1×2 向量，它为指定随机数的个数。其中 N、P 分别代表返回值
                     %R 中行与列的维数
R=binornd(N,P,m,n)   %m 和 n 分别表示 R 的行数和列数
```

【例 1-19】某射击手进行射击比赛，假设每枪射击命中率为 0.45，每轮射击 10 次，共进行 10 万轮。用直方图表示这 10 万轮命中成绩的可能情况。

在编辑器中输入以下代码。

```
x=binornd(10,0.45,100000,1);
hist(x,11);
```

运行程序，结果如图 1-1 所示。可以看出，该射击手每轮最有可能命中 4 环。

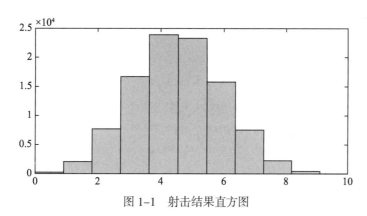

图 1-1   射击结果直方图

2. 泊松分布随机数

泊松分布是一种统计与概率学中常见的离散概率分布，由法国数学家西莫恩·德尼·泊松于 1838 年发表。泊松分布表达式为

$$f(x \mid \lambda) = \frac{\lambda^x}{x!} e^{-\lambda}, \quad x = 0,1,\cdots$$

其中，λ 为过去某段时间或某个空间内随机事件发生的平均次数。

在 MATLAB 中，可以使用 poisspdf()函数获取泊松分布随机数，语法如下。

```
y=poisspdf(x,lambda)                    %求参数为 lambda 的泊松分布的概率密度函数值
```

【例 1-20】取不同的 lambda 值，使用 poisspdf()函数绘制泊松分布概率密度图。

在编辑器中输入以下代码。

```
clear,clf
x=0:20;
y1=poisspdf(x,2.5);
y2=poisspdf(x,5);
y3=poisspdf(x,10);
hold on
plot(x,y1,'-r*')
plot(x,y2,'--bp')
plot(x,y3,'-.gx')
grid
```

运行程序，得到不同 lambda 值对应的泊松分布概率密度图，如图 1-2 所示。

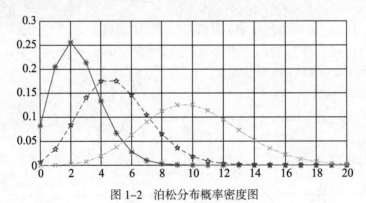

图 1-2　泊松分布概率密度图

3. 均匀分布随机数

MATLAB 中提供的均匀分布函数为 unifrnd()，语法如下。

```
R=unifrnd(A,B)                          %生成[A,B]内连续均匀分布的随机数组 R
```

如果 A 和 B 是数组，R 中元素是 A 和 B 对应元素指定连续均匀分布的随机数。

```
R=unifrnd(A,B,m,n,...)                  %返回 m×n×…数组
R=unifrnd(A,B,[m,n,...])                %同上
```

如果 A 和 B 是标量，R 中所有元素是相同分布产生的随机数。如果 A 或 B 是数组，则必须是 m×n×…数组。

例如，在命令行窗口中依次输入以下语句。

```
>> a=0;
>> b=1:5;
>> r1=unifrnd(a,b)                      %产生均匀分布随机数
r1 =
    0.9850    1.5749    0.1700    1.3109    1.4204
```

4. 正态分布随机数

MATLAB 中提供的正态分布函数为 normrnd()，语法如下。

```
R=normrnd(mu,sigma)              %返回均值为 mu，标准差为 sigma 的正态分布的随机数据
                                 %R 可以是向量或矩阵
R=normrnd(mu,sigma,m,n,...)      %m 和 n 分别表示 R 的行数和列数
```

例如，若要得到 mu 为 10，sigma 为 0.4 的 2 行 4 列正态分布随机数矩阵，可以在命令行窗口中输入以下语句。

```
>> R=normrnd(10,0.4,[2,4])
R =
    10.7351    9.6786   10.0997    9.9343
     9.5435    9.9385    9.5000    9.8592
```

第 2 章

CHAPTER 2

常 用 运 算

第 1 章介绍的内容基本是 MATLAB 内置函数。本章开始介绍常用运算的 MATLAB 实现方法，包括多项式运算、矩阵求逆、求行列式的值等，虽然这些运算在 MATLAB 中基本都有对应的函数实现，但是，本章依然编写了这些算法的 MATLAB 函数，便于读者在解决实际问题时调用修改。

2.1　多项式运算

1.　多项式求值

计算多项式 $p(x)$ 在指定点 x 处的函数值。

$$p(x) = a_{n-1}x^{n-1} + a_{n-2}x^{n-2} + \cdots + a_1x + a_0$$

将多项式 $p(x)$ 表述为如下嵌套形式。

$$p(x) = (\cdots((a_{n-1}x + a_{n-2})x + a_{n-3})x + \cdots + a_1)x + a_0$$

从内向外一层一层地进行计算，递推计算公式为

$$u = a_{n-1}$$
$$u = u \cdot x + a_i, \quad i = n-2, \cdots, 1, 0$$

最后得到的 u 即为多项式值。

在 MATLAB 中编写 poly_value()函数，用于实系数多项式求值。

```matlab
function u=poly_value(x,p)
%%%%%%%%%%%%%%%%%%%%%%%%%%%%%%%%%%%%%
% 多项式求值
% 输入:
%       x: 参数值
%       p: 多项式系数值
% 输出:
%       u:多项式数值
%%%%%%%%%%%%%%%%%%%%%%%%%%%%%%%%%%%%%
N=length(p)-1;                          %多项式次数
u=p(N+1);
for k=N:-1:1
    u=u*x+p(k);                         %递推计算公式，从里往外一层一层计算
end
end
```

2. 多项式相乘

求两个多项式 $P(x)$ 和 $Q(x)$ 的乘积多项式 $S(x)$。

$$P(x) = p_{m-1}x^{m-1} + p_{m-2}x^{m-2} + \cdots + p_1 x + p_0$$
$$Q(x) = q_{n-1}x^{n-1} + q_{n-2}x^{n-2} + \cdots + q_1 x + q_0$$
$$S(x) = P(x)Q(x) = s_{m+n-2}x^{m+n-2} + \cdots + s_1 x + s_0$$

乘积多项式 $S(x)$ 中的各系数按以下公式进行计算。

$$s_k = 0, \quad k = 0,1,\cdots,m+n-2$$
$$s_{i+j} = s_{i+j} + p_i q_j, \quad i = 0,1,\cdots,m-1; \quad j = 0,1,\cdots,n-1$$

在 MATLAB 中编写 poly_mul() 函数，用于实系数多项式相乘。

```
function s=poly_mul(q,p)
%%%%%%%%%%%%%%%%%%%%%%%%%%%%%%%%%%
% 多项式相乘 s=p*q
% 输入：多项式系数 p 和 q
% 输出：多项式系数 s
%%%%%%%%%%%%%%%%%%%%%%%%%%%%%%%%%%
Np-length(p)-1;                          %p 的次数
Nq=length(q)-1;                          %q 的次数
s=zeros(Np+Nq+1,1);
for i=0:Np
    for j=0:Nq
        s(i+j+1)=s(i+j+1)+p(i+1)*q(j+1);
    end
end
end
```

3. 多项式相除

求多项式 $P(x)$ 被多项式 $Q(x)$ 除得的商多项式 $S(x)$ 和余多项式 $R(x)$。

$$P(x) = p_{m-1}x^{m-1} + p_{m-2}x^{m-2} + \cdots + p_1 x + p_0$$
$$Q(x) = q_{n-1}x^{n-1} + q_{n-2}x^{n-2} + \cdots + q_1 x + q_0$$

采用综合除法求商多项式 $S(x)$ 中的各系数。设商多项式 $S(x)$ 的最高次数为 $k = m - n$，则 $S(x)$ 的系数由以下递推公式进行计算。

$$s_{k-i} = p_{m-1-i} / q_{n-1}$$
$$p_j = p_j - s_{k-i}q_{j+i-k}, \quad j = m-i-1,\cdots,k-i$$

其中，$i = 0,1,\cdots,k$。最后的 $p_0, p_1,\cdots,p_{n-2}$ 即为余多项式的系数 $r_0,r_1,\cdots,r_{n-2}$。

在 MATLAB 中编写 poly_div() 函数，用于实系数多项式相除。

```
function [s,r]=poly_div(q,p)
%%%%%%%%%%%%%%%%%%%%%%%%%%%%%%%%%%
% 多项式相除：s=p/q+r
% 输入：多项式系数 p 和 q
% 输出：结果多项式系数 s
%        余项多项式系数 r
```

```
%%%%%%%%%%%%%%%%%%%%%%%%%%%%%%%%%%%%%%
Np=length(p)-1;                          %p 的次数
Nq=length(q)-1;                          %q 的次数
Ns=Np-Nq;                                %结果多项式 q 的次数
Nr=Nq-1;                                 %余项多项式 r 的次数
if q(Nq+1)==0
    s=0;
    r=0;
    fprintf('除数多项式系数输入错误! ')
    return;
end
ll=Np;
for i=Ns+1:-1:1
    s(i)=p(ll+1)/q(Nq+1);
    mm=ll;
    for j=1:Nq
        p(mm)=p(mm)-s(i)*q(Nq-j+1);
        mm=mm-1;
    end
    ll=ll-1;
end
for i=1:Nr+1
    r(i)=p(i);
end
end
```

上述算法既适用于实系数多项式运算，也适用于复系数多项式运算。

【例 2-1】实系数多项式基本运算示例。

（1）计算多项式 $P_1(x)$ 在 $x = \pm 0.9, \pm 1.1, \pm 1.3$ 处的函数值。其中

$$P_1(x) = 2x^6 - 5x^5 + 3x^4 + x^3 - 7x^2 + 7x - 20$$

（2）计算多项式 $P_2(x)$ 与 $Q_2(x)$ 的乘积多项式 $S_2(x) = P_2(x)Q_2(x)$。其中

$$P_2(x) = 3x^5 - x^4 + 2x^3 + 5x^2 - 6x + 4$$

$$Q_2(x) = 2x^3 - 6x^2 + 3x + 2$$

（3）求多项式 $P_3(x)$ 被多项式 $Q_3(x)$ 除得的商多项式 $S_3(x)$ 和余多项式 $R_3(x)$。其中

$$P_3(x) = 3x^4 + 6x^3 - 3x^2 - 5x + 8$$

$$Q_3(x) = 2x^2 - x + 1$$

主函数如下。

```
clc, clear
% 实系数多项式运算
x=[0.9 1.1 1.3 -0.9 -1.1 -1.3];
p1=[-20 7 -7 1 3 -5 2];
p2=[4 -6 5 2 -1 3];
q2=[2 3 -6 2];
p3=[8 -5 -3 6 3];
q3=[1 -1 2];
```

```
fprintf('多项式求值:\n');
for k=1:length(x)
    fprintf('p(%f)=%f\n',x(k),poly_value(x(k),p1));
end
fprintf('乘积多项式 s2=p2*q2:\n');
s=poly_mul(q2,p2);
for k=1:length(s)
    fprintf('s2(%d)=%f\n',k,s(k));
end
fprintf('p3/q3 商多项式 s3:\n');
[s3, r3]=poly_div(q3,p3);
for k=1:length(s3)
    fprintf('s3(%d)=%f\n',k,s3(k));
end
fprintf('p3/q3 余多项式 r3:\n');
for k=1:length(r3)
    fprintf('r3(%d)=%f\n',k,r3(k));
end
```

运行程序，输出结果如下。

```
多项式求值:
p(0.900000)=-18.562268
p(1.100000)=-19.556128
p(1.300000)=-20.875732
p(-0.900000)=-26.715368
p(-1.100000)=-21.513028
p(-1.300000)=-6.340432
乘积多项式 s2=p2*q2:
s2(1)=8.000000
s2(2)=0.000000
s2(3)=-32.000000
s2(4)=63.000000
s2(5)=-38.000000
s2(6)=1.000000
s2(7)=19.000000
s2(8)=-20.000000
s2(9)=6.000000
p3/q3 商多项式 s3:
s3(1)=-0.375000
s3(2)=3.750000
s3(3)=1.500000
p3/q3 余多项式 r3:
r3(1)=8.375000
r3(2)=-9.125000
```

【例 2-2】复系数多项式基本运算示例。

（1）计算复系数多项式 $P_1(z)$ 在 $z=1+\mathrm{j}$ 时的函数值。其中

$$P_1(z) = (2+\mathrm{j}2)z^3 + (1+\mathrm{j})z^2 + (2+\mathrm{j})z + (2+\mathrm{j})$$

（2）求多项式 $P_2(z)$、$Q_2(z)$ 的乘积多项式 $S_2(z)$。其中

$$P_2(z) = (3+j2)z^5 + (-1-j)z^4 + (2+j)z^3 + (5-j4)z^2 + (-6+j3)z + (4+j2)$$

$$Q_2(z) = (2+j)z^3 + (-6-j4)z^2 + (3+j2)z + (2+j)$$

（3）求复系数多项式 $P_3(z)$ 被复系数多项式 $Q_3(z)$ 除得的商多项式 $S_3(z)$ 和余多项式 $R_3(z)$。其中

$$P_3(z) = (3-j)z^4 + (6-j5)z^3 + (-3+j4)z^2 + (-5+j4)z + (8+j3)$$

$$Q_3(z) = (2+j2)z^2 + (-1-j3)z + (1+j2)$$

主函数如下。

```
clc, clear
% 复数多项式运算类例
x=input('输入 x=');
p1=[2+1i 2+1i 1+1i 2+2i];
p2=[4+2i -6+3i 5-4i 2+1i -1-1i 3+2i];
q2=[2+1i 3+2i -6-4i 2+1i];
p3=[8+3i -5+4i -3+4i 6-5i 3-1i];
q3=[1+2i -1-3i 2+2i];
fprintf('多项式求值:\n');
fprintf('x=(%f,%f)\n',real(x),imag(x));
u=poly_value(x, p1);
fprintf('p(x)=(%f,%f)\n',real(u),imag(u));
fprintf('乘积多项式 s2=p2*q2:\n');
s2=poly_mul(q2,p2);                       %多项式相乘 s2 = p2*q2
for k=1:length(s2)                        %输出乘积多项式 s2 的系数
    fprintf('s2(%d)=(%f,%f)\n',k,real(s2(k)),imag(s2(k)));
end
fprintf('p3/q3 商多项式 s3:\n');
[s3, r3]=poly_div(q3,p3);                 %多项式相除 s3 = p3/q3+r3
for k=1:length(s3)                        %输出商多项式 s3 的系数
    fprintf('s3(%d)=(%f, %f)\n',k,real(s3(k)),imag(s3(k)));
end
fprintf('p3/q3 余多项式 r3:\n');
for k=1:length(r3)                        %输出余多项式 r3 的系数
    fprintf('r3(%d)=(%f,%f)\n',k,real(r3(k)),imag(r3(k)));
end
```

运行程序，输出结果如下。

```
输入 x=1+1j
多项式求值:
x=(1.000000, 1.000000)
p(x)=(-7.000000, 6.000000)
乘积多项式 s2=p2*q2:
s2(1)=(6.000000, 8.000000)
s2(2)=(-7.000000, 14.000000)
s2(3)=(-26.000000, -34.000000)
s2(4)=(80.000000, 16.000000)
```

```
s2(5)=(-58.000000, 8.000000)
s2(6)=(9.000000, -15.000000)
s2(7)=(10.000000, 26.000000)
s2(8)=(-11.000000, -27.000000)
s2(9)=(4.000000, 7.000000)
p3/q3 商多项式 s3：
s3(1)=(2.625000, -0.500000)
s3(2)=(1.250000, -3.500000)
s3(3)=(0.500000, -1.000000)
p3/q3 余多项式 r3：
r3(1)=(4.375000, -1.750000)
r3(2)=(-9.125000, 12.375000)
```

2.2 常规矩阵求逆

用全选主元高斯–约当（Gauss–Jordan）消去法求 n 阶实（或复）矩阵 A 的逆矩阵 A^{-1}。求逆过程可以用以下计算步骤表示。

对于 $k=1,2,\cdots,n$，进行如下运算。

（1）归一化计算。

$$1/a_{kk} \Rightarrow a_{kk}$$
$$a_{kj}a_{kk} \Rightarrow a_{kj}, \quad j=1,2,\cdots,n; \quad j \neq k$$

（2）消元计算。

$$a_{ij} - a_{ik}a_{kj} \Rightarrow a_{ij}, \quad i=1,2,\cdots,n; \quad i \neq k; \quad j=1,2,\cdots,n; \quad j \neq k$$
$$-a_{ik}a_{kk} \Rightarrow a_{ik}, \quad i=1,2,\cdots,n; \quad i \neq k$$

矩阵求逆的计算工作量（乘除法次数）为 $O(n^3)$。

为了数值计算的稳定性，整个求逆过程需要全选主元。全选主元的过程如下：对于矩阵求逆过程中的第 k 步，首先，在 a_{kk} 右下方（包括 a_{kk}）的 $n-k+1$ 阶子阵中选取绝对值最大的元素，并将该元素所在的行号记录在 $IS(k)$ 中，列号记录在 $JS(k)$ 中。然后，通过行交换与列交换将该绝对值最大的元素交换到主对角线 a_{kk} 的位置上，即执行以下两步。

（1）$A(k,l) \Leftrightarrow A[IS(k),l]$，$l=1,2,\cdots,n$；

（2）$A(l,k) \Leftrightarrow A[l,JS(k)]$，$l=1,2,\cdots,n$。

经过全选主元后，矩阵求逆的计算过程是稳定的，但最后需要对结果进行恢复。恢复的过程如下：对于 $k=n,n-1,\cdots,1$，分别执行以下两步。

（1）$A(k,l) \Leftrightarrow A[JS(k),l]$，$l=1,2,\cdots,n$；

（2）$A(l,k) \Leftrightarrow A[l,IS(k)]$，$l=1,2,\cdots,n$。

在 MATLAB 中编写 inv_d() 函数，实现常规矩阵求逆。在 MATLAB 中，也可以直接使用自带的矩阵求逆函数 inv() 实现矩阵求逆，inv(A) 等效于 A^(-1)。

```
function [flag, a]=inv_d(a)
%%%%%%%%%%%%%%%%%%%%%%%%%%%%%%%%%%%%%%
% 求逆矩阵
```

```matlab
% 输入:
%       a:原矩阵
% 输出:
%       flag:若矩阵奇异，则返回标志值 0，否则返回非 0
%       a:逆矩阵
%%%%%%%%%%%%%%%%%%%%%%%%%%%%%%%%%%%%%%
n=length(a);
a=reshape(a',1,n^2);
for k=0:n-1
    d=0;
    for i=k:n-1                                    %选主元
        for j=k:n-1
            l=i*n+j;
            q=abs(a(l+1));                         %计算元素绝对值
            if q>d
                d=q;
                is(k+1)=i;
                js(k+1)=j;
            end
        end
    end
    if d==0
        disp('矩阵奇异');
        flag=0;
    end
    if is(k+1)~=k
        for j=0:n-1                                %行交换
            u=k*n+j;
            v=is(k+1)*n+j;
            p=a(u+1);
            a(u+1)=a(v+1);
            a(v+1)=p;
        end
    end
    if js(k+1)~=k
        for i=0:n-1                                %列交换
            u=i*n+k;
            v=i*n+js(k+1);
            p=a(u+1);
            a(u+1)=a(v+1);
            a(v+1)=p;
        end
    end
    l=k*n+k;
    a(l+1)=1/a(l+1);                               %计算 1/a(l+1)
    for j=0:n-1                                    %归一化
```

```
            if j~=k
                u=k*n+j;
                a(u+1)=a(u+1)*a(l+1);
            end
        end
        for i=0:n-1                                    %消元计算
            if i~=k
                for j=0:n-1
                    if j~=k
                        u=i*n+j;
                        a(u+1)=a(u+1)-a(i*n+k+1)*a(k*n+j+1);
                    end
                end
            end
        end
        for i=0:n-1                                    %恢复行列交换
            if i~=k
                u=i*n+k;
                a(u+1)=-a(u+1)*a(l+1);
            end
        end
    end
    for k=n-1:-1:0
        if js(k+1)~=k
            for j=0:n-1
                u=k*n+j;
                v=js(k+1)*n+j;
                p=a(u+1);
                a(u+1)=a(v+1);
                a(v+1)=p;
            end
        end
        if is(k+1)~=k
            for i=0:n-1
                u=i*n+k;
                v=i*n+is(k+1);
                p=a(u+1);
                a(u+1)=a(v+1);
                a(v+1)=p;
            end
        end
    end
    a=reshape(a,n,n)';
    flag=1;
end
```

【例 2-3】求下列实矩阵的逆矩阵。

$$A = \begin{bmatrix} 0.2368 & 0.2471 & 0.2568 & 1.2671 \\ 1.1161 & 0.1254 & 0.1397 & 0.1490 \\ 0.1582 & 1.1675 & 0.1768 & 0.1871 \\ 0.1968 & 0.2071 & 1.2168 & 0.2271 \end{bmatrix}$$

在编辑器中编写如下程序。

```
clc, clear
% 实矩阵求逆示例
A=[0.2368 0.2471 0.2568 1.2671;
   1.1161 0.1254 0.1397 0.1490;
   0.1582 1.1675 0.1768 0.1871;
   0.1968 0.2071 1.2168 0.2271];
if det(A)~=0
   fprintf('实矩阵A:\n');disp(A);
   fprintf('内置函数求逆矩阵A-:\n');
   disp(inv(A));
   fprintf('自编函数求逆矩阵A-:\n');
   [flag,AA]=inv_d(A);disp(AA);
end
```

运行程序，输出结果如下。

```
实矩阵A:
    0.2368    0.2471    0.2568    1.2671
    1.1161    0.1254    0.1397    0.1490
    0.1582    1.1675    0.1768    0.1871
    0.1968    0.2071    1.2168    0.2271
内置函数求逆矩阵A-:
   -0.0859    0.9379   -0.0684   -0.0796
   -0.1056   -0.0885    0.9060   -0.0992
   -0.1271   -0.1114   -0.1170    0.8784
    0.8516   -0.1355   -0.1402   -0.1438
自编函数求逆矩阵A-:
   -0.0859    0.9379   -0.0684   -0.0796
   -0.1056   -0.0885    0.9060   -0.0992
   -0.1271   -0.1114   -0.1170    0.8784
    0.8516   -0.1355   -0.1402   -0.1438
```

【例 2-4】求复矩阵 A 的逆矩阵，其中 $A = R + jI$。

$$R = \begin{bmatrix} 0.2368 & 0.2471 & 0.2568 & 1.2671 \\ 1.1161 & 0.1254 & 0.1397 & 0.1490 \\ 0.1582 & 1.1675 & 0.1768 & 0.1871 \\ 0.1968 & 0.2071 & 1.2168 & 0.2271 \end{bmatrix}$$

$$I = \begin{bmatrix} 0.1345 & 0.1678 & 0.1875 & 1.1161 \\ 1.2671 & 0.2017 & 0.7024 & 0.2721 \\ -0.2836 & -1.1967 & 0.3556 & -0.2078 \\ 0.3576 & -1.2345 & 2.1185 & 0.4773 \end{bmatrix}$$

在编辑器中编写如下程序。

```
clc, clear
% 复矩阵求逆示例
A=[0.2368+0.1345i 0.2471+0.1678i 0.2568+0.1875i 1.2671+1.1161i;
   1.1161+1.2671i 0.1254+0.2017i 0.1397+0.7024i 0.1490+0.2721i;
   0.1582-0.2836i 1.1675-1.1967i 0.1768+0.3556i 0.1871-0.2078i;
   0.1968+0.3576i 0.2071-1.2345i 1.2168+2.1185i 0.2271+0.4773i];
if det(A)~=0
    fprintf('复矩阵A: \n');disp(A);
    fprintf('内置函数求逆矩阵A-: \n');
    disp(inv(A));
    fprintf('自编函数求逆矩阵A-: \n');
    [flag, AA]=inv_d(A);disp(AA);
end
```

运行程序，输出结果如下。

```
复矩阵A:
   0.2368 + 0.1345i   0.2471 + 0.1678i   0.2568 + 0.1875i   1.2671 + 1.1161i
   1.1161 + 1.2671i   0.1254 + 0.2017i   0.1397 + 0.7024i   0.1490 + 0.2721i
   0.1582 - 0.2836i   1.1675 - 1.1967i   0.1768 + 0.3556i   0.1871 - 0.2078i
   0.1968 + 0.3576i   0.2071 - 1.2345i   1.2168 + 2.1185i   0.2271 + 0.4773i
内置函数求逆矩阵A-:
  -0.0057 + 0.0451i   0.4851 - 0.4817i   0.0217 - 0.2382i  -0.1874 + 0.1212i
  -0.0700 + 0.1162i  -0.0471 + 0.1487i   0.5546 + 0.5124i  -0.0558 - 0.1430i
  -0.1764 + 0.1032i  -0.1421 + 0.1142i   0.0737 + 0.4515i   0.2620 - 0.4689i
   0.4848 - 0.4431i  -0.0311 + 0.0410i  -0.1258 - 0.1227i  -0.0025 + 0.0910i
自编函数求逆矩阵A-:
  -0.0057 + 0.0451i   0.4851 - 0.4817i   0.0217 - 0.2382i  -0.1874 + 0.1212i
  -0.0700 + 0.1162i  -0.0471 + 0.1487i   0.5546 + 0.5124i  -0.0558 - 0.1430i
  -0.1764 + 0.1032i  -0.1421 + 0.1142i   0.0737 + 0.4515i   0.2620 - 0.4689i
   0.4848 - 0.4431i  -0.0311 + 0.0410i  -0.1258 - 0.1227i  -0.0025 + 0.0910i
```

2.3　对称正定矩阵求逆

求 n 阶对称正定矩阵 A 的逆矩阵 A^{-1}，采用变量循环重新编号法，其计算公式为

$$a'_{n-1,n-1} = 1/a_{00}$$
$$a'_{n-1,j-1} = -a_{0j}/a_{00} , \quad j=1,2,\cdots,n-1$$
$$a'_{i-1,n-1} = a_{i0}/a_{00} , \quad i=1,2,\cdots,n-1$$

$$a'_{i-1,j-1} = a_{ij} - a_{i0}a_{0j} / a_{00} , \quad i,j = 1,2,\cdots,n-1$$

当 A 为对称正定矩阵时，其逆矩阵 A^{-1} 也是对称正定矩阵。

在 MATLAB 中编写 ssgj()函数，用于实现对称正定矩阵的求逆。

```
function [a,flag]=ssgj(a,n)
%%%%%%%%%%%%%%%%%%%%%%%%%%%%%%%%%%%%%%
% 对称正定矩阵求逆
% 输入：
%        a(n,n):存放对称正定矩阵
% 输出：
%        a(n,n):返回逆矩阵
%        flag:函数返回标志值，等于 0 表示失败，大于 0 表示成功
%%%%%%%%%%%%%%%%%%%%%%%%%%%%%%%%%%%%%%
a=reshape(a.',numel(a),1);
for k=0:n-1
    w=a(1);
    if abs(w)==0
        flag=0;
        return;
    end
    m=n-k-1;
    for i=1:n-1
        g=a(i*n+1);
        b(i+1)=g/w;
        if i<=m
            b(i+1)=-b(i+1);
        end
        for j=1:i
            a((i-1)*n+j)=a(i*n+j+1)+g*b(j+1);
        end
    end
    a(n^2)=1/w;
    for i=1:n-1
        a((n-1)*n+i)=b(i+1);
    end
end
for i=0:n-2
    for j=i+1:n-1
        a(i*n+j+1)=a(j*n+i+1);
    end
end
flag=1;
a=reshape(a,n,n).';
end
```

【例 2-5】求以下 4 阶对称正定矩阵 A 的逆矩阵 A^{-1}，并计算 AA^{-1} 以检验结果的正确性。

$$A = \begin{bmatrix} 5 & 7 & 6 & 5 \\ 7 & 10 & 8 & 7 \\ 6 & 8 & 10 & 9 \\ 5 & 7 & 9 & 10 \end{bmatrix}$$

在编辑器中编写如下程序。

```
clc, clear
% 对称正定矩阵求逆
A=[5 7 6 5;
   7 10 8 7;
   6 8 10 9;
   5 7 9 10];
n=4;
[b,flag]=ssgj(A,n);
if flag>0
    fprintf('复矩阵 A:\n');disp(A);
    fprintf('逆矩阵 A:\n');disp(b);
    fprintf('检验矩阵 AA-:\n');disp(A*b);
end
```

运行程序，输出结果如下。

```
复矩阵 A:
    5     7     6     5
    7    10     8     7
    6     8    10     9
    5     7     9    10
逆矩阵 A:
   68.0000   -41.0000   -17.0000    10.0000
  -41.0000    25.0000    10.0000    -6.0000
  -17.0000    10.0000     5.0000    -3.0000
   10.0000    -6.0000    -3.0000     2.0000
检验矩阵 AA-:
    1.0000    -0.0000    -0.0000     0.0000
    0.0000     1.0000    -0.0000     0.0000
    0.0000    -0.0000     1.0000     0.0000
    0.0000    -0.0000    -0.0000     1.0000
```

2.4　托普利兹矩阵求逆

求托普利兹（Toeplitz）矩阵的逆矩阵，可以采用特兰持（Trench）法。设 n 阶托普利兹矩阵为

$$T^{(n)} = \begin{bmatrix} t_0 & t_1 & t_2 & \cdots & t_{n-1} \\ \tau_1 & t_0 & t_1 & \cdots & t_{n-2} \\ \tau_2 & \tau_1 & t_0 & \cdots & t_{n-3} \\ \vdots & \vdots & \vdots & \ddots & \vdots \\ \tau_{n-1} & \tau_{n-2} & \tau_{n-3} & \cdots & t_0 \end{bmatrix}$$

该矩阵简称 T 型矩阵，其求逆过程如下。

（1）首先取初值 $\alpha_0 = t_0$，$c_1^{(0)} = \tau_1 / t_0$，$r_1^{(0)} = t_1 / t_0$。

（2）对于 $k = 0, 1, \cdots, n-3$ 执行以下运算。

$$c_i^{(k+1)} = c_i^{(k)} + \frac{r_{k+2-i}^{(k)}}{\alpha_k} \left(\sum_{j=1}^{k+1} c_{k+2-j}^{(k)} \tau_j - \tau_{k+2} \right), \quad i = 0, 1, \cdots, k$$

$$c_{k+2}^{(k+1)} = \frac{1}{\alpha_k} \left(\tau_{k+2} - \sum_{j=1}^{k+1} c_{k+2-j}^{(k)} \tau_j \right)$$

$$r_i^{(k+1)} = r_i^{(k)} + \frac{c_{k+2-i}^{(k)}}{\alpha_k} \left(\sum_{j=1}^{k+1} r_{k+2-j}^{(k)} t_j - t_{k+2} \right), \quad i = 0, 1, \cdots, k$$

$$r_{k+2}^{(k+1)} = \frac{1}{\alpha_k} \left(t_{k+2} - \sum_{j=1}^{k+1} r_{k+2-j}^{(k)} t_j \right)$$

$$\alpha_{k+1} = t_0 - \sum_{j=1}^{k+2} t_j c_j^{(k+1)}$$

计算出 α_{n-2} 以及 $c_i^{(n-2)}$、$r_i^{(n-2)}$ $(i = 0, 1, \cdots, n-2)$。该步骤的计算工作量为 $O(n^2)$。

（3）计算逆矩阵 $B^{(n)}$ 中的各元素。

$$b_{00}^{(n)} = \frac{1}{\alpha_{n-2}}$$

$$b_{0,j+1}^{(n)} = -\frac{1}{\alpha_{n-2}} r_j^{(n-2)}, \quad j = 0, 1, \cdots, n-2$$

$$b_{i+1,0}^{(n)} = -\frac{1}{\alpha_{n-2}} c_i^{(n-2)}, \quad i = 0, 1, \cdots, n-2$$

$$b_{i+1,j+1}^{(n)} = b_{ij}^{(n)} + \frac{1}{\alpha_{n-2}} \left[c_i^{(n-2)} r_j^{(n-2)} - r_{n-2-i}^{(n-2)} c_{n-2-j}^{(n-2)} \right], \quad i, j = 0, 1, \cdots, n-2$$

该步骤的计算工作量也为 $O(n^2)$。

因此，特兰持法的总工作量为 $O(n^2)$，比通常的求逆方法（工作量为 $O(n^3)$）低一阶。

在 MATLAB 中编写 trch() 函数，采用特兰持法求解托普利兹矩阵的逆矩阵。

```
function [b,flag]=trch(t,tt)
%%%%%%%%%%%%%%%%%%%%%%%%%%%%%%%%%%%%%%%%%%%
% 托普利兹矩阵求逆
% 输入:
%       t: 存放 T 型矩阵中的元素 t(1)-t(n)
%       tt: 后 n-1 个元素存放 T 型矩阵中的元素 tt(2)-tt(n)
% 输出:
%       b: 返回 T 型矩阵的逆矩阵
%       flag: 函数返回标志值，等于 0 表示失败，大于 0 表示成功
```

```
%%%%%%%%%%%%%%%%%%%%%%%%%%%%%%%%%%%%%%%%%%
flag=0;
n=length(t);
c=zeros(n,1);
r=zeros(n,1);
p=zeros(n,1);
if t(1)==0
    fprintf('fail\n');
    return;
end
a=t(1);
c(1)=tt(2)/t(1);
r(1)=t(2)/t(1);
for k=0:n-3                          %对于 k=0,1,…,n-3 执行以下运算
    s=0;
    for j=1:k+1
        s=s+c(k+2-j)*tt(j+1);
    end
    s=(s-tt(k+3))/a;
    for i=0:k
        p(i+1)=c(i+1)+s*r(k-i+1);
    end
    c(k+2)=-s;
    s=0;
    for j=1:k+1
        s=s+r(k+2-j)*t(j+1);
    end
    s=(s-t(k+3))/a;
    for i=0:k
        r(i+1)=r(i+1)+s*c(k-i+1);
        c(k-i+1)=p(k-i+1);
    end
    r(k+2)=-s;
    a=0;
    for j=1:k+2
        a=a+t(j+1)*c(j);
    end
    a=t(1)-a;
    if abs(a)==0
        fprintf('fail\n');
        return;
    end
end
b(1)=1/a;
for i=0:n-2                          %计算逆矩阵 B 中的各元素
    k=i+1;
```

```
        j=(i+1)*n;
        b(k+1)=-r(i+1)/a;
        b(j+1)=-c(i+1)/a;
    end
for i=0:n-2
        for j=0:n-2
            k=(i+1)*n+j+1;
            b(k+1)=b(i*n+j+1)-c(i+1)*b(j+2);
            b(k+1)=b(k+1)+c(n-j-1)*b(n-i);
        end
end
b=reshape(b,n,n)';
flag=1;
end
```

【例 2-6】求以下 6 阶 T 型矩阵 $T^{(6)}$ 的逆矩阵 B，并计算 $A = T^{(6)}B$ 检验结果的正确性。其中，$t = (10,5,4,3,2,1)$，$tt = (0,-1,-2,-3,-4,-5)$，$n = 6$。

$$T^{(6)} = \begin{bmatrix} 10 & 5 & 4 & 3 & 2 & 1 \\ -1 & 10 & 5 & 4 & 3 & 2 \\ -2 & -1 & 10 & 5 & 4 & 3 \\ -3 & -2 & -1 & 10 & 5 & 4 \\ -4 & -3 & -2 & -1 & 10 & 5 \\ -5 & -4 & -3 & -2 & -1 & 10 \end{bmatrix}$$

在编辑器中编写如下程序。

```
clc, clear
% 特兰持法求托普利兹矩阵的逆
t=[10 5 4 3 2 1];
tt=[0 -1 -2 -3 -4 -5];
n=length(t);
T=zeros(n);                              %T 型矩阵
for i=1:n
    T(i,i:end)=t(1:n-i+1);
    T(i+1:end,i)=tt(2:n-i+1);
end
[B,flag]=trch(t,tt);
fprintf('B=inv(T):\n');disp(B);
if flag==1
    fprintf('A=T*B:\n');disp(T*B);
end
```

运行程序，输出结果如下。

```
B=inv(T):
    0.0947   -0.0470   -0.0137   -0.0018    0.0019    0.0038
   -0.0043    0.0949   -0.0469   -0.0137   -0.0018    0.0019
   -0.0010   -0.0047    0.0948   -0.0469   -0.0137   -0.0018
```

```
    0.0018   -0.0010   -0.0047    0.0948   -0.0469   -0.0137
    0.0131    0.0021   -0.0010   -0.0047    0.0949   -0.0470
    0.0470    0.0131    0.0018   -0.0010   -0.0043    0.0947
A=T*B:
    1.0000    0.0000   -0.0069   -0.0000   -0.0000   -0.0000
   -0.0021    1.0010    0.0003   -0.0069   -0.0000   -0.0001
    0.0071   -0.0056    1.0000    0.0002   -0.0068    0.0002
   -0.0035    0.0087   -0.0051    1.0001    0.0001   -0.0069
   -0.0001   -0.0000    0.0097   -0.0050    1.0000   -0.0002
    0.0000         0    0.0000    0.0097   -0.0050    1.0000
```

2.5　求一般行列式的值

计算 n 阶方阵 A 所对应的行列式值，采用全选主元高斯消去法。计算时，采用高斯消去法对方阵 A 进行一系列变换，使之成为上三角矩阵，其对角线上的各元素乘积即为行列式值。变换过程如下。

对于 $k = 0, 1, \cdots, n-2$，进行如下变换。

$$a_{ij} - a_{ik} a_{kj} / a_{kk} \Rightarrow a_{ij}, \quad i, j = k+1, \cdots, n-1$$

为保证数值计算的稳定性，在实际变换过程中采用全选主元。

在 MATLAB 中编写 sdet() 函数，实现求一般行列式的值。在 MATLAB 中，也可以直接使用自带的函数 det() 实现求矩阵行列式的值。

```
function detnum=sdet(a)
%%%%%%%%%%%%%%%%%%%%%%%%%%%%%%%%%%%%%%%%%
% 行列式求值
% 输入：
%       a: 行列式
% 输出：
%       detnum: 行列式的值
%%%%%%%%%%%%%%%%%%%%%%%%%%%%%%%%%%%%%%%%%
n=length(a);                                            %阶数
a=reshape(a',1,n^2);
f=1;
detnum=1;
for k=0:n-2
    q=0;
    for i=k:n-1
        for j=k:n-1
            l=i*n+j;
            d=abs(a(l+1));
        end
    end
    if d>q
        q=d;
        is=i;
        js=j;
```

```
        end
    if q==0
        detnum=0;
        return;
    end
    if is~=k
        f=-f;
        for j=k:n-1
            u=k*n+j;
            v=is*n+j;
            d=a(u+1);
            a(u+1)=a(v+1);
            a(v+1)=d;
        end
    end
    if js~=k
        f=-f;
        for i=k:n-1
            u=i*n+js;
            v=i*n+k;
            d=a(u+1);
            a(u+1)=a(v+1);
            a(v+1)=d;
        end
    end
    l=k*n+k;
    detnum=detnum*a(l+1);
    for i=k+1:n-1
        d=a(i*n+k+1)/a(l+1);
        for j=k+1:n-1
            u=i*n+j;
            a(u+1)=a(u+1)-d*a(k*n+j+1);
        end
    end
end
detnum=f*detnum*a(n^2);
end
```

【例 2-7】求方阵 A 和 B 的行列式值 $\det(A)$ 和 $\det(B)$。

$$A = \begin{bmatrix} 1 & 2 & 3 & 4 \\ 5 & 6 & 7 & 8 \\ 9 & 10 & 11 & 12 \\ 13 & 14 & 15 & 16 \end{bmatrix}, \quad B = \begin{bmatrix} 3 & -3 & -2 & 4 \\ 5 & -5 & 1 & 8 \\ 11 & 8 & 5 & -7 \\ 5 & -1 & -3 & -1 \end{bmatrix}$$

在编辑器中编写如下程序。

```
clc, clear
% 行列式求值
```

```
A=[1 2 3 4;
   5 6 7 8;
   9 10 11 12;
   13 14 15 16];
B=[3 -3 -2 4;
   5 -5 1 8;
   11 8 5 -7;
   5 -1 -3 -1];
fprintf('内置函数求解：\n');
fprintf('det(A)=%f\n',det(A));
fprintf('det(B)=%f\n',det(B));
fprintf('自编函数求解：\n');
fprintf('det(A)=%f\n',sdet(A));
fprintf('det(B)=%f\n',sdet(B));
```

运行程序，输出结果如下。

```
内置函数求解：
det(A)=-0.000000
det(B)=595.000000
自编函数求解：
det(A)=0.000000
det(B)=595.000000
```

2.6　产生随机数

1. 均匀分布随机数

用于产生 $0 \sim 1$ 均匀分布的一个随机数。设 $m = 2^{16}$，产生 $0 \sim 1$ 均匀分布随机数的计算式为

$$r_i = \mathrm{mod}(2053 r_{i-1} + 13849, m)，\quad p_i = r_i / m，\quad i = 1, 2, \cdots$$

其中，p_i 为第 i 个随机数；$r_0 \geqslant 1$（r_0 为随机数种子）。

在 MATLAB 中编写 rnd1() 函数，用于产生 $0 \sim 1$ 均匀分布的一个随机数。

```
function [p,R]=rnd1(R)
%%%%%%%%%%%%%%%%%%%%%%%%%%%%%%%%%%%
% 产生 0~1 均匀分布的一个随机数
% 输入：
%      R:随机数种子
% 输出：
%      p:随机数
%      R:更新后的随机数种子
%%%%%%%%%%%%%%%%%%%%%%%%%%%%%%%%%%%
s=65536;
u=2053;
v=13849;
m=fix(R/s);
R=R-m*s;
R=u*R+v;
```

```
m=fix(R/s);
R=fix(R-m*s);
p=R/s;
end
```

2. 均匀分布随机整数

产生给定区间 $[a,b]$ 内均匀分布的一个随机整数。首先,产生在区间 $[0,s]$ 内均匀分布的随机整数($s=b-a+1$),计算式为

$$r_i = \mathrm{mod}(5r_{i-1}, 4m) , \quad p_i = \mathrm{int}(r_i / 4)$$

其中,初值(随机数种子)r_0 为大于或等于 1 的奇数;$m=2^k$,$k=\lfloor \mathrm{lb}\, s \rfloor + 1$。

然后,将每个随机数加上 a,即得到实际需要的随机整数。

在 MATLAB 中编写 rndab() 函数,用于产生给定区间内均匀分布的一个随机整数。

```
function [p,R]=rndab(a,b,R)
%%%%%%%%%%%%%%%%%%%%%%%%%%%%%%%%%%%%
% 产生给定区间[a,b]内均匀分布的一个随机整数
%%%%%%%%%%%%%%%%%%%%%%%%%%%%%%%%%%%%
k=b-a+1;
j=2;
while j<k
    j=2*j;
end
m=4*j;
k=R;
i=1;
while i<=1
    k=5*k;
    k=mod(k,m);
    j=round(k/4)+a;
    if j<=b
        p=j;
        i=i+1;
    end
end
R=k;
end
```

3. 正态分布随机数

产生均值为 μ,方差为 σ^2 的正态分布随机数 y,计算式为

$$y = \mu + \sigma \frac{\left(\sum\limits_{i=0}^{n-1} \mathrm{rnd}_i \right) - \dfrac{n}{2}}{\sqrt{n/12}}$$

其中,rnd_i 为 $0 \sim 1$ 均匀分布的随机数。n 足够大,通常取 $n=12$ 时,其近似程度已经相当好了,此时有

$$y = \mu + \sigma \left(\sum_{i=0}^{11} \mathrm{rnd}_i - 6 \right)$$

在 MATLAB 中编写 rndg()函数，用于产生给定均值与方差的正态分布随机数。

```
function [t,R]=rndg(u,g,R)
%%%%%%%%%%%%%%%%%%%%%%%%%%%%%%%%
% 产生给定均值 u 与方差 g^2 的正态分布随机数
%%%%%%%%%%%%%%%%%%%%%%%%%%%%%%%%
s=65536;
w=2053;
v=13849;
t=0;
for i=1:12
    R=R*w+v;
    m=fix(R/s);
    R=R-m*s;
    t=t+R/s;
end
t=u+g*(t-6);
end
```

【例 2-8】分别产生以下随机数序列。

（1）50 个 0～1 均匀分布的随机数序列，取随机数种子（即初值）$r=5$；

（2）50 个 101～200 的随机整数序列，取随机数种子（即初值）$r=1$；

（3）50 个均值为 1.0，方差为 1.5^2 的正态分布随机数序列，取随机数种子（即初值）$r=3$。

在编辑器中编写如下程序。

```
clc, clear
fprintf('产生 50 个 0～1 的随机数如下：\n')
%设置随机数种子
R=5;
for i=1:10
    for j=1:5
        [p,R]=rnd1(R);
        fprintf('%f ',p);
    end
    fprintf('\n')
end

fprintf('产生 50 个 101～200 的随机数如下：\n')
%设置随机数种子
R=1;
a=101;
b=200;
for i=1:10
    for j=1:5
        [p,R]=rndab(a,b,R);
        fprintf('%f ',p);
    end
    fprintf('\n')
```

```
end

fprintf('产生 50 个均值为 1，方差为 1.5^2 的正态分布的随机数如下：\n')
%设置随机数种子
R=3;
u=1;
g=1.5;
for i=1:10
    for j=1:5
        [t,R]=rndg(u,g,R);
        fprintf('%f ',t);
    end
    fprintf('\n')
end
```

运行程序，输出结果如下。

```
产生 50 个 0～1 的随机数如下：
0.367950   0.613571   0.872925   0.325943   0.372284
0.510239   0.731262   0.492630   0.580719   0.427414
0.692139   0.172012   0.352631   0.161972   0.739929
0.285965   0.297394   0.760788   0.109009   0.006363
0.274384   0.520737   0.283752   0.755081   0.392975
0.988693   0.998535   0.203995   0.012543   0.961533
0.237732   0.274979   0.742462   0.486130   0.235718
0.139908   0.442108   0.859360   0.476868   0.220657
0.220856   0.628098   0.695557   0.189102   0.438080
0.589218   0.876160   0.967117   0.703156   0.789597
产生 50 个 101～200 的随机数如下：
102.000000   107.000000   132.000000   129.000000   114.000000
167.000000   176.000000   190.000000   163.000000   156.000000
121.000000   200.000000   150.000000   180.000000   113.000000
162.000000   151.000000   110.000000   147.000000   105.000000
122.000000   120.000000   197.000000   198.000000   135.000000
144.000000   189.000000   158.000000   131.000000   124.000000
170.000000   191.000000   168.000000   181.000000   118.000000
187.000000   148.000000   130.000000   119.000000   192.000000
173.000000   115.000000   172.000000   175.000000   165.000000
166.000000   171.000000   196.000000   193.000000   178.000000
产生 50 个均值为 1，方差为 1.5^2 的正态分布的随机数如下：
-0.412430    0.367233   -0.042557    3.701950    1.944504
 1.528854   -1.201248    2.097946   -2.729813    0.159225
-0.391190    2.462692    0.564621   -0.741653    2.387619
 1.796188    1.327805    0.326218    2.635178    1.598434
 1.059738    3.362839   -1.148514    3.369431    1.260422
 2.368210    1.536545    1.109177    0.429855    3.342331
 0.190353    2.317673    1.568039    1.785202    0.812912
 0.994919    0.174973    2.196823    1.904221    1.640915
 0.750656    3.077194    0.464279    2.755661    0.295090
-1.573685    0.993088    2.839157    1.808273    3.244186
```

矩 阵 分 解

矩阵分解是指根据一定的原理用某种算法将一个矩阵分解成若干个矩阵乘积的形式。常见的矩阵分解有三角（LU）分解、正交三角（QR）分解、乔利斯基（Cholesky）分解等。本章将给出几种分解在 MATLAB 中的实现方法。

3.1 对称正定矩阵的乔利斯基分解

求对称正定矩阵的三角分解，采用乔利斯基（Cholesky）分解法。设 n 阶矩阵 A 为对称正定矩阵，则存在一个非奇异的下三角实矩阵 L，使 $A = LL^{\mathrm{T}}$。其中

$$L = \begin{bmatrix} l_{00} & & & 0 \\ l_{10} & l_{11} & & \\ \vdots & \vdots & \ddots & \\ l_{n-1,0} & l_{n-1,1} & \cdots & l_{n-1,n-1} \end{bmatrix}$$

在进行乔利斯基分解时，对 $j = 0,1,\cdots,n-1$ 进行如下计算。

$$l_{ij} = \left(a_{ij} - \sum_{k=0}^{j-1} l_{jk}^2 \right)^{\frac{1}{2}}$$

$$l_{ij} = \left(a_{ij} - \sum_{k=0}^{j-1} l_{ik} l_{jk} \right) / l_{jj}, \quad i = j+1,\cdots,n-1$$

A 的行列式值为

$$\det(A) = \left(\prod_{k=0}^{n-1} l_{kk} \right)^2$$

在 MATLAB 中编写 choll() 函数，采用乔利斯基分解法求对称正定矩阵的三角分解。

```
function [a,flag]=choll(a)
%%%%%%%%%%%%%%%%%%%%%%%%%%%%%%%%%%%%%%%%
% 对称正定矩阵的乔利斯基分解
% 输入:
%      a: 存放正定对称矩阵A
% 输出:
%      a: 其下三角部分存放分解得到的下三角矩阵L, 其余元素均为0
%      flag: 函数返回标志值, 若为0则表示失败, 若大于0则表示成功
```

```
%%%%%%%%%%%%%%%%%%%%%%%%%%%%%%%%%%%%%%
flag=0;
[n,~]=size(a);
a=reshape(a',numel(a),1);
if (a(1)==0)||(a(1)<0)
    fprintf('fail!\n');
    return;
end
a(1)=sqrt(a(1));
for i=1:n-1                          %对j=0，i从j+1到n-1按照公式计算
    u=i*n;
    a(u+1)=a(u+1)/a(1);
end
for j=1:n-1                          %对j从1到n-1，i从j+1到n-1按照公式计算
    l=j*n+j;
    for k=0:j-1
        u=j*n+k;
        a(l+1)=a(l+1)-a(u+1)^2;
    end
    if (a(l+1)==0)||(a(l+1)<0)
        fprintf('fail!\n');
        return;
    end
    a(l+1)=sqrt(a(l+1));
    for i=j+1:n-1                    %对i从j+1到n-1按照公式计算
        u=i*n+j;
        for k=0:j-1
            a(u+1)=a(u+1)-a(i*n+k+1)*a(j*n+k+1);
        end
        a(u+1)=a(u+1)/a(l+1);
    end
end
for i=0:n-2
    for j=i+1:n-1
        a(i*n+j+1)=0;
    end
end
flag=1;
a=reshape(a,sqrt(numel(a)),sqrt(numel(a)))';
end
```

【例 3-1】求以下 4 阶对称正定矩阵 A 的乔利斯基分解式。

$$A = \begin{bmatrix} 5 & 7 & 6 & 5 \\ 7 & 10 & 8 & 7 \\ 6 & 8 & 10 & 9 \\ 5 & 7 & 9 & 10 \end{bmatrix}$$

在编辑器中编写如下程序。

```
clc, clear
% 对称正定矩阵的乔利斯基分解
A=[5 7 6 5;
   7 10 8 7;
   6 8 10 9;
   5 7 9 10];
[A,flag]=choll(A);
if flag==1
    fprintf('MAT L: \n');disp(A);
end
```

运行程序，输出结果如下。

```
MAT L:
   2.2361        0        0        0
   3.1305   0.4472        0        0
   2.6833  -0.8944   1.4142        0
   2.2361        0   2.1213   0.7071
```

3.2   矩阵的三角分解

对 n 阶实矩阵 A 进行 LU 分解，即 $A = LU$，其中

$$L = \begin{bmatrix} 1 & & & & & \\ l_{21} & 1 & & & & \\ \vdots & \vdots & \ddots & & & \\ l_{k1} & l_{k2} & \cdots & 1 & & \\ \vdots & \vdots & \ddots & \ddots & \ddots & \\ l_{n1} & l_{n2} & \cdots & l_{nk} & \cdots & 1 \end{bmatrix}, \quad U = \begin{bmatrix} u_{11} & u_{12} & \cdots & u_{1k} & \cdots & u_{1n} \\ & u_{22} & \cdots & u_{2k} & \cdots & u_{2n} \\ & & \ddots & \vdots & \ddots & \vdots \\ & & & u_{kk} & \cdots & u_{kn} \\ & & & & \ddots & \vdots \\ & & & & & u_{nn} \end{bmatrix}$$

令

$$Q = L + U - I_n = \begin{bmatrix} u_{11} & u_{12} & \cdots & u_{1k} & \cdots & u_{1n} \\ l_{21} & u_{22} & \cdots & u_{2k} & \cdots & u_{2n} \\ \vdots & \vdots & \ddots & \vdots & \ddots & \vdots \\ l_{k1} & l_{k2} & \cdots & u_{kk} & \cdots & u_{kn} \\ \vdots & \vdots & \ddots & \vdots & \ddots & \vdots \\ l_{n1} & l_{n2} & \cdots & l_{nk} & \cdots & u_{nn} \end{bmatrix}$$

其中，I_n 为 n 阶单位矩阵。则对矩阵 A 进行三角分解的问题就转化成由矩阵 A 求矩阵 Q 的问题。

由 n 阶实矩阵 A 求矩阵 Q 时，对于 $k = 0,1,\cdots,n-2$ 进行如下计算。

$$a_{ik} / a_{kk} \Rightarrow a_{ik}, \quad i = k+1,\cdots,n-1$$

$$a_{ij} - a_{ik}a_{kj} \Rightarrow a_{ij}, \quad i = k+1,\cdots,n-1; \quad j = k+1,\cdots,n-1$$

求得矩阵 Q 后，就可以得到矩阵 L 和 U。

矩阵三角分解的计算工作量（乘除法次数）为 $O(n^3)$。由于本方法没有选主元，因此数值计算是不稳

定的。

在 MATLAB 中编写 lluu()函数,实现矩阵的 LU 分解。

```
function [l,u,a,flag]=lluu(a)
%%%%%%%%%%%%%%%%%%%%%%%%%%%%%%%%%%%%%%%
% 矩阵的 LU 分解
% 输入:
%        a:存放 n 阶矩阵 A
% 输出:
%        l:返回时存放下三角矩阵 L
%        u:返回时存放上三角矩阵 U
%        a:返回时存放矩阵 Q
%        flag: 函数返回标志值,若为 0 表示失败,否则正常
%%%%%%%%%%%%%%%%%%%%%%%%%%%%%%%%%%%%%%%
[n,~]=size(a);
a=reshape(a',numel(a),1);
flag=0;
for k=0:n-2                              %k 从 0 到 n-2 按照公式计算
    ll=k*n+k;
    if abs(a(ll+1)==0)
        fprintf('fail!');
        return;
    end
    for i=k+1:n-1
        w=i*n+k;
        a(w+1)=a(w+1)/a(ll+1);
    end
    for i=k+1:n-1
        w=i*n+k;
        for j=k+1:n-1
            v=i*n+j;
            a(v+1)=a(v+1)-a(w+1)*a(k*n+j+1);
        end
    end
end
for i=0:n-1                              %计算矩阵 L 和 U
    for j=0:i-1
        w=i*n+j;
        l(w+1)=a(w+1);
        u(w+1)=0;
    end
    w=i*n+i;
    l(w+1)=1;
    u(w+1)=a(w+1);
    for j=i+1:n-1
        w=i*n+j;
        l(w+1)=0;
```

```
        u(w+1)=a(w+1);
    end
end
flag=1;
a=reshape(a,sqrt(numel(a)),sqrt(numel(a)))';
l=reshape(l,size(a))';
u=reshape(u,size(a))';
end
```

【例 3-2】求以下 4 阶矩阵 A 的 LU 分解。

$$A = \begin{bmatrix} 2 & 4 & 4 & 2 \\ 3 & 3 & 12 & 6 \\ 2 & 4 & -1 & 2 \\ 4 & 2 & 1 & 1 \end{bmatrix}$$

在编辑器中编写如下程序。

```
clc, clear
% 矩阵的 LU 分解
A=[2 4 4 2;
   3 3 12 6;
   2 4 -1 2;
   4 2 1 1];
[L,U,A,flag]=lluu(A);
if flag~=0
    fprintf('MAT L:\n');disp(L);
    fprintf('MAT U:\n');disp(U);
end
```

运行程序，输出结果如下。

```
MAT L:
    1.0000         0         0         0
    1.5000    1.0000         0         0
    1.0000         0    1.0000         0
    2.0000    2.0000    3.8000    1.0000
MAT U:
    2     4     4     2
    0    -3     6     3
    0     0    -5     0
    0     0     0    -9
```

3.3 一般实矩阵的 QR 分解

对一般 $m \times n$ 阶的实矩阵进行 QR 分解，可以采用豪斯荷尔德（Householder）变换实现。设 $m \times n$ 的实矩阵 A 列线性无关，则可以将 A 分解为 $A = QR$ 的形式，其中 Q 为 $m \times m$ 的正交矩阵，R 为 $m \times n$ 的上三角矩阵。

利用豪斯荷尔德变换对一般实矩阵 A 进行 QR 分解的具体过程如下。

（1）令 $Q = I_{m \times m}$，$s = \min(m-1, n)$。

（2）对于 $k = 1, 2, \cdots, s-1$ 进行以下操作。

首先确定豪斯荷尔德矩阵。

$$H_k = \begin{bmatrix} I_{k-1} & 0 \\ 0 & \widehat{H}_{m-k+1} \end{bmatrix}$$

$$\widehat{H}_{m-k+1} = \begin{bmatrix} 1-2u_k^2 & -2u_k u_{k+1} & \cdots & -2u_k u_m \\ -2u_{k+1} u_k & 1-2u_{k+1}^2 & \cdots & -2u_{k+1} u_m \\ \vdots & \vdots & \ddots & \vdots \\ -2u_m u_k & -2u_m u_{k+1} & \cdots & 1-u_m^2 \end{bmatrix}$$

矩阵 $\widehat{H}_{m-k+1}$ 中 $u_i (i = k, k+1, \cdots, m)$ 的计算方法为

$$\eta = \max_{k \leq i \leq n} |a_{ik}|$$

$$\alpha = -\operatorname{sgn}(a_{kk}) \eta \sqrt{\sum_{i=k}^{m} (a_{ik}/\eta)^2}$$

$$\rho = \sqrt{2\alpha(\alpha - a_{kk})}$$

$$u_k = \frac{1}{\rho}(a_{kk} - \alpha) \Rightarrow a_{kk}$$

$$u_i = \frac{1}{\rho} a_{ik} \Rightarrow a_{ik}, \quad i = k+1, \cdots, m$$

然后用 H_k 左乘 Q，即

$$H_k Q \Rightarrow Q$$

其计算方法为

$$\begin{cases} t = \sum_{l=k}^{m} a_{lk} q_{lj} \\ q_{ij} - 2a_{ik} t \Rightarrow q_{ij} \end{cases}, \quad j = 1, 2, \cdots, m; \quad i = k, k+1, \cdots, m$$

最后用 H_k 左乘 A，即

$$H_k A \Rightarrow A$$

其计算方法为

$$\begin{cases} t = \sum_{l=k}^{m} a_{lk} a_{lj} \\ a_{ij} - 2a_{ik} t \Rightarrow a_{ij} \end{cases}, \quad j = k+1, \cdots, n; \quad i = k, k+1, \cdots, m$$

$$\alpha \Rightarrow a_{kk}$$

（3）矩阵 A 的右上三角部分即为 R，而 $Q^{\mathrm{T}} \Rightarrow Q$。

在 MATLAB 中编写 maqr() 函数，利用豪斯荷尔德变换对一般 $m \times n$ 阶实矩阵进行 QR 分解。

```
function [a,q,flag]=maqr(a)
%%%%%%%%%%%%%%%%%%%%%%%%%%%%%%%%%%%%%%%
% 输入:
```

```
%        a: 存放 m*n 的实矩阵 A, 要求 m>=n
%  输出:
%        a: 返回时其右上三角部分存放 QR 分解中的上三角阵 R
%        q: 返回 QR 分解中的正交矩阵 Q
%        flag: 函数返回标志值, 若为 0 则表示失败, 否则成功
%%%%%%%%%%%%%%%%%%%%%%%%%%%%%%%%%%%%%%%%
flag=0;
[m, n]=size(a);
a=reshape(a',numel(a),1);
if m<n
    fprintf('fail!\n');
    return;
end
for i=0:m-1
    for j=0:m-1
        l=i*m+j;
        q(l+1)=0;
        if i==j
            q(l+1)=1;
        end
    end
end

nn=n;
if m==n
    nn=m-1;
end

for k=0:nn-1
    u=0;
    l=k*n+k;
    for i=k:m-1
        w=abs(a(i*n+k+1));
        if w>u
            u=w;
        end
    end
    alpha=0;
    for i=k:m-1
        t=a(i*n+k+1)/u;
        alpha=alpha+t^2;
    end
    if a(l+1)>0
        u=-u;
    end
    alpha=u*sqrt(alpha);
```

```
        if abs(alpha)==0
            fprintf('fail!\n');
            return;
        end
        u=sqrt(2*alpha*(alpha-a(l+1)));
        if u~=0
            a(l+1)=(a(l+1)-alpha)/u;                    %确定豪斯荷尔德矩阵
            for i=k+1:m-1
                p=i*n+k;
                a(p+1)=a(p+1)/u;
            end
            for j=0:m-1
                t=0;
                for jj=k:m-1
                    t=t+a(jj*n+k+1)*q(jj*m+j+1);
                end
                for i=k:m-1
                    p=i*m+j;
                    q(p+1)=q(p+1)-2*t*a(i*n+k+1);
                end
            end
            for j=k+1:n-1
                t=0;
                for jj=k:m-1
                    t=t+a(jj*n+k+1)*a(jj*n+j+1);
                end
                for i=k:m-1
                    p=i*n+j;
                    a(p+1)=a(p+1)-2*t*a(i*n+k+1);
                end
            end
            a(l+1)=alpha;
            for i=k+1:m-1
                a(i*n+k+1)=0;
            end
        end
    end

end

for i=0:m-2
    for j=i+1:m-1
        p=i*m+j;
        l=j*m+i;
        t=q(p+1);
        q(p+1)=q(l+1);
        q(l+1)=t;
```

```
    end
end
flag=1;
a=reshape(a,n,m)';
q=reshape(q,m,m)';
end
```

【例 3-3】对以下 4×3 矩阵 A 进行 QR 分解。

$$A = \begin{bmatrix} 1 & 1 & -1 \\ 2 & 1 & 0 \\ 1 & -1 & 0 \\ -1 & 2 & 1 \end{bmatrix}$$

在编辑器中编写如下程序。

```
clc, clear
% 一般实矩阵的 QR 分解
A=[1 1 -1;
   2 1 0;
   1 -1 0;
   -1 2 1];
[R,Q,flag]=maqr(A);
if flag~=0
    fprintf('MAT Q:\n');disp(Q);
    fprintf('MAT R:\n');disp(R);
end
```

运行程序，输出结果如下。

```
MAT Q:
 -0.3780   -0.3780    0.7559    0.3780
 -0.7559   -0.3780   -0.3780   -0.3780
 -0.3780    0.3780   -0.3780    0.7559
  0.3780   -0.7559   -0.3780    0.3780
MAT R:
 -2.6458   -0.0000    0.7559
       0   -2.6458   -0.3780
       0         0   -1.1339
       0         0         0
```

3.4　一般实矩阵的奇异值分解

对一般实矩阵 A 进行奇异值分解，可以采用豪斯荷尔德变换以及变形 QR 法实现。设 A 为 $m \times n$ 阶的实矩阵，则存在一个 $m \times m$ 的列正交矩阵 U 和一个 $n \times n$ 的列正交矩阵 V，使以下关系成立。

$$A = U \begin{bmatrix} \Sigma & 0 \\ 0 & 0 \end{bmatrix} V^{\mathrm{T}}$$

其中，$\Sigma = \mathrm{diag}(\sigma_0, \sigma_1, \cdots, \sigma_p)$，$\sigma_i (i=0,1,\cdots,p)$ 称为 A 的奇异值，$p \leqslant \min(m,n)-1$，且 $\sigma_0 \geqslant \sigma_1 \geqslant \cdots \geqslant \sigma_p > 0$。

利用 A 的奇异值分解式，可以计算 A 的广义逆 A^+。利用 A 的广义逆可以求解线性最小二乘问题。奇异值分解分为以下两大步。

（1）用豪斯荷尔德变换将 A 约化为双对角线矩阵，即

$$\boldsymbol{B} = \widetilde{\boldsymbol{U}}^\mathrm{T} \boldsymbol{A} \widetilde{\boldsymbol{V}} = \begin{bmatrix} s_0 & e_0 & & & 0 \\ & s_1 & e_1 & & \\ & & \ddots & \ddots & \\ & & & s_{p-1} & e_{p-1} \\ 0 & & & & s_p \end{bmatrix}$$

其中

$$\widetilde{\boldsymbol{U}} = \boldsymbol{U}_0 \boldsymbol{U}_1 \cdots \boldsymbol{U}_{k-1}, \quad k = \min(n, m-1)$$
$$\widetilde{\boldsymbol{V}} = \boldsymbol{V}_0 \boldsymbol{V}_1 \cdots \boldsymbol{V}_{l-1}, \quad l = \min(m, n-2)$$

$\widetilde{\boldsymbol{U}}$ 中的每个变换 $\boldsymbol{U}_j(j=0,1,\cdots,k-1)$ 将 A 中第 j 列主对角线以下的元素变为 0；而 $\widetilde{\boldsymbol{V}}$ 中的每个变换 $\boldsymbol{V}_j(j=0,1,\cdots,l-1)$ 将 A 中第 j 行中与主对角线紧邻的右次对角线右边的元素变为 0。

每个变换 $\boldsymbol{V}_j$ 具有如下形式。

$$\boldsymbol{I} - \rho \boldsymbol{V}_j \boldsymbol{V}_j^\mathrm{T}$$

其中，ρ 为一个比例因子，以避免计算过程中的溢出现象与误差的积累；$\boldsymbol{V}_j$ 为一个列向量，即

$$\boldsymbol{V}_j = (v_0, v_1, \cdots, v_{n-1})^\mathrm{T}$$

则

$$\boldsymbol{A} \boldsymbol{V}_j = \boldsymbol{A} - \rho \boldsymbol{A} \boldsymbol{V}_j \boldsymbol{V}_j^\mathrm{T} = \boldsymbol{A} - \boldsymbol{W} \boldsymbol{V}_j^\mathrm{T}$$

其中

$$\boldsymbol{W} = \rho \boldsymbol{A} \boldsymbol{V}_j = \rho \left(\sum_{i=0}^{n-1} v_i a_{0i}, \sum_{i=0}^{n-1} v_i a_{1i}, \cdots, \sum_{i=0}^{n-1} v_i a_{(m-1)i} \right)^\mathrm{T}$$

（2）用变形 QR 法进行迭代，计算所有奇异值，即用一系列平面旋转变换将双对角线矩阵 $\boldsymbol{B}$ 逐步变成对角矩阵。

在每次迭代中，使用变换

$$\boldsymbol{B}' = \boldsymbol{U}_{p-1,p}^\mathrm{T} \cdots \boldsymbol{U}_{12}^\mathrm{T} \boldsymbol{U}_{01}^\mathrm{T} \boldsymbol{B} \boldsymbol{V}_{01} \boldsymbol{V}_{12} \cdots \boldsymbol{V}_{(m-2)(m-1)}$$

其中，变换 $\boldsymbol{U}_{j(j+1)}^\mathrm{T}$ 将 B 中第 j 列主对角线下的一个非 0 元素变为 0，同时在第 j 行的次对角线元素的右边出现一个非 0 元素；而变换 $\boldsymbol{V}_{j(j+1)}$ 将第 $j-1$ 行的次对角线元素右边的一个非 0 元素变为 0，同时在第 j 列的主对角线元素的下方出现一个非 0 元素。由此可知，经过一次迭代（$j=0,1,\cdots,p-1$）后，$\boldsymbol{B}'$ 仍为双对角线矩阵。但随着迭代的进行，最后收敛为对角矩阵，其对角线上的元素即为奇异值。

在每次迭代时，经过初始变换 $\boldsymbol{V}_{01}$ 后，将在第 0 列的主对角线下方出现一个非 0 元素。在变换 $\boldsymbol{V}_{01}$ 中，选择位移值 μ 的计算式为

$$b = \left[(s_{p-1} + s_p)(s_{p-1} - s_p) + e_{p-1}^2 \right] / 2$$
$$c = (s_p e_{p-1})^2$$
$$d = \mathrm{sign}(b)\sqrt{b^2 + c}$$
$$\mu = s_p^2 - c / (b + d)$$

最后还需要对奇异值按非递增次序进行排列。

在上述变换过程中，若对于某个次对角线元素 e_j 满足 $|e_j| \leqslant \varepsilon(|s_{j+1}| + |s_j|)$，则可以认为 e_j 为 0；若对角线元素 s_j 满足 $|s_j| \leqslant \varepsilon(|e_{j-1}| + |e_j|)$，则可以认为 s_j 为 0（即为零奇异值）。其中 ε 为给定的精度要求。

在 MATLAB 中编写 muav()函数，利用豪斯荷尔德变换以及变形 QR 法对一般实矩阵 A 进行奇异值分解。

```matlab
function [a,u,v,flag]=muav(a,eps)
%%%%%%%%%%%%%%%%%%%%%%%%%%%%%%%%%%
% 实矩阵的奇异值分解
% 输入:
%       a: 存放 m*n 的实矩阵 A
%       eps: 给定的精度要求
% 输出:
%       a:返回时其对角线给出奇异值（以非递增次序排列），其余均为 0
%       u:返回左奇异向量 U
%       v:返回右奇异向量 V'
%       flag:函数返回标志值,若小于 0 则表示失败,否则成功
%%%%%%%%%%%%%%%%%%%%%%%%%%%%%%%%%%
[m, n]=size(a);
ka=max(m,n)+1;
s=zeros(ka,1);
e=zeros(ka,1);
w=zeros(ka,1);
u=zeros(m^2,1);
v=zeros(n^2,1);
cs=zeros(2,1);
a=reshape(a',numel(a),1);
it=60;
k=n;
if (m-1)<n
    k=m-1;
end
l=m;
if (n-2)<m
    l=n-2;
end
if l<0
    l=0;
end
ll=k;
if l>k
    ll=l;
end
if ll>=1
    for kk=1:ll
        if kk<=k
            d=0;
```

```
        for i=kk:m
            ix=(i-1)*n+kk-1;
            d=d+a(ix+1)^2;
        end
        s(kk)=sqrt(d);
        if s(kk)~=0
            ix=(kk-1)*n+kk-1;
            if a(ix+1)~=0
                s(kk)=abs(s(kk));
                if a(ix+1)<0
                    s(kk)=-s(kk);
                end
            end
            for i=kk:m
                iy=(i-1)*n+kk-1;
                a(iy+1)=a(iy+1)/s(kk);
            end
            a(ix+1)=1+a(ix+1);
        end
        s(kk)=-s(kk);
    end

    if n>=kk+1
        for j=kk+1:n
            if(kk<=k)&&(s(kk)~=0)
                d=0;
                for i=kk:m
                    ix=(i-1)*n+kk-1;
                    iy=(i-1)*n+j-1;
                    d=d+a(ix+1)*a(iy+1);
                end
                d=-d/a((kk-1)*n+kk);
                for i=kk:m
                    ix=(i-1)*n+j-1;
                    iy=(i-1)*n+kk-1;
                    a(ix+1)=a(ix+1)+d*a(iy+1);
                end
            end
            e(j)=a((kk-1)*n+j);
        end
    end

    if kk<=k
        for i=kk:m
            ix=(i-1)*m+kk-1;
            iy=(i-1)*n+kk-1;
```

```
                u(ix+1)=a(iy+1);
            end
        end

        if kk<=l
            d=0;
            for i=kk+1:n
                d=d+e(i)^2;
            end
            e(kk)=sqrt(d);
            if e(kk)~=0
                if e(kk+1)~=0
                    e(kk)=abs(e(kk));
                    if e(kk+1)<0
                        e(kk)=-e(kk);
                    end
                end
                for i=kk+1:n
                    e(i)=e(i)/e(kk);
                end
                e(kk+1)=1+e(kk+1);
            end
            e(kk)=-e(kk);
            if ((kk+1)<=m)&&(e(kk)~=0)
                for i=kk+1:m
                    w(i)=0;
                end
                for j=kk+1:n
                    for i=kk+1:m
                        w(i)=w(i)+e(j)*a((i-1)*n+j);
                    end
                end
                for j=kk+1:n
                    for i=kk+1:m
                        ix=(i-1)*n+j-1;
                        a(ix+1)=a(ix+1)-w(i)*e(j)/e(kk+1);
                    end
                end
            end
            for i=kk+1:n
                v((i-1)*n+kk)=e(i);
            end
        end
    end
end
mm=n;
```

```matlab
if m+1<n
    mm=m+1;
end
if k<n
    s(k+1)=a(k*n+k+1);
end
if m<mm
    s(mm)=0;
end
if l+1<mm
    e(l+1)=a(l*n+mm);
end
e(mm)=0;
nn=m;
if m>n
    nn=n;
end
if nn>=k+1
    for j=k+1:nn
        for i=1:m
            u((i-1)*m+j)=0;
        end
        u((j-1)*m+j)=1;
    end
end
if k>=1
    for ll=1:k
        kk=k-ll+1;
        iz=(kk-1)*m+kk-1;
        if s(kk)~=0
            if nn>=kk+1
                for j=kk+1:nn
                    d=0;
                    for i=kk:m
                        ix=(i-1)*m+kk-1;
                        iy=(i-1)*m+j-1;
                        d=d+u(ix+1)*u(iy+1)/u(iz+1);
                    end
                    d=-d;
                    for i=kk:m
                        ix=(i-1)*m+j-1;
                        iy=(i-1)*m+kk-1;
                        u(ix+1)=u(ix+1)+d*u(iy+1);
                    end
                end
            end
        end
```

```
                for i=kk:m
                    ix=(i-1)*m+kk-1;
                    u(ix+1)=-u(ix+1);
                end
                u(iz+1)=1+u(iz+1);
                if kk-1>=1
                    for i=1:kk-1
                        u((i-1)*m+kk)=0;
                    end
                end
            else
                for i=1:m
                    u((i-1)*m+kk)=0;
                end
                u((kk-1)*m+kk)=1;
            end
        end
end
for ll=1:n
    kk=n-ll+1;
    iz=kk*n+kk-1;
    if (kk<=1)&&(e(kk)~=0)
        for j=kk+1:n
            d=0;
            for i=kk+1:n
                ix=(i-1)*n+kk-1;
                iy=(i-1)*n+j-1;
                d=d+v(ix+1)*v(iy+1)/v(iz+1);
            end
            d=-d;
            for i=kk+1:n
                ix=(i-1)*n+j-1;
                iy=(i-1)*n+kk-1;
                v(ix+1)=v(ix+1)+d*v(iy+1);
            end
        end
    end
    for i=1:n
        v((i-1)*n+kk)=0;
    end
    v(iz-n+1)=1;
end

for i=1:m
    for j=1:n
        a((i-1)*n+j)=0;
```

```
        end
   end
   m1=mm;
   it=60;
   while 1==1
       if mm==0
           [a,e,s,v]=ppp(a,e,s,v,m,n);
           flag=1;
           a=reshape(a,n,m)';
           u=reshape(u,m,m)';
           v=reshape(v,n,n)';
           return;
       end
       if it==0
           [a,e,s,v]=ppp(a,e,s,v,m,n);
           flag=-1;
           return;
       end
       kk=mm-1;
       while (kk~=0)&&(abs(e(kk)~=0))
           d=abs(s(kk))+abs(s(kk+1));
           dd=abs(e(kk));
           if dd>eps*d
               kk=kk-1;
           else
               e(kk)=0;
           end
       end
       if kk==mm-1
           kk=kk+1;
           if s(kk)<0
               s(kk)=-s(kk);
               for i=1:n
                   ix=(i-1)*n+kk-1;
                   v(ix+1)=-v(ix+1);
               end
           end
           while (kk~=m1)&&(s(kk)<s(kk+1))
               d=s(kk);
               s(kk)=s(kk+1);
               s(kk+1)=d;
               if kk<n
                   for i=1:n
                       ix=(i-1)*n+kk-1;
                       iy=(i-1)*n+kk;
                       d=v(ix+1);
```

```
                v(ix+1)=v(iy+1);
                v(iy+1)=d;
            end
        end
        if kk<m
            for i=1:m
                ix=(i-1)*m+kk-1;
                iy=(i-1)*m+kk;
                d=u(ix+1);
                u(ix+1)=u(iy+1);
                u(iy+1)=d;
            end
        end
        kk=kk+1;
    end
    it=60;
    mm=mm-1;
else
    ks=mm;
    while (ks>kk)&&(abs(s(ks))~=0)
        d=0;
        if ks~=mm
            d=d+abs(e(ks));
        end
        if ks~=kk+1
            d=d+abs(e(ks-1));
        end
        dd=abs(s(ks));
        if dd>eps*d
            ks=ks-1;
        else
            s(ks)=0;
        end
    end
    if ks==kk
        kk=kk+1;
        d=abs(s(mm));
        t=abs(s(mm-1));
        if t>d
            d=t;
        end
        t=abs(e(mm-1));
        if t>d
            d=t;
        end
        t=abs(s(kk));
```

```
    if t>d
        d=t;
    end
    t=abs(e(kk));
    if t>d
        d=t;
    end
    sm=s(mm)/d;
    sm1=s(mm-1)/d;
    em1=e(mm-1)/d;
    sk=s(kk)/d;
    ek=e(kk)/d;
    b=((sm1+sm)*(sm1-sm)+em1^2)/2;
    c=sm*em1;
    c=c^2;
    shh=0;
    if (b~=0)||(c~=0)
        shh=sqrt(b^2+c);
        if b<0
            shh=-shh;
        end
        shh=c/(b+shh);
    end
    fg(1)=(sk+sm)*(sk-sm)-shh;
    fg(2)=sk*ek;
    for i=kk:mm-1
        [fg,cs]=sss(fg,cs);
        if i~=kk
            e(i-1)=fg(1);
        end
        fg(1)=cs(1)*s(i)+cs(2)*e(i);
        e(i)=cs(1)*e(i)-cs(2)*s(i);
        fg(2)=cs(2)*s(i+1);
        s(i+1)=cs(1)*s(i+1);
        if (cs(1)~=1)||(cs(2)~=0)
            for j=1:n
                ix=(j-1)*n+i-1;
                iy=(j-1)*n+i;
                d=cs(1)*v(ix+1)+cs(2)*v(iy+1);
                v(iy+1)=-cs(2)*v(ix+1)+cs(1)*v(iy+1);
                v(ix+1)=d;
            end
        end
        [fg,cs]=sss(fg,cs);
        s(i)=fg(1);
        fg(1)=cs(1)*e(i)+cs(2)*s(i+1);
```

```
            s(i+1)=-cs(2)*e(i)+cs(1)*s(i+1);
            fg(2)=cs(2)*e(i+1);
            e(i+1)=cs(1)*e(i+1);
            if i<m
                if (cs(1)~=1)||(cs(2)~=0)
                    for j=1:m
                        ix=(j-1)*m+i-1;
                        iy=(j-1)*m+i;
                        d=cs(1)*u(ix+1)+cs(2)*u(iy+1);
                        u(iy+1)=-cs(2)*u(ix+1)+cs(1)*u(iy+1);
                        u(ix+1)=d;
                    end
                end
            end
        end
        e(mm-1)=fg(1);
        it=it-1;
    else
        if ks==mm
            kk=kk+1;
            fg(2)=e(mm-1);
            e(mm-1)=0;
            for ll=kk:mm-1
                i=mm+kk-ll-1;
                fg(1)=s(i);
                [fg,cs]=sss(fg,cs);
                s(i)=fg(1);
                if i~=kk
                    fg(2)=-cs(2)*e(i-1);
                    e(i-1)=cs(1)*e(i-1);
                end
                if (cs(1)~=1)||(cs(2)~=0)
                    for j=1:n
                        ix=(j-1)*n+i-1;
                        iy=(j-1)*n+mm-1;
                        d=cs(1)*v(ix+1)+cs(2)*v(iy+1);
                        v(iy+1)=-cs(2)*v(ix+1)+cs(1)*v(iy+1);
                        v(ix+1)=d;
                    end
                end
            end
        else
            kk=ks+1;
            fg(2)=e(kk-1);
            e(kk-1)=0;
            for i=kk:mm
```

```
                        fg(1)=s(i);
                        [fg,cs]=sss(fg,cs);
                        s(i)=fg(1);
                        fg(2)=-cs(2)*e(i);
                        e(i)=cs(1)*e(i);
                        if (cs(1)~=1)||(cs(2)~=0)
                            for j=1:m
                                ix=(j-1)*m+i-1;
                                iy=(j-1)*m+kk-2;
                                d=cs(1)*u(ix+1)+cs(2)*u(iy+1);
                                u(iy+1)=-cs(2)*u(ix+1)+cs(1)*u(iy+1);
                                u(ix+1)=d;
                            end
                        end
                    end
                end
            end
        end
    end
end
flag=1;
a=reshape(a,m,n);
u=reshape(u,m,m)';
v=reshape(v,n,n)';
end
```

```
function [a,e,s,v]=ppp(a,e,s,v,m,n)
if m>=n
    i=n;
else
    i=m;
end
for j=1:i-1
    a((j-1)*n+j)=s(j);
    a((j-1)*n+j+1)=e(j);
end
a((i-1)*n+i)=s(i);
if m<n
    a((i-1)*n+i+1)=e(i);
end
for i=1:n-1
    for j=i+1:n
        p=(i-1)*n+j-1;
        q=(j-1)*n+i-1;
        d=v(p+1);
        v(p+1)=v(q+1);
        v(q+1)=d;
```

```
        end
    end
end
```

```
function [fg,cs]=sss(fg, cs)
if abs(fg(1))+abs(fg(2))==0
    cs(1)=1;
    cs(2)=0;
    d=0;
else
    d=sqrt(fg(1)^2+fg(2)^2);
    if abs(fg(1))>abs(fg(2))
        d=abs(d);
        if fg(1)<0
            d=-d;
        end
    end
    if abs(fg(2))>=abs(fg(1))
        d=abs(d);
        if fg(2)<0
            d=-d;
        end
    end
    cs(1)=fg(1)/d;
    cs(2)=fg(2)/d;
end
r=1;
if abs(fg(1))>abs(fg(2))
    r=cs(2);
else
    if cs(1)~=0
        r=1/cs(1);
    end
end
fg(1)=d;
fg(2)=r;
end
```

【例 3-4】求矩阵 A 与 B 的奇异值分解式 UAV 与 UBV ，取 $\varepsilon = 0.000001$ 。

$$A = \begin{bmatrix} 1 & 1 & -1 \\ 2 & 1 & 0 \\ 1 & -1 & 0 \\ -1 & 2 & 1 \end{bmatrix}, \quad B = \begin{bmatrix} 1 & 1 & -1 & -1 \\ 2 & 1 & 0 & 2 \\ 1 & -1 & 0 & 1 \end{bmatrix}$$

在编辑器中编写如下程序。

```
clc, clear
% 一般实矩阵的奇异值分解
A=[1 1 -1;
   2 1 0;
   1 -1 0;
   -1 2 1];
B=[1 1 -1 -1;
   2 1 0 2;
   1 -1 0 1];
eps=0.000001;

[A,U,V,flag]=muav(A,eps);
fprintf('矩阵A: \n');
fprintf('MAT U IS: \n');disp(U);
fprintf('MAT V IS: \n');disp(V);
fprintf('MAT A IS: \n');disp(A);
fprintf('MAT UAV IS: \n');disp(U*A*V);

[B,U,V,flag]=muav(B,eps);
fprintf('矩阵B: \n');
fprintf('MAT U IS: \n');disp(U);
fprintf('MAT V IS: \n');disp(V);
fprintf('MAT B IS: \n');disp(B);
fprintf('MAT UBV IS: \n');disp(U*B*V);
```

运行程序，输出结果如下。

```
矩阵A:
MAT U IS:
    0.2764    0.5071    0.7236         0
    0.4472    0.6761   -0.4472         0
    0.4472   -0.1690   -0.4472         0
   -0.7236    0.5071   -0.2764         0
MAT V IS:
    0.8355   -0.4178   -0.3568
    0.4472    0.8944    0.0000
   -0.3192    0.1596   -0.9342
MAT A IS:
    2.8025         0         0
         0    2.6458         0
         0         0    1.0705
         0         0         0
MAT UAV IS:
    1.0000    1.0000   -1.0000
    2.0000    1.0000    0.0000
    1.0000   -1.0000    0.0000
   -1.0000    2.0000    1.0000
```

矩阵 B：
```
MAT U IS:
  -0.0885    -0.9029    -0.4207
  -0.9254    -0.0818     0.3702
  -0.3686     0.4220    -0.8282
MAT V IS:
  -0.7194    -0.2011     0.0276    -0.6642
  -0.3018    -0.6589     0.4229     0.5440
  -0.4740     0.7248     0.3921     0.3102
  -0.4082     0        -0.8165     0.4082
MAT B IS:
   3.2079     0          0          0
   0          2.1350     0          0
   0          0          1.0730     0
MAT UBV IS:
   1.0000     1.0000    -1.0000    -1.0000
   2.0000     1.0000     0.0000     2.0000
   1.0000    -1.0000     0.0000     1.0000
```

3.5 奇异值分解法求广义逆

利用奇异值分解可以求一般 $m \times n$ 阶实矩阵 A 的广义逆 A^+。设 $m \times n$ 阶实矩阵 A 的奇异值分解式为

$$A = U \begin{bmatrix} \Sigma & 0 \\ 0 & 0 \end{bmatrix} V^{\mathrm{T}}$$

其中，$\Sigma = \mathrm{diag}(\sigma_0, \sigma_1, \cdots, \sigma_p)$，$p \leqslant \min(m,n) - 1$，$\sigma_0 \geqslant \sigma_1 \geqslant \cdots \geqslant \sigma_p > 0$。

关于奇异值分解，参考一般实矩阵的奇异值分解方法即可。

设 $U = (U_1, U_2)$，其中 U_1 为 U 中前 $p+1$ 列列正交向量组构成的 $m \times (p+1)$ 矩阵；$V = (V_1, V_2)$，其中 V_1 为 V 中前 $p+1$ 列列正交向量组构成的 $n \times (p+1)$ 矩阵。则 A 的广义逆为

$$A^+ = V_1 \Sigma^{-1} U_1^{\mathrm{T}}$$

在 MATLAB 中编写 ginv() 函数，利用奇异值分解求一般 $m \times n$ 阶实矩阵的广义逆。函数需要调用 muav()、ppp()、sss() 函数。

```
function [a,aa,u,v,flag]=ginv(a,eps)
%%%%%%%%%%%%%%%%%%%%%%%%%%%%%%%%%%%%%%%
% 求矩阵广义逆的奇异值分解法
% 输入：
%       a：存放 m*n 阶实矩阵 A
%       eps：给定的精度要求
% 输出：
%       a：返回时，其对角线给出奇异值（以非递增次序排列），其余元素均为 0
%       aa：返回 A 的广义逆
%       u：返回左奇异向量 U
%       v：返回右奇异向量 V
%       flag：函数返回标志值，若小于 0 则表示失败，否则成功
```

```
%%%%%%%%%%%%%%%%%%%%%%%%%%%%%%%%%%%%%%%
[a,u,v,flag]=muav(a,eps);
[m,n]=size(a);
if flag<0
    return;
end
a=reshape(a',numel(a),1);
u=reshape(u',numel(u),1);
v=reshape(v',numel(v),1);

j=n;
if m<n
    j=m;
end
j=j-1;
k=0;
while (k<=j)&&(a(k*n+k+1)~=0)
    k=k+1;
end
k=k-1;
for i=0:n-1
    for j=0:m-1
        t=i*m+j;
        aa(t+1)=0;
        for l=0:k
            f=l*n+i;
            p=j*m+l;
            q=l*n+l;
            aa(t+1)=aa(t+1)+v(f+1)*u(p+1)/a(q+1);          %求 A 的广义逆
        end
    end
end
flag=1;
a=reshape(a,n,m)';
u=reshape(u,m,m)';
v=reshape(v',n,n)';
aa=reshape(aa,m,n)';
end
```

【例 3-5】求以下 5×4 阶矩阵 A 的广义逆 A^+，再求 A^+ 的广义逆 $(A^+)^+$，取 $\varepsilon = 0.000001$。

$$A = \begin{bmatrix} 1 & 2 & 3 & 4 \\ 6 & 7 & 8 & 9 \\ 1 & 2 & 13 & 0 \\ 16 & 17 & 8 & 9 \\ 2 & 4 & 3 & 4 \end{bmatrix}$$

在编辑器中编写如下程序。

```
clc, clear
% 奇异值分解法求矩阵的广义逆
A=[1 2 3 4;
   6 7 8 9;
   1 2 13 0;
   16 17 8 9;
   2 4 3 4];
eps=0.000001;
[A,AA,U,V,flag]=ginv(A,eps);
fprintf('MAT A IS:\n');disp(A);
fprintf('MAT A* IS:\n');disp(AA);
[AA, AAa, Ua, Va, flaga]=ginv(AA,eps);
fprintf('MAT A* IS:\n');disp(AAa);
```

运行程序，输出结果如下。

```
MAT A IS:
   31.6162         0         0         0
         0   11.7021         0         0
         0         0    5.6027         0
         0         0         0    1.0420
         0         0         0         0
MAT A* IS:
   -0.1135    0.2644   -0.0298    0.0452   -0.5832
    0.0718   -0.3471    0.0287    0.0490    0.5988
   -0.0039    0.0337    0.0748   -0.0112   -0.0467
    0.0580    0.1603   -0.0680   -0.0534   -0.0484
MAT A* IS:
    1.0000    2.0000    3.0000    4.0000
    6.0000    7.0000    8.0000    9.0000
    1.0000    2.0000   13.0000    0.0000
   16.0000   17.0000    8.0000    9.0000
    2.0000    4.0000    3.0000    4.0000
```

特征值与特征向量

许多工程实际问题（如振动问题、稳定性问题等）的求解，最终都归结为求某些矩阵的特征值和特征向量的问题。在实际应用中，求矩阵的特征值和特征向量通常采用迭代法，基本思想是将特征值和特征向量作为一个无限序列的极限求得舍入误差对这类方法的影响很小，但通常计算量较大。根据具体问题的需要，有些实际问题只要计算模最大的特征值即可。当然，更多的问题则要求计算全部特征值和特征向量。

4.1 约化实矩阵为赫申伯格矩阵

采用初等相似变换可以将一般实矩阵约化为上 H 矩阵，即赫申伯格（Hessenberg）矩阵。将矩阵 A 化为上 H 矩阵，只需要依次将矩阵 A 中的每列都化为上 H 矩阵即可。因此，对于 $k=2,3,\cdots,n-1$（其中第 $n-1$ 列与第 n 列都已经是上 H 矩阵）进行以下操作。

（1）从第 $k-1$ 列的第 $k-1$ 个以下的元素中选出绝对值最大的元素 $a_{m(k-1)}$。

（2）交换第 m 行和第 k 行，交换第 m 列和第 k 列。

（3）对于 $i=k+1,\cdots,n$ 进行如下变换。

① 将第 $k-1$ 列的第 i 个元素消成 0，即 $t_i=a_{i(k-1)}/a_{k(k-1)}$，$0 \Rightarrow a_{i(k-1)}$。

② 第 i 行中的其他元素进行相应的消元变换，即 $a_{ij}-t_i a_{kj} \Rightarrow a_{ij}$，$j=k,k+1,\cdots,n$。

③ 第 i 列中的其他元素也进行相应的变换，即 $a_{jk}+t_i a_{ij} \Rightarrow a_{jk}$，$j=1,2,\cdots,n$。

上述相似变换过程可以表示为

$$A_k = N_k^{-1} I_{km} A_{k-1} I_{bm} N_k，\quad k=2,3,\cdots,n-1$$

其中，$A_1=A$；I_{km} 为初等置换矩阵（表示第 k 和第 m 行或列的交换）；N_k 为一个初等矩阵，即

$$(N_k)_{ij} = \begin{cases} t_i, & i=k+1,\cdots,n; j=k \\ \delta_{ij}, & \text{其他} \end{cases}$$

在 MATLAB 中编写 hhbg()函数，实现通过初等相似变换将一般实矩阵约化为上 H 矩阵，即赫申伯格矩阵。

```
function a=hhbg(a)
%%%%%%%%%%%%%%%%%%%%%%%%%%%%%%%%%%%%%%%%%%
% 约化一般实矩阵为上 H 矩阵
% 输入:
%       a: 一般 n*n 实矩阵
% 输出:
```

```
%        a: 返回上 H 矩阵
%%%%%%%%%%%%%%%%%%%%%%%%%%%%%%%%%%%%%
n=size(a,1);
a=reshape(a',numel(a),1);
for k=1:n-2
    d=0;
    for j=k:n-1                              %从第 k-1 列的第 k-1 个以下的元素中选出绝对值最大的元素
        u=j*n+k-1;
        t=a(u+1);
        if abs(t)>abs(d)
            d=t;
            i=j;
        end
    end
    if abs(d)~=0
        if i~=k
            for j=k-1:n-1                     %交换第 m 行和第 k 行
                u=i*n+j;
                v=k*n+j;
                t=a(u+1);
                a(u+1)=a(v+1);
                a(v+1)=t;
            end
            for j=0:n-1
                u=j*n+i;
                v=j*n+k;
                t=a(u+1);
                a(u+1)=a(v+1);
                a(v+1)=t;
            end
        end
        for i=k+1:n-1                         %对于 i=k+1,…,n 按照公式计算
            u=i*n+k-1;
            t=a(u+1)/d;
            a(u+1)=0;                         %第 k-1 列的第 i 个元素消成 0
            for j=k:n-1
                v=i*n+j;
                a(v+1)=a(v+1)-t*a(k*n+j+1);   %第 i 行中的其他元素进行相应的消元变换
            end
            for j=0:n-1
                v=j*n+k;
                a(v+1)=a(v+1)+t*a(j*n+i+1);   %第 i 列中的相应元素进行相应的消元变换
            end
        end
    end
end
```

```
a=reshape(a,n,n)';
end
```

【例 4-1】用初等相似变换将以下 5 阶矩阵约化为上 H 矩阵。

$$A = \begin{bmatrix} 1 & 6 & -3 & -1 & 7 \\ 8 & -15 & 18 & 5 & 4 \\ -2 & 11 & 9 & 15 & 20 \\ -13 & 2 & 21 & 30 & -6 \\ 17 & 22 & -5 & 3 & 6 \end{bmatrix}$$

在编辑器中编写如下程序。

```
clc, clear
% 初等相似变换法约化一般实矩阵为上 H 矩阵
A=[1 6 -3 -1 7;
   8 -15 18 5 4;
   -2 11 9 15 20;
   -13 2 21 30 -6;
   17 22 -5 3 6];
fprintf('原矩阵 A: \n'); disp(A);
A=hhbg(A);
fprintf('上 H 矩阵 A: \n'); disp(A);
```

运行程序，输出结果如下。

```
原矩阵 A:
    1      6     -3     -1      7
    8    -15     18      5      4
   -2     11      9     15     20
  -13      2     21     30     -6
   17     22     -5      3      6
上 H 矩阵 A:
   1.0000   10.9412    6.1857    8.2678   -3.0000
  17.0000   14.6471   24.8730   25.7797   -5.0000
        0  -19.2699   35.0096    5.8391   17.1765
        0         0  -61.3733  -45.5544    6.1867
        0         0         0  -22.8526   25.8977
```

4.2 双重步 QR 法

采用带原点位移的双重步 QR 法可以计算实上 H 矩阵的全部特征值。设上 H 矩阵 A 不可约，通过一系列双重步 QR 变换，使上 H 矩阵变为对角线块全部是一阶块或二阶块，进而从中解出全部特征值。

双重步 QR 变换的步骤归纳如下。

（1）确定一个初等正交对称矩阵 Q_0，对 A 进行相似变换如下。

$$A_1 = Q_0 A Q_0$$

由于 Q_0 为正交对称矩阵，因此有 $Q_0^{-1} = Q_0$。确定 Q_0 的具体方法如下。

从以下矩阵 A 的右下角二阶子矩阵中解出两个特征值 μ_1 和 μ_2。

$$\begin{bmatrix} a_{n-1,n-1} & a_{n-1,n} \\ a_{n,n-1} & a_{nn} \end{bmatrix}$$

若令 $\alpha = \mu_1 + \mu_2$，$\beta = \mu_1\mu_2$，则有

$$\alpha = a_{n-1,n-1} + a_m$$
$$\beta = a_{n-1,n-1}a_m - a_{n-1,n}a_{n,n-1}$$

由于 A 是上 H 矩阵，可以验证矩阵 $\phi_2(A) = A^2 - \alpha A + \beta I$ 的第 1 列只有前 3 个元素非零，即矩阵的第 1 列为

$$V_0 = (p_0, q_0, r_0, 0, \cdots, 0)^{\mathrm{T}}$$

其中，p_0、q_0、r_0 的计算式为

$$p_0 = a_{11}(a_{11} - \alpha) + a_{12}a_{21} + \beta$$
$$q_0 = a_{21}(a_{11} + a_{22} - \alpha)$$
$$r_0 = a_{21}a_{32}$$

现在要构造一个正交对称矩阵 Q_0，使 V_0 经线性变换 Q_0V_0 后能够消去其中的元素 q_0 和 r_0。可以验证，如下形式的 Q_0 可以满足该要求。

$$Q_0 = \begin{bmatrix} Q_0^{(0)} & 0 \\ 0 & I_{n-3} \end{bmatrix}$$

其中，$Q_0^{(0)}$ 为 3×3 阶的矩阵，即

$$Q_0^{(0)} = \begin{bmatrix} -\dfrac{p_0}{s_0} & -\dfrac{q_0}{s_0} & -\dfrac{r_0}{s_0} \\[2mm] -\dfrac{q_0}{s_0} & \dfrac{p_0}{s_0} + \dfrac{r_0^2}{s_0(p_0+s_0)} & -\dfrac{q_0 r_0}{s_0(p_0+s_0)} \\[2mm] -\dfrac{r_0}{s_0} & -\dfrac{q_0 r_0}{s_0(p_0+s_0)} & \dfrac{p_0}{s_0} + \dfrac{q_0^2}{s_0(p_0+s_0)} \end{bmatrix}$$

其中，$s_0 = \mathrm{sgn}(p_0)\sqrt{p_0^2 + q_0^2 + r_0^2}$。

最后，用 Q_0 对上 H 矩阵 A 进行相似变换，其结果形式如下。

$$A_1 = Q_0 A Q_0 = \begin{bmatrix} * & * & * & * & \cdots & * \\ p_1 & * & * & * & \cdots & * \\ \overline{q_1} & * & * & * & \cdots & * \\ \overline{r_1} & * & * & * & \cdots & * \\ & & & \ddots & \ddots & \vdots \\ 0 & & & & * & * \end{bmatrix}$$

其中，有上画线的为次对角线以下新增加的 3 个非零元素。

（2）利用同样的方法，依次构造正交（且是对称的）矩阵 $Q_1, Q_2, \cdots, Q_{n-2}$，分别用它们对 $A_1, A_2, \cdots, A_{n-2}$ 进行相似变换如下。

$$A_{i+1} = Q_i A_i Q_i, \quad i = 1, 2, \cdots, n-2$$

最后得到上 H 矩阵

$$A_{n-1} = Q_{n-2} A_{n-2} Q_{n-2}$$

在该过程中，一般有

$$A_i = \begin{bmatrix} * & * & * & \cdots & * & * & * & * & \cdots & * \\ * & * & * & \cdots & * & * & * & * & \cdots & * \\ & * & * & \cdots & * & * & * & * & \cdots & * \\ & & \ddots & \ddots & \vdots & \vdots & \vdots & \vdots & & \vdots \\ & & & * & * & * & * & * & \cdots & * \\ & & & & p_i & * & * & * & \cdots & * \\ & & & & \overline{q_i} & * & * & * & \cdots & * \\ & & & & \overline{r_i} & * & * & * & \cdots & * \\ & & & & & & & \ddots & \ddots & \vdots \\ & & & & & & & & * & * \end{bmatrix}$$

若令其第 i 列为 V_i，即 $V_i = (*,*,\cdots,*,p_i,q_i,r_i,0,\cdots,0)^T$，则需要构造的正交对称矩阵 Q_i 应使 V_i 经线性变换 Q_iV_i 后能够消去其中的元素 q_i 和 r_i。可以验证，如下形式的 Q_i 可以满足该要求。

$$Q_i = \begin{bmatrix} I_i & 0 & 0 \\ 0 & Q_i^{(0)} & 0 \\ 0 & 0 & I_{n-3} \end{bmatrix}$$

其中，$Q_i^{(0)}$ 为 3×3 阶的矩阵，即

$$Q_i^{(0)} = \begin{bmatrix} -\dfrac{p_i}{s_i} & -\dfrac{q_i}{s_i} & -\dfrac{r_i}{s_i} \\[3mm] -\dfrac{q_i}{s_i} & \dfrac{p_i}{s_i}+\dfrac{r_i^2}{s_i(p_i+s_i)} & -\dfrac{q_ir_i}{s_i(p_i+s_i)} \\[3mm] -\dfrac{r_i}{s_i} & -\dfrac{q_ir_i}{s_i(p_i+s_i)} & \dfrac{p_i}{s_i}+\dfrac{q_i^2}{s_i(p_i+s_i)} \end{bmatrix}$$

其中，$s_i = \mathrm{sgn}(p_i)\sqrt{p_i^2+q_i^2+r_i^2}$。$p_i$、$q_i$、$r_i(i=0,1,\cdots,n-2)$ 可以从相应的 A_i 的第 i 列中取得，即

$$p_i = a_{(i+1)i}^{(i)}, \quad q_i = a_{(i+2)i}^{(i)}, \quad r_i = a_{(i+3)i}^{(i)}$$

当 $i = n-2$ 时，有

$$p_{n-2} = a_{(n-1)(n-2)}^{(n-2)}, \quad q_{n-2} = a_{n(n-2)}^{(n-2)}, \quad r_{n-2} = 0$$

反复进行以上操作，直到将上 H 矩阵变为对角块全部为一阶块或二阶块为止，此时就可以直接从各对角块中解出全部特征值。

在实际计算过程中，总是将矩阵分割成各不可约的上 H 矩阵，这样可以逐步降低主子矩阵的阶数，减少计算工作量。

QR 法是一种迭代方法。在迭代过程中，如果次对角线元素的模小到一定程度，就可以把它们看作 0。但是，要给出一个非常合适的准则是很困难的，通常采用的判别准则有

$$|a_{k(k-1)}| \leqslant \varepsilon \min\left\{|a_{(k-1)(k-1)}|,|a_{kk}|\right\}$$

或

$$|a_{k(k-1)}| \leqslant \varepsilon \left(|a_{(k-1)(k-1)}|+|a_{kk}|\right)$$

或

$$\left|a_{k(k-1)}\right| \leq \varepsilon\|A\|$$

其中，ε 为控制精度。

　　在 MATLAB 中编写 hhqr() 函数，实现采用带原点位移的双重步 QR 法计算实上 H 矩阵的全部特征值。本函数与 4.1 节中的 hhbg() 函数联用，可以计算一般实矩阵的全部特征值。

```
function [u,v,flag]=hhqr(a,eps)
%%%%%%%%%%%%%%%%%%%%%%%%%%%%%%%%
% QR法求上 H 矩阵特征值
% 输入：
%       a: 上 H 矩阵
%       eps: 控制精度要求
% 输出：
%       u: 返回 n 个特征值的实部
%       v: 返回 n 个特征值的虚部
%       flag: 若在计算某个特征值时迭代超过 100 次，则返回 0 标志值；否则返回非 0 标志值
%%%%%%%%%%%%%%%%%%%%%%%%%%%%%%%%
n=size(a,1);
a-reshape(a',numel(a),1);
jt=100;                          %最大迭代次数，程序工作失败时可修改该值再试
it=0;
m=n;
flag=0;
while m~=0
    l=m-1;
    while (l>0)&&(abs(a(l*n+l))>eps*(abs(a((l-1)*n+1))+abs(a(l*n+l+1))))
        l=l-1;
    end
    ii=(m-1)*n+m-1;
    jj=(m-1)*n+m-2;
    kk=(m-2)*n+m-1;
    ll=(m-2)*n+m-2;
    if l==m-1
        u(m)=a((m-1)*n+m);
        v(m)=0;
        m=m-1;
        it=0;
    elseif l==m-2
        b=-(a(ii+1)+a(ll+1));
        c=a(ii+1)*a(ll+1)-a(jj+1)*a(kk+1);
        w=b^2-4*c;
        y=sqrt(abs(w));
        if w>0                              %计算两个实特征值
            xy=1;
            if b<0
                xy=-1;
            end
        end
```

```
            u(m)=(-b-xy*y)/2;
            u(m-1)=c/u(m);
            v(m)=0;
            v(m-1)=0;
        else                                          %计算复特征值
            u(m)=-b/2;
            u(m-1)=u(m);
            v(m)=y/2;
            v(m-1)=-v(m);
        end
        m=m-2;
        it=0;
    else
        if it>=jt                                     %超过最大迭代次数
            fprintf('超过最大迭代次数! \n');
            return;
        end
        it=it+1;
        for j=l+2:m-1
            a(j*n+j-1)=0;
        end
        for j=l+3:m-1
            a(j*n+j-2)=0;
        end
        for k=l:m-2
            if k~=l
                p=a(k*n+k);
                q=a((k+1)*n+k);
                r=0;
                if k~=m-2
                    r=a((k+2)*n+k);
                end
            else
                x=a(ii+1)+a(ll+1);
                y=a(ll+1)*a(ii+1)-a(kk+1)*a(jj+1);
                ii=l*n+l;
                jj=l*n+l+1;
                kk=(l+1)*n+l;
                ll=(l+1)*n+l+1;
                p=a(ii+1)*(a(ii+1)-x)+a(jj+1)*a(kk+1)+y;
                q=a(kk+1)*(a(ii+1)+a(ll+1)-x);
                r=a(kk+1)*a((l+2)*n+l+2);
            end
            if abs(p)+abs(q)+abs(r)~=0
                xy=1;
                if p<0
```

```
            xy=-1;
        end
        s=xy*sqrt(p^2+q^2+r^2);
        if k~=l
            a(k*n+k)=-s;
        end
        e=-q/s;
        f=-r/s;
        x=-p/s;
        y=-x-f*r/(p+s);
        g=e*r/(p+s);
        z=-x-e*q/(p+s);
        for j=k:m-1
            ii=k*n+j;
            jj=(k+1)*n+j;
            p=x*a(ii+1)+e*a(jj+1);
            q=e*a(ii+1)+y*a(jj+1);
            r=f*a(ii+1)+g*a(jj+1);
            if k~=m-2
                kk=(k+2)*n+j;
                p=p+f*a(kk+1);
                q=q+g*a(kk+1);
                r=r+z*a(kk+1);
                a(kk+1)=r;
            end
            a(jj+1)=q;
            a(ii+1)=p;
        end
        j=k+3;
        if j>=m-1
            j=m-1;
        end
        for i=l:j
            ii=i*n+k;
            jj=i*n+k+1;
            p=x*a(ii+1)+e*a(jj+1);
            q=e*a(ii+1)+y*a(jj+1);
            r=f*a(ii+1)+g*a(jj+1);
            if k~=m-2
                kk=i*n+k+2;
                p=p+f*a(kk+1);
                q=q+g*a(kk+1);
                r=r+z*a(kk+1);
                a(kk+1)=r;
            end
            a(jj+1)=q;
```

```
                a(ii+1)=p;
            end
         end
      end
   end
end
flag=1;
end
```

【例 4-2】计算以下 5 阶矩阵的全部特征值，控制精度要求为 $\varepsilon = 0.000001$。

$$A = \begin{bmatrix} 1 & 6 & -3 & -1 & 7 \\ 8 & -15 & 18 & 5 & 4 \\ -2 & 11 & 9 & 15 & 20 \\ -13 & 2 & 21 & 30 & -6 \\ 17 & 22 & -5 & 3 & 6 \end{bmatrix}$$

在编辑器中编写如下程序。

```
clc, clear
% QR 法求上 H 矩阵全部特征值
A=[1 6 -3 -1 7;
   8 -15 18 5 4;
   -2 11 9 15 20;
   -13 2 21 30 -6;
   17 22 -5 3 6];
eps=0.000001;
fprintf('原矩阵 A: \n');
disp(A);
A=hhbg(A);                          %约化一般实矩阵为上 H 矩阵
fprintf('上 H 矩阵 A: \n');disp(A);
[u, v, flag]=hhqr(A, eps);          %求上 H 矩阵特征值
if flag~=0
    fprintf('矩阵 A 的特征值: \n');disp(u+v*1i);
end
```

运行程序，输出结果如下。

```
原矩阵 A:
    1     6    -3    -1     7
    8   -15    18     5     4
   -2    11     9    15    20
  -13     2    21    30    -6
   17    22    -5     3     6
上 H 矩阵 A:
   1.0000   10.9412    6.1857    8.2678   -3.0000
  17.0000   14.6471   24.8730   25.7797   -5.0000
        0  -19.2699   35.0096    5.8391   17.1765
        0         0  -61.3733  -45.5544    6.1867
```

```
        0        0        0 -22.8526  25.8977
矩阵 A 的特征值:
 -0.6617 + 0.0000i 42.9610 + 0.0000i -15.3396 - 6.7557i -15.3396 + 6.7557i
19.3800 + 0.0000i
```

4.3 约化对称矩阵为对称三对角阵

采用豪斯荷尔德变换可以将 n 阶实对称矩阵约化为对称三对角阵。将 n 阶实对称矩阵 A 约化为对称三对角阵的豪斯荷尔德法，就是使 A 经过 $n-2$ 次变换后变成三对角阵 A_{n-2}，即

$$A_{n-2} = P_{n-3} \cdots P_1 P_0 A P_0 P_1 \cdots P_{n-3}$$

每次的正交变换 $P_i(i=0,1,\cdots,n-3)$ 具有如下形式。

$$P_i = I - U_i U_i^{\mathrm{T}} / H_i$$

其中，P_i 为对称正交矩阵，且

$$H_i = \frac{1}{2} U_i^{\mathrm{T}} U_i$$

$$U_i = (a_{t0}^{(i)}, a_{t1}^{(i)}, \cdots, a_{t(t-2)}^{(i)}, a_{t(t-1)}^{(i)} \pm \sigma_i^{1/2}, 0, \cdots, 0)^{\mathrm{T}}$$

$$\sigma_i = (a_{t0}^{(i)})^2 + (a_{t1}^{(i)})^2 + \cdots + (a_{t(t-1)}^{(i)})^2$$

其中，$t = n - i - 1$。

对 A 的每次变换为

$$A_{i+1} = P_i A_i P_i = (I - U_i U_i^{\mathrm{T}} / H_i) A_i (I - U_i U_i^{\mathrm{T}} / H_i)$$

若令

$$s_i = A_i U_i / H_i$$
$$k_i = U_i^{\mathrm{T}} s_i / (2 H_i)$$
$$q_i = s_i - k_i U_i$$

则有

$$A_{i+1} = A_i - U_i q_i^{\mathrm{T}} - q_i U_i^{\mathrm{T}}$$

其中，s_i 的形式为

$$s_i = (s_{i0}, s_{i1}, \cdots, s_{it}, 0, \cdots, 0)^{\mathrm{T}}$$

q_i 的形式为

$$q_i = (s_{i0} - k_i u_{i0}, s_{i0} - k_i u_{i1}, \cdots, s_{i(t-1)} - k_i u_{i(t-1)}, s_{it}, 0, \cdots, 0)^{\mathrm{T}}$$

在 MATLAB 中编写 strq() 函数，利用豪斯荷尔德变换将 n 阶实对称矩阵约化为对称三对角阵。

```
function [q,b,c,flag]=strq(a)
%%%%%%%%%%%%%%%%%%%%%%%%%%%%%%%%%%%%%
% 约化对称矩阵为对称三对角阵
% 输入:
%      a: 存放 n 阶实对称矩阵 A
% 输出:
%      q: 返回豪斯荷尔德变换的乘积矩阵 Q
%      b: 返回对称三角阵中的主对角线元素
%      c: 前 n-1 个元素返回对称三角阵中的次对角线元素
%      flag: 若矩阵非对称，则显示错误信息并返回 0，否则返回非零标志值
```

```
%%%%%%%%%%%%%%%%%%%%%%%%%%%%%%%%%%%%%%%
[n,~]=size(a);
a=reshape(a.',numel(a),1);
for i=0:n-1
    for j=0:i-2
        if a(i*n+j+1)~=a(j*n+i+1)
            flag=0;
            fprintf('矩阵不对称\n');
            return;
        end
    end
end
for i=0:n-1
    for j=0:n-1
        u=i*n+j;
        q(u+1)=a(u+1);
    end
end
for i=n-1:-1:1                              %进行 n-2 次正交变换，i 为公式中的 t
    h=0;
    if i>1
        for k=0:i-1
            u=i*n+k;
            h=h+q(u+1)^2;
        end
    end
    if h==0
        c(i+1)=0;
        if i==1
            c(i+1)=q(i*n+i);
        end
        b(i+1)=0;
    else
        c(i+1)=sqrt(h);
        u=i*n+i-1;
        if q(u+1)>0
            c(i+1)=-c(i+1);
        end
        h=h-q(u+1)*c(i+1);
        q(u+1)=q(u+1)-c(i+1);
        f=0;
        for j=0:i-1
            q(j*n+i+1)=q(i*n+j+1)/h;
            g=0;
            for k=0:j
                g=g+q(j*n+k+1)*q(i*n+k+1);
```

```
        end
        if j+1<=i-1
            for k=j+1:i-1
                g=g+q(k*n+j+1)*q(i*n+k+1);
            end
        end
        c(j+1)=g/h;
        f=f+g*q(j*n+i+1);
    end
    h2=f/(2*h);
    for j=0:i-1
        f=q(i*n+j+1);
        g=c(j+1)-h2*f;
        c(j+1)=g;
        for k=0:j
            u=j*n+k;
            q(u+1)=q(u+1)-f*c(k+1)-g*q(i*n+k+1);
        end
    end
    b(i+1)=h;
    end
end
for i=0:n-2
    c(i+1)=c(i+2);
end
c(n)=0;
b(1)=0;
for i=0:n-1                                    %计算每次正交变换
    if (b(i+1)~=0)&&(i-1>=0)
        for j=0:i-1
            g=0;
            for k=0:i-1
                g=g+q(i*n+k+1)*q(k*n+j+1);
            end
            for k=0:i-1
                u=k*n+j;
                q(u+1)=q(u+1)-g*q(k*n+i+1);
            end
        end
    end
    u=i*n+i;
    b(i+1)=q(u+1);
    q(u+1)=1;
    if i-1>=0
        for j=0:i-1
            q(i*n+j+1)=0;
```

```
            q(j*n+i+1)=0;
        end
    end
end
flag=1;
q=reshape(q,n,n)';
end
```

【例 4-3】用豪斯荷尔德变换将以下 5 阶实对称矩阵约化为对称三对角阵，并给出豪斯荷尔德变换的乘积矩阵 Q。

$$A = \begin{bmatrix} 10 & 1 & 2 & 3 & 4 \\ 1 & 9 & -1 & 2 & -3 \\ 2 & -1 & 7 & 3 & -5 \\ 3 & 2 & 3 & 12 & -1 \\ 4 & -3 & -5 & -1 & 15 \end{bmatrix}$$

在编辑器中编写如下程序。

```
clc, clear
% 豪斯荷尔德变换法约化实对称矩阵为对称三对角阵
A=[10 1 2 3 4;
   1 9 -1 2 -3;
   2 -1 7 3 -5;
   3 2 3 12 -1;
   4 -3 -5 -1 15];
[q,b,c,flag] = strq(A);
if flag==0
    fprintf('fail!\n');
else
    fprintf('对称矩阵 A:\n');disp(A);
    fprintf('返回的乘积矩阵 Q:\n');disp(q);
    fprintf('返回的主对角线元素 B:\n');disp(b);
    fprintf('返回的次对角线元素 C:\n');disp(c);
end
```

运行程序，输出结果如下。

```
对称矩阵 A:
    10     1     2     3     4
     1     9    -1     2    -3
     2    -1     7     3    -5
     3     2     3    12    -1
     4    -3    -5    -1    15
返回的乘积矩阵 Q:
   -0.0385   -0.8270    0.0305    0.5601         0
   -0.8686   -0.2402    0.1069   -0.4201         0
    0.4492   -0.5037   -0.2329   -0.7001         0
```

0.2057	−0.0687	0.9661	−0.1400	0
0	0	0	0	1.0000

返回的主对角线元素 B:

9.2952	11.6267	10.9604	6.1176	15.0000

返回的次对角线元素 C:

−0.7495	−4.4963	−2.1570	7.1414	0

返回的对称三对角阵为

$$
T = \begin{bmatrix}
9.2952 & -0.7495 & & & \\
-0.7495 & 11.6267 & -4.4963 & & \\
& -4.4963 & 10.9604 & -2.1570 & \\
& & -2.1570 & 6.11765 & 7.1414 \\
& & & 7.1414 & 15.0000
\end{bmatrix}
$$

4.4　变形 QR 法

采用变形 QR 法可以计算实对称三对角阵的全部特征值与相应的特征向量，参考带原点位移的双重步 QR 法。

在 MATLAB 中编写 sstq() 函数，采用变形 QR 法计算实对称三对角阵的全部特征值与相应的特征向量。本函数与 4.3 节的 strq() 函数联用，可以计算一般实对称矩阵的全部特征值与相应的特征向量。

```
function [b,q,it]=sstq(b,c,q,eps)
%%%%%%%%%%%%%%%%%%%%%%%%%%%%%%%%%%%%
% 求对称三对角阵的特征值
% 输入:
%       b: 存放 n 阶实对称三角阵的主对角线上的元素
%       c: 前 n-1 个元素存放实对称三角阵的次对角线上的元素
%       eps: 控制精度要求
% 输出:
%       b: 返回时存放全部特征值
%       q: 若存放 n 阶单位矩阵,则返回实对称三对角阵 T 的特征向量组
%          若存放 strq() 函数所返回的一般实对称矩阵 A 的豪斯荷尔德变换的乘积矩阵 Q,则返回实对称矩阵
%          A 的特征向量组。其中 q 中的第 j 列为与数组 b 中第 j 个特征值对应的特征向量
%       it: 返回的标志值为迭代次数,本程序最多迭代次数为100
%%%%%%%%%%%%%%%%%%%%%%%%%%%%%%%%%%%%
n=length(b);
c(n)=0;
d=0;
f=0;
q=reshape(q',numel(q),1);
for j=0:n-1
    it=0;
    h=eps*(abs(b(j+1))+abs(c(j+1)));
    if h>d
        d=h;
```

```
        end
    m=j;
    while (m<=n-1)&&(abs(c(m+1))>d)
        m=m+1;
    end
    if m~=j
        kk=0;
        while (abs(c(j+1))>d)||(kk==0)
            if it==100
                fprintf('迭代了100次! \n');
                return;
            end
            it=it+1;
            g=b(j+1);
            p=(b(j+2)-g)/(2*c(j+1));
            r=sqrt(p^2+1);
            if p>=0
                b(j+1)=c(j+1)/(p+r);
            else
                b(j+1)=c(j+1)/(p-r);
            end
            h=g-b(j+1);
            for i=j+1:n-1
                b(i+1)=b(i+1)-h;
            end
            f=f+h;
            p=b(m+1);
            e=1;
            s=0;
            for i=m-1:-1:j
                g=e*c(i+1);
                h=e*p;
                if abs(p)>=abs(c(i+1))
                    e=c(i+1)/p;
                    r=sqrt(e^2+1);
                    c(i+2)=s*p*r;
                    s=e/r;
                    e=1/r;
                else
                    e=p/c(i+1);
                    r=sqrt(e^2+1);
                    c(i+2)=s*c(i+1)*r;
                    s=1/r;
                    e=e/r;
                end
```

```
                    p=e*b(i+1)-s*g;
                    b(i+2)=h+s*(e*g+s*b(i+1));
                    for k=0:n-1
                        u=k*n+i+1;
                        v=u-1;
                        h=q(u+1);
                        q(u+1)=s*q(v+1)+e*h;
                        q(v+1)=e*q(v+1)-s*h;
                    end
                end
                c(j+1)=s*p;
                b(j+1)=e*p;
                kk=kk+1;
            end
        end
        b(j+1)=b(j+1)+f;
end
for i=0:n-1
    k=i;
    p=b(i+1);
    if i+1<=n-1
        j=i+1;
        while (j<=n-1)&&(b(j+1)<=p)
            k=j;
            p=b(j+1);
            j=j+1;
        end
    end
    if k~=i
        b(k+1)=b(i+1);
        b(i+1)=p;
        for j=0:n-1
            u=j*n+i;
            v=j*n+k;
            p=q(u+1);
            q(u+1)=q(v+1);
            q(v+1)=p;
        end
    end
end
q=reshape(q,n,n)';
end
```

【例 4-4】计算以下 5 阶实对称矩阵的全部特征值与相应的特征向量。控制精度要求 $\varepsilon = 0.000001$。

$$A = \begin{bmatrix} 10 & 1 & 2 & 3 & 4 \\ 1 & 9 & -1 & 2 & -3 \\ 2 & -1 & 7 & 3 & -5 \\ 3 & 2 & 3 & 12 & -1 \\ 4 & -3 & -5 & -1 & 15 \end{bmatrix}$$

在编辑器中编写如下程序。

```
clc, clear
% 求对称三对角阵的全部特征值与特征向量
A=[10 1 2 3 4;
   1 9 -1 2 -3;
   2 -1 7 3 -5;
   3 2 3 12 -1;
   4 -3 -5 -1 15];
eps=0.000001;
[q,b,c,flag]=strq(A);
fprintf('原对称矩阵 A:\n');disp(A);
fprintf('乘积矩阵 Q:\n');disp(q);
fprintf('对称三对角阵主对角线元素:\n');disp(b);
fprintf('对称三对角阵次对角线元素:\n');disp(c);

[b,q,k]=sstq(b,c,q,eps);
fprintf('迭代次数:\n');disp(k);
fprintf('对称矩阵 A 的特征值:\n');disp(b);
fprintf('对称矩阵 A 的特征向量组:\n');disp(q);
fprintf('对称矩阵 A 的特征向量组:\n');disp(q);
```

运行程序，输出结果如下。

```
原对称矩阵 A:
   10    1    2    3    4
    1    9   -1    2   -3
    2   -1    7    3   -5
    3    2    3   12   -1
    4   -3   -5   -1   15
乘积矩阵 Q:
  -0.0385  -0.8270   0.0305   0.5601        0
  -0.8686  -0.2402   0.1069  -0.4201        0
   0.4492  -0.5037  -0.2329  -0.7001        0
   0.2057  -0.0687   0.9661  -0.1400        0
        0        0        0        0   1.0000
对称三对角阵主对角线元素:
   9.2952  11.6267  10.9604   6.1176  15.0000
对称三对角阵次对角线元素:
  -0.7495  -4.4963  -2.1570   7.1414        0
迭代次数:
```

```
      0
对称矩阵 A 的特征值：
    6.9948     9.3656     1.6553    15.8089    19.1754
对称矩阵 A 的特征向量组：
    0.6541     0.0522     0.3873    -0.6237     0.1745
    0.1997    -0.8600    -0.3662    -0.1591    -0.2473
    0.2565     0.5056    -0.7044    -0.2273    -0.3616
   -0.6604     0.0002     0.1189    -0.6927    -0.2644
   -0.1743    -0.0462    -0.4534    -0.2328     0.8412
```

4.5　雅可比法

采用雅可比（Jacobi）法可以求实对称矩阵的全部特征值与相应的特征向量。雅可比法的基本思想如下。

对于任意实对称矩阵 $\boldsymbol{A}$，只要能够求得一个正交矩阵 $\boldsymbol{U}$，使 $\boldsymbol{U}^{\mathrm{T}}\boldsymbol{A}\boldsymbol{U}$ 成为一个对角矩阵 $\boldsymbol{D}$，则可得到 $\boldsymbol{A}$ 的所有特征值和对应的特征向量。

基于该思想，可以用一系列的初等正交变换逐步消去 $\boldsymbol{A}$ 的非对角线元素，从而最后使矩阵 $\boldsymbol{A}$ 对角化。

设初等正交矩阵为 $\boldsymbol{R}(p,q,\theta)$，其中 $p \neq q$，则显然有

$$\boldsymbol{R}(p,q,\theta)^{\mathrm{T}}\boldsymbol{R}(p,q,\theta) = \boldsymbol{I}_n$$

其中

$$\boldsymbol{R}(p,q,\theta) = \begin{bmatrix}
1 & \cdots & 0 & 0 & 0 & \cdots & 0 & 0 & 0 & \cdots & 0 \\
\vdots & \ddots & \vdots & \vdots & \vdots & & \vdots & \vdots & \vdots & & \vdots \\
0 & \cdots & 1 & 0 & 0 & & 0 & 0 & 0 & & 0 \\
0 & \cdots & 0 & \cos\theta & 0 & \cdots & 0 & -\sin\theta & 0 & \cdots & 0 \\
0 & \cdots & 0 & 0 & 1 & \cdots & 0 & 0 & 0 & & 0 \\
\vdots & & \vdots & \vdots & \vdots & & \vdots & \vdots & \vdots & & \vdots \\
0 & \cdots & 0 & 0 & 0 & \cdots & 1 & 0 & 0 & & 0 \\
0 & \cdots & 0 & \sin\theta & 0 & \cdots & 0 & \cos\theta & 0 & \cdots & 0 \\
0 & \cdots & 0 & 0 & 0 & & 0 & 0 & 1 & & 0 \\
\vdots & & \vdots & \vdots & \vdots & & \vdots & \vdots & \vdots & \ddots & \vdots \\
0 & \cdots & 0 & 0 & 0 & \cdots & 0 & 0 & 0 & \cdots & 1
\end{bmatrix}$$

（第 p 列、第 q 列、第 p 行、第 q 行）

现考虑矩阵

$$\boldsymbol{B} = \boldsymbol{R}(p,q,\theta)^{\mathrm{T}}\boldsymbol{A}\boldsymbol{R}(p,q,\theta)$$

其中，$\boldsymbol{A}$ 为对称矩阵。可以得到矩阵 $\boldsymbol{B}$ 的元素与矩阵 $\boldsymbol{A}$ 的元素之间的关系，即

$$\begin{cases}
b_{pp} = a_{pp}\cos^2\theta + a_{qq}\sin^2\theta + a_{pq}\sin 2\theta \\
b_{qq} = a_{pp}\sin^2\theta + a_{qq}\cos^2\theta - a_{pp}\sin 2\theta \\
b_{pq} = \dfrac{1}{2}(a_{qq} - a_{pp})\sin 2\theta + a_{pq}\cos 2\theta \\
b_{qp} = b_{pq}
\end{cases}$$

和

$$
\begin{cases}
b_{pj} = a_{pj}\cos\theta + a_{qj}\sin\theta \\
b_{qj} = -a_{pj}\sin\theta + a_{qj}\cos\theta \\
b_{ip} = a_{ip}\cos\theta + a_{iq}\sin\theta \\
b_{iq} = -a_{ip}\sin\theta + a_{iq}\cos\theta \\
b_{ij} = a_{ij}
\end{cases}
$$

其中，$i,j = 1,2,\cdots,n$；$i,j \ne p,q$。

因为 $\boldsymbol{A}$ 为对称矩阵，$\boldsymbol{R}(p,q,\theta)$ 为正交矩阵，所以矩阵 $\boldsymbol{B}$ 也为对称矩阵。若要求矩阵 $\boldsymbol{B}$ 的元素 $b_{pq} = 0$，则只须令

$$
\frac{1}{2}(a_{qq} - a_{pp})\sin 2\theta + a_{pq}\cos 2\theta = 0
$$

即

$$
\tan 2\theta = \frac{-a_{pq}}{(a_{qq} - a_{pp})/2}
$$

考虑到在实际应用时，并不需要求出 θ，而只需要求出 $\sin 2\theta$、$\sin\theta$ 和 $\cos\theta$ 就可以了。因此，令

$$
\begin{cases}
m = -a_{pq} \\
n = \dfrac{1}{2}(a_{qq} - a_{pp}) \\
\omega = \operatorname{sgn}(n)\dfrac{m}{\sqrt{m^2 + n^2}}
\end{cases}
$$

则可以得到

$$
\sin 2\theta = \omega
$$

$$
\sin\theta = \frac{\omega}{\sqrt{2(1 + \sqrt{1 - \omega^2})}}
$$

$$
\cos\theta = \sqrt{1 - \sin^2\theta}
$$

最后将 $\sin 2\theta$、$\sin\theta$ 和 $\cos\theta$ 代入，就可以得到矩阵 $\boldsymbol{B}$ 的各元素。

由以上分析还可以得到

$$
\begin{cases}
b_{ip}^2 + b_{iq}^2 = a_{ip}^2 + a_{iq}^2 \\
b_{pj}^2 + b_{qj}^2 = a_{pj}^2 + a_{qj}^2 \\
b_{pp}^2 + b_{qq}^2 = a_{pp}^2 + a_{qq}^2 + 2a_{pq}^2
\end{cases}
$$

其中，$i,j \ne p,q$。

由此可以得到矩阵 $\boldsymbol{B}$ 的非对角线元素的平方和为

$$
\sum_{\substack{i,j=1 \\ i \ne j}}^{n} b_{ij}^2 = \sum_{\substack{i,j=1 \\ i \ne j}}^{n} a_{ij}^2 - 2a_{pq}^2
$$

以及矩阵 $\boldsymbol{B}$ 的对角线元素的平方和为

$$
\sum_{i=1}^{n} b_{ii}^2 = \sum_{i=1}^{n} a_{ii}^2 + 2a_{pq}^2
$$

由此可以看出，对称矩阵 $\boldsymbol{A}$ 经过变换（该变换称为旋转变换）后，就将选定的非对角线元素（一般选绝对值最大的）消去了，且其对角线元素的平方和增加了 $2a_{pq}^2$，而非对角线元素的平方和减少了 $2a_{pq}^2$，矩

阵总的元素平方和不变。但经过这样的变换后，非对角线上的其他零元素就往往不再是零了。

总之，每经过一次旋转变换，其矩阵的非对角线元素的平方和总是"向零接近一步"，通过反复选取主元素 a_{pq}，并进行旋转变换，就可以逐步将矩阵 A 变为对角矩阵。实际上，作为一个迭代过程，只要满足一定的精度要求就可以了。

综上所述，雅可比法计算对称矩阵 A 的特征值的步骤如下。

（1）$I_0 \Rightarrow V$。

（2）选取非对角线元素中绝对值最大的 a_{pq}。若 $|a_{pq}| < \varepsilon$，则输出 $a_{ii}(i=1,2,\cdots,n)$（即特征值 λ_i）和 S（第 i 列为与 λ_i 对应的特征向量）；否则继续进行下一步。

（3）按以下公式计算 $\sin 2\theta$、$\sin \theta$ 和 $\cos \theta$。

$$m = -a_{pq}$$
$$n = \frac{1}{2}(a_{qq} - a_{pp})$$
$$\omega = \text{sgn}(n)\frac{m}{\sqrt{m^2 + n^2}}$$
$$\sin 2\theta = \omega$$
$$\sin \theta = \frac{\omega}{\sqrt{2(1+\sqrt{1-\omega^2})}}$$
$$\cos \theta = \sqrt{1 - \sin^2 \theta}$$

（4）按以下公式计算矩阵 A 的新元素。

$$\begin{cases} a'_{pp} = a_{pp}\cos^2\theta + a_{qq}\sin^2\theta + a_{pq}\sin 2\theta \\ a'_{qq} = a_{pp}\sin^2\theta + a_{qq}\cos^2\theta - a_{pq}\sin 2\theta \\ a'_{pq} = \frac{1}{2}(a_{qq} - a_{pp})\sin 2\theta + a_{pq}\cos 2\theta \\ a'_{qp} = a'_{pq} \end{cases}$$

$$\begin{cases} a'_{pj} = a_{pj}\cos\theta + a_{qj}\sin\theta \\ a'_{qj} = -a_{pj}\sin\theta + a_{qj}\cos\theta \\ a'_{ip} = a_{ip}\cos\theta + a_{iq}\sin\theta \\ a'_{iq} = -a_{ip}\sin\theta + a_{iq}\cos\theta \\ a'_{ij} = a_{ij} \end{cases} \qquad i,j = 1,2,\cdots,n; \quad i,j \neq p,q$$

（5）$VR(p,q,\theta) \Rightarrow V$，转至步骤（2）。

按雅可比法每迭代一次，对称矩阵 A 的非对角线元素的平方和就"向零接近一步"。而在每次迭代时，其旋转变换矩阵 $R(p,q,\theta)$ 为正交矩阵，即当进行到第 m 次迭代时，$V_m = R_0 R_1 \cdots R_m$ 也为正交矩阵。因此，$A_m = V_m^T A V_m$ 与 A 具有相同的特征值。由此说明了在一定条件下，从该迭代过程可得

$$\lim_{m \to \infty} A_m = \begin{bmatrix} \lambda_1 & 0 & \cdots & 0 \\ 0 & \lambda_2 & \cdots & 0 \\ \vdots & \vdots & \ddots & \vdots \\ 0 & 0 & \cdots & \lambda_n \end{bmatrix}$$

$$\lim_{m \to \infty} V_m = U$$

其中，$\lambda_i (i=1,2,\cdots,n)$ 为对称矩阵 $\boldsymbol{A}$ 的特征值，且 $\boldsymbol{U}$ 的第 i 列为与 λ_i 对应的特征向量。

在 MATLAB 中编写 jacobi() 函数，实现采用雅可比法求实对称矩阵的全部特征值与相应的特征向量。

```matlab
function [a,v,flag]=jacobi(a,eps)
%%%%%%%%%%%%%%%%%%%%%%%%%%%%%%%%%%%%
% 雅可比法
% 输入：
%       a：实对称矩阵 A
%       eps：控制精度要求
% 输出：
%       a:对角线元素返回特征值
%       v:返回特征向量
%       flag:若矩阵不对称，则显示错误信息，且返回 0 标志值，否则返回迭代次数
%       本程序最多迭代 200 次
%%%%%%%%%%%%%%%%%%%%%%%%%%%%%%%%%%%%
n=size(a,1);
a=reshape(a',numel(a),1);
flag=0;

for i=0:n-1
    for j=i+1:n-1
        if a(i*n+j+1)~=a(j*n+i+1)
            fprintf('矩阵不对称! \n');
            return;
        end
    end
end
for i=0:n-1
    v(i*n+i+1)=1;
    for j=0:n-1
        if i~=j
            v(i*n+j+1)=0;
        end
    end
end
count=1;
while count<=200
    fm=0;
    for i=1:n-1                          %选取非对角线元素中绝对值最大者
        for j=0:i-1
            d=abs(a(i*n+j+1));
            if (i~=j)&&(d>fm)
                fm=d;
                p=i;
                q=j;
            end
        end
    end
```

```
        end
    if fm<eps
        flag=count;
        a=reshape(a,n,n)';
        v=reshape(v,n,n)';
        return;
    end
    count=count+1;
    u=p*n+q;
    w=p*n+p;
    t=q*n+p;
    s=q*n+q;
    x=-a(u+1);
    y=(a(s+1)-a(w+1))/2;
    omega=x/sqrt(x^2+y^2);
    if y<0
        omega=-omega;
    end
    sn=1+sqrt(1-omega^2);
    sn=omega/sqrt(2*sn);
    cn=sqrt(1-sn^2);
    fm=a(w+1);
    a(w+1)=fm*cn^2+a(s+1)*sn^2+a(u+1)*omega;    %按照公式计算矩阵 A 的新元素
    a(s+1)=fm*sn^2+a(s+1)*cn^2-a(u+1)*omega;
    a(u+1)=0;
    a(t+1)=0;
    for j=0:n-1
        if (j~=p)&&(j~=q)
            u=p*n+j;
            w=q*n+j;
            fm=a(u+1);
            a(u+1)=fm*cn+a(w+1)*sn;
            a(w+1)=-fm*sn+a(w+1)*cn;
        end
    end
    for i=0:n-1
        if (i~=p)&&(i~=q)
            u=i*n+p;
            w=i*n+q;
            fm=a(u+1);
            a(u+1)=fm*cn+a(w+1)*sn;
            a(w+1)=-fm*sn+a(w+1)*cn;
        end
    end
    for i=0:n-1
        u=i*n+p;
        w=i*n+q;
```

```
        fm=v(u+1);
        v(u+1)=fm*cn+v(w+1)*sn;
        v(w+1)=-fm*sn+v(w+1)*cn;
    end
end
flag=count;
a=reshape(a,n,n)';
v=reshape(v,n,n)';
end
```

【例 4-5】用雅可比法计算以下 3 阶实对称矩阵的全部特征值与相应的特征向量，控制精度要求为 $\varepsilon = 0.000001$。

$$A = \begin{bmatrix} 2 & -1 & 0 \\ -1 & 2 & -1 \\ 0 & -1 & 2 \end{bmatrix}$$

本例的准确结果如下。

（1）特征值为

$$\lambda_0 = 2 + \sqrt{2}, \quad \lambda_1 = 2 - \sqrt{2}, \quad \lambda_2 = 2.0$$

（2）特征向量为

$$V_0 = \begin{bmatrix} 0.5 \\ -\sqrt{2}/2 \\ 0.5 \end{bmatrix}, \quad V_1 = \begin{bmatrix} 0.5 \\ \sqrt{2}/2 \\ 0.5 \end{bmatrix}, \quad V_2 = \begin{bmatrix} -\sqrt{2}/2 \\ 0 \\ \sqrt{2}/2 \end{bmatrix}$$

在编辑器中编写如下程序。

```
clc, clear
% 雅可比法求实对称矩阵特征值与特征向量
A=[2 -1 0;
   -1 2 -1;
   0 -1 2];
eps=0.000001;
[A,v,flag] = jacobi(A, eps);
fprintf('迭代次数: %d \n',flag);
fprintf('特征值: ');
n=size(A,1);
for i=1:n
    fprintf('%f    ',A(i,i));
end
fprintf('\n');
fprintf('特征向量: \n');disp(v);
```

运行程序，输出结果如下。

```
迭代次数: 9
特征值: 3.414214    0.585786    2.000000
特征向量:
    0.5000    0.5000    -0.7071
```

```
        -0.7071      0.7071     -0.0000
         0.5000      0.5000      0.7071
```

4.6 雅可比过关法

采用雅可比过关法可以求实对称矩阵的全部特征值与相应的特征向量。基本方法同 4.5 节。在雅可比法中，每进行一次旋转变换前都需要在非对角线的元素中选取绝对值最大的元素，这很费时间。雅可比过关法对此做了改进，具体做法如下。

首先，计算对称矩阵 A 的所有非对角线元素平方和的平方根，即

$$E = \sqrt{2\sum_{i=1}^{n-1}\sum_{j=i+1}^{n}a_{ij}^2}$$

然后，设置第 1 道关口 $r_1 = E/n$，对 A 中非对角线元素进行逐行（或逐列）扫描，分别与 r_1 进行比较。若 $|a_{ij}| < r_1$，则让其过关，否则用旋转变换 $R(i, j, \theta)$ 将 a_{ij} 化为 0。

需要指出的是，在某次旋转变换中变为 0 的元素，在以后的旋转变换中可能又变为非零元素，因此，要重复进行上述扫描过程，直到约化到对于所有非对角线均满足以下条件为止。

$$|a_{ij}| < r_1, \quad i \neq j$$

矩阵 A 中所有非对角线元素都过了第 1 道关口后，再设置第 2 道关口 $r_2 = r_1/n = E/n^2$，对 A 中的非对角线元素再进行逐行（或逐列）扫描，对于不满足条件 $|a_{ij}| < r_2$ 的所有 a_{ij} 用旋转变换 $R(i, j, \theta)$ 化为 0，直到 A 中所有非对角线元素都满足以下条件为止（即 A 中所有非对角线元素都过了第 2 道关口）。

$$|a_{ij}| < r_2, \quad i \neq j$$

重复以上过程，经过一系列的关口 r_1，r_2，…，直到对于某个关口满足以下条件为止。

$$r_k = E/n^k \leqslant \varepsilon$$

其中，ε 为预先给定的控制精度要求。

在 MATLAB 中编写 jcbj() 函数，利用雅可比过关法求实对称矩阵的全部特征值与相应的特征向量。

```
function [a,v,flag]=jcbj(a,eps)
%%%%%%%%%%%%%%%%%%%%%%%%%%%%%%%%%%%
% 雅可比过关法
% 输入：
%      a: 实对称矩阵 A
%      eps: 控制精度要求
% 输出：
%      a:对角线元素返回特征值
%      v:返回特征向量
%      flag:若矩阵不对称，则显示错误信息，并返回 0 标志值
%%%%%%%%%%%%%%%%%%%%%%%%%%%%%%%%%%%
n=size(a,1);
a=reshape(a',numel(a),1);
flag=0;
for i=0:n-1
    for j=i+1:n-1
```

```
            if a(i*n+j+1)~=a(j*n+i+1)
                fprintf('矩阵不对称! \n');
                return;
            end
        end
    end
    for i=0:n-1                                    %特征向量初始化
        v(i*n+i+1)=1;
        for j=0:n-1
            if i~=j
                v(i*n+j+1) = 0;
            end
        end
    end
    ff=0;
    for i=1:n-1
        for j=0:i-1
            d=a(i*n+j+1);
            ff=ff+d^2;
        end
    end
    ff=sqrt(2*ff);                                 %计算非对角线元素平方和的平方根
    ff=ff/n;                                       %关口 r1
    while ff>=eps
        d=0;
        for i=1:n-1
            if d<=ff
                for j=0:i-1
                    if d<=ff
                        d=abs(a(i*n+j+1));
                        p=i;
                        q=j;
                    else
                        break;
                    end
                end
            else
                break;
            end
        end
        if d<=ff
            ff=ff/n;                               % 更新关口
        else
            u=p*n+q;
            w=p*n+p;
            t=q*n+p;
```

```
        s=q*n+q;
        x=-a(u+1);
        y=(a(s+1)-a(w+1))/2;
        omega=x/sqrt(x^2+y^2);
        if y<0
            omega=-omega;
        end
        sn=1+sqrt(1-omega^2);
        sn=omega/sqrt(2*sn);
        cn=sqrt(1-sn^2);
        fm=a(w+1);
        a(w+1)=fm*cn^2+a(s+1)*sn^2+a(u+1)*omega;
        a(s+1)=fm*sn^2+a(s+1)*cn^2-a(u+1)*omega;
        a(u+1)=0;
        a(t+1)=0;
        for j=0:n-1
            if (j~=p)&&(j~=q)
                u=p*n+j;
                w=q*n+j;
                fm=a(u+1);
                a(u+1)=fm*cn+a(w+1)*sn;
                a(w+1)=-fm*sn+a(w+1)*cn;
            end
        end
        for i=0:n-1
            if (i~=p)&&(i~=q)
                u=i*n+p;
                w=i*n+q;
                fm=a(u+1);
                a(u+1)=fm*cn+a(w+1)*sn;
                a(w+1)=-fm*sn+a(w+1)*cn;
            end
        end
        for i=0:n-1
            u=i*n+p;
            w=i*n+q;
            fm=v(u+1);
            v(u+1)=fm*cn+v(w+1)*sn;
            v(w+1)=-fm*sn+v(w+1)*cn;
        end
    end
end
flag=1;
a=reshape(a,n,n)';
v=reshape(v,n,n)';
end
```

【例 4-6】用雅可比过关法计算以下 5 阶实对称矩阵的全部特征值与相应的特征向量，控制精度要求为 $\varepsilon = 0.000001$。

$$A = \begin{bmatrix} 10 & 1 & 2 & 3 & 4 \\ 1 & 9 & -1 & 2 & -3 \\ 2 & -1 & 7 & 3 & -5 \\ 3 & 2 & 3 & 12 & -1 \\ 4 & -3 & -5 & -1 & 15 \end{bmatrix}$$

在编辑器中编写如下程序。

```
clc, clear
% 雅可比过关法求实对称矩阵特征值与特征向量
A=[10 1 2 3 4;
   1 9 -1 2 -3;
   2 -1 7 3 -5;
   3 2 3 12 -1;
   4 -3 -5 -1 15];
eps=0.000001;
[A,v,flag]=jcbj(A,eps);
fprintf('特征值: ');
n=size(A,1);
for i=1:n
    fprintf('%f    ',A(i,i));
end
fprintf('\n');
fprintf('特征向量: \n');disp(v);
```

运行程序，输出结果如下。

```
特征值: 6.994838    9.365555    1.655266    15.808921    19.175420
特征向量:
    0.6541   -0.0522   -0.3873    0.6237    0.1745
    0.1997    0.8600    0.3662    0.1591   -0.2473
    0.2565   -0.5056    0.7044    0.2273   -0.3616
   -0.6604   -0.0002   -0.1189    0.6927   -0.2644
   -0.1743    0.0462    0.4534    0.2328    0.8412
```

4.7　乘幂法

利用乘幂法可以求一般实矩阵绝对值最大的实特征值及其相应的特征向量。设矩阵特征值的绝对值按从大到小进行排列，绝对值最大的是实特征值且是单重的，即

$$|\lambda_0| > |\lambda_1| \geqslant |\lambda_2| \geqslant \cdots \geqslant |\lambda_{n-1}|$$

由此可见，求绝对值最大的实特征值问题就是求特征值 λ_0。

首先任取一个异于 0 的 n 维初始向量 $\tilde{v}_0$，并假定 $\tilde{v}_0$ 可以唯一地表示为

$$\tilde{v}_0 = \alpha_0 \tilde{x}_0 + \alpha_1 \tilde{x}_1 + \cdots + \alpha_{n-1} \tilde{x}_{n-1}$$

其中，$\tilde{x}_i (i = 0, 1, \cdots, n-1)$ 为 n 个特征向量。

如果令

$$\tilde{v}_k = \tilde{A}\tilde{v}_{k-1}, \quad k = 0, 1, \cdots$$

则有

$$
\begin{aligned}
\tilde{v}_k &= \tilde{A}\tilde{v}_{k-1} = \tilde{A}^2\tilde{v}_{k-2} = \cdots = \tilde{A}^k\tilde{v}_0 \\
&= \tilde{A}^k(\alpha_0\tilde{x}_0 + \alpha_1\tilde{x}_1 + \cdots + \alpha_{n-1}\tilde{x}_{n-1}) \\
&= \alpha_0\lambda_0^k\tilde{x}_0 + \alpha_1\lambda_1^k\tilde{x}_1 + \cdots + \alpha_{n-1}\lambda_{n-1}^k\tilde{x}_{n-1}
\end{aligned}
$$

对 $\tilde{v}_k$ 进行规格化，即用

$$\tilde{u}_k = \tilde{A}\tilde{v}_{k-1}, \quad k = 0, 1, \cdots$$

$$\tilde{v}_k = \frac{\tilde{u}_k}{\|\tilde{u}_k\|_2}$$

代替 $\tilde{v}_k = \tilde{A}\tilde{v}_{k-1}$。其中，$\|\tilde{u}_k\|_2 = \sqrt{(u_0^{(k)})^2 + \cdots + (u_{n-1}^{(k)})^2}$。显然有

$$\tilde{v}_k = \frac{\tilde{A}^k\tilde{v}_0}{\|\tilde{A}^k\tilde{v}_0\|_2}$$

从而得到

$$\tilde{u}_{k+1} = \tilde{A}\tilde{v}_k = \frac{\tilde{A}^{k+1}\tilde{v}_0}{\|\tilde{A}^k\tilde{v}_0\|_2}$$

其中

$$
\begin{aligned}
\tilde{A}^{k+1}\tilde{v}_0 &= \alpha_0\lambda_0^{k+1}\tilde{x}_0 + \alpha_1\lambda_1^{k+1}\tilde{x}_1 + \cdots + \alpha_{n-1}\lambda_{n-1}^{k+1}\tilde{x}_{n-1} \\
&= \lambda_0^{k+1}\left[\alpha_0\tilde{x}_0 + \alpha_1\left(\frac{\lambda_1}{\lambda_0}\right)^{k+1}\tilde{x}_1 + \cdots + \alpha_{n-1}\left(\frac{\lambda_{n-1}}{\lambda_0}\right)^{k+1}\tilde{x}_{n-1}\right] \\
\tilde{A}^k\tilde{v}_0 &= \alpha_0\lambda_0^k\tilde{x}_0 + \alpha_1\lambda_1^k\tilde{x}_1 + \cdots + \alpha_{n-1}\lambda_{n-1}^k\tilde{x}_{n-1} \\
&= \lambda_0^k\left[\alpha_0\tilde{x}_0 + \alpha_1\left(\frac{\lambda_1}{\lambda_0}\right)^k\tilde{x}_1 + \cdots + \alpha_{n-1}\left(\frac{\lambda_{n-1}}{\lambda_0}\right)^k\tilde{x}_{n-1}\right]
\end{aligned}
$$

由此可得

$$
\begin{aligned}
\tilde{u}_{k+1} &= \frac{\tilde{A}^{k+1}\tilde{v}_0}{\|\tilde{A}^k\tilde{v}_0\|_2} \\
&= \frac{\lambda_0^{k+1}\left[\alpha_0\tilde{x}_0 + \alpha_1\left(\dfrac{\lambda_1}{\lambda_0}\right)^{k+1}\tilde{x}_1 + \cdots + \alpha_{n-1}\left(\dfrac{\lambda_{n-1}}{\lambda_0}\right)^{k+1}\tilde{x}_{n-1}\right]}{|\lambda_0|^k\left\|\alpha_0\tilde{x}_0 + \alpha_1\left(\dfrac{\lambda_1}{\lambda_0}\right)^k\tilde{x}_1 + \cdots + \alpha_{n-1}\left(\dfrac{\lambda_{n-1}}{\lambda_0}\right)^k\tilde{x}_{n-1}\right\|_2} \\
&\xrightarrow{k\to\infty} \frac{\lambda_0^{k+1}}{|\lambda_0|^k}\frac{\alpha_0\tilde{x}_0}{|\alpha_0|\|x_0\|_2}
\end{aligned}
$$

即

$$\lim_{k \to \infty} \tilde{\boldsymbol{u}}_{k+1} = \frac{\lambda_0^{k+1}}{|\lambda_0|^k} \frac{\alpha_0}{|\alpha_0|} \frac{\tilde{\boldsymbol{x}}_0}{\|\tilde{\boldsymbol{x}}_0\|_2}$$

当 k 足够大时，有

$$|\lambda_0| \approx \|\tilde{\boldsymbol{u}}_{k+1}\|_2$$

并且，$\tilde{\boldsymbol{u}}_{k+1}$ 或 $\tilde{\boldsymbol{v}}_{k+1}$ 就可以作为与 λ_0 对应的特征向量的近似。同时，还可以看出，在迭代过程中，当 $\tilde{\boldsymbol{v}}_{k+1}$ 和 $\tilde{\boldsymbol{v}}_k$ 中第 1 个非零分量同号时，则 $\lambda_0 > 0$，即 $\lambda_0 = \|\tilde{\boldsymbol{u}}_{k+1}\|_2$；否则 $\lambda_0 < 0$，即 $\lambda_0 = -\|\tilde{\boldsymbol{u}}_{k+1}\|_2$。

综上所述，可以得出求 n 阶实矩阵 $\tilde{\boldsymbol{A}}$ 的绝对值最大的实特征值与相应的特征向量的迭代过程如下。

取 n 维异于 0 的初始向量

$$\tilde{\boldsymbol{v}}_0 = (x_0^{(0)}, x_1^{(0)}, \cdots, x_{n-1}^{(0)})^{\mathrm{T}}$$

对于 $k = 0, 1, \cdots$，进行如下迭代。

$$\tilde{\boldsymbol{u}}_k = \tilde{\boldsymbol{A}} \tilde{\boldsymbol{v}}_{k-1}$$

$$\tilde{\boldsymbol{v}}_k = \frac{\tilde{\boldsymbol{u}}_k}{\|\tilde{\boldsymbol{u}}_k\|_2}$$

直到 $\left| \|\tilde{\boldsymbol{u}}_k\|_2 - \|\tilde{\boldsymbol{u}}_{k-1}\|_2 \right| < \varepsilon$ 为止。此时的 $\tilde{\boldsymbol{v}}_k$ 就取为绝对值最大的实特征值 λ_0 所对应的特征向量 $\tilde{\boldsymbol{x}}_0$。并且，当 $\tilde{\boldsymbol{v}}_{k+1}$ 和 $\tilde{\boldsymbol{v}}_k$ 中第 1 个非零分量同号时，$\lambda_0 = \|\tilde{\boldsymbol{u}}_k\|_2$；否则 $\lambda_0 = -\|\tilde{\boldsymbol{u}}_k\|_2$。

另外，根据逆矩阵的基本概念，如果矩阵 $\tilde{\boldsymbol{A}}$ 的特征值为 $\lambda_0, \lambda_1, \cdots, \lambda_{n-1}$，则 $\tilde{\boldsymbol{A}}^{-1}$ 的特征值为 $1/\lambda_0, 1/\lambda_1, \cdots, 1/\lambda_{n-1}$，因此用乘幂法也可以求绝对值最小的实特征值及其相应的特征向量。

在 MATLAB 中编写 powerr()函数，利用乘幂法求一般实矩阵绝对值最大的实特征值及其相应的特征向量。

```
function [lambda,v]=powerr(a,eps,v)
%%%%%%%%%%%%%%%%%%%%%%%%%%%%%%%%%%%%%%
% 乘幂法
% 输入：
%      a: 实矩阵
%      eps: 控制精度要求
%      v: 初始向量
% 输出：
%      v: 特征向量
%      lambda: 绝对值最大的特征值
%      本程序返回时将显示迭代次数，本程序最多迭代 1000 次
%%%%%%%%%%%%%%%%%%%%%%%%%%%%%%%%%%%%%%
flag=1;
n=size(a,1);
iteration=0;
a=reshape(a',numel(a),1);
while flag==1
    iteration=iteration+1;
    for i=0:n-1
        sum=0;
```

```
            for j=0:n-1
                sum=sum+a(i*n+j+1)*v(j+1);
            end
            u(i+1)=sum;
        end
        d=0;                                              %计算向量的范数
        for k=0:n-1
            d=d+u(k+1)^2;
        end
        d=sqrt(d);
        for i=0:n-1
            v(i+1)=u(i+1)/d;
        end
        if iteration>1
            err=abs((d-t)/d);
            f=1;
            if v(1)*z<0
                f=-1;
            end
            if err<eps
                flag=0;
            end
        end
        if flag==1
            t=d;
            z=v(1);
        end
        if iteration>=1000
            flag=0;
        end
    end
    lambda=f*d;
    fprintf('迭代次数: %d\n',iteration);
end
```

【例 4-7】计算以下矩阵绝对值最大的特征值。

$$\widetilde{A}_1 = \begin{bmatrix} 0 & 1 & 1.5 \\ -5 & -0.5 & 1 \\ -1 & 2 & 3.5 \end{bmatrix}, \quad \widetilde{A}_2 = \begin{bmatrix} -5 & 1 & 5 \\ 1 & 0 & 0 \\ 0 & 1 & 0 \end{bmatrix}$$

在编辑器中编写如下程序。

```
clc, clear
% 用乘幂法求实矩阵绝对值最大的实特征值及其相应的特征向量
A1=[0 1 1.5; -5 -0.5 1; -1 2 3.5];
A2=[-5 1 5; 1 0 0; 0 1 0];
V=[0 0 1];
eps1=0.0000001;
```

```
[lambda,V] = powerr(A1,eps1,V);
fprintf('绝对值最大的特征值: %f\n',lambda);
for i=1:size(A1,1)
    fprintf('v(%d)=%f\n',i,V(i));
end

fprintf('\n');
eps2=0.000000001;
[lambda,V]=powerr(A2,eps2,V);
fprintf('绝对值最大的特征值: %f\n',lambda);
for i=1:size(A1,1)
    fprintf('v(%d)=%f\n',i,V(i));
end
```

运行程序，输出结果如下。

```
迭代次数: 38
绝对值最大的特征值: 1.500000
v(1)=0.371391
v(2)=-0.557086
v(3)=0.742781

迭代次数: 15
绝对值最大的特征值: -5.000000
v(1)=0.979827
v(2)=-0.195965
v(3)=0.039193
```

第 5 章

线性方程组

在科学和工程技术领域中，很多实际问题需要求解线性方程组。求解线性方程组常用的方法有直接法和迭代法两大类。直接法是指在没有舍入误差的条件下，经过有限次四则运算而求得方程组的精确解的方法。迭代法是按照某种规则生成量序列 $\{x^{(k)}\}$，如果序列收敛，则当 k 足够大时，可取 $x^{(k)}$ 作为线性方程组的近似解。

5.1 全选主元高斯消去法

利用全选主元高斯消去法可以求解 n 阶线性代数方程组 $AX = B$。其中

$$A = \begin{bmatrix} a_{00} & a_{01} & \cdots & a_{0,n-1} \\ a_{10} & a_{11} & \cdots & a_{1,n-1} \\ \vdots & \vdots & \ddots & \vdots \\ a_{n-1,0} & a_{n-1,1} & \cdots & a_{n-1,n-1} \end{bmatrix}, \quad X = \begin{bmatrix} x_0 \\ x_1 \\ \vdots \\ x_{n-1} \end{bmatrix}, \quad B = \begin{bmatrix} b_0 \\ b_1 \\ \vdots \\ b_{n-1} \end{bmatrix}$$

全选主元高斯消去法求解线性代数方程组的步骤如下。

（1）对于 $k = 0, 1, 2, \cdots, n-2$，进行以下运算。

全选主元 $\max\limits_{k \leqslant i, j \leqslant n-1} \{|a_{ij}|\}$，通过行交换和列交换将绝对值最大的元素交换到主元素位置上。

系数矩阵归一化，即

$$a_{kj} / a_{kk} \Rightarrow a_{kj}, \quad j = k+1, \cdots, n-1$$

常数向量归一化，即

$$b_k / a_{kk} \Rightarrow b_k$$

系数矩阵消元，即

$$a_{ij} - a_{ik} a_{kj} \Rightarrow a_{ij}, \quad i = k+1, \cdots, n-1; \quad j = k+1, \cdots, n-1$$

常数向量消元，即

$$b_i - a_{ik} b_k \Rightarrow b_i, \quad i = k+1, \cdots, n-1$$

（2）进行回代。

求解 x_{n-1}，即

$$b_{n-1} / a_{n-1,n-1} \Rightarrow x_{n-1}$$

回代逐个解出 $x_{n-1}, \cdots, x_1, x_0$，即

$$b_k - \sum_{j=k+1}^{n-1} a_{kj}x_j \Rightarrow x_k, \quad k=n-2,\cdots,1,0$$

（3）恢复解向量，即对解向量中的元素顺序进行调整。

在 MATLAB 中编写 gauss() 函数，利用全选主元高斯消去法求解 n 阶线性代数方程组。函数对于实系数和复系数方程组均适用。

```matlab
function [b,flag]=gauss(a,b)
%%%%%%%%%%%%%%%%%%%%%%%%%%%%%%%%%%%%%%%%%
% 全选主元高斯消去法
% 输入:
%     a: n*n 系数矩阵
%     b: 常数向量
% 输出:
%     b: 返回解向量, 若系数矩阵奇异, 则返回 0 向量
%     flag: 若系数矩阵奇异, 则程序显示错误信息, 函数返回 0 标志值
%%%%%%%%%%%%%%%%%%%%%%%%%%%%%%%%%%%%%%%%%
n=size(a,1);                            %系数矩阵阶数
flag=0;
a=reshape(a.',numel(a),1);
for k=0:n-2                             %消元过程
    d=0;                               %全选主元
    for i=k:n-1
        for j=k:n-1
            t=abs(a(i*n+j+1));
            if t>d
                d=t;
                js(k+1)=j;
                is=i;
            end
        end
    end
    if d==0
        for i=0:n-1
            b=zeros(n,1);
            fprintf('系数矩阵奇异, 求解失败! \n');
            return;
        end
    end
    if js(k+1)~=k                       %列交换
        for i=0:n-1
            p=i*n+k;
            q=i*n+js(k+1);
            s=a(p+1);
            a(p+1)=a(q+1);
            a(q+1)=s;
        end
```

```
        end
        if is~=k                                    %行交换
            for j=k:n-1
                p=k*n+j;
                q=is*n+j;
                s=a(p+1);
                a(p+1)=a(q+1);
                a(q+1)=s;
            end
            s=b(k+1);
            b(k+1)=b(is+1);
            b(is+1)=s;
        end
        s=a(k*n+k+1);
        for j=k+1:n-1                               %归一化
            p=k*n+j;
            a(p+1)=a(p+1)/s;
        end
        b(k+1)=b(k+1)/s;
        for i=k+1:n-1                               %消元
            for j=k+1:n-1
                p=i*n+j;
                a(p+1)=a(p+1)-a(i*n+k+1)*a(k*n+j+1);
            end
            b(i+1)=b(i+1)-a(i*n+k+1)*b(k+1);
        end
end
s=a((n-1)*n+n);
if abs(s)==0                                        %系数矩阵奇异，求解失败
    b=zeros(n,1);
    fprintf('系数矩阵奇异，求解失败！\n');
    return;
end
b(n)=b(n)/s;                                        %回代过程
for i=n-2:-1:0
    s=0;
    for j=i+1:n-1
        s=s+a(i*n+j+1)*b(j+1);
    end
    b(i+1)=b(i+1)-s;
end
js(n)=n-1;
for k=n-1:-1:0
    if js(k+1)~=k
        s=b(k+1);
        b(k+1)=b(js(k+1)+1);
        b(js(k+1)+1)=s;
```

```
      end
   end
   flag=1;
end
```

【例 5-1】求解以下 4 阶方程组。

$$\begin{cases} 0.2368x_0 + 0.2471x_1 + 0.2568x_2 + 1.2671x_3 = 1.8471 \\ 0.1968x_0 + 0.2071x_1 + 1.2168x_2 + 0.2271x_3 = 1.7471 \\ 0.1581x_0 + 1.1675x_1 + 0.1768x_2 + 0.1871x_3 = 1.6471 \\ 1.1161x_0 + 0.1254x_1 + 0.1397x_2 + 0.1490x_3 = 1.5471 \end{cases}$$

在编辑器中编写如下程序。

```
clc, clear
% 全选主元高斯消去法求解方程组
A=[0.2368 0.2471 0.2568 1.2671;
   0.1968 0.2071 1.2168 0.2271;
   0.1581 1.1675 0.1768 0.1871;
   1.1161 0.1254 0.1397 0.1490];
B=[1.8471; 1.7471; 1.6471; 1.5471];
[X,flag]=gauss(A,B);
fprintf('MAT X: \n');
if flag~=0
    disp(X)
end
```

运行程序，输出结果如下。

```
MAT X:
    1.0406
    0.9871
    0.9350
    0.8813
```

【例 5-2】求解以下 4 阶复系数方程组 $AX = B$。其中

$$A = AR + jAI , \quad B = BR + jBI$$

$$AR = \begin{bmatrix} 1 & 3 & 2 & 13 \\ 7 & 2 & 1 & -2 \\ 9 & 15 & 3 & -2 \\ -2 & -2 & 11 & 5 \end{bmatrix}, \quad AI = \begin{bmatrix} 3 & -2 & 1 & 6 \\ -2 & 7 & 5 & 8 \\ 9 & -3 & 15 & 1 \\ -2 & -2 & 7 & 6 \end{bmatrix}$$

$$BR = \begin{bmatrix} 2 \\ 7 \\ 3 \\ 9 \end{bmatrix}, \quad BI = \begin{bmatrix} 1 \\ 2 \\ -2 \\ 3 \end{bmatrix}$$

在编辑器中编写如下程序。

```
clc, clear
% 全选主元高斯消去求解方程组
```

```
A=[1+3i 3-2i 2+1i 13+6i;
   7-2i 2+7i 1+5i -2+8i;
   9+9i 15-3i 3+15i -2+1i;
   -2-2i -2-2i 11+7i 5+6i];
B=[2+1i; 7+2i; 3-2i; 9+3i];
[X,flag]=gauss(A,B);
fprintf('MAT X: \n');
if flag~=0
   disp(X)
end
```

运行程序，输出结果如下。

```
MAT X:
   0.0678+0.0708i
  -0.1623-0.7613i
   0.5985-0.4371i
   0.2465+0.1140i
```

5.2　全选主元高斯-约当消去法

利用全选主元高斯-约当（Gauss-Jordan）消去法可以求解 n 阶线性代数方程组 $\boldsymbol{AX}=\boldsymbol{B}$。其中

$$
\boldsymbol{A}=\begin{bmatrix} a_{00} & a_{01} & \cdots & a_{0,n-1} \\ a_{10} & a_{11} & \cdots & a_{1,n-1} \\ \vdots & \vdots & \ddots & \vdots \\ a_{n-1,0} & a_{n-1,1} & \cdots & a_{n-1,n-1} \end{bmatrix}, \quad \boldsymbol{X}=\begin{bmatrix} x_0 \\ x_1 \\ \vdots \\ x_{n-1} \end{bmatrix}, \quad \boldsymbol{B}=\begin{bmatrix} b_0 \\ b_1 \\ \vdots \\ b_{n-1} \end{bmatrix}
$$

全选主元高斯-约当消去法求解线性代数方程组的步骤如下。

（1）对于 $k=0,1,\cdots,n-1$，进行以下运算。

全选主元 $\max\limits_{k\leqslant i,j\leqslant n-1}\left\{\left|a_{ij}\right|\right\}$，通过行交换和列交换将绝对值最大的元素交换到主元素位置上。

系数矩阵归一化，即

$$
a_{kj}/a_{kk}\Rightarrow a_{kj}, \quad j=k+1,k+2,\cdots,n-1
$$

常数向量归一化，即

$$
b_i/a_{kk}\Rightarrow b_i, \quad i=0,1,\cdots,m-1
$$

系数矩阵消元，即

$$
a_{ij}-a_{ik}a_{kj}\Rightarrow a_{ij}, \quad i=0,1,\cdots,k-1,k+1,\cdots,n-1; \quad j=k+1,k+2,\cdots,n-1
$$

常数向量消元，即

$$
b_i-a_{ik}b_k\Rightarrow b_i, \quad i=0,1,\cdots,k-1,k+1,\cdots,n-1
$$

（2）恢复解向量，即对解向量中的元素顺序进行调整。

在 MATLAB 中编写 gauss_jordan()函数，利用全选主元高斯-约当消去法求解 n 阶线性代数方程组。函数对于实系数与复系数方程组均适用。

```
function [b,flag]=gauss_jordan(a,b)
%%%%%%%%%%%%%%%%%%%%%%%%%%%%%%%%%%%%%%
```

```matlab
%  全选主元高斯-约当消去法
%  输入:
%       a: n*n 系数矩阵
%       b: 常数向量
%  输出:
%       b: 返回解向量。若系数矩阵奇异, 则返回 0 向量
%       flag: 若系数矩阵奇异, 则程序显示错误信息, 函数返回 0 标志值
%%%%%%%%%%%%%%%%%%%%%%%%%%%%%%%%%%%
n=size(a,1);                                        %系数矩阵阶数
flag=0;
a=reshape(a.',numel(a),1);
for k=0:n-1                                          %消去过程
    d=0;                                            %全选主元
    for i=k:n-1
        for j=k:n-1
            t=abs(a(i*n+j+1));
            if t>d
                d=t;
                js(k+1)=j;
                is=i;
            end
        end
    end
    if d==0                                         %系数矩阵奇异, 求解失败
        fprintf('系数矩阵奇异, 求解失败!\n');
        b=zeros(n,1);
        return;
    end
    if js(k+1)~=k                                   %列交换
        for i=0:n-1
            p=i*n+k;
            q=i*n+js(k+1);
            s=a(p+1);
            a(p+1)=a(q+1);
            a(q+1)=s;
        end
    end
    if is~=k                                        %行交换
        for j=k:n-1
            p=k*n+j;
            q=is*n+j;
            s=a(p+1);
            a(p+1)=a(q+1);
            a(q+1)=s;
        end
        s=b(k+1);
```

```
            b(k+1)=b(is+1);
            b(is+1)=s;
        end
        s=a(k*n+k+1);
        for j=k+1:n-1                                    %归一化
            p=k*n+j;
            a(p+1)=a(p+1)/s;
        end
        b(k+1)=b(k+1)/s;
        for i=0:n-1                                      %消元
            if i~=k
                for j=k+1:n-1
                    p=i*n+j;
                    a(p+1)=a(p+1)-a(i*n+k+1)*a(k*n+j+1);
                end
                b(i+1)=b(i+1)-a(i*n+k+1)*b(k+1);
            end
        end
    end
end
for k=n-1:-1:0
    if js(k+1)~=k
        s=b(k+1);
        b(k+1)=b(js(k+1)+1);
        b(js(k+1)+1)=s;
    end
end
flag=1;
end
```

【例 5-3】求解以下 4 阶方程组。

$$\begin{cases} 0.2368x_0 + 0.2471x_1 + 0.2568x_2 + 1.2671x_3 = 1.8471 \\ 0.1968x_0 + 0.2071x_1 + 1.2168x_2 + 0.2271x_3 = 1.7471 \\ 0.1581x_0 + 1.1675x_1 + 0.1768x_2 + 0.1871x_3 = 1.6471 \\ 1.1161x_0 + 0.1254x_1 + 0.1397x_2 + 0.1490x_3 = 1.5471 \end{cases}$$

在编辑器中编写以下程序。

```
clc, clear
% 全选主元高斯-约当消去法求解方程组
A=[0.2368 0.2471 0.2568 1.2671;
   0.1968 0.2071 1.2168 0.2271;
   0.1581 1.1675 0.1768 0.1871;
   1.1161 0.1254 0.1397 0.1490];
B=[1.8471; 1.7471; 1.6471; 1.5471];
[X,flag]=gauss_jordan(A,B);
fprintf('MAT X: \n');
if flag~=0
```

```
    disp(X)
end
```

运行程序，输出结果如下。

```
MAT X:
    1.0406
    0.9871
    0.9350
    0.8813
```

【例 5-4】求解 4 阶复系数方程组 $AX = B$。其中，$A = AR + jAI$，$B = BR + jBI$。

$$AR = \begin{bmatrix} 1 & 3 & 2 & 13 \\ 7 & 2 & 1 & -2 \\ 9 & 15 & 3 & -2 \\ -2 & -2 & 11 & 5 \end{bmatrix}, \quad AI = \begin{bmatrix} 3 & -2 & 1 & 6 \\ -2 & 7 & 5 & 8 \\ 9 & -3 & 15 & 1 \\ -2 & -2 & 7 & 6 \end{bmatrix}$$

$$BR = \begin{bmatrix} 2 \\ 7 \\ 3 \\ 9 \end{bmatrix}, \quad BI = \begin{bmatrix} 1 \\ 2 \\ -2 \\ 3 \end{bmatrix}$$

在编辑器中编写以下程序。

```
clc, clear
% 全选主元高斯-约当消去法求解方程组
A=[1+3i 3-2i 2+1i 13+6i;
   7-2i 2+7i 1+5i -2+8i;
   9+9i 15-3i 3+15i -2+1i;
   -2-2i -2-2i 11+7i 5+6i];
B=[2+1i; 7+2i; 3-2i; 9+3i];
[X,flag]=gauss_jordan(A,B);
fprintf('MAT X: \n');
if flag~=0
    disp(X)
end
```

运行程序，输出结果如下。

```
MAT X:
    0.0678+0.0708i
   -0.1623-0.7613i
    0.5985-0.4371i
    0.2465+0.1140i
```

5.3 追赶法

采用追赶法可以求解 n 阶三对角方程组 $AX = D$。其中

$$A = \begin{bmatrix} a_{00} & a_{01} & & & & & \\ a_{10} & a_{11} & a_{12} & & & & \\ & a_{21} & a_{22} & a_{23} & & & \\ & & \ddots & \ddots & & \ddots & \\ & & & a_{n-2,n-3} & a_{n-2,n-2} & a_{n-2,n-1} & \\ 0 & & & & a_{n-1,n-2} & a_{n-1,n-1} \end{bmatrix}, \quad X = \begin{bmatrix} x_0 \\ x_1 \\ x_2 \\ \vdots \\ x_{n-2} \\ x_{n-1} \end{bmatrix}, \quad D = \begin{bmatrix} d_0 \\ d_1 \\ d_2 \\ \vdots \\ d_{n-2} \\ d_{n-1} \end{bmatrix}$$

追赶法的本质是没有选主元的高斯消去法，只是在计算过程中考虑了三对角矩阵的特点，对于绝大部分的零元素不再处理。求解三对角方程组的步骤如下。

（1）对于 $k = 0, 1, \cdots, n-2$ ，进行以下运算。

系数矩阵归一化，即

$$a_{k,k+1} / a_{kk} \Rightarrow a_{k,k+1}$$

常数向量归一化，即

$$d_k / a_{kk} \Rightarrow d_k$$

系数矩阵消元，即

$$a_{k+1,k+1} - a_{k+1,k} a_{k,k+1} \Rightarrow a_{k+1,k+1}$$

常数向量消元，即

$$d_{k+1} - a_{k+1,k} d_k \Rightarrow d_{k+1}$$

（2）进行回代。

解出 x_{n-1} ，即

$$d_{n-1} / a_{n-1,n-1} \Rightarrow x_{n-1}$$

回代逐个解出 $x_{n-2}, \cdots, x_1, x_0$ ，即

$$d_k - a_{k,k+1} x_{k+1} \Rightarrow x_k , \quad k = n-2, \cdots, 1, 0$$

另外，考虑到在三对角矩阵中，除了 3 条对角线上的元素非零外，其他所有元素均为 0，为了节省存储空间，可以只存储 3 条对角线上的元素，并且用一个长度为 $3n-2$ 的一维数组 B 按行（称为以行为主）存储三对角矩阵 A 中的 3 条对角线上的元素。在用一维数组 B 以行为主存储三对角矩阵 A 中 3 条对角线上的元素后，对于 A 中任意元素 $A(i,j)$ ，有

$$A(i,j) = \begin{cases} B(2i+j), & i-1 \leqslant j \leqslant i+1 \\ 0, & \text{其他} \end{cases}$$

其中，3 条对角线上的元素 $A(i,j)$ 与一维数组 B 中的元素 $B(2i+j)$ 对应。

因此，在用追赶法求解三对角方程组时，为了节省存储空间，将三对角矩阵（系数矩阵）用一个长度为 $3n-2$ 的一维数组 $B(1;3n-2)$ 以行为主存储。

三对角矩阵经压缩存储后，追赶法的计算过程如下。

（1）对于 $k = 0, 1, \cdots, n-2$ ，进行以下运算。

系数矩阵归一化，即

$$B(3k+1) / B(3k) \Rightarrow B(3k+1)$$

常数向量归一化，即

$$d_k / B(3k) \Rightarrow d_k$$

系数矩阵消元，即

$$B(3k+3) - B(3k+2)B(3k+1) \Rightarrow B(3k+3)$$

常数向量消元，即

$$d_{k+1} - B(3k+2)d_k \Rightarrow d_{k+1}$$

（2）进行回代。

解出 x_{n-1}，即

$$d_{n-1} / B(3n-3) \Rightarrow d_{n-1}$$

回代逐个解出 $x_{n-2}, \cdots, x_1, x_0$，即

$$d_k - B(3k+1)d_{k+1} \Rightarrow d_k, \quad k = n-2, \cdots, 1, 0$$

在上述计算过程中，将解向量存放在原来的常数向量 **D** 中。

由于追赶法本质上是没有选主元的高斯消去法，因此，只有当三对角矩阵满足以下条件时，追赶法的计算过程才不会出现中间结果数量级的巨大增长和舍入误差的严重积累。

$$|a_{00}| > |a_{01}|$$
$$|a_{kk}| \geqslant |a_{k,k-1}| + |a_{k,k+1}|, \quad k = 1, 2, \cdots, n-2$$
$$|a_{n-1,n-1}| > |a_{n-1,n-2}|$$

在 MATLAB 中编写 trde() 函数，利用追赶法求解 n 阶三对角方程组。

```
function [d,flag]=trde(b,d)
%%%%%%%%%%%%%%%%%%%%%%%%%%%%%%%%%%%%%%%
% 追赶法求解三对角方程组
% 输入：
%        b：以行为主存放三对角矩阵中 3 条对角线上的元素
%        d：存放方程组右端的常数向量
% 输出：
%        d：返回方程组的解向量
%        flag：函数返回标志值。若值等于 0，则表示失败；若值大于 0，则表示正常
%%%%%%%%%%%%%%%%%%%%%%%%%%%%%%%%%%%%%%%
n=numel(d);                          %方程的阶数
m=3*n-2;                             %三对角矩阵 3 条对角线的元素个数
flag=0;
for k=0:n-2
    j=3*k;
    s=b(j+1);
    if abs(s)==0
        flag=0;
        return;
    end
    b(j+2)=b(j+2)/s;                 %系数矩阵归一化
    d(k+1)=d(k+1)/s;                 %常数向量归一化
    b(j+4)=b(j+4)-b(j+3)*b(j+2);     %系数矩阵消元
    d(k+2)=d(k+2)-b(j+3)*d(k+1);     %常数向量消元
end
s=b(3*n-2);
if abs(s)==0
```

```
    flag=0;
    return;
end
d(n)=d(n)/s;
for k=n-2:-1:0
    d(k+1)=d(k+1)-b(3*k+2)*d(k+2);                    %回代
end
flag=2;
end
```

【例5-5】求解以下 5 阶三对角线方程组，其中，$n=5$，$m=13$，$\boldsymbol{B}=(13,12,11,10,9,8,7,6,5,4,3,2,1)$。

$$
\begin{bmatrix}
13 & 12 & & & \\
11 & 10 & 9 & & \\
& & 8 & 7 & 6 \\
& & & 5 & 4 & 3 \\
& & & & 2 & 1
\end{bmatrix}
\begin{bmatrix}
x_0 \\
x_1 \\
x_2 \\
x_3 \\
x_4
\end{bmatrix}
=
\begin{bmatrix}
3 \\
0 \\
-2 \\
6 \\
8
\end{bmatrix}
$$

在编辑器中编写以下程序。

```
clc, clear
% 追赶法求解三对角方程组
B=[13 12 11 10 9 8 7 6 5 4 3 2 1];
D=[3 0 -2 6 8];
[X,flag]=trde(B,D);
fprintf('MAT X: \n');
if flag>0
    n=length(X);
    for i=1:n
        fprintf('x(%d)=%f \n',i,X(i))
    end
end
```

运行程序，输出结果如下。

```
MAT X:
x(1)=5.718367
x(2)=-5.944898
x(3)=-0.383673
x(4)=8.040816
x(5)=-8.081633
```

5.4　列选主元高斯消去法

利用列选主元高斯消去法可以求解右端具有 m 组常数向量的 n 阶一般带型方程组 $\boldsymbol{AX}=\boldsymbol{D}$。其中，$\boldsymbol{A}$ 为 n 阶带型矩阵，其元素满足

$$
a_{ij}\begin{cases}
\neq 0, & i-h \leqslant j \leqslant i+h \\
=0, & \text{其他}
\end{cases}
$$

即

$$
A = \begin{bmatrix}
a_{00} & \cdots & a_{0h} & & & & \\
\vdots & \ddots & \vdots & & \ddots & & 0 \\
a_{h0} & \cdots & a_{nh} & \cdots & a_{h(2h)} & & \\
& \ddots & \vdots & \ddots & \vdots & \ddots & \\
& & a_{(n-h-1)(n-2h-1)} & \cdots & a_{(n-h-1)(n-1)} & \cdots & a_{(n-h-1)(n-1)} \\
& 0 & & \ddots & \vdots & \ddots & \vdots \\
& & & & a_{(n-1)(n-h-1)} & \cdots & a_{(n-1)(n-1)}
\end{bmatrix}
$$

其中，h 称为半带宽，$2h+1$ 称为带宽。

$$
D = \begin{bmatrix}
d_{00} & \cdots & d_{0(m-1)} \\
d_{10} & \cdots & d_{1(m-1)} \\
\vdots & \ddots & \vdots \\
d_{(n-1)0} & \cdots & d_{(n-1)(m-1)}
\end{bmatrix}
$$

带型方程组 $AX = D$ 的系数矩阵 A 为带型矩阵。在带宽为 $2h+1$ 的带型矩阵中，只有 $2h+1$ 条对角线上的元素非零，带外的其他元素均为 0，其中 $2h+1$ 条对角线通常称为带型矩阵的带区。当带型矩阵的半带宽 h 比矩阵阶数 n 小得多时，带型矩阵中绝大部分为零元素。为了节省存储空间，可以采用压缩存储的方法。

由于带型矩阵中所有非零元素的分布是呈带状的，带区外均为零元素，因此，在存储带型矩阵时可以只考虑存储带区内的元素。

假设 $n×n$ 阶带型矩阵 A 的带宽为 $2h+1$，为了进行压缩存储，可以用 n 行 $2h+1$ 列的二维数组 $B(0:n-1,0:2h)$ 存储 A 中带区内的元素。其存放的原则如下。

（1）带型矩阵 A 中的行与二维数组 B 中的行一一对应。

（2）带型矩阵 A 中每行上带区内的元素以左边对齐的顺序存储在二维数组 B 中的相应行中，而前 h 行与最后 h 行中最右边的空余部分均填入 0。

由上述原则可知，带宽为 $2h+1$ 的带型矩阵 A 用二维数组 $B(0:n-1,0:2h)$ 表示的格式为

$$
B = \begin{bmatrix}
b_{00} & \cdots & b_{0h} & \cdots & b_{0(2h)} \\
\vdots & \ddots & \vdots & \ddots & \vdots \\
b_{h0} & \cdots & b_{ht} & \cdots & b_{h(2h)} \\
\vdots & \ddots & \vdots & \ddots & \vdots \\
b_{(n-h-1)0} & \cdots & b_{(n-h-1)h} & \cdots & b_{(n-h)(2h)} \\
\vdots & \ddots & \vdots & \ddots & \vdots \\
b_{(n-1)0} & \cdots & b_{(n-1)h} & \cdots & b_{(n-1)(2h)}
\end{bmatrix}
=
\begin{bmatrix}
a_{00} & \cdots & a_{0h} & \cdots & 0 \\
\ddots & & \ddots & & \vdots \\
a_{h0} & \cdots & a_{1h} & \cdots & a_{h(2h)} \\
\vdots & \ddots & \vdots & \ddots & \vdots \\
a_{(n-h-1)(n-2h-1)} & \cdots & a_{(n-h-1)(n-h-1)} & \cdots & a_{(n-h-1)(n-1)} \\
\vdots & \ddots & \vdots & \ddots & \vdots \\
a_{(n-1)(n-h-1)} & \cdots & a_{(n-1)(n-1)} & \cdots & 0
\end{bmatrix}
$$

在这种压缩存储方式中，虽然前 h 行与最后 h 行还保留部分零元素，但由于压缩后的行号与原矩阵中的行号相同，会给运算带来很大的方便。当 $h \ll n$ 时，这种压缩存储方式确能节省大量存储空间。

由于系数矩阵中非零元素是带状的，带区外均为零元素，因此在使用高斯消去法时，其归一化与消元过程只涉及带区内的元素。

最后需要指出的是，在计算过程中，采用列选主元高斯消去法，对于系数矩阵为大型带型矩阵且带宽较大的方程组，其数值计算可能是不稳定的。但如果采用全选主元，则失去了带型矩阵的特点，因此不能进行压缩，只能按一般线性代数方程组处理。

在 MATLAB 中编写 band()函数，利用列选主元高斯消去法求解右端具有 m 组常数向量的 n 阶一般带型方程组。

```matlab
function [d,flag]=band(b,d,l)
%%%%%%%%%%%%%%%%%%%%%%%%%%%%%%%%%%%%%%%%%%
% 利用列选主元高斯消去法一般带型方程组
% 输入：
%        b：存放带型矩阵区内的元素
%        d：存放方程组右端 m 组常数向量
%        l：系数矩阵的半带宽
% 输出：
%        d：返回方程组的 m 组解向量
%        flag：函数返回标志值。若值等于 0，则表示失败；若值大于 0，则表示正常
%%%%%%%%%%%%%%%%%%%%%%%%%%%%%%%%%%%%%%%%%%
[n,m]=size(d);                    %n 为方程组的阶数，m 为方程组右端常数向量的组数
b=reshape(b.',numel(b),1);
d=reshape(d.',numel(d),1);
flag=0;
il=2*l+1;                         %系数矩阵的带宽
ls=l;
for k=0:n-2
    p=0;
    for i=k:ls
        t=abs(b(i*il+1));
        if t>p
            p=t;
            is=i;
        end
    end
    if p==0
        return;
    end
    for j=0:m-1
        u=k*m+j;
        v=is*m+j;
        t=d(u+1);
        d(u+1)=d(v+1);
        d(v+1)=t;
    end
    for j=0:il-1
        u=k*il+j;
        v=is*il+j;
        t=b(u+1);
        b(u+1)=b(v+1);
        b(v+1)=t;
    end
```

```
        for j=0:m-1
            u=k*m+j;
            d(u+1)=d(u+1)/b(k*il+1);
        end
        for j=1:il-1
            u=k*il+j;
            b(u+1)=b(u+1)/b(k*il+1);
        end
        for i=k+1:ls
            t=b(i*il+1);
            for j=0:m-1
                u=i*m+j;
                v=k*m+j;
                d(u+1)=d(u+1)-t*d(v+1);
            end
            for j=1:il-1
                u=i*il+j;
                v=k*il+j;
                b(u)=b(u+1)-t*b(v+1);
            end
            u=i*il+il-1;
            b(u+1)=0;
        end
        if ls~=n-1
            ls=ls+1;
        end
    end
    p=b((n-1)*il+1);
    if abs(p)==0
        return;
    end
    for j=0:m-1
        u=(n-1)*m+j;
        d(u+1)=d(u+1)/p;
    end
    ls=1;
    for i=n-2:-1:0
        for k=0:m-1
            u=i*m+k;
            for j=1:ls
                v=i*il+j;
                is=(i+j)*m+k;
                d(u+1)=d(u+1)-b(v+1)*d(is+1);
            end
        end
        if ls~=il-1
```

```
        ls=ls+1;
    end
end
d=reshape(d,m,n)';
flag=2;
end
```

【例 5-6】求解 8 阶五对角方程组 $AX = D$。其中

$$A = \begin{bmatrix} 3 & -4 & 1 & & & & & \\ -2 & -5 & 6 & 1 & & & & \\ 1 & 3 & -1 & 2 & -3 & & & \\ & 2 & 5 & -5 & 6 & -1 & & \\ & & -3 & 1 & -1 & 2 & -5 & \\ & & & 6 & 1 & -3 & 2 & -9 \\ & & & & -4 & 1 & -1 & 2 \\ & & & & & 5 & 1 & -7 \end{bmatrix}, \quad D = \begin{bmatrix} 13 & 29 & -13 \\ -6 & 17 & -21 \\ -31 & -6 & 4 \\ 64 & 3 & 16 \\ -20 & 1 & -5 \\ -22 & -41 & 56 \\ -29 & 10 & -21 \\ 7 & -24 & 20 \end{bmatrix}$$

与带型矩阵 A 所对应的二维数组 B 如下。在本例中，$n = 8$，半带宽 $l = h = 2$，带宽为 $2h+1 = 5$，$m = 3$。

$$B = \begin{bmatrix} 3 & -4 & 1 & 0 & 0 \\ -2 & -5 & 6 & 1 & 0 \\ 1 & 3 & -1 & 2 & -3 \\ 2 & 5 & -5 & 6 & -1 \\ -3 & 1 & -1 & 2 & -5 \\ 6 & 1 & -3 & 2 & -9 \\ -4 & 1 & -1 & 2 & 0 \\ 5 & 1 & -7 & 0 & 0 \end{bmatrix}$$

在编辑器中编写以下程序。

```
clc, clear
% 用列选主元高斯消去法求解一般带型方程组
B=[3 -4 1 0 0;
   -2 -5 6 1 0;
   1 3 -1 2 -3;
   2 5 -5 6 -1;
   -3 1 -1 2 -5;
   6 1 -3 2 -9;
   -4 1 -1 2 0;
   5 1 -7 0 0];
D=[13 29 -13;
   -6 17 -21;
   -31 -6 4;
   64 3 16;
   -20 1 -5;
   -22 -41 56;
   -29 10 -21;
```

```
    7 -24 20];
l=2;
[X,flag]=band(B,D,l);
fprintf('MAT X: \n');
if flag~=0
    [n, m]=size(X);
    for i=1:n
        fprintf('x(%d)=',i);
        for j=1:m
            fprintf('%f ',X(i,j));
        end
        fprintf('\n');
    end
end
```

运行程序，输出结果如下。

```
MAT X:
x(1) = 3.000000 5.000000 -0.000000
x(2) = -1.000000 -3.000000 3.000000
x(3) = 0.000000 2.000000 -1.000000
x(4) = -5.000000 -0.000000 -0.000000
x(5) = 7.000000 -0.000000 2.000000
x(6) = 1.000000 1.000000 -3.000000
x(7) = 2.000000 -1.000000 -0.000000
x(8) = 0.000000 4.000000 -5.000000
```

本方程组的准确解如表 5-1 所示。

表 5-1　例 5-6 准确解

第1组解	第2组解	第3组解	第1组解	第2组解	第3组解
$x_0 = 3.0$	$x_0 = 5.0$	$x_0 = 0.0$	$x_4 = 7.0$	$x_4 = 0.0$	$x_4 = 2.0$
$x_1 = -1.0$	$x_1 = -3.0$	$x_1 = 3.0$	$x_5 = 1.0$	$x_5 = 1.0$	$x_5 = -3.0$
$x_2 = 0.0$	$x_2 = 2.0$	$x_2 = -1.0$	$x_6 = 2.0$	$x_6 = -1.0$	$x_6 = 0.0$
$x_3 = -5.0$	$x_3 = 0.0$	$x_3 = 0.0$	$x_7 = 0.0$	$x_7 = 4.0$	$x_7 = -5.0$

5.5　分解法

利用分解法可以求解系数矩阵为对称且右端具有 m 组常数向量的线性代数方程组 $AX = C$。其中，A 为 n 阶对称矩阵，C 为

$$C = \begin{bmatrix} c_{00} & c_{01} & \cdots & c_{0(m-1)} \\ c_{10} & c_{11} & \cdots & c_{1(m-1)} \\ \vdots & \vdots & \ddots & \vdots \\ c_{(n-1)0} & c_{(n-1)1} & \cdots & c_{(n-1)(m-1)} \end{bmatrix}$$

对称矩阵 A 可以分解为一个下三角矩阵 L、一个对角线矩阵 D 和一个上三角矩阵 L^{T} 的乘积，即

$A = LDL^{\mathrm{T}}$ ，其中

$$
L = \begin{bmatrix} 1 & & & 0 \\ l_{10} & 1 & & \\ \vdots & \vdots & \ddots & \\ l_{(n-1)0} & l_{(n-1)1} & \cdots & 1 \end{bmatrix}, \quad D = \begin{bmatrix} d_{00} & & & \\ & d_{11} & & \\ & & \ddots & \\ & & & d_{(n-1)(n-1)} \end{bmatrix}
$$

矩阵 L 和 D 中的各元素为

$$
d_{00} = a_{00}
$$

$$
d_{ii} = a_{ii} - \sum_{k=0}^{i-1} l_{ik}^2 d_{kk}
$$

$$
l_{ij} = \left(a_{ij} - \sum_{k=0}^{j-1} l_{ik} l_{jk} d_{kk} \right) / d_{ij}, \quad j < i
$$

$$
l_{ij} = 0, \quad j > i
$$

对于方程组 $AX = B$ （方程组右端只有一组常数向量），当 L 和 D 确定后，令

$$
DL^{\mathrm{T}} X = Y
$$

则首先由回代过程求解方程组

$$
LY = B
$$

而得到 Y ，再由以下方程组解出 X 。

$$
DL^{\mathrm{T}} X = Y
$$

其计算式为

$$
y_0 = b_0
$$

$$
y_i = b_i - \sum_{k=0}^{i-1} l_{ik} y_k, \quad i > 0
$$

$$
x_{n-1} = y_{n-1} / d_{n-1,n-1}
$$

$$
x_i = \left(y_i - \sum_{k=i+1}^{n-1} d_{ii} l_{ki} x_k \right) / d_{ii}
$$

在 MATLAB 中编写 ldle()函数，利用分解法求解系数矩阵对称且右端具有 m 组常数向量的线性代数方程组。

```
function [c,flag]=ldle(a,c)
%%%%%%%%%%%%%%%%%%%%%%%%%%%%%%%%%%%%%%%%%%
% 分解法求解对称方程组
% 输入:
%       a: 存放系数矩阵
%       c: 存放方程组右端 m 组常数向量
% 输出:
%       c: m 组解向量
%       flag:函数返回标志值。若小于 0，表示矩阵非对称；若等于 0，表示失败；若大于 0，表示正常
%%%%%%%%%%%%%%%%%%%%%%%%%%%%%%%%%%%%
[n,m]=size(c);                          % n 为方程阶数；m 为方程组右端常数向量组数
a=reshape(a.',numel(a),1);
c=reshape(c.',numel(c),1);
flag=0;
```

```matlab
for i=0:n-1
    for j=0:i-2
        if a(i*n+j+1)~=a(j*n+i+1)
            fprintf('矩阵不对称! \n');
            flag=-2;
            return;
        end
    end
end
if abs(a(1))==0
    return;
end
for i=1:n-1
    u=i*n;
    a(u+1)=a(u+1)/a(1);
end
for i=1:n-2
    u=i*n+i;
    for j=1:i
        v=i*n+j-1;
        l=(j-1)*n+j-1;
        a(u+1)=a(u+1)-a(v+1)^2*a(l+1);
    end
    p=a(u+1);
    if abs(p)==0
        return;
    end
    for k=i+1:n-1
        u=k*n+i;
        for j=1:i
            v=k*n+j-1;
            l=i*n+j-1;
            w=(j-1)*n+j-1;
            a(u+1)=a(u+1)-a(v+1)*a(l+1)*a(w+1);
        end
        a(u+1)=a(u+1)/p;
    end
end
u=n^2-1;
for j=1:n-1
    v=(n-1)*n+j-1;
    w=(j-1)*n+j-1;
    a(u+1)=a(u+1)-a(v+1)^2*a(w+1);
end
p=a(u+1);
if abs(p)==0
```

```
        return;
    end
    for j=0:m-1
        for i=1:n-1
            u=i*m+j;
            for k=1:i
                v=i*n+k-1;
                w=(k-1)*m+j;
                c(u+1)=c(u+1)-a(v+1)*c(w+1);
            end
        end
    end
    for i=1:n-1
        u=(i-1)*n+i-1;
        for j=i:n-1
            v=(i-1)*n+j;
            w=j*n+i-1;
            a(v+1)=a(u+1)*a(w+1);
        end
    end
    for j=0:m-1
        u=(n-1)*m+j;
        c(u+1)=c(u+1)/p;
        for k=1:n-1
            k1=n-k;
            k3=k1-1;
            u=k3*m+j;
            for k2=k1:n-1
                v=k3*n+k2;
                w=k2*m+j;
                c(u+1)=c(u+1)-a(v+1)*c(w+1);
            end
            c(u+1)=c(u+1)/a(k3*n+k3+1);
        end
    end
    flag=2;
    c=reshape(c,m,n)';
end
```

【例 5-7】求解 5 阶对称方程组 $AX=C$。其中

$$A=\begin{bmatrix} 5 & 7 & 6 & 5 & 1 \\ 7 & 10 & 8 & 7 & 2 \\ 6 & 8 & 10 & 9 & 3 \\ 5 & 7 & 9 & 10 & 4 \\ 1 & 2 & 3 & 4 & 5 \end{bmatrix}, \quad C=\begin{bmatrix} 24 & 96 \\ 34 & 136 \\ 36 & 144 \\ 35 & 140 \\ 15 & 60 \end{bmatrix}$$

在编辑器中编写如下程序。

```
clc, clear
% 分解法求解对称方程组
A=[5 7 6 5 1;
   7 10 8 7 2;
   6 8 10 9 3;
   5 7 9 10 4;
   1 2 3 4 5];
C=[24 96;
   34 136;
   36 144;
   35 140;
   15 60];
[X,flag]=ldle(A,C);
fprintf('MAT X: \n');
if flag~=0
    [n, m]=size(X);
    for i=1:n
        fprintf('x(%d) = ',i);
        for j=1:m
            fprintf('%f ',X(i,j));
        end
        fprintf('\n');
    end
end
```

运行程序，输出结果如下。

```
MAT X:
x(1) = 1.000000 4.000000
x(2) = 1.000000 4.000000
x(3) = 1.000000 4.000000
x(4) = 1.000000 4.000000
x(5) = 1.000000 4.000000
```

5.6 平方根法

利用乔利斯基分解法（即平方根法）可以求解系数矩阵对称正定且右端具有 m 组常数向量的 n 阶线性代数方程组 $AX = D$ 。其中， A 为 n 阶对称正定矩阵， D 为

$$D = \begin{bmatrix} d_{00} & d_{01} & \cdots & d_{0(m-1)} \\ d_{10} & d_{11} & \cdots & d_{1(m-1)} \\ \vdots & \vdots & \ddots & \vdots \\ d_{(n-1)0} & d_{(n-1)1} & \cdots & d_{(n-1)(m-1)} \end{bmatrix}$$

当系数矩阵 A 对称正定时，可以唯一地分解为 $A = U^{\mathrm{T}}U$ ，即

$$A = \begin{bmatrix} a_{00} & a_{01} & \cdots & a_{0(n-1)} \\ a_{10} & a_{11} & \cdots & a_{1(n-1)} \\ \vdots & \vdots & \ddots & \vdots \\ a_{(n-1)0} & a_{(n-1)1} & \cdots & a_{(n-1)(n-1)} \end{bmatrix}$$

$$= \begin{bmatrix} u_{00} & 0 & \cdots & 0 \\ u_{10} & u_{11} & \cdots & 0 \\ \vdots & \vdots & \ddots & \vdots \\ u_{(n-1)0} & u_{(n-1)1} & \cdots & u_{(n-1)(n-1)} \end{bmatrix} \begin{bmatrix} u_{00} & u_{01} & \cdots & u_{0(n-1)} \\ 0 & u_{11} & \cdots & u_{1(n-1)} \\ \vdots & \vdots & \ddots & \vdots \\ 0 & 0 & \cdots & u_{(n-1)(n-1)} \end{bmatrix} = U^{\mathrm{T}} U$$

其中，U 为上三角矩阵，$u_{ij} = u_{ji}(i,j = 0,1,\cdots,n-1)$。

矩阵 U 中的各元素为

$$u_{00} = \sqrt{a_{00}}$$

$$u_{ii} = \left(a_{ii} - \sum_{k=0}^{i-1} u_{ki}^2 \right)^{\frac{1}{2}}, \quad i = 1,2,\cdots,n-1$$

$$u_{ij} = \left(a_{ij} - \sum_{k=0}^{i-1} u_{ki} u_{kj} \right) / u_{ii}, \quad j > i$$

于是，方程组 $AX = B$（方程组右端只有一组常数向量）的解可以计算为

$$y_i = \left(b_i - \sum_{k=0}^{i-1} u_{ki} y_k \right) / u_{ii}$$

$$x_i = \left(y_i - \sum_{k=i+1}^{n-1} u_{ik} x_k \right) / u_{ii}$$

在 MATLAB 中编写 chlk() 函数，利用乔利斯基分解法（即平方根法）求解系数矩阵对称正定且右端具有 m 组常数向量的 n 阶线性代数方程组。

```
function [a,d,flag]=chlk(a,d)
%%%%%%%%%%%%%%%%%%%%%%%%%%%%%%
% 平方根法求解对称正定方程组
% 输入:
%       a: 存放对称正定的系数矩阵
%       d: 存放方程组右端 m 组常数向量
% 输出:
%       a: 返回时上三角部分存放矩阵 U
%       d: 返回 m 组解向量
%       flag: 函数返回标志值。若值等于 0，则表示失败；若值大于 0，则表示正常
%%%%%%%%%%%%%%%%%%%%%%%%%%%%%%
[n,m]=size(d);                        % n 为方程的阶数；m 为方程组右端常数向量的组数
a=reshape(a',numel(a),1);
d=reshape(d',numel(d),1);
flag=0;
if (a(1)==0)||(a(1)<0)
    return;
end
a(1)=sqrt(a(1));
```

```
for j=1:n-1
    a(j+1)=a(j+1)/a(1);
end
for i=1:n-1
    u=i*n+i;
    for j=1:i
        v=(j-1)*n+i;
        a(u+1)=a(u+1)-a(v+1)^2;
    end
    if (a(u+1)==0)||(a(u+1)<0)
        return;
    end
    a(u+1)=sqrt(a(u+1));
    if i~=n-1
        for j=i+1:n-1
            v=i*n+j;
            for k=1:i
                a(v+1)=a(v+1)-a((k-1)*n+i+1)*a((k-1)*n+j+1);
            end
            a(v+1)=a(v+1)/a(u+1);
        end
    end
end
for j=0:m-1
    d(j+1)=d(j+1)/a(1);
    for i=1:n-1
        u=i*n+i;
        v=i*m+j;
        for k=1:i
            d(v+1)=d(v+1)-a((k-1)*n+i+1)*d((k-1)*m+j+1);
        end
        d(v+1)=d(v+1)/a(u+1);
    end
end
for j=0:m-1
    u=(n-1)*m+j;
    d(u+1)=d(u+1)/a(n*n);
    for k=n-1:-1:1
        u=(k-1)*m+j;
        for i=k:n-1
            v=(k-1)*n+i;
            d(u+1)=d(u+1)-a(v+1)*d(i*m+j+1);
        end
        v=(k-1)*n+k-1;
        d(u+1)=d(u+1)/a(v+1);
    end
end
```

```
end
flag=2;
a=reshape(a,n,n).';
d=reshape(d,m,n).';
end
```

【例 5-8】求解 4 阶对称正定方程组 $AX = D$。其中

$$A = \begin{bmatrix} 5 & 7 & 6 & 5 \\ 7 & 10 & 8 & 7 \\ 6 & 8 & 10 & 9 \\ 5 & 7 & 9 & 10 \end{bmatrix}, \quad D = \begin{bmatrix} 23 & 92 \\ 32 & 128 \\ 33 & 132 \\ 31 & 124 \end{bmatrix}$$

在编辑器中编写如下程序。

```
clc, clear
% 平方根法求解对称正定方程组
A=[5 7 6 5;
   7 10 8 7;
   6 8 10 9;
   5 7 9 10];
D=[23 92;
   32 128;
   33 132;
   31 124];
[A,D,flag]=chlk(A,D);
fprintf('MAT X: \n');
if flag~=0
   [n, m]=size(D);
   for i=1:n
       fprintf('x(%d) = ',i);
       for j=1:m
           fprintf('%f ',D(i,j));
       end
       fprintf('\n');
   end
end
```

运行程序，输出结果如下。

```
MAT X:
x(1) = 1.000000 4.000000
x(2) = 1.000000 4.000000
x(3) = 1.000000 4.000000
x(4) = 1.000000 4.000000
```

5.7 列文逊法

利用列文逊（Levinson）递推算法可以求解 n 阶对称托普利兹方程组。n 阶对称托普利兹矩阵形式如下。

$$T^{(n)} = \begin{bmatrix} t_0 & t_1 & t_2 & \cdots & t_{n-1} \\ t_1 & t_0 & t_1 & \cdots & t_{n-2} \\ t_2 & t_1 & t_0 & \cdots & t_{n-3} \\ \vdots & \vdots & \vdots & \ddots & \vdots \\ t_{n-1} & t_{n-2} & t_{n-3} & \cdots & t_0 \end{bmatrix}$$

该矩阵简称为 n 阶对称 T 型矩阵。

设线性代数方程组 $AX = B$ 的系数矩阵为 n 阶对称 T 型矩阵，即 $A = T^{(n)}$。已知

$$T^{(k)} \begin{bmatrix} y_0^{(k)} \\ y_1^{(k)} \\ \vdots \\ y_{k-2}^{(k)} \\ y_{k-1}^{(k)} \end{bmatrix} = \begin{bmatrix} 0 \\ 0 \\ \vdots \\ 0 \\ \alpha_{k-1} \end{bmatrix}$$

因为 $T^{(k)}$ 和 $T^{(k+1)}$ 均为托普利兹矩阵，所以有

$$T^{(k+1)} \begin{bmatrix} 0 \\ y_0^{(k)} \\ \vdots \\ y_{k-2}^{(k)} \\ y_{k-1}^{(k)} \end{bmatrix} = \begin{bmatrix} \beta_{k-1} \\ 0 \\ \vdots \\ 0 \\ \alpha_{k-1} \end{bmatrix} \tag{5-1}$$

和

$$T^{(k+1)} \begin{bmatrix} y_{k-1}^{(k)} \\ y_{k-2}^{(k)} \\ \vdots \\ y_0^{(k)} \\ 0 \end{bmatrix} = \begin{bmatrix} \alpha_{k-1} \\ 0 \\ \vdots \\ 0 \\ \beta_{k-1} \end{bmatrix} \tag{5-2}$$

其中

$$\beta_{k-1} = y_{k-1}^{(k)} t_k + y_{k-2}^{(k)} t_{k-1} + \cdots + y_0^{(k)} t_1 = \sum_{j=0}^{k-1} t_{j+1} y_j^{(k)}$$

现将式（5-1）减去式（5-2）的 $\beta_{k-1} / \alpha_{k-1}$ 倍，并且令 $c_{k-1} = -\beta_{k-1} / \alpha_{k-1}$，可得

$$T^{(k+1)} \begin{bmatrix} c_{k-1} y_{k-1}^{(k)} \\ y_0^{(k)} + c_{k-1} y_{k-2}^{(k)} \\ \vdots \\ y_{k-2}^{(k)} + c_{k-1} y_0^{(k)} \\ y_{k-1}^{(k)} \end{bmatrix} = \begin{bmatrix} 0 \\ 0 \\ \vdots \\ 0 \\ \alpha_{k-1} + c_{k-1} \beta_{k-1} \end{bmatrix}$$

若令

$$\begin{cases} y_0^{(k+1)} = c_{k-1} y_{k-1}^{(k)} \\ y_i^{(k+1)} = y_{i-1}^{(k)} + c_{k-1} y_{k-i-1}^{(k)}, \quad i = 1, 2, \cdots, k-1 \\ y_k^{(k+1)} = y_{k-1}^{(k)} \end{cases} \tag{5-3}$$

和

$$\alpha_k = \alpha_{k-1} + c_{k-1}\beta_{k-1} \qquad (5-4)$$

可得

$$T^{(k+1)} \begin{bmatrix} y_0^{(k+1)} \\ y_1^{(k+1)} \\ \vdots \\ y_{k+1}^{(k+1)} \\ y_k^{(k+1)} \end{bmatrix} = \begin{bmatrix} 0 \\ 0 \\ \vdots \\ 0 \\ \alpha_k \end{bmatrix} \qquad (5-5)$$

显然，式（5-3）与式（5-4）是递推公式。若取初值 $\alpha_0 = t_0$，则 $y_0^{(1)} = 1$。

现在再考虑方程组 $T^{(k)}X^{(k)} = B^{(k)}$，$k = 2, 3, \cdots, n$，其中 $T^{(k)}$ 为托普利兹矩阵，$X^{(k)}$ 为未知变量的向量，$B^{(k)}$ 为常数向量，且

$$X^{(k)} = (x_0^{(k)}, x_1^{(k)}, \cdots, x_{k-1}^{(k)})^{\mathrm{T}}$$
$$B^{(k)} = (b_0, b_1, \cdots, b_{k-1})^{\mathrm{T}}$$

现假设对于某个 k，方程组 $T^{(k)}X^{(k)} = B^{(k)}$ 已经解出，则

$$T^{(k+1)} \begin{bmatrix} X^{(k+1)} \\ 0 \end{bmatrix} = \begin{bmatrix} B^{(k)} \\ q_k \end{bmatrix}$$

其中，$q_k = x_0^{(k)}t_k + \cdots + x_{k-1}^{(k)}t_1 = \sum_{j=0}^{k-1} t_{k-j}x_j^{(k)}$。又因为 $T^{(k+1)}X^{(k+1)} = B^{(k+1)}$，由此可得

$$T^{(k+1)} \begin{bmatrix} x_0^{(k+1)} - x_0^{(k)} \\ x_1^{(k+1)} - x_1^{(k)} \\ \vdots \\ x_{k-1}^{(k+1)} - x_{k-1}^{(k)} \\ x_k^{(k+1)} \end{bmatrix} = \begin{bmatrix} 0 \\ 0 \\ \vdots \\ 0 \\ b_k - q_k \end{bmatrix} \qquad (5-6)$$

在上述过程中，当 $k = 1$ 时，有 $x_0^{(1)} = b_0 / t_0$，如果用 $\omega_k = (b_k - q_k) / \alpha_k$ 乘以式（5-5），可得

$$T^{(k+1)} \begin{bmatrix} \omega_k y_0^{(k+1)} \\ \omega_k y_1^{(k+1)} \\ \vdots \\ \omega_k y_{k-1}^{(k+1)} \\ \omega_k y_k^{(k+1)} \end{bmatrix} = \begin{bmatrix} 0 \\ 0 \\ \vdots \\ 0 \\ b_k - q_k \end{bmatrix} \qquad (5-7)$$

比较式（5-6）与式（5-7），就可以得到由 $X^{(k)}$ 计算 $X^{(k+1)}$ 的递推公式为

$$\begin{cases} x_i^{(k+1)} = x_i^{(k)} + \omega_k y_i^{(k+1)}, & i = 0, 1, \cdots, k-1 \\ x_k^{(k+1)} = \omega_k y_k^{(k+1)} \end{cases}$$

综上所述，可以得到求解方程组 $T^{(n)}X^{(n)} = B^{(n)}$ 的递推算法步骤如下。

（1）取初值 $\alpha_0 = t_0$，$y_0^{(1)} = 1$，$x_0^{(1)} = b_0 / t_0$。

（2）对于 $k = 1, 2, \cdots, n-1$，依次进行如下计算。

$$q_k = \sum_{j=0}^{k-1} t_{k-j}x_j^{(k)}, \quad \beta_{k-1} = \sum_{j=0}^{k-1} t_{j+1}y_j^{(k)}, \quad c_{k-1} = -\beta_{k-1} / \alpha_{k-1}$$

$$\begin{cases} y_0^{(k+1)} = c_{k-1}y_{k-1}^{(k)} \\ y_i^{(k+1)} = y_{i-1}^{(k)} + c_{k-1}y_{k-i-1}^{(k)}, \quad i=1,2,\cdots,k-1 \\ y_k^{(k+1)} = y_{k-1}^{(k)} \end{cases}$$

$$\alpha_k = \alpha_{k-1} + c_{k-1}\beta_{k-1}, \quad \omega_k = (b_k - q_k)/\alpha_k$$

$$\begin{cases} x_i^{(k+1)} = x_i^{(k)} + \omega_k y_i^{(k+1)}, \quad i=0,1,\cdots,k-1 \\ x_k^{(k+1)} = \omega_k y_k^{(k+1)} \end{cases}$$

上述算法称为列文逊递推算法。在该算法中，对于某个 k，需要做 $4k+8$ 次乘除法，因此，总的计算工作量（乘除法次数）为

$$\sum_{k=0}^{n-1}(4k+8) = 2n^2 + 6n$$

在 MATLAB 中编写 tlvs() 函数，利用列文逊递推算法求解 n 阶对称托普利兹方程组。

```
function [x,flag]=tlvs(t,b)
%%%%%%%%%%%%%%%%%%%%%%%%%%%%%%%%%%%%%%
% 列文逊法求解对称托普利兹方程组
% 输入：
%       t：存放 n 阶矩阵中的 n 个元素
%       b：存放方程组右端的常数向量
% 输出：
%       x：返回方程组的解向量
%       flag：函数返回标志值。若值等于 0，则表示失败；若值大于 0，则表示正常
%%%%%%%%%%%%%%%%%%%%%%%%%%%%%%%%%%%%%%
n=numel(t);                                    %方程阶数
a=t(1);
flag=0;
if abs(a)==0
    return;
end
y(1)=1;
x(1)=b(1)/a;
for k=1:n-1
    beta=0;
    q=0;
    for j=0:k-1
        beta=beta+y(j+1)*t(j+2);
        q=q+x(j+1)*t(k-j+1);
    end
    if abs(a)==0
        return;
    end
    c=-beta/a;
    s(1)=c*y(k);
    y(k+1)=y(k);
    if k~=1
        for i=1:k-1
```

```
            s(i+1)=y(i)+c*y(k-i);
        end
    end
    a=a+c*beta;
    if abs(a)==0
        return;
    end
    h=(b(k+1)-q)/a;
    for i=0:k-1
        x(i+1)=x(i+1)+h*s(i+1);
        y(i+1)=s(i+1);
    end
    x(k+1)=h*y(k+1);
end
flag=1;
x=x.';
end
```

【例 5-9】求解 6 阶对称 T 型方程组 $AX = B$ 。其中，系数矩阵 A 如下，即 $t = (6,5,4,3,2,1)$ ；常数向量为 $B = (11,9,9,9,13,17)^{\mathrm{T}}$ 。

$$A = T^{(6)} = \begin{bmatrix} 6 & 5 & 4 & 3 & 2 & 1 \\ 5 & 6 & 5 & 4 & 3 & 2 \\ 4 & 5 & 6 & 5 & 4 & 3 \\ 3 & 4 & 5 & 6 & 5 & 4 \\ 2 & 3 & 4 & 5 & 6 & 5 \\ 1 & 2 & 3 & 4 & 5 & 6 \end{bmatrix}$$

在编辑器中编写如下程序。

```
clc, clear
% 列文逊法求解对称托伯利兹方程组
T=[6 5 4 3 2 1];
B=[11 9 9 9 13 17];
[X,flag]=tlvs(T,B);
fprintf('MAT X: \n');
if flag~=0
    [n, m]=size(X);
    for i=1:n
        fprintf('x(%d) = ',i);
        for j=1:m
            fprintf('%f ',X(i,j));
        end
        fprintf('\n');
    end
end
```

运行程序，输出结果如下。

```
MAT X:
x(1) = 3.000000
x(2) = -1.000000
x(3) = 0.000000
x(4) = -2.000000
x(5) = 0.000000
x(6) = 4.000000
```

5.8 高斯-赛德尔迭代法

利用高斯–赛德尔（Gauss-Seidel）迭代法可以求解系数矩阵具有主对角线绝对优势的线性代数方程组 $AX = B$。其中

$$\sum_{\substack{j=0 \\ j \neq i}}^{n-1} \left| a_{ij} \right| < \left| a_{ij} \right|, \quad i = 0, 1, \cdots, n-1$$

若方程组 $\sum_{j=0}^{n-1} a_{ij} x_j = d_i (i = 0, 1, \cdots, n-1)$ 的系数矩阵具有主对角线优势，即满足

$$\sum_{\substack{j=0 \\ j \neq i}}^{n-1} \left| a_{ij} \right| < \left| a_{ii} \right|, \quad i = 0, 1, \cdots, n-1$$

则在分离时，可以直接从主对角线解出 x_i，即

$$x_i = \left(d_i - \sum_{\substack{j=0 \\ j \neq i}}^{n-1} a_{ij} x_j \right) / a_{ii}, \quad i = 0, 1, \cdots, n-1$$

于是，高斯–赛德尔迭代公式变为

$$x_i^{(k+1)} = \left(d_i - \sum_{j=0}^{i-1} a_{ij} x_j^{(k+1)} - \sum_{j=i+1}^{n-1} a_{ij} x_j^{(k)} \right) / a_{ii}, \quad i = 0, 1, \cdots, n-1$$

并且对于任意给定的初值 $(x_0^{(0)}, x_1^{(0)}, \cdots, x_{n-1}^{(0)})$ 均收敛于方程组的解。

结束迭代的条件为

$$\max_{0 \leqslant i \leqslant n-1} \frac{\left| x_i^{(k+1)} - x_i^{(k)} \right|}{1 + \left| x_i^{(k+1)} \right|} < \varepsilon$$

其中，ε 为给定的精度要求。

在 MATLAB 中编写 seidel() 函数，利用高斯–赛德尔迭代法求解系数矩阵具有主对角线绝对优势的线性代数方程组。

```
function [x,flag]=seidel(a,b,eps)
%%%%%%%%%%%%%%%%%%%%%%%%%%%%%%%%%%%%%
% 高斯-赛德尔迭代法
% 输入：
%      a：系数矩阵
%      b：常数向量
%      eps：控制精度
% 输出：
```

```
%       x: 返回满足精度要求的解向量。若系统矩阵非对角优势，返回解向量 0
%       flag: 若系数矩阵非对角优势，则显示错误信息，并返回 0 标志值；否则返回非 0 标志值
%%%%%%%%%%%%%%%%%%%%%%%%%%%%%%%%%%%%%
n=numel(b);
a=reshape(a.',n,n);

for i=0:n-1
    u=i*n+i;
    p=0;
    x(i+1)=0;                                    %解向量初值
    for j=0:n-1
        if i~=j
            v=i*n+j;
            p=p+abs(a(v+1));
        end
    end
    if p>=abs(a(u+1))                            %检查系数矩阵是否具有对角优势
        fprintf('系数矩阵非对角优势! \n');
    end
end
p=eps+1;
while p>=eps
    p=0;
    for i=0:n-1
        t=x(i+1);
        s=0;
        for j=0:n-1
            if j~=i
                s=s+a(i*n+j+1)*x(j+1);
            end
        end
        x(i+1)=(b(i+1)-s)/a(i*n+i+1);
        q=abs(x(i+1)-t)/(1+abs(x(i+1)));
        if q>p
            p=q;
        end
    end
end
flag=1;
x=x.';
end
```

【例 5-10】用高斯–赛德尔迭代法求解以下 4 阶方程组。取 $\varepsilon = 0.000001$。

$$\begin{cases} 7x_0 + 2x_1 + x_2 - 2x_3 = 4 \\ 9x_0 + 15x_1 + 3x_2 - 2x_3 = 7 \\ -2x_0 - 2x_1 + 11x_2 + 5x_3 = -1 \\ x_0 + 3x_1 + 2x_2 + 13x_3 = 0 \end{cases}$$

在编辑器中编写如下程序。

```
clc, clear
% 高斯-赛德尔迭代法求解系数矩阵
A=[7 2 1 -2;
   9 15 3 -2;
   -2 -2 11 5;
   1 3 2 13];
B=[4 7 -1 0];
eps=0.000001;
[X,flag]=seidel(A,B,eps);
fprintf('MAT X: \n');
if flag~=0
    [n,m]=size(X);
    for i=1:n
        fprintf('x(%d) = ',i);
        for j=1:m
            fprintf('%f ',X(i,j));
        end
        fprintf('\n');
    end
end
```

运行程序，输出结果如下。

```
MAT X:
x(1) = 0.497931
x(2) = 0.144494
x(3) = 0.062858
x(4) = -0.081318
```

5.9 共轭梯度法

利用共轭梯度法可以求解 n 阶对称正定方程组 $AX = B$。该方法只适用于对称正定方程组。共轭梯度法的递推计算公式如下。

取解向量的初值 $X_0 = (0, 0, \cdots, 0)^T$，则有 $R_0 = P_0 = B$。对于 $i = 0, 1, \cdots, n-1$，依次进行如下运算。

$$\alpha_i = \frac{(P_i, B)}{(P_i, AP_i)}$$

$$X_{i+1} = X_i + \alpha_i P_i$$

$$R_{i+1} = B - AX_{i+1}$$

$$\beta_i = \frac{(AR_{i+1}, P_i)}{(AP_i, P_i)}$$

$$P_{i+1} = R_{i+1} - \beta_i P_i$$

上述过程一直到 $\|R_i\| < \varepsilon$ 或 $i = n-1$ 为止。

在 MATLAB 中编写 grad() 函数，利用共轭梯度法求解 n 阶对称正定方程组。

```
function [x]=grad(a,b,eps)
%%%%%%%%%%%%%%%%%%%%%%%%%%%%%%%%%%%%%%%%%
% 共轭梯度法求解对称正定方程组
% 输出:
%       a: 存放对称正定矩阵
%       b: 存放方程组右端的常数向量
%       eps: 控制精度要求
% 输出:
%       x: 返回方程组的解向量
%%%%%%%%%%%%%%%%%%%%%%%%%%%%%%%%%%%%%%%%%
n=numel(b);
p=zeros(n,1);
x=zeros(n,1);
for i=0:n-1
    x(i+1)=0;
    p(i+1)=b(i+1);
    r(i+1)=b(i+1);
end
i=0;
while i<=n-1
    s=a*p;
    d=0;
    e=0;
    for k=0:n-1
        d=d+p(k+1)*b(k+1);
        e=e+p(k+1)*s(k+1);
    end
    alpha=d/e;
    for k=0:n-1
        x(k+1)=x(k+1)+alpha*p(k+1);
    end
    q=a*x;
    d=0;
    for k=0:n-1
        r(k+1)=b(k+1)-q(k+1);
        d=d+r(k+1)*s(k+1);
    end
    beta=d/e;
    d=0;
    for k=0:n-1
        d=d+r(k+1)^2;
    end
    d=sqrt(d);
    if d<eps
        return;
    end
end
```

```
    for  k=0:n-1
        p(k+1)=r(k+1)-beta*p(k+1);
    end
    i=i+1;
end
end
```

【例 5-11】用共轭梯度法求解 4 阶对称正定方程组 $AX = B$。取 $\varepsilon = 0.000001$。其中

$$A = \begin{bmatrix} 5 & 7 & 6 & 5 \\ 7 & 10 & 8 & 7 \\ 6 & 8 & 10 & 9 \\ 5 & 7 & 9 & 10 \end{bmatrix}, \quad B = \begin{bmatrix} 23 \\ 32 \\ 33 \\ 31 \end{bmatrix}$$

在编辑器中编写如下程序。

```
clc, clear
%  共轭梯度法求解对称正定方程组
a=[5 7 6 5;
   7 10 8 7;
   6 8 10 9;
   5 7 9 10];
b=[23; 32; 33; 31];
eps=0.000001;
[x]=grad(a,b,eps);
[n, m]=size(x);
fprintf('MAT X: \n');
for i=1:n
    fprintf('x(%d) = ',i);
    for j=1:m
        fprintf('%f ',x(i,j));
    end
    fprintf('\n');
end
```

运行程序，输出结果如下。

```
MAT X:
x(1) = 1.000000
x(2) = 1.000000
x(3) = 1.000000
x(4) = 1.000000
```

5.10 豪斯荷尔德变换法

利用豪斯荷尔德变换法可以求解线性最小二乘问题。设超定方程组为 $AX = B$，其中 A 为 $m \times n (m \geqslant n)$ 列线性无关矩阵，X 为 n 维列向量，B 为 m 维列向量。

用豪斯荷尔德变换法将 A 进行 QR 分解，即

$$A = QR$$

其中，Q 为 $m \times m$ 的正交矩阵；R 为上三角矩阵。具体分解过程见前面的内容，这里不再赘述。

设

$$E = B - AX$$

两端乘以 Q^T 得

$$Q^T E = Q^T B - Q^T AX = Q^T B - RX$$

因为 Q^T 为正交矩阵，所以有

$$\left\| E \right\|_2^2 = \left\| Q^T E \right\|_2^2 = \left\| Q^T B - RX \right\|_2^2$$

若令

$$Q^T B = \begin{bmatrix} C \\ D \end{bmatrix}, \quad RX = \begin{bmatrix} R_1 \\ 0 \end{bmatrix} X$$

其中，C 为 n 维列向量；D 为 $m-n$ 维列向量；R_1 为 $n \times n$ 的上三角方阵；0 为 $(m-n) \times n$ 的零矩阵。则有

$$\left\| E \right\|_2^2 = \left\| C - R_1 X \right\|_2^2 + \left\| D \right\|_2^2$$

显然，当 X 满足 $R_1 X = C$ 时，$\left\| E \right\|_2^2$ 取最小值。

综上所述，求解线性最小二乘问题 $AX = B$ 的步骤如下。

（1）对 A 进行 QR 分解，即

$$A = QR$$

其中，Q 为 $m \times m$ 的正交矩阵；R 为上三角矩阵。且令

$$R = \begin{bmatrix} R_1 \\ 0 \end{bmatrix}$$

其中，R_1 为 $n \times n$ 的上三角方阵。

（2）计算

$$\begin{bmatrix} C \\ D \end{bmatrix} = Q^T B$$

其中，C 为 n 维列向量。

（3）利用回代求解方程组 $R_1 X = C$。

在 MATLAB 中编写 gmqr() 函数，利用豪斯荷尔德变换法求解线性最小二乘问题。函数需要调用 QR 分解的 maqr() 函数。

```
function [a,b,q,flag]=gmqr(a,b)
%%%%%%%%%%%%%%%%%%%%%%%%%%%%%%%%%%%%%
% 豪斯荷尔德变换法求解线性最小二乘问题
% 输入：
%      a：超定方程组的系数矩阵
%      b：存放方程组右端常数向量
% 输出：
%      a：返回时存放 QR 分解式中的 R 矩阵
%      b：返回时前 n 个分量存放方程组最小二乘解
```

```
%          q：返回时存放 QR 分解式中的正交矩阵 Q
%          flag：函数返回标志值。若等于 0，则表示失败；否则表示正常
%%%%%%%%%%%%%%%%%%%%%%%%%%%%%%%%%%%%%%%
[m,n]=size(a);
[a,q,i]=maqr(a);                                %QR 分解
a=reshape(a.',numel(a),1);
q=reshape(q.',numel(q),1);
flag=0;
if i==0
    return;
end
for i=0:n-1
    d=0;
    for j=0:m-1
        d=d+q(j*m+i+1)*b(j+1);
    end
    c(i+1)=d;
end
b(n)=c(n)/a(n^2);
for i=n-2:-1:0                                  %回代
    d=0;
    for j=i+1:n-1
        d=d+a(i*n+j+1)*b(j+1);
        b(i+1)=(c(i+1)-d)/a(i*n+i+1);
    end
end
flag=1;
a=reshape(a.',n,m)';
b=b.';
q=reshape(q.',m,m)';
end
```

【例 5-12】求以下超定方程组的最小二乘解，并求系数矩阵的 QR 分解式。

$$\begin{cases} x_0 + x_1 - x_2 = 2 \\ 2x_0 + x_1 = -3 \\ x_0 - x_1 = 1 \\ -x_0 + 2x_1 + x_2 = 4 \end{cases}$$

在编辑器中编写如下程序。

```
clc, clear
% 豪斯荷尔德变换法求解线性最小二乘问题
a=[1 1 -1;
   2 1 0;
   1 -1 0;
   -1 2 1];
b=[2 -3 1 4];
```

```
[a,b,q,flag]=gmqr(a,b);
if flag~=0
    fprintf('最小二乘解 MAT X:\n ');
    [n, m]=size(b);
    for i=1:n
        fprintf('x(%d) = ',i);
        for j=1:m
            fprintf('%f ',b(i,j));
        end
        fprintf('\n');
    end
    fprintf('正交矩阵:\n ');disp(q);
    fprintf('矩阵 R:\n ');disp(a);
end
```

运行程序，输出结果如下。

```
最小二乘解 MAT X:
x(1) = -1.190476
x(2) - 0.952381
x(3) = -0.666667
x(4) = 4.000000
正交矩阵:
  -0.3780   -0.3780    0.7559    0.3780
  -0.7559   -0.3780   -0.3780   -0.3780
  -0.3780    0.3780   -0.3780    0.7559
   0.3780   -0.7559   -0.3780    0.3780
矩阵 R:
  -2.6458   -0.0000    0.7559
        0   -2.6458   -0.3780
        0         0   -1.1339
        0         0         0
```

5.11　广义逆法

利用广义逆法可以求超定方程组 $AX = B$ 的最小二乘解。其中 A 为 $m \times n(m \geq n)$ 的矩阵，且列线性无关。当 $m = n$ 时，即为求线性代数方程组的解。求解步骤如下。

（1）对矩阵 A 进行奇异值分解，即

$$A = U \begin{bmatrix} \Sigma & 0 \\ 0 & 0 \end{bmatrix} V^{\mathrm{T}}$$

（2）利用奇异值分解式计算 A 的广义逆 A^+，即

$$A^+ = V_1 \Sigma^{-1} U_1^{\mathrm{T}}$$

（3）利用广义逆 A^+ 求超定方程组 $AX = B$ 的最小二乘解，即

$$X = A^+ B$$

在 MATLAB 中编写 gmiv()函数，利用广义逆法求超定方程组的最小二乘解。本函数需要调用求广义逆

的 ginv()函数，求广义逆的函数需要调用奇异值分解的 muav()函数。

```
function [a,x,aa,u,v,flag]=gmiv(a,b,eps)
%%%%%%%%%%%%%%%%%%%%%%%%%%%%%%%%%%%%%%%%
% 广义逆法求超定方程组的最小二乘解
% 输入:
%       a: 超定方程组的系数矩阵 A
%       b: 存放超定方程组右端的常数向量
%       eps: 奇异值分解中的控制精度要求
% 输出:
%       a: 返回时对其对角线依次给出奇异值，其余元素为 0
%       x: 返回超定方程组的最小二乘解
%       aa: 返回系数矩阵 A 的广义逆 A+
%       u: 返回 A 的奇异值分解式中的左奇异向量 U
%       v: 返回 A 的奇异值分解式中的右奇异向量 V+
%       flag: 函数返回标志值。若小于 0，则表示失败；若值大于 0，则表示正常
%%%%%%%%%%%%%%%%%%%%%%%%%%%%%%%%%%%%%%%%
[m,n]=size(a);
[a,aa,u,v,i]=ginv(a,eps);
aa=reshape(aa.',numel(aa),1);
flag=0;
if i<0
    flag=-1;
    return;
end
for i=0:n-1
    x(i+1)=0;
    for j=0:m-1
        x(i+1)=x(i+1)+aa(i*m+j+1)*b(j+1);
    end
end
flag=1;
aa=reshape(aa,m,n).';
end
```

【例 5-13】求以下超定方程组的最小二乘解，并求系数矩阵的广义逆。取 $\varepsilon = 0.000001$。

$$\begin{cases} x_0 + x_1 - x_2 = 2 \\ 2x_0 + x_1 = -3 \\ x_0 - x_1 = 1 \\ -x_0 + 2x_1 + x_2 = 4 \end{cases}$$

在编辑器中编写如下程序。

```
clc, clear
% 广义逆法求超定方程组的最小二乘解
A=[1 1 -1;
   2 1 0;
   1 -1 0;
```

```
      -1 2 1];
B=[2 -3 1 4];
eps=0.000001;
[A,X,aa,u,v,flag]=gmiv(A,B,eps)
if flag~=0
    fprintf('最小二乘\n ');
    [n, m]=size(X);
    for i=1:n
        fprintf('x(%d) = ',i);
        for j=1:m
            fprintf('%f ',X(i,j));
        end
        fprintf('\n');
    end
    fprintf('广义逆A+: \n ');
    disp(aa);
end
```

运行程序，输出结果如下。

```
A =
    2.8025         0         0
         0    2.6458         0
         0         0    1.0705
         0         0         0
X =
   -1.1905    0.9524   -0.6667
aa =
   -0.0476    0.3810    0.2381   -0.0476
    0.2381    0.0952   -0.1905    0.2381
   -0.6667    0.3333    0.3333    0.3333
u =
    0.2764    0.5071    0.7236         0
    0.4472    0.6761   -0.4472         0
    0.4472   -0.1690   -0.4472         0
   -0.7236    0.5071   -0.2764         0
v =
    0.8355   -0.4178   -0.3568
    0.4472    0.8944    0.0000
   -0.3192    0.1596   -0.9342
flag =
     1
最小二乘
 x(1) = -1.190476 0.952381 -0.666667
广义逆A+:
   -0.0476    0.3810    0.2381   -0.0476
    0.2381    0.0952   -0.1905    0.2381
   -0.6667    0.3333    0.3333    0.3333
```

5.12 病态方程组求解

当线性代数方程组 $AX = B$ 为病态时，其求解步骤如下。

（1）用全选主元高斯消去法求解，得到一组近似解 $X^{(1)} = (x_0^{(1)}, x_1^{(1)}, \cdots, x_{n-1}^{(1)})^\mathrm{T}$。

（2）计算剩余向量 $R = B - X^{(1)}$。

（3）用全选主元高斯消去法求解线性代数方程组 $AE = R$，解出 $E = (e_0, e_1, \cdots, e_{n-1})^\mathrm{T}$。

（4）计算 $X^{(2)} = X^{(1)} + E$。

（5）令 $X^{(1)} = X^{(2)}$，转至步骤（2）重复该过程，直到满足条件

$$\max_{0 \leqslant i \leqslant n-1} \frac{\left| x_i^{(2)} - x_i^{(1)} \right|}{1 + \left| x_i^{(2)} \right|} < \varepsilon$$

其中，ε 为给定的精度要求。

在 MATLAB 中编写 bingt() 函数，用于求解病态线性代数方程组。本函数需要调用全选主元高斯消去法求解线性代数方程组的 gauss() 函数。

```
function [x,flag]=bingt(a,b,eps)
%%%%%%%%%%%%%%%%%%%%%%%%%%%%%%%%%%%%%%%%
% 求解病态方程组
% 输入：
%       a：系数矩阵
%       b：常数向量
%       eps：控制精度
% 输出：
%       x：返回解向量。若系数矩阵奇异，返回 0 向量
%       flag：若系数矩阵奇异，或校正达到 10 次还不满足精度要求，则显示错误信息，并返回 0 标志值；
%       正常则返回非 0
%%%%%%%%%%%%%%%%%%%%%%%%%%%%%%%%%%%%%%%%
k=0;
n=size(a,1);
aa=a;
a=reshape(a.',numel(a),1);

flag=0;
p=aa;
for i=0:n-1
    x(i+1)=b(i+1);
end
[x, i]=gauss(p,x);                          %全选主元高斯消去法求解，得到近似解
if i==0
    return;
end
q=1+eps;
while q>=eps
    if k==10
```

```
        fprintf('校正达到 10 次! \n');
        return;
    end
    k=k+1;
    for i=0:n-1
        e(i+1)=0;
        for j=0:n-1
            e(i+1)=e(i+1)+a(i*n+j+1)*x(j+1);
        end
    end
    for i=0:n-1
        r(i+1)=b(i+1)-e(i+1);                  %计算剩余向量
    end
    p=aa;
    [r, i]=gauss(p,r);                          %用全选主元高斯消去法求解
    if i==0
        return;
    end
    q=0;
    for i=0:n-1
        qq=abs(r(i+1))/(1+abs(x(i+1)+r(i+1)));
        if qq>q
            q=qq;
        end
    end
    for i=0:n-1
        x(i+1)=x(i+1)+r(i+1);
    end
end
fprintf('校正次数为: %d',k);
flag=1;
x=x';
end
```

【例 5-14】求解 5 阶希尔伯特方程组。其中，常数向量为$[1,0,0,0,1]$；取 $\varepsilon = 0.00000001$。在编辑器中编写如下程序。

```
clc, clear
% 求解病态方程组
B=[1 0 0 0 1];
for i=0:4
    for j=0:4
        A(i+1,j+1)=1/(1+i+j);
    end
end
eps=0.00000001;
fprintf('系数矩阵: \n');disp(A);
fprintf('常数向量: \n');disp(B);
```

```
[x,flag]=bingt(A,B,eps);
if flag~=0
    fprintf('解向量: \n');
    [n, m]=size(x);
    for i=1:n
        fprintf('x(%d) = ',i);
        for j=1:m
            fprintf('%f ',x(i,j));
        end
        fprintf('\n');
    end
    r=A*x;
    fprintf('残向量: \n');
    [n,m]=size(r);
    for i=1:n
        fprintf('r(%d) = ',i);
        for j=1:m
            fprintf('%f ',r(i,j));
        end
        fprintf('\n');
    end
end
```

运行程序，输出结果如下。

```
系数矩阵:
    1.0000    0.5000    0.3333    0.2500    0.2000
    0.5000    0.3333    0.2500    0.2000    0.1667
    0.3333    0.2500    0.2000    0.1667    0.1429
    0.2500    0.2000    0.1667    0.1429    0.1250
    0.2000    0.1667    0.1429    0.1250    0.1111
常数向量:
      1      0      0      0      1
校正次数为: 1 解向量:
x(1) = 655.000000
x(2) = -12900.000000
x(3) = 57750.000000
x(4) = -89600.000000
x(5) = 44730.000000
残向量:
r(1) = 1.000000
r(2) = -0.000000
r(3) = -0.000000
r(4) = -0.000000
r(5) = 1.000000
```

需要指出的是，当采用高精度计算工具求解较低阶病态方程组时，直接用全选主元高斯消去法就能得到较精确的解向量，因此本例只校正一次。

第 6 章

非线性方程

非线性方程是因变量与自变量之间不满足线性关系的方程，如平方关系、对数关系、指数关系、三角函数关系等。此类方程的求解往往很难得到精确解，因此经常需要求其近似解。求解非线性方程的主要方法是迭代法。本章介绍常见的非线性方程数值求解方法的 MATLAB 实现。

6.1　对分法

利用对分法可以搜索方程 $f(x)=0$ 在区间 $[a,b]$ 内的实根。搜索是从区间左端点 $x=a$ 开始，以 h 为步长，逐步向后进行。对于在搜索过程中遇到的每个子区间 $[x_k,x_{k+1}]$（其中 $x_{k+1}=x_k+h$），进行如下处理。

（1）若 $f(x_k)=0$，则 x_k 为一个实根，且从 $x_k+h/2$ 开始向后继续搜索。

（2）若 $f(x_{k+1})=0$，则 x_{k+1} 为一个实根，且从 $x_{k+1}+h/2$ 开始向后继续搜索。

（3）若 $f(x_k)f(x_{k+1})>0$，则说明在当前子区间内无实根或 h 选得过大，放弃本子区间，从 x_{k+1} 开始向后继续搜索。

（4）若 $f(x_k)f(x_{k+1})<0$，则说明在当前子区间内有实根，此时利用对分法，直到求得一个实根为止，然后从 x_{k+1} 开始向后继续搜索。

上述过程一直进行到区间右端点 b 为止。

注意： 在根的搜索过程中，要合理选择步长，尽量避免根的丢失。

在 MATLAB 中编写 dhrt()函数，实现利用对分法搜索方程 $f(x)=0$ 在区间 $[a,b]$ 内的实根。

```
function [x,n]=dhrt(a,b,h,eps,m,f)
%%%%%%%%%%%%%%%%%%%%%%%%%%%%%%%%%%%%%%%%
% 对分法
% 输入：
%        a: 求根区间的左端点
%        b: 求根区间的右端点
%        h: 搜索求根采用的步长
%        eps: 控制精度要求
%        m: 实根个数的预估值
%        f: 方程右端函数 f(x)的函数名
% 输出：
%        x: 存放返回的实根，实根个数由函数值返回
```

```
%         n: 函数返回搜索到的实根个数, 若等于 m, 则可能没有搜索完
%%%%%%%%%%%%%%%%%%%%%%%%%%%%%%%%%%%%%%%%
if a>b
    z=a;
    a=b;
    b=z;
end
n=0;
z=a;
y=f(z);
while (z<=b+h/2)&&(n~=m)
    if abs(y)<eps
        n=n+1;
        x(n)=z;
        z=z+h/2;
        y=f(z);
    else
        z1=z+h;
        y1=f(z1);
        if abs(y1)<eps
            n=n+1;
            x(n)=z1;
            z=z1+h/2;
            y=f(z);
        elseif y*y1>0
            y=y1;
            z=z1;
        else
            js=0;
            while js==0
                if abs(z1-z)<eps
                    n=n+1;
                    x(n)=(z1+z)/2;
                    z=z1+h/2;
                    y=f(z);
                    js=1;
                else
                    z0=(z1+z)/2;
                    y0=f(z0);
                    if abs(y0)<eps
                        x(n+1)=z0;
                        n=n+1;
                        js=1;
                        z=z0+h/2;
                        y=f(z);
                    elseif y*y0<0
```

```
                        z1=z0;
                        y1=y0;
                    else
                        z=z0;
                        y=y0;
                    end
                end
            end
        end
    end
end
end
```

【例 6-1】求方程 $f(x) = x^6 - 5x^5 + 3x^4 + x^3 - 7x^2 + 7x - 20 = 0$ 在区间 $[-2,5]$ 内的所有实根。取步长 $h = 0.2$，控制精度要求为 $\varepsilon = 0.000001$。

由于本方程为 6 次代数方程，最多有 6 个实根，因此取 $m = 6$。

计算方程左端函数 $f(x)$ 值的函数程序如下。

```
function z=dhrtf(x)
z=(((((x-5)*x+3)*x+1)*x-7)*x+7)*x-20;
end
```

在编辑器中编写如下程序。

```
clc, clear
% 对分法求非线性方程实根
m=6;
eps=0.000001;
a=-2;
b=5;
h=0.2;
[x,n]=dhrt(a,b,h,eps,m,@dhrtf);
fprintf('根的个数 = %d \n',n);
for i=1:n
    fprintf('x(%d) = %f \n',i,x(i));
end
```

运行程序，输出结果如下。

```
根的个数 = 2
x(1) = -1.402463
x(2) = 4.333755
```

6.2　牛顿迭代法

利用牛顿迭代法可以求方程 $f(x) = 0$ 的一个实根。设方程 $f(x) = 0$ 满足以下条件：

（1）$f(x)$ 在区间 $[a,b]$ 上的 $f'(x)$ 与 $f''(x)$ 均存在，且 $f'(x)$ 与 $f''(x)$ 的符号在区间 $[a,b]$ 上均各自保持不变；

（2）$f(a)f(b)<0$；

（3）$f(x_0)f''(x_0)>0$，$x_0 \in [a,b]$。

则方程 $f(x)=0$ 在区间 $[a,b]$ 上有且只有一个实根，由牛顿迭代公式

$$x_{n+1} = x_n - \frac{f(x_n)}{f'(x_n)}$$

计算得到的根的近似值序列收敛于方程 $f(x)=0$ 的根。

结束迭代过程的条件为 $|f(x_{n+1})|<\varepsilon$ 与 $|x_{n+1}-x_n|<\varepsilon$ 同时成立。其中，ε 为预先给定的精度要求。

在 MATLAB 中编写 newt() 函数，利用牛顿迭代法求方程 $f(x)=0$ 的一个实根。

```
function [x,k]=newt(x,eps,f,df)
%%%%%%%%%%%%%%%%%%%%%%%%%%%%%%%%%%%%%%
% 牛顿迭代法
% 输入：
%       x：存放方程根的初值
%       eps：控制精度要求
%       f：方程左端函数 f(x) 的函数名
%       df：方程左端函数 f(x) 的一阶导函数名
% 输出：
%       x：返回迭代终值
%       k：返回迭代次数，返回-1 表示出现 df/dx=0 的情况，程序最多迭代次数为 500
%%%%%%%%%%%%%%%%%%%%%%%%%%%%%%%%%%%%%%
interation=500;                         %最大迭代次数
k=0;
x0=x;
y=f(x0);
dy=df(x0);
d=eps+1;
while (d>=eps)&&(k~=interation)
    if abs(dy)==0                       %df(x)/dx=0
        fprintf('dy == 0!\n');
        k=-1;
        return;
    end
    x1=x0-y/dy;                         %迭代 x
    y=f(x1);
    dy=df(x1);
    d=abs(x1-x0);
    p=abs(y);
    if p>d
        d=p;
    end
    x0=x1;
    k=k+1;
end
x=x0;
end
```

【例 6-2】用牛顿迭代法求方程 $f(x) = x^3 - x^2 - 1 = 0$ 在 $x_0 = 1.5$ 附近的一个实根。取 $\varepsilon = 0.000001$。

由方程可知 $f'(x) = 3x^2 - 2x$。编写待求解函数 $f(x)$ 的程序如下。

```
function y=newtdf(x)
y=3*x^2-2*x;
end
```

待求解函数 $f(x)$ 的导数 $f'(x)$ 函数程序如下。

```
function y=newtf(x)
y=x^2*(x-1)-1;
end
```

在编辑器中编写如下程序。

```
clc, clear
% 牛顿迭代法求非线性方程的一个实根
eps=0.000001;
x=1.5;
[x,k]=newt(x,eps,@newtf,@newtdf);
fprintf('迭代次数 = %d \n',k);
fprintf('迭代终值 = %f \n',x);
```

运行程序，输出结果如下。

```
迭代次数 = 4
迭代终值 = 1.465571
```

6.3 埃特金迭代法

利用埃特金（Aitken）迭代法可以求非线性方程的一个实根。设非线性方程 $x = \varphi(x)$，取初值 x_0。埃特金迭代法迭代一次的过程如下。

预报：

$$u = \varphi(x_n)$$

再预报：

$$v = \varphi(u)$$

校正：

$$x_{n+1} = v - \frac{(v-u)^2}{v - 2u + x_n}$$

结束迭代过程的条件为 $|v-u| < \varepsilon$。此时 v 即为非线性方程的一个实根。其中，ε 为预先给定的精度要求。

埃特金迭代法具有良好的收敛性。一方面，埃特金迭代法的收敛速度比较快；另一方面，一个简单迭代法不收敛的迭代公式经埃特金迭代法处理后一般就会收敛。

在 MATLAB 中编写 atkn() 函数，利用埃特金迭代法求非线性方程 $x = \varphi(x)$ 的一个实根。

```
function [x,k]=atkn(x,eps,f)
%%%%%%%%%%%%%%%%%%%%%%%%%%%%%%%%%%%%%%%%
```

```
%  埃特金迭代法
%  输入：
%       x：存放方程根的初值
%       eps：控制精度要求
%       f：简单迭代公式右端函数 fai(x) 的函数名
%  输出：
%       x：返回迭代终值
%       k：函数返回迭代次数，程序最多迭代次数为 500
%%%%%%%%%%%%%%%%%%%%%%%%%%%%%%%%%%%%%
interation=500;                                %最大迭代次数
k=0;
x0=x;
flag=0;
while (flag==0)&&(k~=interation)
    k=k+1;
    u=f(x0);                                   %预报
    v=f(u);                                    %再预报
    if abs(u-v)<eps
        x0=v;
        flag=1;
    else
        x0=v-(v-u)^2/(v-2*u+x0);               %校正
    end
end
x=x0;
end
```

【例 6-3】用埃特金迭代法求方程 $\varphi(x) = 6 - x^2$ 在 $x_0 = 0$ 附近的一个实根。取 $\varepsilon = 0.0000001$。待求函数 $\varphi(x)$ 的程序如下。

```
function y=atknf(x)
y=6-x^2;
end
```

在编辑器中编写如下程序。

```
clc, clear
% 埃特金迭代法求非线性方程一个实根
eps=0.0000001;
x=0;
[x,k]=atkn(x,eps,@atknf);
fprintf('迭代次数 = %d \n',k);
fprintf('迭代终值 = %f \n',x);
```

运行程序，输出结果如下。

```
迭代次数 = 8
迭代终值 = 2.000000
```

6.4　试位法

利用试位法可以求非线性方程 $f(x)=0$ 在给定区间 $[a,b]$ 内的一个实根。试位法也称为割线法。

若 $f(a)f(b)<0$，则在区间 $[a,b]$ 内有实根。用直线（即弦）连接点 $(a,f(a))$ 和 $(b,f(b))$，弦的方程为

$$y(x)=\left[\frac{f(b)-f(a)}{b-a}\right]x+\left[f(a)-\frac{f(b)-f(a)}{b-a}a\right]$$

令 $y(x)=0$，解出的 x 值作为方程根的估值，得

$$x_{\text{new}}=\frac{af(b)-bf(a)}{f(b)-f(a)}$$

有了估值 x_{new} 后，检验乘积 $f(a)f(x_{\text{new}})$ 的符号。如果该乘积小于 0，则置 $b=x_{\text{new}}$；否则置 $a=x_{\text{new}}$。如果该乘积的值为 0（或小于指定的公差 ε），则 x_{new} 就是要求的根。

在 MATLAB 中编写 fals() 函数，利用试位法求非线性方程 $f(x)=0$ 在给定区间 $[a,b]$ 内的一个实根。

```matlab
function [x,m]=fals(a,b,eps,f)
%%%%%%%%%%%%%%%%%%%%%%%%%%%%%%%%%%%%%
% 试位法
% 输入：
%       a：求根区间的左端点
%       b：求根区间的右端点
%       eps：控制精度要求
%       f：方程左端函数 f(x) 的函数名
% 输出：
%       x：存放方程根的初值，返回迭代终值
%       m：函数返回迭代次数，若为-1，则表示 f(a)f(b)>0
%%%%%%%%%%%%%%%%%%%%%%%%%%%%%%%%%%%%%
m=0;
fa=f(a);
fb=f(b);
if fa*fb>0
    m=-1;
    return;
end
y=eps+1;
while abs(y)>=eps
    m=m+1;
    x=(a*fb-b*fa)/(fb-fa);                   %估值
    y=f(x);
    if y*fa<0                                %检验乘积符号
        b=x;
        fb=y;
    else
        a=x;
        fa=y;
    end
```

```
    end
end
```

【例 6-4】用试位法求方程 $x^3 - 2x^2 + x - 2 = 0$ 在区间 $[1,3]$ 内的一个实根。取 $\varepsilon = 0.000001$。
主函数以及计算 $f(x)$ 值的函数程序如下。

```
function y=func(x)
%计算方程左端函数 f(x) 值
y=x^3-2*x^2+x-2;
end
```

在编辑器中编写如下程序。

```
clc, clear
% 试位法求非线性方程的一个实根
a=1;
b=3;
eps=0.000001;
[x, m]=fals(a,b,eps,@func);
fprintf('迭代次数 = %d \n',m);
fprintf('迭代终值 = %f \n',x);
```

运行程序，输出结果如下。

```
迭代次数 = 24
迭代终值 = 2.000000
```

6.5 连分式法

利用连分式法可以求非线性方程 $f(x) = 0$ 的一个实根。设 $y = f(x)$，其反函数为 $x = F(y)$。将 $F(y)$ 表示成函数连分式，即

$$x = F(y) = b_0 + \cfrac{y - y_0}{b_1 + \cfrac{y - y_1}{b_2 + \cdots + \cfrac{y - y_{j-2}}{b_{j-1} + \cfrac{y - y_{j-1}}{b_j + \cdots}}}}$$

其中，参数 $b_0, b_1, \cdots, b_k, \cdots$ 可以由各数据点 $(y_k, x_k)(k = 0, 1, \cdots)$ 来确定。如果令 $y = 0$，则可以计算出方程 $f(x) = 0$ 的根 α，即

$$\alpha = F(0) = b_0 - \cfrac{y_0}{b_1 - \cfrac{y_1}{b_2 - \cdots - \cfrac{y_{j-2}}{b_{j-1} - \cfrac{y_{j-1}}{b_j - \cdots}}}}$$

由此可以得到求解非线性方程 $f(x) = 0$ 的迭代公式如下。

$$x_{k+1} = b_0 - \cfrac{y_0}{b_1 - \cfrac{y_1}{b_2 - \cdots - \cfrac{y_{k-2}}{b_{k-1} - \cfrac{y_{k-1}}{b_k}}}}$$

其中，$y_j = f(x_j)$，$j = 0, 1, \cdots, k-1$，而 b_j 可以依次根据数据点 (y_j, x_j) 递推确定。该迭代过程一直进行到 $y_n = f(x_n) = 0$ 为止，实际上只要满足一定精度要求就可以了。

综上所述，可以得到求解非线性方程 $f(x) = 0$ 的步骤如下。

（1）取 3 个初值 x_0、x_1 和 x_2，并分别计算出 $y_0 = f(x_0)$、$y_1 = f(x_1)$ 和 $y_2 = f(x_2)$。

（2）根据 3 个数据点 (y_0, x_0)、(y_1, x_1)、(y_2, x_2) 确定函数连分式 $\varphi(y) = b_0 + \cfrac{y - y_0}{b_1 + \cfrac{y - y_1}{b_2}}$ 中的参数 b_0、b_1、b_2。

（3）对于 $k = 3, 4, \cdots$，进行如下迭代。

① 计算新的迭代值，即

$$x_k = b_0 - \cfrac{y_0}{b_1 - \cfrac{y_1}{b_2 - \cdots - \cfrac{y_{k-2}}{b_{k-1}}}}$$

② 计算非线性方程 $f(x) = 0$ 的左端函数 $f(x)$ 在 x_k 的函数值，即 $y_k = f(x_k)$。此时，如果 $|y_k| < \varepsilon$，则迭代结束，x_k 即为方程根的近似值。

③ 根据新的数据点 (y_k, x_k)，用递推计算公式

$$\begin{cases} u = x_k \\ u = \dfrac{y_k - y_j}{u - b_j}, & j = 0, 1, \cdots, k-1 \\ b_k = u \end{cases}$$

递推计算出一个新的 b_k，使连分式插值函数再增加一节，即

$$\varphi(y) = b_0 + \cfrac{y - y_0}{b_1 + \cfrac{y - y_1}{b_2 + \cdots + \cfrac{y - y_{k-2}}{b_{k-1} + \cfrac{y - y_{k-1}}{b_k}}}}$$

然后转至步骤①继续迭代。

上述过程一直迭代到 $|y_k| < \varepsilon$ 为止。

在实际迭代过程中，一般做到 7 节连分式，如果此时还不满足精度要求，则用最后得到的迭代值作为初值 x_0 重新开始迭代。

另外，在给定一个初值的 x_0 情况下，另一个初值可由 $x_1 = x_0 + 0.01$ 得出。

在 MATLAB 中编写 pqroot()函数，利用连分式法求非线性方程 $f(x) = 0$ 的一个实根。

```
function [xx,k]=pqroot(xx,eps,f)
%%%%%%%%%%%%%%%%%%%%%%%%%%%%%%%%%%%%
% 连分式法
% 输人：
%       xx：方程根初值
%       eps：控制精度要求
%       f：方程左端函数 f(x) 的函数名
% 输出：
%       xx：返回迭代终值
%       k：迭代次数，一次迭代最多做到 7 节连分式，本函数最多迭代 10 次
%%%%%%%%%%%%%%%%%%%%%%%%%%%%%%%%%%%%
k=0;
x0=xx;
flag=0;
while (k<20)&&(flag==0)
    k=k+1;
    j=0;
    x(1)=x0;
    y(1)=f(x(1));
    b(1)=x(1);
    j=1;
    x(2)=x0+0.1;
    y(2)=f(x(2));
    while j<=7
        b=funpqj(y,x,b,j);
        x(j+2)=funpqv(y,b,j,0);
        y(j+2)=f(x(j+2));
        x0=x(j+2);
        if abs(y(j+2))>=eps
            j=j+1;
        else
            fprintf('最后一次迭代连分式节数 = %d \n', j);
            j=10;
        end
    end
    if j==10
        flag=1;
    end
end
xx=x0;
end


function b=funpqj(x,y,b,j)
%%%%%%%%%%%%%%%%%%%%%%%%%%%%%%%%%%%
% 计算连分式新的一节 b(j)
%%%%%%%%%%%%%%%%%%%%%%%%%%%%%%%%%%%
```

```
flag=0;
u=y(j+1);
for k=0:j-1
    if flag~=0
        break;
    end
    if u-b(k+1)==0
        flag=1;
    else
        u=(x(j+1)-x(k+1))/(u-b(k+1));
    end
end
if flag==1
    u=1e35;
end
b(j+1)=u;

end


function u=funpqv(x,b,n,t)
%%%%%%%%%%%%%%%%%%%%%%%%%%%%%%%%%%
% 计算函数连分式值
%%%%%%%%%%%%%%%%%%%%%%%%%%%%%%%
u=b(n+1);
for k=n-1:-1:0
    if abs(u)==0
        u=1e+35*(t-x(k+1))/abs(t-x(k+1));
    else
        u=b(k+1)+(t-x(k+1))/u;
    end
end
end
```

【例 6-5】用连分式法求方程 $f(x) = x^3 - x^2 - 1 = 0$ 在 $x_0 = 1.0$ 附近的一个实根。取 $\varepsilon = 0.0000001$。待计算 $f(x)$ 的函数程序如下。

```
function y=pqrootf(x)
y=x^2*(x-1)-1;
end
```

在编辑器中编写如下程序。

```
clc, clear
%连分式法求非线性方程的一个实根
eps=0.0000001;
x=1;
[x,k]=pqroot(x,eps,@pqrootf);
fprintf('迭代次数 = %d \n',k);
```

```
fprintf('方程根 x = %f \n',x);
fprintf('检验精度: f(x) = %f \n',pqrootf(x));
```

运行程序，输出结果如下。

```
最后一次迭代连分式节数 = 5
迭代次数 = 1
方程根 x = 1.465571
检验精度: f(x) = 0.000000
```

6.6 QR 法

利用 QR 法可以求实系数 n 次多项式方程 $P_n(x)$ 的全部根（包括实根与复根）。

$$P_n(x) = a_n x^n + a_{n-1} x^{n-1} + \cdots + a_1 x + a_0 = 0$$

令 $b_k = a_k / a_n$，$k = n-1, n-2, \cdots, 1, 0$，则可以将一般实系数 n 次多项式方程 $P_n(x) = 0$ 转化为 n 次首一多项式方程

$$Q_n(x) = x^n + b_{n-1} x^{n-1} + \cdots + b_1 x + b_0 = 0$$

由线性代数的知识可知，$Q_n(x)$ 可以看作某个实矩阵的特征多项式，即

$$Q_n(\lambda) = \lambda^n + b_{n-1} \lambda^{n-1} + \cdots + b_1 \lambda + b_0 = 0$$

因此，求方程的全部根的问题就转化为求矩阵的全部特征值的问题。可以验证，上述特征多项式可以与以下矩阵对应。

$$\boldsymbol{B} = \begin{bmatrix} -b_{n-1} & -b_{n-2} & -b_{n-3} & \cdots & -b_1 & -b_0 \\ 1 & 0 & 0 & \cdots & 0 & 0 \\ 0 & 1 & 0 & \cdots & 0 & 0 \\ \vdots & \vdots & \vdots & \ddots & \vdots & \vdots \\ 0 & 0 & 0 & \cdots & 0 & 0 \\ 0 & 0 & 0 & \cdots & 1 & 0 \end{bmatrix}$$

矩阵 $\boldsymbol{B}$ 已经是一个上 H 矩阵，可以直接采用 QR 法求全部特征值。

在 MATLAB 中编写 qrrt() 函数，利用 QR 法求实系数 n 次多项式方程的全部根（包括实根与复根）。

```
function [x,flag]=qrrt(a,n,eps)
%%%%%%%%%%%%%%%%%%%%%%%%%%%%%%%%%%%%
% QR 法求解多项式方程
% 输入:
%      a: 存放 n 次多项式的 n+1 个系数
%      n: 多项式次数
%      eps: 控制精度的要求
% 输出:
%      x: n 个根
%      flag:在求上 H 矩阵特征值时返回的标志值，若大于 0，则正常
%%%%%%%%%%%%%%%%%%%%%%%%%%%%%%%%%%%%
for j=0:n-1
    q(j+1)=-a(n-j)/a(n+1);
end
```

```
for j=n:n^2-1
    q(j+1)=0;
end
for i=0:n-2
    q((i+1)*n+i+1)=1;
end
q=reshape(q,n,n).';
[u,v,flag]=hhqr(q,eps);
x=u+v*1i;
end
```

【例 6-6】用 QR 法求以下 6 次多项式方程的全部根。取 $\varepsilon = 0.000001$。

$$P_6(x) = 1.5x^6 - 7.5x^5 + 4.5x^4 + 1.5x^3 - 10.5x^2 + 10.5x - 30 = 0$$

在编辑器中编写如下程序。

```
clc, clear
% QR 法求实系数代数方程的全部根
A=[-30 10.5 -10.5 1.5 4.5 -7.5 1.5];
eps=0.000001;
n=6;
[X,flag]=qrrt(A,n,eps);
fprintf('MAT X: \n');
if flag>0
    for i=1:numel(X)
        fprintf('x(%d) = %f J = %f\n',i,real(X(i)),imag(X(i)));
    end
end
```

运行程序，输出结果如下。

```
MAT X:
x(1) = 4.333759 J = 0.000000
x(2) = -1.402461 J = 0.000000
x(3) = 1.183973 J = -0.936099
x(4) = 1.183973 J = 0.936099
x(5) = -0.149622 J = -1.192507
x(6) = -0.149622 J = 1.192507
```

6.7 牛顿下山法

利用牛顿下山法可以求代数方程 $f(z)$ 的全部根。其中，多项式系数 $a_0, a_1, \cdots, a_n$ 可以是实数，也可以是复数。

$$f(z) = a_n z^n + a_{n-1} z^{n-1} + \cdots + a_1 z + a_0 = 0$$

牛顿下山法的迭代公式为

$$z_{k+1} = z_k - t \frac{f(z_k)}{f'(z_k)}$$

选取合适的 t，以保证

$$\left|f(z_{k+1})\right|^2 < \left|f(z_k)\right|^2$$

迭代过程一直做到 $\left|f(z_k)\right|^2 < \varepsilon$ 为止。

迭代公式在鞍点或接近重根点时，可能因 $f'(z) \approx 0$ 而 $\left|f(z_k)\right|^2 \neq 0$ 导致失败。在本函数中，选取合适的 d 与 c，用以下公式计算。

$$x_{k+1} = x_k + d\cos(c)$$
$$y_{k+1} = y_k + d\sin(c)$$

使

$$\left|f(z_{k+1})\right|^2 < \left|f(z_k)\right|^2$$

而冲过鞍点或使

$$\left|f(z_k)\right|^2 < \varepsilon$$

从而求得一个根。

每当求得一个根 z^* 后，在 $f(z)$ 中辟去因子 $z - z^*$，再求另一个根。

继续上述过程直到求出全部根为止。

在实际计算时，每求一个根都要进行 $z = \sqrt[n]{|a_0|}z'$ 变换，使得当 $a_n = 1$ 时，$|a_0| = 1$，保证寻根在单位圆内进行。

在 MATLAB 中编写 srrt() 函数，利用牛顿下山法求代数方程的全部根。

```
function [xx,flag]=srrt(a,n)
%%%%%%%%%%%%%%%%%%%%%%%%%%%%%%%%%%%%%%%
% 牛顿下山法求解代数方程
% 输入:
%       a: 存放 n 次多项式的 n+1 个复系数
%       n: 多项式方程的次数
% 输出:
%       xx: 返回 n 个复根
%       flag: 函数返回标志值。若值小于 0，则表示多项式为 0 次多项式；否则正常返回
%%%%%%%%%%%%%%%%%%%%%%%%%%%%%%%%%%%%%%%
m=n;
dd=0;
while (m>0)&&(abs(a(m+1)==0))
    m=m-1;
end
if m<=0
    fprintf('零次多项式! \n');
    flag=-1;
    return;
end
for i=0:m
    a(i+1)=a(i+1)/a(m+1);                    %归一化
end
for i=0:fix(m/2)
```

```
        xy=a(i+1);
        a(i+1)=a(m-i+1);
        a(m-i+1)=xy;
end
k=m;
is=0;
w=1;
jt=1;
while jt==1
    pq=abs(a(k+1));
    while pq<1e-12
        xx(k)=0;
        k=k-1;
        if k==1
            xx(1)=0-a(2)*w/a(1);
            flag=1;
            return;
        end
        pq=abs(a(k+1));
    end
    q=log(pq);
    q=q/k;
    q=exp(q);
    p=q;
    w=w*p;
    for i=1:k
        a(i+1)=a(i+1)/q;
        q=q*p;
    end
    xy=0.0001+0.2i;
    xy1=xy;
    dxy=1;
    g=1e37;
    flagg=1;
    while flagg==1
        flagg=0;
        uv=a(1);
        for i=1:k
            uv=uv*xy1+a(i+1);
        end
        g1=abs(uv)^2;
        if g1>=g
            if is~=0
                flag=0;
                while flag==0
                    c=c+dc;
```

```
                    dxy=dd*cos(c)+dd*sin(c)*1i;
                    xy1=xy+dxy;
                    if c<=6.29
                        flag=1;
                        it=0;
                    else
                        dd=dd/1.67;
                        if dd<=1e-7
                            flag=1;
                            it=1;
                        else
                            c=0;
                        end
                    end
                end
                if t==0
                    flagg=1; continue;
                end
        else
            it=1;
            while it==1
                t=t/1.67;
                it=0;
                xy1=xy-dxy*t;
                if k>=30
                    p=abs(xy1);
                    q=exp(75/k);
                    if p>=q
                        it=1;
                    end
                end
            end
            if t>=1e-3
                flagg=1; continue;
            end
            if g>1e-18
                is=1;
                dd=abs(dxy);
                if dd>1
                    dd=1;
                end
                dc=6.28/(4.5*k);
                c=0;
                flag=0;
                while flag==0
                    c=c+dc;
```

```
                        dxy=dd*cos(c)+dd*sin(c)*1i;
                        xy1=xy+dxy;
                        if c<=6.29
                            flag=1;
                            it=0;
                        else
                            dd=dd/1.67;
                            if dd<=1e-7
                                flag=1;
                                it=1;
                            else
                                c=0;
                            end
                        end
                    end
                    if it==0
                        flagg=1; continue;
                    end
                end
            end
            for i=1:k
                a(i+1)=a(i+1)+a(i)*xy;
            end
            xx(k)=xy*w;
            k=k-1;
            if k==1
                xx(1)=0-a(2)*w/a(1);
            end
        else
            g=g1;
            is=0;
            xy=xy1;
            if g<=1e-22
                for i=1:k
                    a(i+1)=a(i+1)+a(i)*xy;
                end
                xx(k)=xy*w;
                k=k-1;
                if k==1
                    xx(1)=0-a(2)*w/a(1);
                end
            else
                uv1=a(1)*k;
                for i=2:k
                    uv1=uv1*xy+(k-i+1)*a(i);
                end
```

```
            p = abs(uv1)^2;
        if p<=1e-20
            is=1;
            dd=abs(dxy);
            if dd>1
                dd=1;
            end
            dc=6.28/(4.5*k);
            c=0;
            flag=0;
            while flag==0
                c=c+dc;
                dxy=dd*cos(c)+dd*sin(c)*1i;
                xy1=xy+dxy;
                if c<=6.29
                    flag=1;
                    it=0;
                else
                    dd=dd/1.67;
                    if dd<=1e-7
                        flag=1;
                        it=1;
                    else
                        c=0;
                    end
                end
            end
            if it==0
                flagg=1; continue;
            end
            for i=1:k
                a(i+1)=a(i+1)+a(i)*xy;
            end
            k
            xx(k)=xy*w;
            k=k-1;
            if k==1
                xx(1)=0-a(2)*w/a(1);
            end
        else
            dxy=uv/uv1;
            t=1+4/k;
            it=1;
            while it==1
                t=t/1.67;
                it=0;
```

```
            xy1=xy-dxy*t;
            if k>=30
                p=abs(xy1);
                q=exp(75/k);
                if p>=q
                    it=1;
                end
            end
        end
    end
    if t>=1e-3
        flagg=1; continue;
    end
    if g>1e-18
        is=1;
        dd=abs(dxy);
        if dd>1
            dd=1;
        end
        dc=6.28/(4.5*k);
        c=0;
        flag=0;
        while flag==0
            c=c+dc;
            dxy=dd*cos(c)+dd*sin(c)*1i;
            xy1=xy+dxy;
            if c<=6.29
                flag=1;
                it=0;
            else
                dd=dd/1.67;
                if dd<1e-7
                    flag=1;
                    it=1;
                else
                    c=0;
                end
            end
        end
        if it==0
            flagg=1; continue;
        end
    end
end
for i=1:k
    a(i+1)=a(i+1)+a(i)*xy;
end
xx(k)=xy*w;
k=k-1;
if k==1
    xx(1)=0-a(2)*w/a(1);
```

```
                    end
                end
            end
        end
    end
    if k==1
        jt=0;
    else
        jt=1;
    end
end
flag=1;
end
```

```
function u=poly_value(x,p)
%%%%%%%%%%%%%%%%%%%%%%%%%%%%%%%%%%%
% 多项式求值
% 输入:
%      x: 参数值
%      p: 多项式系数值
% 输出:
%      u:多项式数值
%%%%%%%%%%%%%%%%%%%%%%%%%%%%%%%%%%%
N=length(p)-1;                          %多项式次数
u=p(N+1);
for k=N:-1:1
    u=u*x+p(k);
end
end
```

【例 6-7】用牛顿下山法求实系数代数方程 $f(z)=z^6-5z^5+3z^4+z^3-7z^2+7z-20=0$ 的全部根。在编辑器中编写如下程序。

```
clc, clear
% 牛顿下山法求代数方程全部根
A=[-20 7 -7 1 3 -5 1];
[xx,flag]=srrt(A, 6);
fprintf('MAT X: \n');
if flag>0
    for i=1:numel(xx)
        fprintf('x(%d) = %f + %fi \n',i,real(xx(i)),imag(xx(i)));
    end
    fprintf('检验;\n');
    for i=1:numel(xx)
        u=poly_value(xx(i),A);
        fprintf('f(%d) = %f + %fi \n',i,real(u),imag(u));
    end
end
```

运行程序，输出结果如下。

```
MAT X:
x(1) = 4.333755 + -0.000000i
x(2) = 1.183975 + -0.936099i
x(3) = -0.149622 + 1.192507i
x(4) = -0.149622 + -1.192507i
x(5) = -1.402463 + -0.000000i
x(6) = 1.183975 + 0.936099i
检验;
f(1) = 0.000000 + -0.000000i
f(2) = -0.000000 + 0.000000i
f(3) = 0.000000 + 0.000000i
f(4) = 0.000000 + 0.000000i
f(5) = 0.000000 + 0.000000i
f(6) = -0.000000 + 0.000000i
```

【例 6-8】用牛顿下山法求以下复系数代数方程的全部根。

$$f(z) = z^5 + (3+j3)z^4 - j0.01z^3 + (4.9-j19)z^2 + 21.33z + (0.1-j100) = 0$$

在编辑器中编写如下程序。

```
clc, clear
% 牛顿下山法求代数方程全部根
a=[0.1-110i 21.33 4.9-19i -0.01i 3+3i 1];
[xx, flag]=srrt(a,5);
if flag>0
    for i=1:numel(xx)
        fprintf('x(%d) = %f + %fi \n',i,real(xx(i)),imag(xx(i)));
    end
    fprintf('检验;\n');
    for i=1:numel(xx)
        u=poly_value(xx(i), a);
        fprintf('f(%d) = %f + %fi \n',i,real(u),imag(u));
    end
end
```

运行程序，输出结果如下。

```
x(1) = -3.123365 + 0.116619i
x(2) = 2.136678 + 0.978262i
x(3) = -2.404564 + -3.452720i
x(4) = 0.430990 + -2.217394i
x(5) = -0.039739 + 1.575233i
检验
f(1) = -0.000000 + 0.000000i
f(2) = -0.000000 + 0.000000i
f(3) = -0.000000 + 0.000000i
f(4) = -0.000000 + -0.000000i
f(5) = 0.000000 + 0.000000i
```

第 7 章

非线性方程组

非线性方程组就是几个非线性方程组合在一起。非线性方程组在国防、经济、工程、管理等许多领域有着广泛的应用。本章介绍非线性方程组的几种数值解法，包括梯度法、拟牛顿法、广义逆法以及蒙特卡罗法等，并给出 MATLAB 实现方法。

7.1 梯度法

利用梯度法（即最速下降法）可以求非线性方程组的一组实数解。设非线性方程组为

$$f_k(x_0, x_1, \cdots, x_{n-1}) = 0 \ , \quad k = 0, 1, \cdots, n-1$$

并定义目标函数为

$$F = F(x_0, x_1, \cdots, x_{n-1}) = \sum_{k=0}^{n-1} f_k^2$$

则梯度法的计算过程如下。

（1）选取一组初值 $x_0, x_1, \cdots, x_{n-1}$。

（2）计算目标函数值

$$F = F(x_0, x_1, \cdots, x_{n-1}) = \sum_{k=0}^{n-1} f_k^2$$

（3）若 $F < \varepsilon$ ，则 $\boldsymbol{X} = (x_0, x_1, \cdots, x_{n-1})^{\mathrm{T}}$ 即为方程组的一组实根，过程结束；否则继续。

（4）计算目标函数在 $(x_0, x_1, \cdots, x_{n-1})$ 点的偏导数

$$\frac{\partial F}{\partial x_k} = 2 \sum_{j=0}^{n-1} f_j \frac{\partial f_j}{\partial x_k} \ , \quad k = 0, 1, \cdots, n-1$$

再计算

$$D = \sum_{j=0}^{n-1} \left(\frac{\partial F}{\partial x_j} \right)^2$$

（5）计算

$$x_k - \lambda \frac{\partial F}{\partial x_k} \Rightarrow x_k \ , \quad k = 0, 1, \cdots, n-1$$

其中，$\lambda = F / D$。

重复步骤（2）~ 步骤（5），直到满足精度要求为止。

在上述过程中，如果 $D = \sum_{j=0}^{n-1} \left(\dfrac{\partial F}{\partial x_j} \right)^2 = 0$，则说明遇到了目标函数的局部极值点，此时可改变初值再试一试。

在 MATLAB 中编写 snse() 函数，利用梯度法（即最速下降法）求非线性方程组的一组实数解。

```matlab
function [x,k]=snse(n,eps,x,f)
%%%%%%%%%%%%%%%%%%%%%%%%%%%%%%%%%%%%%
% 梯度法求解非线性方程组
% 输入:
%       n: 方程个数，也是未知数个数
%       eps: 控制精度要求
%       x: 存放一组初值
%       f: 计算目标函数值，以及目标函数 n 个偏导数的函数名
% 输出:
%       x: 返回一组实数解
%       k: 函数返回实际迭代次数，若小于 0，则表示因 D=0 而失败，本函数最大迭代次数为 1000
%%%%%%%%%%%%%%%%%%%%%%%%%%%%%%%%%%%%%
interation=1000;                        %最大迭代次数
k=0;
flag=0;
while (k<interation)&&(flag==0)
    [yy, y]=f(x, n);                    %计算目标函数值以及目标函数的 n 个偏导数
    if y<eps
        flag=1;
    else
        k=k+1;
        d=0;
        for i=0:n-1
            d=d+yy(i+1)^2;
        end
        if d==0
            k=-1;
            return;
        end
        s=y/d;
        for i=0:n-1
            x(i+1)=x(i+1)-s*yy(i+1);    %计算新的校正值
        end
    end
end
end
```

【例 7-1】用梯度法求以下非线性方程组的一组实根。取初值为 $(1.5, 6.5, -5.0)$，精度要求为 $\varepsilon = 0.000001$。

$$\begin{cases} f_0 = x_0 - 5x_1^2 + 7x_2^2 + 12 = 0 \\ f_1 = 3x_0 x_1 + x_0 x_2 - 11x_0 = 0 \\ f_2 = 2x_1 x_2 + 40x_0 = 0 \end{cases}$$

计算目标函数值与偏导数值的函数程序如下。

```
function [y,z]=snsef(x,n)
f1=x(1)-5*x(2)^2+7*x(3)^2+12;
f2=3*x(1)*x(2)+x(1)*x(3)-11*x(1);
f3=2*x(2)*x(3)+40*x(1);
z=f1^2+f2^2+f3^2;

df1=1;
df2=3*x(2)+x(3)-11;
df3=40;
y(1)=2*(f1*df1+f2*df2+f3*df3);

df1=-10*x(2);
df2=3*x(1);
df3=2*x(3);
y(2)=2*(f1*df1+f2*df2+f3*df3);

df1=14*x(3);
df2=x(1);
df3=2*x(2);
y(3)=2*(f1*df1+f2*df2+f3*df3);
end
```

在编辑器中编写如下程序。

```
clc, clear
% 梯度法求非线性方程组的一组实根
X=[1.5 6.5 -5];
eps=0.000001;
n=3;
[X, k]=snse(n, eps, X, @snsef);
fprintf('迭代次数=%d \n', k);
for i=1:numel(X)
    fprintf('x(%d)=%d \n', i, X(i));
end
```

运行程序，输出结果如下。

```
迭代次数=748
x(1)=1.000182e+00
x(2)=5.000430e+00
x(3)=-4.000382e+00
```

7.2　拟牛顿法

利用拟牛顿法可以求非线性方程组的一组实数解。设非线性方程组为

$$\begin{cases} f_0(x_0,x_1,\cdots,x_{n-1})=0 \\ f_1(x_0,x_1,\cdots,x_{n-1})=0 \\ \quad\quad\vdots \\ f_{n-1}(x_0,x_1,\cdots,x_{n-1})=0 \end{cases},\quad i=0,1,\cdots,n-1$$

简记为

$$f_i(\boldsymbol{X})=0\ ,\quad i=0,1,\cdots,n-1$$

其中，$\boldsymbol{X}=(x_0,x_1,\cdots,x_{n-1})^{\mathrm{T}}$。假设非线性方程组的第 k 次迭代近似值为

$$\boldsymbol{X}^{(k)}=(x_0^{(k)},x_1^{(k)},\cdots,x_{n-1}^{(k)})^{\mathrm{T}}$$

则计算第 $k+1$ 次迭代值的牛顿迭代公式为

$$\boldsymbol{X}^{(k+1)}=\boldsymbol{X}^{(k)}-\boldsymbol{F}(\boldsymbol{X}^{(k)})^{-1}f(\boldsymbol{X}^{(k)})$$

其中

$$f_i^{(k)}=f_i(x_0^{(k)},x_1^{(k)},\cdots,x_{n-1}^{(k)})$$
$$f(\boldsymbol{X}^{(k)})=(f_0^{(k)},f_1^{(k)},\cdots,f_{n-1}^{(k)})^{\mathrm{T}}$$

$\boldsymbol{F}(\boldsymbol{X}^{(k)})$ 为雅可比矩阵，即

$$\boldsymbol{F}(\boldsymbol{X}^{(k)})=\begin{bmatrix} \dfrac{\partial f_0(\boldsymbol{X})}{\partial x_0} & \dfrac{\partial f_0(\boldsymbol{X})}{\partial x_1} & \cdots & \dfrac{\partial f_0(\boldsymbol{X})}{\partial x_{n-1}} \\ \dfrac{\partial f_1(\boldsymbol{X})}{\partial x_0} & \dfrac{\partial f_1(\boldsymbol{X})}{\partial x_1} & \cdots & \dfrac{\partial f_1(\boldsymbol{X})}{\partial x_{n-1}} \\ \vdots & \vdots & \ddots & \vdots \\ \dfrac{\partial f_{n-1}(\boldsymbol{X})}{\partial x_0} & \dfrac{\partial f_{n-1}(\boldsymbol{X})}{\partial x_1} & \cdots & \dfrac{\partial f_{n-1}(\boldsymbol{X})}{\partial x_{n-1}} \end{bmatrix}$$

若令 $\boldsymbol{\delta}^{(k)}=(\delta_0^{(k)},\delta_1^{(k)},\cdots,\delta_{n-1}^{(k)})^{\mathrm{T}}=\boldsymbol{F}(\boldsymbol{X}^{(k)})^{-1}f(\boldsymbol{X}^{(k)})$，则有

$$\boldsymbol{F}(\boldsymbol{X}^{(k)})\boldsymbol{\delta}^{(k)}=f(\boldsymbol{X}^{(k)})$$

此时，牛顿迭代法中的每次迭代可以分成以下两步。

（1）由方程组 $\boldsymbol{F}(\boldsymbol{X}^{(k)})\boldsymbol{\delta}^{(k)}=f(\boldsymbol{X}^{(k)})$ 解出 $\boldsymbol{\delta}^{(k)}=(\delta_0^{(k)},\delta_1^{(k)},\cdots,\delta_{n-1}^{(k)})^{\mathrm{T}}$。

（2）计算第 $k+1$ 次的迭代值，即 $\boldsymbol{X}^{(k+1)}=\boldsymbol{X}^{(k)}-\boldsymbol{\delta}^{(k)}$。

在上述方法中，要用到雅可比矩阵，而在雅可比矩阵中包含偏导数的计算。在实际使用时，为了避免计算偏导数，可以用差商代替雅可比矩阵中的各偏导数。这就是拟牛顿法，具体方法如下。

将雅可比矩阵中的偏导数用差商代替，即

$$\frac{\partial f_i(\boldsymbol{X}^{(k)})}{\partial x_j}=\frac{f_i(\boldsymbol{X}_j^{(k)})-f_i(\boldsymbol{X}^{(k)})}{h}$$

其中，h 足够小，并且 $f_i(\boldsymbol{X}_j^{(k)})=f_i(x_0^{(k)},\cdots,x_{j-1}^{(k)},x_j^{(k)}+h,x_{j+1}^{(k)},\cdots,x_{n-1}^{(k)})$。
则方程组 $\boldsymbol{F}(\boldsymbol{X}^{(k)})\boldsymbol{\delta}^{(k)}=f(\boldsymbol{X}^{(k)})$ 变为

$$\sum_{j=0}^{n-1} \frac{f_i(\boldsymbol{X}_j^{(k)})}{h} \delta_j^{(k)} = \frac{1}{h} (h + \sum_{s=0}^{n-1} \delta_s^{(k)}) f_i(\boldsymbol{X}^{(k)}) \ , \quad i = 0, 1, \cdots, n-1$$

经化简后得到

$$\sum_{j=0}^{n-1} f_j(\boldsymbol{X}_j^{(k)}) \frac{\delta_j^{(k)}}{h + \sum_{s=0}^{n-1} \delta_s^{(k)}} = f_i(\boldsymbol{X}^{(k)}) \ , \quad i = 0, 1, \cdots, n-1$$

若令 $z_j^{(k)} = \dfrac{\delta_j^{(k)}}{h + \sum_{s=0}^{n-1} \delta_s^{(k)}}$ ，则有

$$\sum_{j=0}^{n-1} f_j(\boldsymbol{X}_j^{(k)}) z_j^{(k)} = f_i(\boldsymbol{X}^{(k)}) \ , \quad i = 0, 1, \cdots, n-1$$

综上所述，求解非线性方程组的拟牛顿法的计算过程如下。

首先取初值 $\boldsymbol{X} = (x_0, x_1, \cdots, x_{n-1})^{\mathrm{T}}$ 及 $h > 0$，$0 < t < 1$，然后进行以下迭代。

（1）计算 $f_i(\boldsymbol{X}) \Rightarrow B(i)$，$i = 0, 1, \cdots, n-1$。

（2）进行判断。若 $\max\limits_{0 \leqslant i \leqslant n-1} |B(i)| < \varepsilon$，则 $\boldsymbol{X}$ 即为解，迭代过程结束；否则继续。

（3）计算 $f_i(\boldsymbol{X}_j) \Rightarrow A(i, j)$，$i, j = 0, 1, \cdots n-1$，其中 $\boldsymbol{X}_j = (x_0, \cdots, x_{j-1}, x_j + h, x_{j+1}, \cdots, x_{n-1})^{\mathrm{T}}$。

（4）由线性代数方程组 $\boldsymbol{AZ} = \boldsymbol{B}$ 解出 $\boldsymbol{Z} = (z_0, z_1, \cdots, z_{n-1})^{\mathrm{T}}$。

（5）计算 $\beta = 1 - \sum\limits_{j=0}^{n-1} z_j$。

（6）计算新的迭代值 $x_i - (hz_i / \beta) \Rightarrow x_i$，$i = 0, 1, \cdots, n-1$。

（7）$t \Rightarrow h$，转至步骤（1）继续迭代。

在用拟牛顿法求解非线性方程组时，可能会出现以下几种情况而导致求解失败。

（1）迭代次数太多，可能不收敛。

（2）非线性方程组的各方程中，左边函数值 $f_i(\boldsymbol{X})$ 太大而造成运算溢出。

（3）线性代数方程组 $\boldsymbol{AZ} = \boldsymbol{B}$ 奇异。

（4）计算出的 β 值为 0，即 $\sum\limits_{j=0}^{n-1} z_j = 1$。

在遇到求解失败时，可以尝试采取以下措施。

（1）放宽控制精度的要求。

（2）适当改变 h 与 t 的初值。

（3）改变 $\boldsymbol{X}$ 的初值。

（4）改变非线性方程组中各方程的顺序。

在 MATLAB 中编写 netn() 函数，利用拟牛顿法求非线性方程组的一组实数解。在函数中要调用全选主元高斯消去法求解线性代数方程组的 gauss() 函数。

```
function [x,k]=netn(n,eps,h,x,f)
%%%%%%%%%%%%%%%%%%%%%%%%%%%%%%%%%%%%%%%%
% 拟牛顿法求解非线性方程组
% 输入:
%       n: 非方程组阶数
```

```
%        eps: 控制精度要求
%        h: 增量初值, h>0
%        x: 存放初值
%        f: 计算方程组各方程左端函数值的函数名
% 输出:
%        x: 返回方程组实数解
%        k: 函数返回实际迭代次数, 若迭代次数小于 0, 则表示因 AZ=B 奇异或 beta=0 而失败
%           本函数最大迭代次数为 1000
%%%%%%%%%%%%%%%%%%%%%%%%%%%%%%%%%%%%%
interation=1000;                        %最大迭代次数
t=0.1;                                  %控制 h 大小
k=0;
ep=1+eps;
while ep>=eps
    b=f(x , n);
    ep=0;
    for i=0:n-1
        z=abs(b(i+1));
        if z>ep
            ep=z;
        end
    end
    if ep>=eps
        k=k+1;
        if k==interation                %达到最大迭代次数未收敛
            return;
        end
        for j=0:n-1
            z=x(j+1);
            x(j+1)=x(j+1)+h;
            y=f(x, n);
            for i=0:n-1
                a(i*n+j+1)=y(i+1);
            end
            x(j+1)=z;
        end
        aa=reshape(a,n,n).';
        [b, flag]=gauss(aa, b);
        if flag==0                      %AZ=B 奇异
            k=-1;
            return;
        end
        beta=1;
        for i=0:n-1
            beta=beta-b(i+1);
        end
```

```
            if abs(beta)==0                        %beta=0
                k=-1;
                return;
            end
            d=h/beta;
            for i=0:n-1
                x(i+1)=x(i+1)-d*b(i+1);
            end
            h=t*h;
        end
    end
end
```

【例 7-2】用拟牛顿法求非线性方程组的一组实数解。取初值 $\boldsymbol{X}=(1.0,1.0,1.0)^{\mathrm{T}}, h=0.1$，精度要求为 $\varepsilon=0.0000001$。

$$\begin{cases} f_0 = x_0^2 + x_1^2 + x_2^2 - 1.0 = 0 \\ f_1 = 2x_0^2 + x_1^2 - 4x_2 = 0 \\ f_2 = 3x_0^2 - 4x_1 + x_2^2 = 0 \end{cases}$$

计算方程组左端函数值 $f_i(\boldsymbol{X})$ 的函数程序如下。

```
function y=netnf(x,n)
y(1)=x(1)^2+x(2)^2+x(3)^2-1;
y(2)=2*x(1)^2+x(2)^2-4*x(3);
y(3)=3*x(1)^2-4*x(2)+x(3)^2;
end
```

在编辑器中编写如下程序。

```
clc, clear
% 拟牛顿法求非线性方程组的一组实根
x=[1 1 1];
h=0.1;
eps=0.0000001;
n=3;
[x, k]=netn(n,eps,h,x,@netnf);
fprintf('迭代次数=%d \n', k);
for i=1:numel(x)
    fprintf('x(%d)=%d \n', i, x(i));
end
```

运行程序，输出结果如下。

```
迭代次数=5
x(1)=7.851969e-01
x(2)=4.966114e-01
x(3)=3.699228e-01
```

7.3 广义逆法

利用广义逆法可以求解无约束条件下的优化问题 $f_i(x_0,x_1,\cdots,x_{n-1})=0$，$i=0,1,\cdots,m-1$；$m\geq n$。当 $m=n$ 时，即为求解非线性方程组。下面介绍利用广义逆法求非线性方程组最小二乘解的算法。

设非线性方程组为

$$f_i(x_0,x_1,\cdots,x_{n-1})=0，i=0,1,\cdots,m-1；m\geq n$$

其雅可比矩阵为

$$A=\begin{bmatrix} \dfrac{\partial f_0}{\partial x_0} & \dfrac{\partial f_0}{\partial x_1} & \cdots & \dfrac{\partial f_0}{\partial x_{n-1}} \\ \dfrac{\partial f_1}{\partial x_0} & \dfrac{\partial f_1}{\partial x_1} & \cdots & \dfrac{\partial f_1}{\partial x_{n-1}} \\ \vdots & \vdots & \ddots & \vdots \\ \dfrac{\partial f_{m-1}}{\partial x_0} & \dfrac{\partial f_{m-1}}{\partial x_1} & \cdots & \dfrac{\partial f_{m-1}}{\partial x_{n-1}} \end{bmatrix}$$

计算非线性方程组最小二乘解的迭代公式为

$$X^{(k+1)}=X^{(k)}-\alpha_k Z^{(k)}$$

其中，$Z^{(k)}$ 为线性代数方程组 $A^{(k)}Z^{(k)}=F^{(k)}$ 的线性最小二乘解，即

$$Z^{(k)}=(A^{(k)})^{-1}F^{(k)}$$

$A^{(k)}$ 为 k 次迭代值 $X^{(k)}$ 的雅可比矩阵；$F^{(k)}$ 为 k 次迭代值的左端函数值，即

$$F^{(k)}=(f_0^{(k)},f_1^{(k)},\cdots,f_{m-1}^{(k)})^{\mathrm{T}}$$
$$f_i^{(k)}=f_i(x_0^{(k)},x_1^{(k)},\cdots,x_{n-1}^{(k)})，i=0,1,\cdots,m-1$$

α_k 为使 α 的一元函数 $\sum_{i=0}^{m-1}(f_i^{(k)})^2$ 达到极小值的点。在本函数中用有理极值法计算 α_k。

在 MATLAB 中编写 ngin()函数，利用广义逆法求非线性方程组的最小二乘解。在本函数中要调用广义逆法求解线性最小二乘问题的 gmiv()函数；继而调用求广义逆的 ginv()函数、奇异值分解的 muav()函数。

```
function [x,l]=ngin(m,n,eps1,eps2,x,f,s)
%%%%%%%%%%%%%%%%%%%%%%%%%%%%%%%%%%%%%%%%%
% 广义逆法求非线性方程组最小二乘解
% 输入:
%      m: 非线性方程组中方程个数
%      n: 非线性方程组中未知数的个数, m>=n
%      eps1: 控制最小二乘解的精度要求
%      eps2: 奇异值分解中的控制精度要求
%      x: 存放初始近似值
%      f: 指向计算非线性方程组各方程组左端函数值的函数名
%      s: 计算雅可比矩阵的函数名
% 输出:
%      x: 返回最小二乘解，当m=n时即为非线性方程组的解
%      l: 函数返回迭代次数，本函数最大迭代次数为100，若迭代次数小于0，则表示奇异值分解失败
%%%%%%%%%%%%%%%%%%%%%%%%%%%%%%%%%%%%%%%%%
interation=100;                          %最大迭代次数
```

```
ka=m+1;
l=0;
alpha=1;
while  l<interation
    d=f(m, n, x);                            %计算非线性方程组各方程左端函数值
    p=s(m, n, x);                            %计算雅可比矩阵
    pz=reshape(p,n,m).';
    [p,dx,pp,u,v,jt]=gmiv(pz,d,eps2);        %求广义逆
    if jt<0
        l=-1;
        return;
    end
    j=0;
    jt=1;
    h2=0;
    while jt==1
        jt=0;
        if j<=2
            z=alpha+0.01*j;
        else
            z=h2;
        end
        for i=0:n-1
            w(i+1)=x(i+1)-z*dx(i+1);
        end
        d=f(m,n,w);                          %计算非线性方程组各方程组左端函数值
        y1=0;
        for i=0:m-1
            y1=y1+d(i+1)^2;
        end
        for i=0:n-1
            w(i+1)=x(i+1)-(z+0.00001)*dx(i+1);
        end
        d=f(m,n,w);                          %计算非线性方程组各方程组左端函数值
        y2=0;
        for i=0:m-1
            y2=y2+d(i+1)^2;
        end
        y0=(y2-y1)/0.00001;
        if abs(y0)>1e-10
            h1=y0;
            h2=z;
            if j==0
                y(1)=h1;
                b(1)=h2;
            else
```

```
                        y(j+1)=h1;
                        kk=0;
                        k=0;
                        while (kk==0)&&(k<=j-1)
                            y3=h2-b(k+1);
                            if abs(y3)==0
                                kk=1;
                            else
                                h2=(h1-y(k+1))/y3;
                            end
                            k=k+1;
                        end
                        b(j+1)=h2;
                        if kk~=0
                            b(j+1)=1e35;
                        end
                        h2=0;
                        for k=j-1:-1:0
                            h2=-y(k+1)/(b(k+2)+h2);
                        end
                        h2=h2+b(1);
                    end
                    j=j+1;
                    if j<=7
                        jt=1;
                    else
                        z=h2;
                    end
                end
            end
        alpha=z;
        y1=0;
        y2=0;
        for i=0:n-1
            dx(i+1)=-alpha*dx(i+1);
            x(i+1)=x(i+1)+dx(i+1);
            y1=y1+abs(dx(i+1));
            y2=y2+abs(x(i+1));
        end
        if y1<eps1*y2
            return;
        end
        l=l+1;
    end
end
```

【例 7-3】求以下非线性方程组的最小二乘解。其中，$m=2$，$n=2$。取初值为 $(0.5,-1.0)$，$\varepsilon_1 = 0.000001$，

$\varepsilon_2 = 0.000001$。

$$\begin{cases} x_0^2 + 10x_0x_1 + 4x_1^2 + 0.7401006 = 0 \\ x_0^2 - 3x_0x_1 + 2x_1^2 - 1.0201228 = 0 \end{cases}$$

计算非线性方程组中各方程左端函数值 $f_i(x_0, x_1, \cdots, x_{n-1})$ $(i = 0, 1, \cdots, m-1)$ 的函数程序如下。

```
function d=nginf(m,n,x)
% 计算非线性方程组各方程左端函数值
d(1)=x(1)^2+10*x(1)*x(2)+4*x(2)^2+0.7401006;
d(2)=x(1)^2-3*x(1)*x(2)+2*x(2)^2-1.0201228;
end
```

计算雅可比矩阵的函数程序如下。

```
function p=ngins(m,n,x)
% 计算雅可比矩阵
p(0*n+1)=2*x(1)+10*x(2);
p(0*n+2)=10*x(1)+8*x(2);
p(1*n+1)=2*x(1)-3*x(2);
p(1*n+2)=-3*x(1)+4*x(2);
end
```

在编辑器中编写如下程序。

```
clc, clear
% 广义逆法求非线性方程组的最小二乘解
x=[0.5 -1];
m=2;
n=2;
eps1=0.000001;
eps2=0.000001;
[x,l]=ngin(m,n,eps1,eps2,x,@nginf,@ngins);
fprintf('迭代次数=%d \n', l);
for i=1:numel(x)
    fprintf('x(%d)=%d \n', i, x(i));
end
```

运行程序，输出结果如下。

```
迭代次数=4
x(1)=3.765472e-01
x(2)=-4.379528e-01
```

【例 7-4】求以下非线性方程组的最小二乘解，其中 $m = 3$，$n = 2$。取初值 $(1.0, -1.0)$，$\varepsilon_1 = \varepsilon_2 = 0.000001$。

$$\begin{cases} x_0^2 + 7x_0x_1 + 3x_1^2 + 0.5 = 0 \\ x_0^2 - 2x_0x_1 + x_1^2 - 1 = 0 \\ x_0 + x_1 + 1 = 0 \end{cases}$$

计算非线性方程组中各方程左端函数值 $f_i(x_0, x_1, \cdots, x_{n-1})$ $(i = 0, 1, \cdots, m-1)$ 的函数程序如下。

```
function d=nginf2(m,n,x)
%%%%%%%%%%%%%%%%%%%%%%%%%%%%%%%%%%%
% 计算非线性方程组各方程左端函数值
%%%%%%%%%%%%%%%%%%%%%%%%%%%%%%%%%%%
d(1)=x(1)^2+7*x(1)*x(2)+3*x(2)^2+0.5;
d(2)=x(1)^2-2*x(1)*x(2)+x(2)^2-1;
d(3)=x(1)+x(2)+1;
end
```

计算雅可比矩阵的函数程序如下。

```
function p=ngins2(m,n,x)
%%%%%%%%%%%%%%%%%%%%%%%%%%%%%%%%%%%
% 计算雅可比矩阵
%%%%%%%%%%%%%%%%%%%%%%%%%%%%%%%%%%%
p(0*n+1)=2*x(1)+7*x(2);
p(0*n+2)=7*x(1)+6*x(2);
p(1*n+1)=2*x(1)-2*x(2);
p(1*n+2)=-2*x(1)+2*x(2);
p(2*n+1)=1;
p(2*n+2)=1;
end
```

在编辑器中编写如下程序。

```
clc, clear
% 广义逆法求非线性方程组的最小二乘解
x=[1 -1];
m=3;
n=2;
eps1=0.000001;
eps2=0.000001;
[x, l]=ngin(m,n,eps1,eps2,x,@nginf2,@ngins2);
fprintf('迭代次数=%d \n', l);
for i=1:numel(x)
    fprintf('x(%d)=%d \n', i, x(i));
end
```

运行程序，输出结果如下。

```
迭代次数=5
x(1)=3.789465e-01
x(2)=-6.925761e-01
```

7.4 蒙特卡罗法

1. 求方程的一个实根

利用蒙特卡罗法可以求非线性方程 $f(x)=0$ 的一个实根，求解过程如下。

（1）选取一个初值 x，并计算 $F_0 = f(x)$。再选取一个 b，$b > 0$。

（2）在区间 $[-b, b]$ 上反复产生均匀分布的随机数 r，对于每个 r，计算 $F_1 = f(x+r)$，直到发现一个 r 使 $|F_1| < |F_0|$ 为止，此时 $x + r \Rightarrow x$，$F_1 \Rightarrow F_0$。

（3）如果连续产生了 m 个随机数 r 还不满足 $|F_1| < |F_0|$，则将 b 减半再进行操作。

（4）重复上述过程，直到 $|F_0| < \varepsilon$ 为止，此时的 x 即为非线性方程 $f(x) = 0$ 的一个实根。

说明： 在使用本方法时，如果遇到迭代不收敛，则可以适当调整 b 和 m 的值。

在 MATLAB 中编写 metcalo() 函数，利用蒙特卡罗法求非线性方程 $f(x) = 0$ 的一个实根。在本函数中要调用产生 $0 \sim 1$ 均匀分布随机数的 rnd1() 函数。

```
function z=metcalo(z,b,m,eps,f)
%%%%%%%%%%%%%%%%%%%%%%%%%%%%%%%%%%
% 蒙特卡罗法求实根
% 输入:
%       z: 根的初值
%       b: 均匀分布随机数的端点初值
%       m: 控制调节 b 的参数
%       eps: 控制精度要求
%       f: 指向计算方程左端函数值的函数名
% 输出:
%       z: 函数返回根的终值
%       若程序显示"b 调整了 100 次! 迭代不收敛!"，则需要调整 b 和 m 的值再试
%%%%%%%%%%%%%%%%%%%%%%%%%%%%%%%%%%%%
k=0;
flag=0;
R=1;
zz=f(z);
while flag<=100
    k=k+1;
    [p,R] =rnd1(R);
    x=-b+2*b*p;
    z1=z+x;
    zz1=f(z1);
    if abs(zz1)>=abs(zz)
        if k==m
            k=0;
            flag=flag+1;
            b=b/2;
        end
    else
        k=0;
        z=z1;
        zz=zz1;
        if abs(zz)<eps
            return;
```

```
        end
    end
end
fprintf('b 调整了 100 次！迭代不收敛！');
end
```

```
function [p,R]=rnd1(R)
%%%%%%%%%%%%%%%%%%%%%%%%%%%%%%%%%%%
% 产生 0～1 均匀分布的一个随机数
% 输入：
%      R:随机数种子
% 输出：
%      p:随机数
%      R:更新后的随机数种子
%%%%%%%%%%%%%%%%%%%%%%%%%%%%%%%%%%%
s=65536;
u=2053;
v=13849;
m=fix(R/s);
R=R-m*s;
R=u*R+v;
m=fix(R/s);
R=fix(R-m*s);
p=R/s;
end
```

【例 7-5】用蒙特卡罗法求以下实函数方程在区间 $(0,\pi/2)$ 内的一个实根。取初值 $x=0.5$ ，$b=1.0$ ，$m=10$ ，$\varepsilon=0.00001$ 。

$$f(x)=\mathrm{e}^{-x^3}-\frac{\sin x}{\cos x}+800=0$$

计算方程左端函数值 $f(x)$ 的函数程序如下。

```
function y=mtclf(x)
y=exp(-x^3)-sin(x)/cos(x)+800;
end
```

在编辑器中编写如下程序。

```
clc, clear
% 蒙特卡罗法求非线性方程的一个实根
b=1;
m=10;
eps=0.00001;
x=0.5;
z=metcalo(x,b,m,eps,@mtclf);
fprintf('实根: z=%f \n',z);
fprintf('检验: f(z)=%f \n', mtclf(z));
```

运行程序，输出结果如下。

```
实根：z=1.569546
检验：f(z)=-0.000002
```

2. 求方程的一个复根

利用蒙特卡罗法可以求实函数或复函数方程 $f(z)=0$ 的一个复根。将非线性方程为 $f(z)=0$ 左端函数 $f(z)$ 的模函数记为 $\|f(z)\|$。蒙特卡罗法求一个复根的过程如下。

（1）选取一个初值 $z=x+\mathrm{j}y$，其中 $\mathrm{j}=\sqrt{-1}$，并计算 $F_0=\|f(z)\|$。再选取一个 b，$b>0$。

（2）在区间 $[-b,b]$ 上反复产生均匀分布的随机数 r_x 与 r_y，对于每对 (r_x,r_y)，计算

$$F_1=\left\|f(x+r_x+\mathrm{j}(y+r_y))\right\|$$

直到发现一对 (r_x,r_y) 使 $|F_1|<|F_0|$ 为止，此时

$$x+r_x+\mathrm{j}(y+r_y)\Rightarrow z，\quad F_1\Rightarrow F_0$$

如果连续产生了 m 对随机数 (r_x,r_y) 还不满足 $|F_1|<|F_0|$，则将 b 减半再进行操作。

（3）重复上述过程，直到 $|F_0|<\varepsilon$ 为止，此时的 z 即为方程 $f(z)=0$ 的一个复根。

说明： 在使用本方法时，如果遇到迭代不收敛，则可以适当调整 b 和 m 的值。

本方法可用于求只包含两个未知量的非线性方程组的一组实根，即

$$\begin{cases} f_1(x,y)=0 \\ f_2(x,y)=0 \end{cases}$$

此时将 x 当作实部，y 当作虚部。

在 MATLAB 中编写 mtcl() 函数，利用蒙特卡罗法求实函数或复函数方程 $f(z)=0$ 的一个复根。

在本函数中要调用产生 $0\sim1$ 均匀分布随机数的 rnd1() 函数。

```
function z=mtcl(z,b,m,eps,f)
%%%%%%%%%%%%%%%%%%%%%%%%%%%%%%%%%%%
% 蒙特卡罗法求复根
% 输入：
%        z：根的初值
%        b：均匀分布随机数的端点初值
%        m：控制调节 b 的参数
%        eps：控制精度要求
%        f：指向计算方程左端函数值的函数名
% 输出：
%        z：函数返回根的终值
%        若程序显示"b 调整了 100 次！迭代不收敛！"，则需调整 b 和 m 的值再试
%%%%%%%%%%%%%%%%%%%%%%%%%%%%%%%%%%%
R=1;
k=0;
flag=0;
zz=f(z);
while flag<=100
    k=k+1;
    [p,R]=rnd1(R);
    x1=-b+2*b*p;                          %产生随机数对
```

```
        [p,R]=rnd1(R);
        y1=-b+2*b*p;
        z1=z+(x1+y1*1i);
        zz1=f(z1);
        if abs(zz1)>=abs(zz)
            if k==m
                k=0;
                flag=flag+1;
                b=b/2;
            end
        else
            k=0;
            z=z1;
            zz=zz1;
            if abs(zz)<eps
                return;
            end
        end
    end
end
fprintf('b 调整了 100 次! 迭代不收敛! ');
end
```

【例 7-6】求实函数方程 $f(z) = z^2 - 6z + 13 = 0$ 的一个复根。取初值 $z = 0.5 + j0.5$，$b = 1.0$，$m = 10$，$\varepsilon = 0.00001$。

计算 $f(z)$ 的函数程序如下。

```
function z=mtclf(x)
z=x^2-6*x+13;
end
```

在编辑器中编写如下程序。

```
clc, clear
% 蒙特卡罗法求实函数或复函数方程的一个复根
x=0.5+0.5i;
b=1;
m=10;
eps=0.00001;
z=mtcl(x,b,m,eps,@mtclf);
fprintf('复根: z=%f+%fi \n',real(z),imag(z));
fz=mtclf(z);
fprintf('检验: f(z)=%f+%f i\n', real(fz),imag(fz));
```

运行程序，输出结果如下。

```
复根: z=2.999999+2.000002i
检验: f(z)=-0.000009+-0.000003i
```

【例 7-7】求复函数方程 $f(z) = z^2 + (1+j)z - 2 + j2 = 0$ 的一个复根。取初值 $z = 0.5 + j0.5$，$b = 1.0$，$m = 10$，$\varepsilon = 0.00001$。

计算 $f(z)$ 的函数程序如下。

```
function z=mtclf2(x)
z=x^2+(1+1i)*x-2+2i;
end
```

在编辑器中编写如下程序。

```
clc, clear
% 蒙特卡罗法求实函数或复函数方程的一个复根
x=0.5+0.5i;
b=1;
m=10;
eps=0.00001;
z=mtcl(x,b,m,eps,@mtclf2);
fprintf('z=%f + %f i\n',real(z),imag(z));
fz=mtclf2(z);
fprintf('检验: f(z) = %f + %f i\n', real(fz),imag(fz));
```

运行程序，输出结果如下。

```
z=-1.999999+-0.000002i
检验: f(z)=0.000001+0.000007i
```

3. 求方程组的一组实根

利用蒙特卡罗法求非线性方程组的一组实根。设非线性方程组为

$$f_i(x_0, x_1, \cdots, x_{n-1}) = 0 , \quad i = 0, 1, \cdots, n-1$$

定义模函数为

$$\|F\| = \sqrt{\sum_{i=0}^{n-1} f_i^2}$$

蒙特卡罗法求一组实根的过程如下。

（1）选取一个初值 $X = (x_0, x_1, \cdots, x_{n-1})^{\mathrm{T}}$，并计算模函数值 $F_0 = \|F\|$。再选取一个 b，$b > 0$。

（2）在区间 $[-b, b]$ 上反复产生均匀分布的随机数 $(r_0, r_1, \cdots, r_{n-1})$，对于每组随机数 $(r_0, r_1, \cdots, r_{n-1})$，计算 $(x_0+r_0, x_1+r_1, \cdots, x_{n-1}+r_{n-1})^{\mathrm{T}}$ 的模函数 F_1，直到发现一组使 $|F_1| < |F_0|$ 为止，此时

$$x_i + r_i \Rightarrow x_i , \quad i = 0, 1, \cdots, n-1$$
$$F_1 \Rightarrow F_0$$

（3）如果连续产生了 m 组随机数还不满足 $|F_1| < |F_0|$，则将 b 减半再进行操作。

（4）重复上述过程，直到 $|F_0| < \varepsilon$ 为止，此时的 $X = (x_0, x_1, \cdots, x_{n-1})^{\mathrm{T}}$ 即为非线性方程组的一组实根。

说明：在使用本方法时，如果遇到迭代不收敛，则可以适当调整 b 和 m 的值。

在 MATLAB 中编写 nmtc()函数，利用蒙特卡罗法求非线性方程组的一组实根。在本函数中要调用产生 $0 \sim 1$ 均匀分布随机数的 rnd1()函数。

```
function x=nmtc(x,n,b,m,eps,f)
%%%%%%%%%%%%%%%%%%%%%%%%%%%%%%%%%%%%%%%%%
% 蒙特卡罗法求解非线性方程组
% 输入:
```

```
%        x(n)：存放实数解初值
%        n：方程组阶数
%        b：均匀分布随机数的端点初值
%        m：控制调节 b 的参数
%        eps：控制精度要求
%        f：指向计算方程组模函数值的函数名
% 输出：
%        x(n)：返回实属解终值
%        若程序显示"b 调整了 100 次！迭代不收敛！"，则需调整 b 和 m 的值再试
%%%%%%%%%%%%%%%%%%%%%%%%%%%%%%%%%%%%%%
k=0;
flag=0;
z=f(x, n);
R=1;


while flag<=100
    k=k+1;
    for i=0:n-1                                      %产生一组随机数
        [p,R]=rnd1(R);
        y(i+1)=-b+2*b*p+x(i+1);
    end
    z1=f(y,n);
    if z1>=z
        if k==m
            flag=flag+1;
            k=0;
            b=b/2;
        end
    else
        k=0;
        for i=0:n-1
            x(i+1)=y(i+1);
        end
        z=z1;
        if z<eps
            return;
        end
    end
end
fprintf('b 调整了 100 次！迭代不收敛！');
end
```

【例 7-8】用蒙特卡罗法求非线性方程组的一组实根。取初值 $X = (0,0,0)^{\mathrm{T}}$ ，$b = 2.0$ ，$m = 50$ ，$\varepsilon = 0.000001$ 。

$$\begin{cases} 3x_0 + x_1 + 2x_2^2 - 3 = 0 \\ -3x_0 + 5x_1^2 + 2x_0x_2 - 1 = 0 \\ 25x_0x_1 + 20x_2 + 12 = 0 \end{cases}$$

计算模函数 $\|F\|$ 的函数程序如下。

```
function f=nmtcf(x, n)
f1=3*x(1)+x(2)+2*x(3)^2-3;
f2=-3*x(1)+5*x(2)^2+2*x(1)*x(3)-1;
f3=25*x(1)*x(2)+20*x(3)+12;
f=sqrt(f1^2+f2^2+f3^2);
end
```

在编辑器中编写如下程序。

```
clc, clear
% 蒙特卡罗法求非线性方程组的一组实根
x=[0 0 0];
b=2;
m=50;
n=3;
eps=0.000001;
x=nmtc(x,n,b,m,eps,@nmtcf);
    fprintf('实根: \n');
for i=1:numel(x)
    fprintf('x(%d)=%f \n',i ,x(i));
end
fprintf('验证: F=%f \n', nmtcf(x,n));
```

运行程序，输出结果如下。

```
实根:
x(1)=0.290052
x(2)=0.687431
x(3)=-0.849239
验证: F=0.000000
```

第 8 章

数 据 插 值

在科学研究和工程技术中，经常会遇到计算函数值的问题，而有时函数关系很复杂，甚至没有解析表达式。此时，根据已知数据构造一个简单、适当的函数近似代替要寻求的函数，这就是函数的插值法。另外，插值又是数值微分、数值积分、常微分方程数值解等数值计算的基础。本章介绍几种常见的数值插值方法，并给出 MATLAB 的实现方法。

8.1 拉格朗日插值

给定 n 个节点 $x_i(i = 0, 1, \cdots, n-1)$ 上的函数值 $y_i = f(x_i)$，利用拉格朗日（Lagrange）插值公式可以计算指定插值点 t 处的函数近似值 $z = f(t)$。

为了避免龙格（Runge）现象对计算结果的影响，在给定的 n 个节点中自动选择 8 个节点进行插值，且使指定插值点 t 位于它们的中间。即选取满足条件 $x_k < x_{k+1} < x_{k+2} < x_{k+3} < t < x_{k+4} < x_{k+5} < x_{k+6} < x_{k+7}$ 的 8 个节点，用 7 次拉格朗日插值多项式计算插值点 t 处的函数近似值 $z = f(t)$，即

$$z = \sum_{i=k}^{k+7} y_i \prod_{\substack{j=k \\ j \neq i}}^{k+7} \frac{t - x_j}{x_i - x_j}$$

当插值点 t 靠近 n 个节点所在区间的某端时，选取的节点将少于 8 个；而当插值点 t 位于包含 n 个节点的区间外时，则仅取区间某端的 4 个节点进行插值。

在 MATLAB 中编写 lagrange()函数，利用拉格朗日插值公式计算指定插值点 t 处的函数近似值。

```
function z=lagrange(x,y,n,t)
%%%%%%%%%%%%%%%%%%%%%%%%%%%%%%%%%%%%%%
% 拉格朗日插值
% 输入：
%       x: 存放 n 个给定的有序节点值
%       y: 存放 n 个给定节点上的函数值
%       n: 给定节点的个数
%       t: 给定插值点
% 输出：
%       z: 函数返回指定插值点 t 处的函数近似值
%%%%%%%%%%%%%%%%%%%%%%%%%%%%%%%%%%%%%%
z=0;
if n<1
```

```
        return;
   end
   if n==1
        z=y(1);
        return;
   end
   if n==2
        z=(y(1)*(t-x(2))-y(2)*(t-x(1)))/(x(1)-x(2));
        return;
   end
   i=0;
   while (x(i+1)<t)&&(i<n)
        i=i+1;                              %寻找插值点所在的位置
   end
   k=i-4;                                   %取插值区间左端点
   if k<0
        k=0;
   end
   m=i+3;                                   %取插值区间右端点
   if m>n-1
        m=n-1;
   end
   for i=k:m
        s=1;
        for j=k:m
            if j~=i
                s=s*(t-x(j+1))/(x(i+1)-x(j+1));
            end
        end
        z=z+s*y(i+1);
   end
end
```

【例 8-1】设有函数值列表，如表 8-1 所示，请利用拉格朗日插值公式计算插值点 $t = 0.63$ 处的函数近似值。

表 8-1 函数值（1）

k	0	1	2	3	4
x_k	0.10	0.15	0.25	0.40	0.50
y_k	0.904837	0.860708	0.778801	0.670320	0.606531
k	5	6	7	8	9
x_k	0.57	0.70	0.85	0.93	1.00
y_k	0.565525	0.496585	0.427415	0.394554	0.367879

在编辑器中编写如下程序。

```
clc, clear
% 拉格朗日插值
x= [0.1 0.15 0.25 0.4 0.5 0.57 0.7 0.85 0.93 1];
y= [0.904837 0.860708 0.778801 0.670320 0.606531...
    0.565525 0.496585 0.427415 0.394554 0.367879];
t=0.63;
n=10;
z=lagrange(x,y,n,t);
fprintf('t = %f  z = %f \n', t, z);
```

运行程序，输出结果如下。

```
t = 0.630000  z = 0.532591
```

8.2 连分式插值

给定 n 个节点 $x_i (i = 0,1,\cdots,n-1)$ 上的函数值 $y_i = f(x_i)$，利用连分式插值法可以计算指定插值点 t 处的函数近似值 $z = f(t)$。

设给定的节点为 $x_0 < x_1 < \cdots < x_{n-1}$，其相应的函数值为 $y_0, y_1, \cdots, y_{n-1}$，则可以构造一个 $n-1$ 节连分式，即

$$\varphi(x) = b_0 + \cfrac{x - x_0}{b_1 + \cfrac{x - x_1}{b_2 + \cdots + \cfrac{x - x_{n-2}}{b_{n-1}}}}$$

计算 $b_j = \varphi_j(x_j)(j = 0,1,\cdots,n-1)$ 的递推公式如下。

$$b_0 = \varphi_0(x_0) = f(x_0)$$

$$\begin{cases} \varphi_0(x_j) = f(x_j) \\ \varphi_{k+1}(x_j) = \dfrac{x_j}{\varphi_k}(x_j) - b_k, \quad k = 0,1,\cdots,j-1 \\ b_j = \varphi_j(x_j) \end{cases}$$

在实际进行递推计算时，考虑到各中间的 $\varphi_k(x_j)$ 值只被下一次使用，因此，可以将上述递推公式改写为

$$\begin{cases} u = f(x_j) \\ u = \dfrac{x_j - x_k}{u - b_k}, \quad k = 0,1,\cdots,j-1 \\ b_j = u \end{cases}$$

其中，$b_0 = f(x_0)$。

在实际进行插值计算时，一般在指定插值点 t 的前后各取 4 个节点就够了。此时，计算 7 节连分式的值 $\varphi(t)$ 作为插值点 t 处的函数近似值。

在 MATLAB 中编写 funpq() 函数，利用连分式插值法计算指定插值点 t 处的函数近似值。

```
function p=funpq(x,y,n,eps,t)
%%%%%%%%%%%%%%%%%%%%%%%%%%%%%%%%%%%%%%%%%
% 连分式逐步插值
% 输入：
%       x: 存放节点值
%       y: 存放节点函数值
%       n: 数据点个数，实际插值时最多取离插值点 t 最近的 8 个点
%       eps: 控制精度要求
%       t: 插值点值
% 输出：
%       p: 返回插值点 t 处的连分式函数值
%%%%%%%%%%%%%%%%%%%%%%%%%%%%%%%%%%%%%%%%%
p=0;
if n<1
    return;                                    %节点个数不对，返回
end
if n==1
    p=y(1);                                    %只有一个节点，取值返回
    return;
end
m=8;                                           %最多取 8 个点
if m>n
    m=n;
end
if t<=x(1)
    k=1;                                       %第 1 个节点离插值点最近
elseif t>=x(n)
    k=n;                                       %最后一个节点离插值点最近
else
    k=1;
    j=n;
    while ((k-j)~=1)&&((k-j)~=-1)              %二分法寻找离插值点最近的点
        l=round((k+j)/2);
        if t<x(l)
            j=l;
        else
            k=l;
        end
    end
    if abs(t-x(l))>abs(t-x(j))
        k=j;
    end
end
j=1;
l=0;
for i=1:m                                      %从数据列表中取 m 个节点
```

```
        k=k+j*l;
        if (k<1)||(k>n)
            l=l+1;
            j=-j;
            k=k+j*l;
        end
        xx(i)=x(k);
        yy(i)=y(k);
        l=l+1;
        j=-j;
    end
    j=0;
    b(1)=yy(1);
    p=b(1);
    u=1+eps;
    while (j<m-1)&&(u>=eps)
        j =j+1;
        b=funpqj(xx,yy,h,j);
        q=funpqv(xx,b,j,t);
        u=abs(q-p);
        p=q;
    end
end


function b=funpqj(x,y,b,j)
%%%%%%%%%%%%%%%%%%%%%%%%%%%%%%%%%%%%%%
% 计算函数连分式新一节
% 输入:
%       x: 存放节点值
%       y: 存放节点函数值
%       b: 存放连分式中的参数
%       j: 连分式增加的节号
% 输出:
%       b: 返回连分式中的参数（新增 b(j)）
%%%%%%%%%%%%%%%%%%%%%%%%%%%%%%%%%%%%%%
flag=0;
u=y(j+1);
for k=0:j-1
    if flag~=0
        break;
    end
    if u-b(k+1)==0
        flag = 1;
    else
        u=(x(j+1)-x(k+1))/(u-b(k+1));
    end
end
```

```
end
if flag==1
    u=1e35;
end
b(j+1)=u;
end


function u=funpqv(x,b,n,t)
%%%%%%%%%%%%%%%%%%%%%%%%%%%%%%%%%%%%%%
% 计算连分式值
% 输入:
%       x: 存放 n 个节点值
%       b: 存放连分式中的 n+1 个参数
%       n: 连分式的节数 (注意常数项 b(0) 为第 0 节)
%       t: 自变量值
% 输出:
%       u: 程序返回 t 处的函数连分值
%%%%%%%%%%%%%%%%%%%%%%%%%%%%%%%%%%%%%%
u=b(n+1);
for k=n-1:-1:0
    if abs(u)==0
        u=1e35*(t-x(k+1))/abs(t-x(k+1));
    else
        u=b(k+1)+(t-x(k+1))/u;
    end
end
end
```

【例 8-2】函数 $f(x)=\dfrac{1}{1+25x^2}$ 的 10 个节点处的函数值如表 8-2 所示。请利用连分式插值法计算 $t=-0.85$ 与 $t=0.25$ 处的函数近似值。

表 8-2 函数值（2）

x	−1.0	−0.8	−0.65	−0.4	−0.3
$f(x)$	0.0384615	0.0588236	0.0864865	0.2	0.307692
x	0.0	0.2	0.45	0.8	1.0
$f(x)$	1.0	0.5	0.164948	0.0588236	0.0384615

在编辑器中编写如下程序。

```
clc, clear
% 连分式插值
x=[-1 -0.8 -0.65 -0.4 -0.3 0 0.2 0.45 0.8 1];
y=[0.0384615 0.0588236 0.0864865 0.2 0.307692...
    1 0.5 0.164948 0.0588236 0.0384615];
t=-0.85;
n=10;
```

```
eps=0.0000001;
z=funpq(x, y, n, eps, t);
fprintf('t=%f  z=%f \n', t, z);
t=0.25;
z=funpq(x,y,n,eps,t);
fprintf('t = %f  z = %f \n', t, z);
```

运行程序，输出结果如下。

```
t = -0.850000  z = 0.052459
t = 0.250000  z = 0.390244
```

8.3　埃尔米特插值

给定 n 个节点 $x_i(i=0,1,\cdots,n-1)$ 上的函数值 $y_i=f(x_i)$ 以及一阶导数值 $y_i'=f'(x_i)$，利用埃尔米特（Hermite）插值公式可以计算指定插值点 t 处的函数近似值 $z=f(t)$。

设函数 $f(x)$ 在 n 个节点 $x_0<x_1<\cdots<x_{n-1}$ 上的函数值为 $y_0,y_1,\cdots,y_{n-1}$，一阶导数值为 $y_0',y_1',\cdots,y_{n-1}'$，则 $f(x)$ 可以用埃尔米特插值多项式近似代替。

$$P_{2n-1}(x)=\sum_{i=0}^{n-1}\left[y_i+(x-x_i)(y_i'-2y_il_i'(x_i))\right]l_i^2(x)$$

其中

$$l_i(x)=\prod_{\substack{j=0\\j\neq i}}^{n-1}\frac{x-x_j}{x_i-x_j}\,,\quad l_i'(x_i)=\sum_{\substack{j=0\\j\neq i}}^{n-1}\frac{1}{x_i-x_j}$$

在实际进行插值计算时，为了减少计算工作量，用户可以适当地将远离插值点 t 的节点抛弃。通常，取插值点 t 的前后 4 个节点就够了。

在 MATLAB 中编写 hermite() 函数，利用埃尔米特插值公式计算指定插值点 t 处的函数近似值。

```
function z=hermite(x,y,dy,n,t)
%%%%%%%%%%%%%%%%%%%%%%%%%%%%%%%%%%%%
% 埃尔米特插值
% 输入：
%       x: 存放 n 个给定节点的值
%       y: 存放 n 个给定节点的函数值
%       dy: 存放 n 个给定节点的一阶导数值
%       n: 给定节点的个数
%       t: 指定插值点
% 输出：
%       z: 函数返回指定插值点 t 处的函数近似值
%%%%%%%%%%%%%%%%%%%%%%%%%%%%%%%%%%%%
z=0;
for i=1:n
    s=1;
    for j=1:n
        if j~=i
            s=s*(t-x(j))/(x(i)-x(j));
```

```
            end
        end
        s=s^2;
        p=0;
        for j=1:n
            if j~=i
                p=p+1/(x(i)-x(j));
            end
        end
        q=y(i)+(t-x(i))*(dy(i)-2*y(i)*p);
        z=z+q*s;
    end
end
```

【例 8-3】函数 $f(x) = e^{-x}$ 在 10 个节点上的函数值与一阶导数值如表 8-3 所示。利用埃尔米特插值法计算在插值点 $t = 0.356$ 处的函数近似值 $f(t)$。

表 8-3 函数值与一阶导数值

x	0.10	0.15	0.30	0.45	0.55
$f(x)$	0.904837	0.860708	0.740818	0.637628	0.576950
$f'(x)$	−0.904837	−0.860708	−0.740818	−0.637628	−0.576950
x	0.60	0.70	0.85	0.90	1.00
$f(x)$	0.548812	0.496585	0.427415	0.406570	0.367879
$f'(x)$	−0.548812	−0.496585	−0.427415	−0.406570	−0.367879

在编辑器中编写如下程序。

```
clc, clear
% 埃尔米特插值
x=[0.10 0.15 0.30 0.45 0.55 0.60 0.70 0.85 0.90 1.00];
y=[0.904837 0.860708 0.740818 0.637628 0.57695...
    0.548812 0.496585 0.427415 0.406570 0.367879];
dy=-y;
t=0.356;
n=10;
z=hermite(x,y,dy,n,t);
fprintf('t=%f  z=%f \n', t, z);
```

运行程序，输出结果如下。

```
t=0.356000  z=0.700480
```

8.4 埃特金逐步插值

给定 n 个节点 $x_i(i = 0,1,\cdots,n-1)$ 上的函数值 $y_i = f(x_i)$ 及精度要求，利用埃特金逐步插值法可以计算指定插值点 t 处的函数近似值 $z = f(t)$。

设给定的节点为 $x_0 < x_1 < \cdots < x_{n-1}$，其相应的函数值为 $y_0, y_1, \cdots, y_{n-1}$。

首先，从给定的 n 个节点中选取最靠近插值点 t 的 m 个节点 $x_0^* < x_1^* < \cdots < x_{m-1}^*$，相应的函数值为 $y_0^*, y_1^*, \cdots, y_{m-1}^*$，其中 $m \leqslant n$。在本函数程序中，m 的最大值为 10。

然后用这 m 个节点做埃特金逐步插值，步骤如下。

（1）$y_0^* \Rightarrow p_0$，$1 \Rightarrow i$。

（2）$y_i^* \Rightarrow z$，即

$$p_j + \frac{t - x_j^*}{x_j^* + x_i^*}(p_j - z) \Rightarrow z, \quad j = 0, 1, \cdots, i-1$$

（3）$z \Rightarrow p_i$。

（4）若 $i = m-1$ 或 $|p_i - p_{i-1}| < \varepsilon$，则结束插值，$p_i$ 即为 $f(t)$ 的近似值；否则，$i+1 \Rightarrow i$，转至步骤（2）。

在 MATLAB 中编写 aitken() 函数，利用埃特金逐步插值法计算指定插值点 t 处的函数近似值。

```
function z=aitken(x,y,n,eps,t)
%%%%%%%%%%%%%%%%%%%%%%%%%%%%%%%%%%%%%%
% 埃特金逐步插值
% 输入:
%       x: 存放 n 个给定节点的值
%       y: 存放 n 个给定节点的函数值
%       n: 给定节点的个数
%       eps: 插值的精度要求
%       t: 指定插值点
% 输出:
%       z: 函数返回指定插值点 t 处的函数近似值
%%%%%%%%%%%%%%%%%%%%%%%%%%%%%%%%%%%%%%
z=0;
if n<1
    return;
end
if n==1
    z=y(1);
    return;
end
m=10;                                   %最多取前后 10 个点
if t<=x(1)
    k=1;                                %起始点
elseif t>=x(n)
    k=n;                                %起始点
else
    k=1;
    j=n;
    while abs(k-j)~=1
        l=round((k+j)/2);
        if t<x(l)
            j=l;
```

```
            else
                k=1;
            end
        end
        if abs(t-x(1))>abs(t-x(j))                              %起始点
            k=j;
        end
    end
    j=1;
    l=0;
    for i=1:m
        k=k+j*l;
        if (k<1)||(k>n)
            l=l+1;
            j=-j;
            k=k+j*l;
        end
        xx(i)=x(k);
        yy(i)=y(k);
        l=l+1;
        j=-j;
    end
    i=0;
    while (i~=m-1)&&(abs(yy(i+2)-yy(i+1))>eps)
        i=i+1;
        z=yy(i+1);
        for j=0:i-1
            z=yy(j+1)+(t-xx(j+1))*(yy(j+1)-z)/(xx(j+1)-xx(i+1));
        end
        yy(i+1)=z;
    end
end
```

【例 8-4】函数 $f(x)$ 在 11 个节点上的函数值如表 8-4 所示。利用埃特金逐步插值法计算在插值点 $t=-0.75$ 与 $t=0.05$ 处的函数近似值。取 $\varepsilon=0.000001$。

表 8-4　函数值（3）

x	−1.0	−0.8	−0.65	−0.4	−0.3	0.0
$f(x)$	0.0384615	0.0588236	0.0864865	0.2	0.307692	1.0
x	0.2	0.4	0.6	0.8	1.0	
$f(x)$	0.5	0.2	0.1	0.0588236	0.0384615	

在编辑器中编写如下程序。

```
clc, clear
% 埃特金逐步插值
x=[-1 -0.8 -0.65 -0.4 -0.3 0 0.2 0.4 0.6 0.8 1];
```

```
y=[0.0384615 0.0588236 0.0864865 0.2 0.307692 1 0.5 0.2 0.1 0.0588236 0.0384615];
eps=1e-6;
t=-0.75;
n=11;
z=aitken(x,y,n,eps,t);
fprintf('t=%f  z=%f \n', t, z);
t=0.05;
z=aitken(x,y,n,eps,t);
fprintf('t=%f  z=%f \n', t, z);
```

运行程序，输出结果如下。

```
t=-0.750000  z=-0.003089
t=0.050000   z=0.959859
```

8.5　光滑插值

给定 n 个节点 $x_i(i=0,1,\cdots,n-1)$ 上的函数值 $y_i = f(x_i)$，利用阿克玛（Akima）法可以计算指定插值点 t 处的函数近似值 $z = f(t)$ 以及插值点所在了区间上的三次多项式，也称为光滑插值法。

设给定的节点为 $x_0 < x_1 < \cdots < x_{n-1}$，其相应的函数值为 $y_0, y_1, \cdots, y_{n-1}$。若在子区间 $[x_k, x_{k+1}](k=0,1,\cdots,$ $n-2)$ 上的两个端点处满足条件

$$\begin{cases} y_k = f(x_k) \\ y_{k+1} = f(x_{k+1}) \\ y'_k = g_k \\ y'_{k+1} = g_{k+1} \end{cases}$$

则在此区间上可以唯一确定一个三次多项式

$$s(x) = s_0 + s_1(x - x_k) + s_2(x - x_k)^2 + s_3(x - x_k)^3$$

并且用此三次多项式计算该子区间上的插值点 t 处的函数近似值。

根据阿克玛几何条件，g_k 与 g_{k+1} 的计算式为

$$g_k = \frac{|u_{k+1} - u_k| u_{k-1} + |u_{k-1} - u_{k-2}| u_k}{|u_{k+1} - u_k| + |u_{k-1} - u_{k-2}|}$$

$$g_{k+1} = \frac{|u_{k+2} - u_{k+1}| u_k + |u_k - u_{k-1}| u_{k+1}}{|u_{k+2} - u_{k+1}| + |u_k - u_{k-1}|}$$

其中，$u_k = \dfrac{y_{k+1} - y_k}{x_{k+1} - x_k}$，并且在端点处有

$$u_{-1} = 2u_0 - u_1, \quad u_{-2} = 2u_{-1} - u_0$$

$$u_{n-1} = 2u_{n-2} - u_{n-3}, \quad u_n = 2u_{n-1} - u_{n-2}$$

当 $u_{k+1} = u_k$ 与 $u_{k-1} = u_{k-2}$ 时，$g_k = \dfrac{u_{k-1} + u_k}{2}$。

当 $u_{k+2} = u_{k+1}$ 与 $u_k = u_{k-1}$ 时，$g_{k+1} = \dfrac{u_k + u_{k+1}}{2}$。

最后可以得到区间 $[x_k, x_{k+1}](k=0,1,\cdots,n-2)$ 上的三次多项式的系数为

$$s_0 = y_k$$

$$s_1 = g_k$$

$$s_2 = \frac{3u_k - 2g_k - g_{k+1}}{x_{k+1} - x_k}$$

$$s_3 = \frac{g_{k+1} + g_k - 2u_k}{(x_{k+1} - x_k)^2}$$

插值点 $t(t \in [x_k, x_{k+1}])$ 处的函数近似值为

$$s(t) = s_0 + s_1(t - x_k) + s_2(t - x_k)^2 + s_3(t - x_k)^3$$

在 MATLAB 中编写 akima()函数，利用光滑插值法计算指定插值点 t 处的函数近似值以及插值点所在子区间上的三次多项式。

```
function [p,s]=akima(x,y,n,t)
%%%%%%%%%%%%%%%%%%%%%%%%%%%%%%%%%%%%
% 光滑插值
% 输入:
%       x: 存放 n 个给定节点的值
%       y: 存放 n 个给定节点的函数值
%       n: 给定节点的个数
%       t: 指定插值点
% 输出:
%       s: 返回插值点所在子区间上的三次多项式系数
%       p: 函数返回指定插值点处的函数近似值
%%%%%%%%%%%%%%%%%%%%%%%%%%%%%%%%%%%%
s=zeros(4,1);
if n<1
    p=0;
    return;
end
if n==1
    s(1) =y(1);
    p=y(1);
    return;
end
if n==2
    s(1)=y(1);
    s(2)=(y(2)-y(1))/(x(2)-x(1));
    p=(y(1)*(t-x(2))-y(2)*(t-x(1)))/(x(1)-x(2));
    return;
end
if t<=x(2)
    k=0;                                          %确定插值点 t 所在的子区间
elseif t>=x(n)
    k=n-2;
else
    k=1;
```

```
        m=n-1;
        while abs(k-m)~=1
            j=fix((k+m)/2);
            if t<=x(j+1)
                m=j;
            else
                k=j;
            end
        end
end
u(3)=(y(k+2)-y(k+1))/(x(k+2)-x(k+1));
if n==3
    if k==0
        u(4)=(y(3)-y(2))/(x(3)-x(2));
        u(5)=2*u(4)-u(3);
        u(2)=2*u(3)-u(4);
        u(1)=2*u(2)-u(3);
    else
        u(2)=(y(2)-y(1))/(x(2)-x(1));
        u(1)=2*u(2)-u(3);
        u(4)=2*u(3)-u(2);
        u(5)=2*u(4)-u(3);
    end
else
    if k<=1
        u(4)=(y(k+3)-y(k+2))/(x(k+3)-x(k+2));
        if k==1
            u(2)=(y(2)-y(1))/(x(2)-x(1));
            u(1)=2*u(2)-u(3);
            if n==4
                u(5)=2*u(4)-u(3);
            else
                u(5)=(y(5)-y(4))/(x(5)-x(4));
            end
        else
            u(2)=2*u(3)-u(4);
            u(1)=2*u(2)-u(3);
            u(5)=(y(4)-y(3))/(x(4)-x(3));
        end
    elseif k>=(n-3)
        u(2)=(y(k+1)-y(k))/(x(k+1)-x(k));
        if k==n-3
            u(4)=(y(n)-y(n-1))/(x(n)-x(n-1));
            u(5)=2*u(4)-u(3);
            if n==4
                u(1)=2*u(2)-u(3);
```

```
            else
                u(1)=(y(k)-y(k-1))/(x(k)-x(k-1));
            end
        else
            u(4)=2*u(3)-u(2);
            u(5)=2*u(4)-u(3);
            u(1)=(y(k)-y(k-1))/(x(k)-x(k-1));
        end
    else
        u(2)=(y(k+1)-y(k))/(x(k+1)-x(k));
        u(1)=(y(k)-y(k-1))/(x(k)-x(k-1));
        u(4)=(y(k+3)-y(k+2))/(x(k+3)-x(k+2));
        u(5)=(y(k+4)-y(k+3))/(x(k+4)-x(k+3));
    end
end
s(1)=abs(u(4)-u(3));
s(2)=abs(u(1)-u(2));
if (s(1)==0)&&(s(2)==0)
    p=(u(2)+u(3))/2;
else
    p=(s(1)*u(2)+s(2)*u(3))/(s(1)+s(2));
end
s(1)=abs(u(4)-u(5));
s(2)=abs(u(3)-u(2));
if s(1)==0&&(s(2)==0)
    q=(u(3)+u(4))/2;
else
    q=(s(1)*u(3)+s(2)*u(4))/(s(1)+s(2));
end
s(1)=y(k+1);                                    %计算三次多项式系数
s(2)=p;
s(4)=x(k+2)-x(k+1);
s(3)=(3*u(3)-2*p-q)/s(4);
s(4)=(p+q-2*u(3))/s(4)^2;
p=t-x(k+1);
p=s(1)+s(2)*p+s(3)*p^2+s(4)*p^3;
end
```

【例 8-5】函数 $f(x)$ 在 11 个节点上的函数值如表 8-5 所示。

表 8-5　函数值（4）

x	−1.0	−0.95	−0.75	−0.55	−0.3	0.0
$f(x)$	0.0384615	0.0424403	0.06639	0.116788	0.307692	1.0
x	0.2	0.45	0.6	0.8	1.0	
$f(x)$	0.5	0.164948	0.1	0.0588236	0.0384615	

（1）利用光滑插值计算各子区间上的三次多项式。

注： 只要将子区间中的任意一点（包括右端点但不包括左端点，因为左端点属于前一个子区间）作为插值点，利用本函数即可确定该子区间上的三次多项式。在本例的主函数中用右端点作为插值点。

（2）利用光滑插值计算指定插值点 $t = -0.85$ 与 $t = 0.15$ 处的函数近似值以及插值点所在子区间上的三次多项式 $s(x)$ 中的系数 s_0、s_1、s_2、s_3，其中 $t \in [x_k, x_{k+1}]$。

$$s(x) = s_0 + s_1(x - x_k) + s_2(x - x_k)^2 + s_3(x - x_k)^3$$

在编辑器中编写如下程序。

```
clc, clear
% 光滑插值
x=[-1 -0.95 -0.75 -0.55 -0.3 0 0.2 0.45 0.6 0.8 1];
y=[0.0384615 0.0424403 0.06639 0.116788 0.307692 1 ...
    0.5 0.164948 0.1 0.0588236 0.0384615];
n=11;
for i=1:numel(x)
    t=x(i);
    [p,s]=akima(x,y,n,t);
    fprintf('t = %f  z = f(t) = %f \n',t ,p);
    for j=1:numel(s)
        fprintf('s(%d) = %f \n',j ,s(j));
    end
end
t=0.85;
[p,s]=akima(x,y,n,t);
fprintf('t = %f  z = f(t) = %f \n',t ,p);
for j=1:numel(s)
    fprintf('s(%d) = %f \n',j ,s(j));
end
t=0.15;
[p,s]=akima(x,y,n,t);
fprintf('t = %f  z = f(t) = %f \n',t ,p);
for j=1:numel(s)
    fprintf('s(%d) = %f \n',j ,s(j));
end
```

运行程序，输出结果如下。

```
t = -1.000000  z = f(t) = 0.038462
s(1) = 0.038462
s(2) = 0.059490
s(3) = 0.616246
s(4) = -4.290419
t = -0.950000  z = f(t) = 0.042440
s(1) = 0.038462
s(2) = 0.059490
```

```
s(3) = 0.616246
s(4) = -4.290419
t = -0.750000  z = f(t) = 0.066390
s(1) = 0.042440
s(2) = 0.088936
s(3) = 0.259985
s(4) = -0.529619
t = -0.550000  z = f(t) = 0.116788
s(1) = 0.066390
s(2) = 0.129376
s(3) = 1.024334
s(4) = -2.056319
t = -0.300000  z = f(t) = 0.307692
s(1) = 0.116788
s(2) = 0.292351
s(3) = 3.176065
s(4) = -5.164023
t = 0.000000  z = f(t) = 1.000000
s(1) = 0.307692
s(2) = 0.912129
s(3) = 18.455398
s(4) = -46.011727
t = 0.200000  z = f(t) = 0.500000
s(1) = 1.000000
s(2) = -0.437798
s(3) = -25.500415
s(4) = 75.947029
t = 0.450000  z = f(t) = 0.164948
s(1) = 0.500000
s(2) = -1.524321
s(3) = -1.561753
s(4) = 9.192816
t = 0.600000  z = f(t) = 0.100000
s(1) = 0.164948
s(2) = -0.581544
s(3) = 0.622546
s(4) = 2.452256
t = 0.800000  z = f(t) = 0.058824
s(1) = 0.100000
s(2) = -0.229253
s(3) = -0.123124
s(4) = 1.199901
t = 1.000000  z = f(t) = 0.038462
s(1) = 0.058824
s(2) = -0.134515
s(3) = 0.066864
```

```
s(4) = 0.483287
t = 0.850000  z = f(t) = 0.052325
s(1) = 0.058824
s(2) = -0.134515
s(3) = 0.066864
s(4) = 0.483287
t = 0.150000  z = f(t) = 0.616892
s(1) = 1.000000
s(2) = -0.437798
s(3) = -25.500415
s(4) = 75.947029
```

由运行结果可见，用第 1 个节点与第 2 个节点作为插值点时，其三次多项式是相同的，这是因为函数规定所有小于或等于第 2 个节点值的点均属于第 1 个子区间。同时，函数还规定小于最后一个节点值的点均属于最后一个子区间。

8.6　三次样条插值

给定 n 个节点 $x_i(i=0,1,\cdots,n-1)$ 上的函数值 $y_i=f(x_i)$，利用三次样条函数计算各节点上的数值导数以及插值区间 $[x_0,x_{n-1}]$ 上的积分近似值 $s=\int_{x_0}^{x_{n-1}}f(x)\mathrm{d}x$，可以实现对函数 $f(x)$ 进行成组插值与成组微商。算法如下。

设给定的节点为 $x_0<x_1<\cdots<x_{n-1}$，其相应的函数值为 $y_0,y_1,\cdots,y_{n-1}$。

（1）计算 n 个节点处的一阶导数值 $y_j'(j=0,1,\cdots,n-1)$。

根据第 1 种边界条件

$$y_0'=f'(x_0)\ ,\quad y_{n-1}'=f'(x_{n-1})$$

计算公式为

$$
\begin{aligned}
&a_0=0\\
&b_0=y_0'\\
&h_j=x_{j+1}-x_j\ ,\quad j=0,1,\cdots,n-2\\
&\alpha_j=\frac{h_{j-1}}{h_{j-1}+h_j}\ ,\quad j=1,2,\cdots,n-2\\
&\beta_j=\frac{3(1-\alpha_j)(y_j-y_{j-1})}{h_{j-1}}+\frac{3\alpha_j(y_{j+1}-y_j)}{h_j}\ ,\quad j=1,2,\cdots,n-2\\
&a_j=\frac{-\alpha_j}{2+(1-\alpha_j)a_{j-1}}\ ,\quad j=1,2,\cdots,n-2\\
&b_j=\frac{\beta_j-(1-\alpha_j)b_{j-1}}{2+(1-\alpha_j)a_{j-1}}\ ,\quad j=1,2,\cdots,n-2\\
&y_j'=a_jy_{j+1}'+b_j\ ,\quad j=n-2,n-3,\cdots,2,1
\end{aligned}
$$

根据第 2 种边界条件

$$y''_0=f''(x_0)\ ,\quad y''_{n-1}=f''(x_{n-1})$$

计算公式为

$$a_0 = -0.5$$

$$b_0 = \frac{3(y_1 - y_0)}{2(x_1 - x_0)} - \frac{y_0''(x_1 - x_0)}{4}$$

$$h_j = x_{j+1} - x_j , \quad j = 0, 1, \cdots, n-2$$

$$\alpha_j = \frac{h_{j-1}}{h_{j-1} + h_j} , \quad j = 1, 2, \cdots, n-2$$

$$\beta_j = \frac{3(1-\alpha_j)(y_j - y_{j-1})}{h_{j-1}} + \frac{3\alpha_j(y_{j+1} - y_j)}{h_j} , \quad j = 1, 2, \cdots, n-2$$

$$a_j = \frac{-\alpha_j}{2 + (1-\alpha_j)a_{j-1}} , \quad j = 1, 2, \cdots, n-2$$

$$b_j = \frac{\beta_j - (1-\alpha_j)b_{j-1}}{2 + (1-\alpha_j)a_{j-1}} , \quad j = 1, 2, \cdots, n-2$$

$$y_{n-1}' = \frac{3(y_{n-1} - y_{n-2})}{h_{n-2}} + \frac{y_{n-1}''h_{n-2}}{2} - b_{n-2}$$

$$y_j' = a_j y_{j+1}' + b_j , \quad j = n-2, n-3, \cdots, 1, 0$$

根据第 3 种边界条件

$$y_0 = y_{n-1} , \quad y_0' = y_{n-1}' , \quad y_0'' = y_{n-1}''$$

计算公式为

$$a_0 = 0$$

$$b_0 = 1$$

$$w_1 = 0$$

$$h_j = x_{j+1} - x_j , \quad j = 0, 1, \cdots, n-2$$

$$h_{n-1} = h_0$$

$$y_0 - y_{-1} = y_{n-1} - y_{n-2}$$

$$\alpha_j = \frac{h_{j-1}}{h_{j-1} + h_j} , \quad j = 1, 2, \cdots, n-2$$

$$\beta_j = \frac{3(1-\alpha_j)(y_j - y_{j-1})}{h_{j-1}} + \frac{3\alpha_j(y_{j+1} - y_j)}{h_j} , \quad j = 1, 2, \cdots, n-2$$

$$a_j = \frac{-\alpha_{j-1}}{2 + (1-\alpha_{j-1})a_{j-1}} , \quad j = 1, 2, \cdots, n-2$$

$$b_j = \frac{-(1-\alpha_{j-1})b_{j-1}}{2 + (1-\alpha_{j-1})a_{j-1}} , \quad j = 1, 2, \cdots, n-2$$

$$w_j = \frac{\beta_{j-1} - (1-\alpha_{j-1})w_{j-1}}{2 + (1-\alpha_{j-1})a_{j-1}} , \quad j = 1, 2, \cdots, n-2$$

$$p_{n-1} = 1$$

$$q_{n-1} = 0$$

$$p_j = a_j p_{j+1} + b_j , \quad j = n-2, n-3, \cdots, 1$$

$$q_j = a_j q_{j+1} + w_j , \quad j = n-2, n-3, \cdots, 1$$

$$y'_{n-2} = \frac{\beta_{n-2} - \alpha_{n-2} q_1 - (1 - \alpha_{n-2}) q_{n-2}}{2 + \alpha_{n-2} p_1 + (1 - \alpha_{n-2}) p_{n-2}}$$

$$y'_j = p_{j+1} y'_{n-2} + q_{j+1} , \quad j = 0, 1, \cdots, n-3$$

$$y'_{n-1} = y'_0$$

（2）计算 n 个节点上的二阶导数值 $y''_j (j = 0, 1, \cdots, n-1)$。

$$y''_j = \frac{6(y_{j+1} - y_j)}{h_j^2} - \frac{2(2y'_j + y'_{j+1})}{h_j} , \quad j = 0, 1, \cdots, n-2$$

$$y''_{n-1} = \frac{6(y_{n-2} - y_{n-1})}{h_{n-2}^2} + \frac{2(2y'_{n-1} + y'_{n-2})}{h_{n-2}}$$

（3）利用各节点上的数值导数以及辛卜生（Simpson）公式，可以得到在插值区间 $[x_0, x_{n-1}]$ 上的求积公式为

$$s = \int_{x_0}^{x_{n-1}} f(x) \mathrm{d}x = \frac{1}{2} \sum_{i=0}^{n-2} (x_{i+1} - x_i)(y_{i+1} + y_i) - \frac{1}{24} \sum_{i=0}^{n-2} (x_{i+1} - x_i)^3 (y''_i + y''_{i+1})$$

（4）利用各节点上的函数值 y_j、一阶导数值 $y'_j (j = 0, 1, \cdots, n-1)$ 计算插值点 t 处的函数、一阶导数与二阶导数的近似值，其中，$t \in [x_j, x_{j+1}]$。

$$y(t) = \left[\frac{3}{h_j^2}(x_{j+1} - t)^2 - \frac{2}{h_j^3}(x_{j+1} - t)^3 \right] y_j + \left[\frac{3}{h_j^2}(t - x_j)^2 - \frac{2}{h_j^3}(t - x_j)^3 \right] y_{j+1} +$$

$$h_j \left[\frac{1}{h_j^2}(x_{j+1} - t)^2 - \frac{1}{h_j^3}(x_{j+1} - t)^3 \right] y'_j - h_j \left[\frac{1}{h_j^2}(t - x_j)^2 - \frac{1}{h_j^3}(t - x_j)^3 \right] y'_{j+1}$$

$$y'(t) = \frac{6}{h_j} \left[\frac{1}{h_j^2}(x_{j+1} - t)^2 - \frac{1}{h_j}(x_{j+1} - t) \right] y_j - \frac{6}{h_j} \left[\frac{1}{h_j^2}(t - x_j)^2 - \frac{1}{h_j}(t - x_j) \right] y_{j+1} +$$

$$\left[\frac{3}{h_j^2}(x_{j+1} - t)^2 - \frac{2}{h_j}(x_{j+1} - t) \right] y'_j + \left[\frac{3}{h_j^2}(t - x_j)^2 - \frac{1}{h_j}(t - x_j) \right] y'_{j+1}$$

$$y''(t) = \frac{1}{h_j^2} \left[6 - \frac{12}{h_j}(x_{j+1} - t) \right] y_j + \frac{1}{h_j^2} \left[6 - \frac{12}{h_j}(t - x_j) \right] y_{j+1} +$$

$$\frac{1}{h_j} \left[2 - \frac{6}{h_j}(x_{j+1} - t) \right] y'_j - \frac{1}{h_j} \left[2 - \frac{6}{h_j}(t - x_j) \right] y'_{j+1}$$

在 MATLAB 中编写 splin() 函数，利用三次样条函数计算各节点上的数值导数以及插值区间 $[x_0, x_{n-1}]$ 上的积分近似值，并对函数进行成组插值与成组微商。

```
function [dy,ddy,z,dz,ddz,g]=splin(n,x,y,dy,ddy,m,t,flag)
%%%%%%%%%%%%%%%%%%%%%%%%%%%%%%%%%%%%%%%%%%
% 三次样条函数插值与微商
% 输入：
%       n：给定节点的个数
%       x：存放 n 个给定节点上的函数值
%       y：存放 n 个给定节点上的函数值，当 flag=3 时，要求 y(0)=y(n-1),dy(0)=dy(n-1),
```

```
%              ddy(0)=ddy(n-1)
%        m: 指定插值点的个数
%        t: 存放 m 个指定插值点的值
%        flag: 边界条件类型
%   输出:
%        dy: 返回 n 个给定节点上的一阶导数值, 当 flag=1 时, 要求 dy(0) 与 dy(n-1) 给定
%        ddy: 返回 n 个给定节点上的二阶导数值, 当 flag=2 时, 要求 ddy(0) 与 ddy(n-1) 给定
%        z: 返回 m 个指定插值点的函数值
%        dz: 返回 m 个指定插值点的一阶导数值
%        ddz: 返回 m 个指定插值点的二阶导数值
%        g: 函数返回积分值
%%%%%%%%%%%%%%%%%%%%%%%%%%%%%%%%%%%%%%%%
%计算 n 个给定节点上的一阶导数值
if flag==1                                               %第 1 种边界类型
    s(1)=dy(1);
    dy(1)=0;
    h0=x(2)-x(1);
    for j=1:n-2
        h1=x(j+2)-x(j+1);
        alpha=h0/(h0+h1);
        beta=(1-alpha)*(y(j+1)-y(j))/h0;
        beta=3*(beta+alpha*(y(j+2)-y(j+1))/h1);
        dy(j+1)=-alpha/(2+(1-alpha)*dy(j));
        s(j+1)=(beta-(1-alpha)*s(j));
        s(j+1)=s(j+1)/(2+(1-alpha)*dy(j));
        h0=h1;
    end
    for j=n-2:-1:0
        dy(j+1)=dy(j+1)*dy(j+2)+s(j+1);
    end
elseif flag==2                                           %第 2 种边界类型
    dy(1)=-0.5;
    h0=x(2)-x(1);
    s(1)=3*(y(2)-y(1))/(2*h0)-ddy(1)*h0/4;
    for j=1:n-2
        h1=x(j+2)-x(j+1);
        alpha=h0/(h0+h1);
        beta= (1-alpha)*(y(j+1)-y(j))/h0;
        beta=3*(beta+alpha*(y(j+2)-y(j+1))/h1);
        dy(j+1)=-alpha/(2+(1-alpha)*dy(j));
        s(j+1)=(beta-(1-alpha)*s(j));
        s(j+1)=s(j+1)/(2+(1-alpha)*dy(j));
        h0=h1;
    end
    dy(n)=(3*(y(n)-y(n-1))/h1+ddy(n)*h1/2-s(n-1))/(2+dy(n-1));
    for j=n-2:-1:0
```

```
            dy(j+1)=dy(j+1)*dy(j+2)+s(j+1);
        end
    elseif flag==3                               %第 3 种边界类型
        h0=x(n)-x(n-1);
        y0=y(n)-y(n-1);
        dy(1)=0;
        ddy(1)=0;
        ddy(n)=0;
        s(1)=1;
        s(n)=1;
        for j=1:n-1
            h1=h0;
            y1=y0;
            h0=x(j+1)-x(j);
            y0=y(j+1)-y(j);
            alpha=h1/(h1+h0);
            beta=3*((1-alpha)*y1/h1+alpha*y0/h0);
            if j<n-1
                u=2+(1-alpha)*dy(j);
                dy(j+1)=-alpha/u;
                s(j+1)=(alpha-1)*s(j)/u;
                ddy(j+1)=(beta-(1-alpha)*ddy(j))/u;
            end
        end
        for j=n-2:-1:0
            s(j+1)=dy(j+1)*s(j+2)+s(j+1);
            ddy(j+1)=dy(j+1)*ddy(j+2)+ddy(j+1);
        end
        dy(n-1)=(beta-alpha*ddy(2)-(1-alpha)*ddy(n-1))/(alpha*s(2)+(1-alpha)*
s(n-1)+2);
        for j=2:n-1
            dy(j-1)=s(j)*dy(n-1)+ddy(j);
        end
        dy(n)=dy(1);
    else
        fprintf('没有这种边界类型! ');
        p=0;
        return;
    end
    %计算 n 个给定节点上的二阶导数值
    for j=0:n-2
        s(j+1)=x(j+2)-x(j+1);
    end
    for j=0:n-2
        h1=s(j+1)^2;
        ddy(j+1)=6*(y(j+2)-y(j+1))/h1-2*(2*dy(j+1)+dy(j+2))/s(j+1);
```

```
end
h1=s(n-1)^2;
ddy(n)=6*(y(n-1)-y(n))/h1+2*(2*dy(n)+dy(n-1))/s(n-1);
%计算插值区间上的积分
g=0;
for i=0:n-2
    h1=0.5*s(i+1)*(y(i+1)+y(i+2));
    h1=h1-s(i+1)^3*(ddy(i+1)+ddy(i+2))/24;
    g=g+h1;
end
%计算 m 个指定插值点处的函数值、一阶导数值以及二阶导数值
for j=0:m-1
    if t(j+1)>=x(n)
        i=n-2;
    else
        i=0;
        while t(j+1)>x(i+2)
            i=i+1;
        end
    end
    h1=(x(i+2)-t(j+1))/s(i+1);
    h0=h1^2;
    z(j+1)=(3*h0-2*h0*h1)*y(i+1);
    z(j+1)=z(j+1)+s(i+1)*(h0-h0*h1)*dy(i+1);
    dz(j+1)=6*(h0-h1)*y(i+1)/s(i+1);
    dz(j+1)=dz(j+1)+(3*h0-2*h1)*dy(i+1);
    ddz(j+1)=(6-12*h1)*y(i+1)/s(i+1)^2;
    ddz(j+1)=ddz(j+1)+(2-6*h1)*dy(i+1)/s(i+1);
    h1=(t(j+1)-x(i+1))/s(i+1);
    h0=h1^2;
    z(j+1)=z(j+1)+(3*h0-2*h0*h1)*y(i+2);
    z(j+1)=z(j+1)-s(i+1)*(h0-h0*h1)*dy(i+2);
    dz(j+1)=dz(j+1)-6*(h0-h1)*y(i+2)/s(i+1);
    dz(j+1)=dz(j+1)+(3*h0-2*h1)*dy(i+2);
    ddz(j+1)=ddz(j+1)+(6-12*h1)*y(i+2)/s(i+1)^2;
    ddz(j+1)=ddz(j+1)-(2-6*h1)*dy(i+2)/s(i+1);
end
end
```

【例 8-6】 三次样条插值示例。

（1）第 1 种边界条件。设某直升机旋转机翼外形曲线上的部分坐标值如表 8-6 所示，且两端点上的一阶导数值为 $y'_0 = 1.86548$，$y'_{n-1} = -0.046115$。

试计算各节点处的一阶与二阶导数值、在区间 $[0.52, 520.0]$ 上的积分值，并计算在 8 个插值点(4.0, 14.0, 30.0, 60.0, 130.0, 230.0, 450.0, 515.0)处的函数值、一阶导数值与二阶导数值。

表 8-6 部分坐标值（1）

x	0.52	8.0	17.95	28.65	50.65	104.6
y	5.28794	13.84	20.2	24.9	31.1	36.5
x	156.6	260.7	364.4	468.0	507.0	520.0
y	36.6	31.0	20.9	7.8	1.5	0.2

在编辑器中编写如下程序。

```
clc, clear
% 三次样条函数插值
x=[0.52 8 17.95 28.65 50.65 104.6 156.6 260.7 364.4 468 507 520];
y=[5.28794 13.84 20.2 24.9 31.1 36.5 36.6 31 20.9 7.8 1.5 0.2];
t=[4 14 30 60 130 230 450 515];
dy=zeros(12,1);
dy(1)=1.86548;
dy(12)=-0.046115;
ddy=zeros(12,1);
n=12;
m=8;
flag=1;

[dy,ddy,z,dz,ddz,g]=splin(n,x,y,dy,ddy,m,t,flag);
fprintf('x(i)    y(i)    dy(i)    ddy(i) \n');
for i=1:numel(x)
    fprintf('%f    %f    %f    %f \n',x(i) , y(i), dy(i), ddy(i));
end
fprintf('s=%f \n', g);
fprintf('t(i)    z(i)    dz(i)    ddz(i) \n');
for i=1:numel(z)
    fprintf('%f    %f    %f    %f \n',t(i) , z(i), dz(i), ddz(i));
end
```

运行程序，输出结果如下。

```
x(i)          y(i)          dy(i)          ddy(i)
0.520000      5.287940      1.865480      -0.279319
8.000000      13.840000      0.743662      -0.020633
17.950000      20.200000      0.532912      -0.021729
28.650000      24.900000      0.368185      -0.009061
50.650000      31.100000      0.208755      -0.005433
104.600000      36.500000      0.029314      -0.001219
156.600000      36.600000      -0.021154      -0.000722
260.700000      31.000000      -0.081514      -0.000438
364.400000      20.900000      -0.106449      -0.000043
468.000000      7.800000      -0.164223      -0.001072
507.000000      1.500000      -0.135256      0.002558
520.000000      0.200000      -0.046115      0.011156
```

```
s = 12904.406038
t(i)          z(i)          dz(i)          ddz(i)
4.000000      10.331397     1.102862       -0.158967
14.000000     17.926616     0.617882       -0.021294
30.000000     25.388860     0.356103       -0.008838
60.000000     32.825031     0.161373       -0.004702
130.000000    36.877361     0.001429       -0.000976
230.000000    33.282932     -0.066783      -0.000522
450.000000    10.591946     -0.146529      -0.000894
515.000000    0.556246      -0.093628      0.007849
```

（2）第 2 种边界条件。设某直升机旋转机翼外形曲线上的部分坐标值如表 8-7 所示，且两端点上的二阶导数值为 $y_0'' - 0.279319$，$y_{n-1}'' = 0.0111560$。

试计算各节点处的一阶与二阶导数值、在区间 $[0.52, 520.0]$ 上的积分值，并计算在 8 个插值点(4.0, 14.0, 30.0, 60.0, 130.0, 230.0, 450.0, 515.0)处的函数值、一阶导数值与二阶导数值。

表 8-7　部分坐标值（2）

x	0.52	8.0	17.95	28.65	50.65	104.6
y	5.28794	13.84	20.2	24.9	31.1	36.5
x	156.6	260.7	364.4	468.0	507.0	520.0
y	36.6	31.0	20.9	7.8	1.5	0.2

在编辑器中编写如下程序。

```
clc, clear
% 三次样条函数插值
x=[0.52 8 17.95 28.65 50.65 104.6 156.6 260.7 364.4 468 507 520];
y=[5.28794 13.84 20.2 24.9 31.1 36.5 36.6 31 20.9 7.8 1.5 0.2];
t=[4 14 30 60 130 230 450 515];
dy=zeros(12,1);
ddy(1)=-0.279319;
ddy(12)=0.011156;
n=12;
m=8;
flag=2;
[dy,ddy,z,dz,ddz,g]=splin(n,x,y,dy,ddy,m,t,flag);
fprintf('x(i)       y(i)        dy(i)        ddy(i) \n');
for i=1:numel(x)
    fprintf('%f   %f   %f   %f \n',x(i) , y(i), dy(i), ddy(i));
end
fprintf('s = %f \n', g);
fprintf('t(i)       z(i)        dz(i)        ddz(i) \n');
for i=1:numel(z)
    fprintf('%f   %f   %f   %f \n',t(i) , z(i), dz(i), ddz(i));
end
```

运行程序，输出结果如下。

```
x(i)            y(i)            dy(i)           ddy(i)
0.520000        5.287940        1.865481        -0.279319
8.000000        13.840000       0.743662        -0.020633
17.950000       20.200000       0.532912        -0.021729
28.650000       24.900000       0.368185        -0.009061
50.650000       31.100000       0.208755        -0.005433
104.600000      36.500000       0.029314        -0.001219
156.600000      36.600000       -0.021154       -0.000722
260.700000      31.000000       -0.081514       -0.000438
364.400000      20.900000       -0.106449       -0.000043
468.000000      7.800000        -0.164223       -0.001072
507.000000      1.500000        -0.135256       0.002558
520.000000      0.200000        -0.046115       0.011156
s = 12904.406051
t(i)            z(i)            dz(i)           ddz(i)
4.000000        10.331398       1.102862        -0.158968
14.000000       17.926616       0.617882        -0.021294
30.000000       25.388860       0.356103        -0.008838
60.000000       32.825031       0.161373        -0.004702
130.000000      36.877361       0.001429        -0.000976
230.000000      33.282932       -0.066783       -0.000522
450.000000      10.591946       -0.146529       -0.000894
515.000000      0.556247        -0.093628       0.007849
```

（3）第 3 种边界条件。给定间隔为 10° 的 $\sin x$ 函数表，利用三次样条插值计算间隔为 5° 的 $\sin x$ 函数表，并计算其一阶、二阶导数值以及在一个周期内的积分值。在本例中，$n=37$，$m=37$。

在编辑器中编写如下程序。

```
clc, clear
% 三次样条函数插值
for i=0:36
    x(i+1)=i*6.2831852/36;
    y(i+1)=sin(x(i+1));
end
for i=0:35
    t(i+1)=(0.5+i)*6.2831852/36;
end
n=37;
m=36;
dy=zeros(1,37);
ddy=zeros(1,37);
flag=3;
[dy,ddy,z,dz,ddz,g]=splin(n,x,y,dy,ddy,m,t,flag);
x=x*36/0.62831852;
t=t*36/0.62831852;
```

```
fprintf('x(i)          y(i)         dy(i)          ddy(i) \n');
for i=1:numel(x)
    fprintf('%f   %f   %f   %f \n',x(i) , y(i), dy(i), ddy(i));
    if i<=numel(t)
        j=i+1;
        fprintf('%f   %f   %f   %f \n',t(i) , z(i), dz(i), ddz(i));
    end
end
fprintf('s = %f \n', g);
```

运行程序，输出结果如下（中间数据略）。

```
x(i)          y(i)          dy(i)          ddy(i)
0.000000      0.000000      0.999995       0.000000
5.000000      0.087156      0.996197      -0.087045
10.000000     0.173648      0.984803      -0.174089
15.000000     0.258818      0.965928      -0.258489
20.000000     0.342020      0.939688      -0.342889
  ⋮             ⋮             ⋮              ⋮
345.000000   -0.258819      0.965928       0.258489
350.000000   -0.173648      0.984803       0.174090
355.000000   -0.087156      0.996197       0.087045
360.000000   -0.000000      0.999995       0.000000
s = 0.000000
```

8.7 二元插值

给定矩形域 $n \times m$ 个节点 $(x_k, y_j)(k = 0,1,\cdots,n-1; j = 0,1,\cdots,m-1)$ 上的函数值 $z_{kj} = z(x_k, y_j)$，利用二元插值公式计算指定插值点 (u,v) 处的函数值 $w = z(u,v)$。

设给定矩形域 $n \times m$ 个节点在两个方向上的坐标分别为

$$x_0 < x_1 < \cdots < x_{n-1}, \quad y_0 < y_1 < \cdots < y_{n-1}$$

相应的函数值为

$$z_{kj} = z(x_k, y_j), \quad k = 0,1,\cdots,n-1; \quad j = 0,1,\cdots,m-1$$

在 x 方向与 y 方向上，以插值点 (u,v) 为中心，前后各取 4 个坐标，分别为

$$x_p < x_{p+1} < x_{p+2} < x_{p+3} < u < x_{p+4} < x_{p+5} < x_{p+6} < x_{p+7}$$

$$y_q < y_{q+1} < y_{q+2} < y_{q+3} < v < y_{q+4} < y_{q+5} < y_{q+6} < y_{q+7}$$

然后用二元插值公式计算插值点 (u,v) 处的函数近似值，即

$$z(x,y) = \sum_{i=p}^{p+7}\sum_{j=q}^{q+7}\left(\prod_{\substack{k=p\\k\neq i}}^{p+7}\frac{x-x_k}{x_i-x_k}\right)\left(\prod_{\substack{l=q\\k\neq j}}^{q+7}\frac{y-y_i}{y_j-y_l}\right)z_{ij}$$

在 MATLAB 中编写 slgrg() 函数，利用二元插值公式计算指定插值点处的函数值。

```
function w=slgrg(x,y,z,n,m,u,v)
%%%%%%%%%%%%%%%%%%%%%%%%%%%%%%%%%%%%%
```

```
%  二元插值
%  输入:
%          x: 存放 n*m 个给定节点 x 方向上的 n 个坐标
%          y: 存放 n*m 个给定节点 y 方向上的 m 个坐标
%          z: 存放 n*m 个给定节点上的函数值
%          n: 给定节点在 x 方向上的坐标个数
%          m: 给定节点在 y 方向上的坐标个数
%          u,v: 指定插值点的 x 坐标与 y 坐标
%  输出:
%          w: 函数返回指定插值点(u,v)处的函数近似值
%%%%%%%%%%%%%%%%%%%%%%%%%%%%%%%%%%%%%%%
if u<=x(1)
    ip=1;
    ipp=4;
elseif u>=x(n)
    ip=n-3;
    ipp=n;
else                                        %x 方向取 u 前后 4 个坐标
    i=1;
    j=n;
    while abs(i-j)~=1
        l=round((i+j)/2);
        if u<x(l)
            j=l;
        else
            i=l;
        end
    end
    ip=i-3;
    ipp=i+4;
end
if ip<1
    ip=1;
end
if ipp>n
    ipp=n;
end
if v<=y(1)
    iq=1;
    iqq=4;
elseif v>=y(m)
    iq=m-3;
    iqq=m;
else                                        %y 方向取 v 前后 4 个坐标
    i=1;
    j=m;
```

```
    while abs(i-j)~=1
        l=round((i+j)/2);
        if v<y(l)
            j=l;
        else
            i=l;
        end
    end
    iq=i-3;
    iqq=i+4;
end
if iq<1
    iq=1;
end
if iqq>m
    iqq=m;
end
for i=ip-1:ipp-1
    b(i-ip+2)=0;
    for j=iq-1:iqq-1
        h=z(m*i+j+1);
        for k=iq-1:iqq-1
            if k~=j
                h=h*(v-y(k+1))/(y(j+1)-y(k+1));
            end
        end
        b(i-ip+2)=b(i-ip+2)+h;
    end
end
w=0;
for i=ip-1:ipp-1
    h=b(i-ip+2);
    for j=ip-1:ipp-1
        if j~=i
            h=h*(u-x(j+1))/(x(i+1)-x(j+1));
        end
    end
    w=w+h;
end
end
```

【例 8-7】设二元函数为 $z(x,y) = e^{-(x-y)}$。取以下 11×11 个节点，其对应的函数值为 $z_{ij} = e^{-(x_i - y_j)}$，利用二元插值法计算插值点 $(0.35, 0.65)$ 和 $(0.45, 0.55)$ 处的函数近似值。

$$x_i = 0.1i \ , \quad i = 0, 1, \cdots, 10$$
$$y_j = 0.1j \ , \quad j = 0, 1, \cdots, 10$$

在编辑器中编写如下程序。

```
clc, clear
% 二元插值
for i=1:11
    x(i)=0.1*i;
    y(i)=x(i);
end
z=zeros(11,11);
for i=1:11
    for j=1:11
        z(i,j)=exp(-x(i)+y(j));
    end
end
u=0.35;
v=0.65;
m=11;
n=11;
z=reshape(z.',numel(z),1);
w=slgrg(x,y,z,n,m,u,v);
fprintf('x = %f  y = %f  z(x,y) = %f \n',u,v,w);
u=0.45;
v=0.55;
w=slgrg(x,y,z,n,m,u,v);
fprintf('x = %f  y = %f  z(x,y) = %f \n',u,v,w);
```

运行程序，输出结果如下。

```
x = 0.350000  y = 0.650000  z(x,y) = 1.349859
x = 0.450000  y = 0.550000  z(x,y) = 1.105171
```

第 9 章

曲 线 拟 合

在科学研究中，有时需要考虑系统的整体变换趋势，此时就需要对已有数据进行拟合以获得近似函数。拟合倾向于在一定准则下用一个简单的函数模拟一组已知数据的函数关系，曲线拟合并不要求拟合曲线严格通过每个数据点，只要求在每个数据点上的残差的某种组合在一定意义上达到最小即可。本章介绍几种曲线拟合方法，并给出独立编写的 MATLAB 函数。

9.1 最小二乘曲线拟合

设给定 $n+1$ 个数据点 (x_k, y_k)，$k = 0,1,\cdots,n$。求一个 m 次的最小二乘拟合多项式

$$P_m(x) = a_0 + a_1 x + a_2 x^2 + \cdots + a_m x^m = \sum_{j=0}^{m} a_j x^j$$

其中，$m \leqslant n$，一般 $m \ll n$。

首先构造一组次数不超过 m 的在给定点上正交的多项式函数系 $\{Q_j(x),\ j = 0,1,\cdots m\}$，则可以用 $\{Q_j(x),\ j = 0,1,\cdots,m\}$ 作为基函数进行最小二乘曲线拟合，即

$$P_m(x) = q_0 Q_0(x) + q_1 Q_1(x) + \cdots + q_m Q_m(x)$$

其中，系数 q_j 为

$$q_j = \frac{\sum_{k=0}^{n} y_k Q_j(x_k)}{\sum_{k=0}^{n} Q_j^2(x_k)}, \quad j = 0,1,\cdots,m$$

构造给定点上的正交多项式 $Q_j(x)$ 的递推公式，如下。

$$\begin{cases} Q_0(x) = 1 \\ Q_1(x) = (x - \alpha_0) \\ Q_{j+1}(x) = (x - \alpha_j) Q_j(x) - \beta_j Q_{j-1}(x), & j = 0,1,\cdots,m \end{cases}$$

其中

$$\alpha_j = \frac{\sum_{k=0}^{n} x_k Q_j^2(x_k)}{d_j}, \quad \beta_j = \frac{d_j}{d_{j-1}}$$

而

$$d_j = \sum_{k=0}^{n} Q_j^2(x_k)\ , \quad j = 0, 1, \cdots, m-1$$

具体计算步骤如下。

（1）构造 $Q_0(x)$。设 $Q_0(x) = b_0$，显然 $b_0 = 1$。然后分别计算

$$d_0 = n+1\ , \quad q_0 = \frac{\sum\limits_{k=0}^{n} y_k}{d_0}\ , \quad \alpha_0 = \frac{\sum\limits_{k=0}^{n} x_k}{d_0}$$

最后将 $q_0 Q_0(x)$ 项展开后累加到拟合多项式中，即有 $q_0 b_0 \Rightarrow a_0$。

（2）构造 $Q_1(x)$。设 $Q_1(x) = t_0 + t_1 x$，显然 $t_0 = -\alpha_0$，$t_1 = 1$。然后分别计算

$$d_1 = \sum_{k=0}^{n} Q_1^2(x_k)\ , \quad q_1 = \frac{\sum\limits_{k=0}^{n} y_k Q_1(x_k)}{d_1}\ , \quad \alpha_1 = \frac{\sum\limits_{k=0}^{n} x_k Q_1^2(x_k)}{d_1}\ , \quad \beta_1 = \frac{d_1}{d_0}$$

最后将 $q_1 Q_1(x)$ 项展开后累加到拟合多项式中，即有

$$a_0 + q_1 t_0 \Rightarrow a_0\ , \quad q_1 t_1 \Rightarrow a_1$$

（3）对于 $j = 2, 3, \cdots, m$，逐步递推 $Q_j(x)$。

根据递推公式，有

$$\begin{aligned}
Q_j(x) &= (x - \alpha_{j-1}) Q_{j-1}(x) - \beta_{j-1} Q_{j-2}(x) \\
&= (x - \alpha_{j-1})(t_{j-1} x^{j-1} + \cdots + t_1 x + t_0) - \beta_{j-1}(b_{j-2} x^{j-2} + \cdots + b_1 x + b_0)
\end{aligned}$$

假设 $Q_j(x) = s_j x^j + s_{j-1} x^{j-1} + \cdots + s_1 x + s_0$，则可以得到

$$\begin{cases}
s_j = t_{j-1} \\
s_{j-1} = -\alpha_{j-1} t_{j-1} + t_{j-2} \\
s_k = -\alpha_{j-1} t_k + t_{k-1} - \beta_{j-1} b_k, k = j-2, \cdots, 2, 1 \\
s_0 = -\alpha_{j-1} t_0 - \beta_{j-1} b_0
\end{cases}$$

然后分别计算

$$d_j = \sum_{k=0}^{n} Q_j^2(x_k)\ , \quad q_j = \frac{\sum\limits_{k=0}^{n} y_k Q_j(x_k)}{d_j}\ , \quad \alpha_j = \frac{\sum\limits_{k=0}^{n} x_k Q_j^2(x_k)}{d_j}\ , \quad \beta_j = \frac{d_j}{d_{j-1}}$$

再将 $q_j Q_j(x)$ 项展开后累加到拟合多项式中，即有

$$a_k + q_j s_k \Rightarrow a_k\ , \quad k = j-1, \cdots, 1, 0$$

$$q_j s_j \Rightarrow a_j$$

最后，为了便于循环使用向量 $\boldsymbol{B}$、$\boldsymbol{T}$ 与 $\boldsymbol{S}$，应将向量 $\boldsymbol{T}$ 传送给 $\boldsymbol{B}$，将向量 $\boldsymbol{S}$ 传送给 $\boldsymbol{T}$，即

$$t_k \Rightarrow b_k\ , \quad k = j-1, \cdots, 1, 0$$

$$s_k \Rightarrow t_k\ , \quad k = j, \cdots, 1, 0$$

在 MATLAB 中编写 pirl() 函数，利用最小二乘法求给定数据点的拟合多项式。

```
function [a,dt]=pirl(x,y,n,m)
%%%%%%%%%%%%%%%%%%%%%%%%%%%%%%%%%%%%%%
% 最小二乘曲线拟合
% 输入：
```

```
%       x: 存放给定数据点的 x 坐标
%       y: 存放给定数据点的 y 坐标
%       n: 给定数据点的个数
%       m: 拟合多项式的项数，要求 m<=min(n,20)
% 输出:
%       a: 返回 m-1 次拟合多项式的系数
%       dt(1)~dt(3): 分别返回误差平方和、误差绝对值之和以及误差绝对值的最大值
%%%%%%%%%%%%%%%%%%%%%%%%%%%%%%%%%%%%%%%%%%%
a=zeros(m,1);
if m>n
    m=n;
end
if m>20
    m=20;
end
b(1)=1;
d1=n;
p=0;
c=0;
for i=0:n-1
    p=p+x(i+1);                                        %计算 Q0
    c=c+y(i+1);
end
c=c/d1;
p=p/d1;
a(1)=c*b(1);
if m>1                                                 %计算 Q1
    t(2)=1;
    t(1)=-p;
    d2=0;
    c=0;
    g=0;
    for i=0:n-1
        q=x(i+1)-p;
        d2=d2+q^2;
        c=c+y(i+1)*q;
        g=g+x(i+1)*q^2;
    end
    c=c/d2;
    p=g/d2;
    q=d2/d1;
    d1=d2;
    a(2)=c*t(2);
    a(1)=c*t(1)+a(1);
end
for j=2:m-1                                            %递推计算 Qj
```

```
        s(j+1)=t(j);
        s(j)=-p*t(j)+t(j-1);
        if j>=3
            for k=j-2:-1:1
                s(k+1)=-p*t(k+1)+t(k)-q*b(k+1);
            end
        end
        s(1)=-p*t(1)-q*b(1);
        d2=0;
        c=0;
        g=0;
        for i=0:n-1
            q=s(j+1);
            for k=j-1:-1:0
                q=q*x(i+1)+s(k+1);
            end
            d2=d2+q^2;
            c=c+y(i+1)*q;
            g=g+x(i+1)*q^2;
        end
        c=c/d2;
        p=g/d2;
        q=d2/d1;
        d1=d2;
        a(j+1)=c*s(j+1);
        t(j+1)=s(j+1);
        for k=j-1:-1:0
            a(k+1)=c*s(k+1)+a(k+1);
            b(k+1)=t(k+1);
            t(k+1)=s(k+1);
        end
    end
    dt(1)=0;
    dt(2)=0;
    dt(3)=0;
    for i=0:n-1
        q=a(m);
        for k=m-2:-1:0
            q=a(k+1)+q*x(i+1);
        end
        p=q-y(i+1);
        if abs(p)>dt(3)
            dt(3)=abs(p);
        end
        dt(1)=dt(1)+p^2;
        dt(2)=dt(2)+abs(p);
```

```
    end
end
```

【例 9-1】给定函数 $f(x) = x - e^{-x}$。从 $x_0 = 0$ 开始，取步长 $h = 0.1$ 的 20 个数据点，求 5 次最小二乘拟合多项式

$$P_5(x) = a_0 + a_1 x + a_2 x^2 + \cdots + a_5 x^5$$

在编辑器中编写如下程序。

```
clc, clear
% 最小二乘曲线拟合
for i=1:20
    x(i)=0.1*(i-1);
    y(i)=x(i)-exp(-x(i));
end
n=20;
m=6;
[a,dt]=pirl(x,y,n,m);
fprintf('拟合多项式系数：\n');
for i=1:numel(a)
    fprintf('a(%d) = %f \n',i,a(i));
end
fprintf('误差平方和 = %f \n',dt(1));
fprintf('误差绝对值和 = %f \n',dt(2));
fprintf('误差绝对值最大值 = %f \n',dt(3));
```

运行程序，输出结果如下。

```
拟合多项式系数：
a(1) = -0.999988
a(2) - 1.999450
a(3) = -0.496552
a(4) = 0.158582
a(5) = -0.032727
a(6) = 0.003344
误差平方和 = 0.000000
误差绝对值和 = 0.000169
误差绝对值最大值 = 0.000015
```

9.2　切比雪夫曲线拟合

设给定 n 个数据点 (x_i, y_i)，$i = 0, 1, \cdots, n-1$，求切比雪夫（Chebyshev）意义下的最佳拟合多项式。其中，$x_0 < x_1 < \cdots < x_{n-1}$。

也就是求 $m-1$ 次（ $m < n$ 且 $m \leq 20$ ）多项式

$$P_{m-1}(x) = a_0 + a_1 x + a_2 x^2 + \cdots + a_{m-1} x^{m-1}$$

使得在 n 个给定点上的偏差最大值为最小，即

$$\max_{0 \leq i \leq n-1} \left| P_{m-1}(x_i) - y_i \right| = \min$$

计算步骤如下。

从给定的 n 个点中选取 $m+1$ 个不同点 $u_0, u_1, \cdots, u_m$，组成初始参考点集。

设在初始参考点集 $u_0, u_1, \cdots, u_m$ 上，参考多项式 $\phi(x)$ 的偏差为 h，即参考多项式 $\phi(x)$ 在初始参考点集上的取值为

$$\phi(u_i) = f(u_i) + (-1)^i h, \quad i = 0, 1, \cdots, m$$

且 $\phi(u_i)$ 的各阶差商是 h 的线性函数。

由于 $\phi(x)$ 为 $m-1$ 次多项式，其 m 阶差商等于 0，由此可以求出 h。再根据 $\phi(u_i)$ 的各阶差商，由牛顿插值公式可以求出 $\phi(x)$，即

$$\phi(x) = a_0 + a_1 x + a_2 x^2 + \cdots + a_{m-1} x^{m-1}$$

令

$$hh = \max_{0 \leqslant i \leqslant n-1} \left| \phi(x_i) - y_i \right|$$

若 $hh = h$，则 $\phi(x)$ 即为所求的拟合多项式。

若 $hh > h$，则用达到偏差最大值的点 x_j 代替点集 $\{u_i, \ i = 0, 1, \cdots, m\}$ 中离 x_j 最近且具有与 $\phi(x_j) - y_j$ 的符号相同的点，从而构成一个新的参考点集。用该参考点集重复以上过程，直到最大逼近误差等于参考偏差为止。

在 MATLAB 中编写 chir() 函数，用于求切比雪夫意义下的最佳拟合多项式。

```
function [a,z]=chir(x,y,n,m)
%%%%%%%%%%%%%%%%%%%%%%%%%%%%%%%
% 切比雪夫曲线拟合
% 输入:
%       x: 存放给定数据点的 x 坐标
%       y: 存放给定数据点的 y 坐标
%       n: 给定数据点的个数
%       m: 拟合多项式的项数, 要求 m<=min(n,20)
% 输出:
%       a: 返回 m-1 次拟合多项式的系数
%       z: 函数返回拟合多项式的偏差最大值
%%%%%%%%%%%%%%%%%%%%%%%%%%%%%%%
b=zeros(m,1);
if m>n
    m=n;
end
if m>20
    m=20;
end
m1=m+1;
ha=0;
ix(1)=0;
ix(m+1)=n-1;
l=round((n-1)/m);
j=l;
for i=1:m-1
```

```
        ix(i+1)=j;
        j=j+1;
end
while 1
    hh=1;
    for i=0:m
        b(i+1)=y(ix(i+1)+1);
        h(i+1)=-hh;
        hh=-hh;
    end
    for j=1:m
        ii=m1;
        y2=b(ii);
        h2=h(ii);
        for i=j:m
            d=x(ix(ii)+1)-x(ix(m1-i)+1);
            y1=b(m-i+j);
            h1=h(m-i+j);
            b(ii)=(y2-y1)/d;
            h(ii)=(h2-h1)/d;
            ii=m-i+j;
            y2=y1;
            h2=h1;
        end
    end
    hh=-b(m+1)/h(m+1);
    for i=0:m
        b(i+1)=b(i+1)+h(i+1)*hh;
    end
    for j=1:m-1
        ii=m-j;
        d=x(ix(ii)+1);
        y2=b(ii);
        for k=m1-j:m
            y1=b(k);
            b(ii)=y2-d*y1;
            y2=y1;
            ii=k;
        end
    end
    hm=abs(hh);
    if hm<=ha
        for i=0:m-1
            a(i+1)=b(i+1);
        end
        z=-hm;
        return;
```

```
            end
        b(m+1)=hm;
        ha=hm;
        im=ix(1);
        h1=hh;
        j=0;
        for i=0:n-1
            if i==ix(j+1)
                if j<m
                    j=j+1;
                end
            else
                h2=b(m);
                for k=m-2:-1:0
                    h2=h2*x(i+1)+b(k+1);
                end
                h2=h2-y(i+1);
                if abs(h2)>hm
                    hm=abs(h2);
                    h1=h2;
                    im=i;
                end
            end
        end
        if im==ix(1)
            for i=0:m-1
                a(i+1)=b(i+1);
            end
            z=b(m+1);
            return;
        end
        i=0;
        l=1;
        while l==1
            l=0;
            if im>=ix(i+1)
                i=i+1;
                if i<=m
                    l=1;
                end
            end
        end
        if i>m
            i=m;
        end
        if mod(i,2)==0
```

```
            h2=-hh;
        else
            h2=hh;
        end
        if h1*h2>=0
            ix(i+1)=im;
        else
            if im<ix(1)
                for j=m-1:-1:0
                    ix(j+2)=ix(j+1);
                end
                ix(1)=im;
            else
                if im>ix(m+1)
                    for j=1:m
                        ix(j)=ix(j+1);
                    end
                    ix(m+1)=im;
                else
                    ix(i)=im;
                end
            end
        end
    end
end
```

【例 9-2】取函数 $f(x) = \arctan x$ 在区间 $[-1,1]$ 上的 101 个点 $x_i = -1.0 + 0.02i$ ，$i = 0,1,\cdots,100$ ，其相应的函数值为 $y_i = f(x_i)$ 。根据这 101 个数据点构造切比雪夫意义下的 5 次拟合多项式

$$P_5(x) = a_0 + a_1 x + a_2 x^2 + a_3 x^3 + a_4 x^4 + a_5 x^5$$

在编辑器中编写如下程序。

```
clc, clear
% 切比雪夫曲线拟合
for i=0:100
    x(i+1)=-1+0.02*i;
    y(i+1)=atan(x(i+1));
end
m=6;
n=101;
[a,z]=chir(x,y,n,m);
fprintf('拟合多项式系数: \n');
for i=1:numel(a)
    fprintf('a(%d) = %f \n',i,a(i));
end
fprintf('误差最大值 = %f \n',z);
```

运行程序，输出结果如下。

```
拟合多项式系数:
a(1) = 0.000000
a(2) = 0.995364
a(3) = -0.000000
a(4) = -0.288716
a(5) = -0.000000
a(6) = 0.079358
误差最大值 = 0.000607
```

9.3　里米兹法求最佳一致逼近多项式

利用里米兹（Remez）法求给定函数的最佳一致逼近多项式。若函数 $f(x)$ 在区间 $[a,b]$ 上的 $n-1$ 次最佳一致逼近多项式为

$$P_{n-1}(x) = p_0 + p_1x + p_2x^2 + \cdots + p_{n-1}x^{n-1}$$

则存在 $n+1$ 个点的交错点组 $\{x_i\}$，满足

$$f(x_i) - P_{n-1}(x_i) = (-1)^i\mu, \quad i = 0,1,\cdots,n$$

或

$$f(x_i) - P_{n-1}(x_i) = (-1)^{i+1}\mu, \quad i = 0,1,\cdots,n$$

其中

$$\mu = \max_{x\in[a,b]}\left|f(x) - P_{n-1}(x)\right|$$

利用里米兹法求函数 $f(x)$ 在区间 $[a,b]$ 上的 $n-1$ 次最佳一致逼近多项式

$$P_{n-1}(x) = p_0 + p_1x + p_2x^2 + \cdots + p_{n-1}x^{n-1}$$

具体步骤如下。

（1）在区间 $[a,b]$ 上取 n 次切比雪夫多项式的交错点组作为初始点集。

$$x_k = \frac{1}{2}\left[b+a+(b-a)\cos\frac{(n-k)\pi}{n}\right], \quad k = 0,1,\cdots,n$$

（2）由点集 $\{x_0,x_1,\cdots,x_n\}$ 求出多项式的一组系数 $p_{n-1},\cdots,p_1,p_0$ 及 μ，得到了一个初始的 $n-1$ 次逼近多项式 $P_{n-1}(x)$。

（3）找出使函数 $\left|f(x)-P_{n-1}(x)\right|$ 在区间 $[a,b]$ 上取最大值的点 $\hat{x}$，并且按以下原则，用 $\hat{x}$ 替换原点集 $\{x_0,x_1,\cdots,x_n\}$ 中的某一点。

如果 $\hat{x}$ 在 a 与 x_0 之间，并且 $f(x_0)-P_{n-1}(x_0)$ 与 $f(\hat{x})-P_{n-1}(\hat{x})$ 同号，则用 $\hat{x}$ 代替 x_0，构成一个新的点集 $\{\hat{x},x_1,\cdots,x_n\}$；否则新点集为 $\{\hat{x},x_0,x_1,\cdots,x_{n-1}\}$。

如果 $\hat{x}$ 在 x_n 与 b 之间，并且 $f(x_n)-P_{n-1}(x_n)$ 与 $f(\hat{x})-P_{n-1}(\hat{x})$ 同号，则用 $\hat{x}$ 代替 x_n，构成一个新的点集 $\{x_0,x_1,\cdots,\hat{x}\}$；否则新点集为 $\{x_1,x_2,\cdots,x_n,\hat{x}\}$。

如果 $\hat{x}$ 在 x_k 与 x_{k+1} 之间，并且 $f(x_k)-P_{n-1}(x_k)$ 与 $f(\hat{x})-P_{n-1}(\hat{x})$ 同号，则用 $\hat{x}$ 代替 x_k；否则用 $\hat{x}$ 代替 x_{k+1}，构成新点集。

（4）用步骤（3）中获得的新点集代替旧点集，并求得新的 $p_{n-1},\cdots,p_1,p_0$ 及 μ。如果此时的 μ 与上次求得的 μ 已接近相等，则停止迭代，由本次计算得到的 $p_{n-1},\cdots,p_1,p_0$ 所构成的 $P_{n-1}(x)$ 即为近似的 n 次最佳一

致逼近多项式；否则转至步骤（3）继续计算。

在 MATLAB 中编写 remz()函数，利用里米兹法求给定函数的最佳一致逼近多项式。

```matlab
function [p,u]=remz(a,b,n,eps,f)
%%%%%%%%%%%%%%%%%%%%%%%%%%%%%%%%%%%%%
% 里米兹法求最佳一致逼近多项式
% 输入：
%       a：区间左端点值
%       b：区间右端点值
%       n：n-1 次最佳一致逼近多项式的项数
%       eps：控制精度要求
%       f：指向计算函数 f(x)值的函数名
% 输出：
%       p：返回 n-1 次最佳一致逼近多项式的系数
%       u：函数返回偏差绝对值
%%%%%%%%%%%%%%%%%%%%%%%%%%%%%%%%%%%%
if n>20
    n=20;
end
m=n+1;
d=1e35;
for k=0:n                                        %初始点集
    t=cos((n-k)*3.1415926/n);
    x(k+1)=(b+a+(b-a)*t)/2;
end
while 1
    u=1;
    for i=0:m-1
        pp(i+1)=f(x(i+1));
        g(i+1)=-u;
        u=-u;
    end
    for j=0:n-1
        k=m;
        s=pp(k);
        xx=g(k);
        for i=j:n-1
            t=pp(n-i+j);
            x0=g(n-i+j);
            pp(k)=(s-t)/(x(k)-x(m-i-1));
            g(k)=(xx-x0)/(x(k)-x(m-i-1));
            k=n-i+j;
            s=t;
            xx=x0;
        end
    end
    u=-pp(m)/g(m);
```

```
for i=0:m-1
    pp(i+1)=pp(i+1)+g(i+1)*u;
end
for j=1:n-1
    k=n-j;
    h=x(k);
    s=pp(k);
    for i=m-j:n
        t=pp(i);
        pp(k)=s-h*t;
        s=t;
        k=i;
    end
end
pp(m)=abs(u);
u=pp(m);
if abs(u-d)<=eps
    for i=0:n-1
        p(i+1)=pp(i+1);
    end
    return;
end
d=u;
h=0.1*(b-a)/n;
xx=a;
x0=a;
while x0<=b
    s=f(x0);
    t=pp(n);
    for i=n-2:-1:0
        t=t*x0+pp(i+1);
    end
    s=abs(s-t);
    if s>u
        u=s;
        xx=x0;
    end
    x0=x0+h;
end
s=f(xx);
t=pp(n);
for i=n-2:-1:0
    t=t*xx+pp(i+1);
end
yy=s-t;
i=1;
j=n+1;
```

```
    while (j-i)~=1
        k=round((i+j)/2);
        if xx<x(k)
            j=k;
        else
            i=k;
        end
    end
    if xx<xx(1)
        s=f(x(1))
        t=pp(n);
        for k=n-2:-1:0
            t=t*x(1)+pp(k+1);
        end
        s=s-t;
        if s*yy>0
            x(1)=xx;
        else
            for k=n-1:-1:0
                x(k+2)=x(k+1);
            end
            x(1)=xx;
        end
    else
        if xx>x(n+1)
            s=f(x(n+1));
            t=pp(n);
            for k=n-2:-1:0
                t=t*x(n+1)+pp(k+1);
            end
            s=s-t;
            if s*yy>0
                x(n+1)=xx;
            else
                for k=0:n-1
                    x(k+1)=x(k+2);
                end
                x(n+1)=xx;
            end
        else
            i=i-1;
            j=j-1;
            s=f(x(i+1));
            t=pp(n);
            for k=n-2:-1:0
                t=t*x(i+1)+pp(k+1);
```

```
            end
            s=s-t;
            if s*yy>0
                x(i+1)=xx;
            else
                x(j+1)=xx;
            end
        end
    end
end
end
```

【例 9-3】求函数 $f(x)=e^x$ 在区间 $[-1,1]$ 上的三次最佳一致逼近多项式及其偏差的绝对值。其中，$a=-1.0$，$b=1.0$，$n=4$。取 $\varepsilon=10^{-10}$。

待计算 $f(x)$ 的函数程序如下。

```
function y=remzf(x)
y=exp(x);
end
```

在编辑器中编写如下程序。

```
clc, clear
% 最佳一致逼近的里米兹法
a=-1;
b=1;
eps=1e-10;
n=4;
[p,u]=remz(a,b,n,eps,@remzf);
fprintf('最佳一致逼近多项式系数：\n');
for i=1:numel(p)
    fprintf('p(%d) = %f \n',i,p(i));
end
fprintf('误差绝对值 = %f \n',u);
```

运行程序，输出结果如下。

```
最佳一致逼近多项式系数：
p(1) = 0.994594
p(2) = 0.995683
p(3) = 0.542974
p(4) = 0.179518
误差绝对值 = 0.005513
```

9.4　矩形域的最小二乘曲面拟合

利用最小二乘法可以求矩形域 $n×m$ 个数据点的拟合曲面。设已知矩形区域内 $n×m$ 个数据点 $(x_i,y_j)(i=0,1,\cdots,n-1;j=0,1,\cdots,m-1)$ 上的函数值为 z_{ij}，求最小二乘拟合多项式

$$f(x,y) = \sum_{i=0}^{p-1}\sum_{j=0}^{q-1} a_{ij} x^i y^j$$

（1）固定 y ，对 x 构造 m 个最小二乘拟合多项式

$$g_j(x) = \sum_{k=0}^{p-1}\lambda_{kj}\varphi_k(x) , \quad j = 0,1,\cdots,m-1$$

其中， $\varphi_k(x)(k = 0,1,\cdots,p-1)$ 为互相正交的多项式，并由以下递推公式构造。

$$\varphi_0(x) = 1$$
$$\varphi_1(x) = x - \alpha_0$$
$$\varphi_{k+1}(x) = (x - \alpha_k)\varphi_k(x) - \beta_k\varphi_{k-1}(x) , \quad k = 1,2,\cdots,p-2$$

若令

$$d_k = \sum_{i=0}^{n-1}\varphi_k^2(x_i) , \quad k = 0,1,\cdots,p-1$$

则有

$$\alpha_k = \sum_{i=0}^{n-1} x_i\varphi_k^2(x_i) / d_k , \quad k = 0,1,\cdots,p-1$$
$$\beta_k = d_k / d_{k-1} , \quad k = 1,2,\cdots,p-1$$

根据最小二乘原理可得

$$\lambda_{kj} = \sum_{i=0}^{n-1} z_{ij}\varphi_k(x_i) / d_k , \quad j = 0,1,\cdots,m-1;k = 0,1,\cdots,p-1$$

（2）再构造 y 的最小二乘拟合多项式

$$h_k(y) = \sum_{l=0}^{q-1}\mu_{kl}\psi_l(y) , \quad k = 0,1,\cdots,p-1$$

其中， $\psi_l(y)(l = 0,1,\cdots,q-1)$ 为互相正交的多项式，并由以下递推公式构造。

$$\psi_0(y) = 1$$
$$\psi_1(y) = y - \alpha_0'$$
$$\psi_{l+1}(y) = (y - \alpha_l')\psi_l(y) - \beta_l'\psi_{l-1}(y) , \quad l = 1,2,\cdots,q-2$$

若令

$$\delta_l = \sum_{j=0}^{m-1}\psi_l^2(y_j) , \quad l = 0,1,\cdots,q-1$$

则有

$$\alpha_l' = \sum_{i=0}^{m-1} y_i\psi_l^2(y_i) / \delta_l , \quad l = 0,1,\cdots,q-1$$
$$\beta_l' = \delta_l / \delta_{l-1} , \quad l = 1,2,\cdots,q-1$$

根据最小二乘原理可得

$$\mu_{kl} = \sum_{i=0}^{n-1}\lambda_{kj}\psi_l(y_j) / \delta_l , \quad k = 0,1,\cdots,p-1;l = 0,1,\cdots,q-1$$

（3）最后可得二元函数的拟合多项式为

$$f(x,y) = \sum_{k=0}^{p-1}\sum_{l=0}^{q-1}\mu_{kl}\varphi_k(x)\psi_l(y)$$

转换为标准的多项式形式，即

$$f(x,y) = \sum_{i=0}^{p-1}\sum_{j=0}^{q-1} a_{ij}x^i y^j$$

在 MATLAB 中编写 pir2()函数，利用最小二乘法求矩形域 $n\times m$ 个数据点的拟合曲面。

```
function [a,dt]=pir2(x,y,z,n,m,p,q)
%%%%%%%%%%%%%%%%%%%%%%%%%%%%%%%%%%%%%%%%%
% 最小二乘曲面拟合
% 输入:
%       x: 存放给定数据点的 x 坐标
%       y: 存放给定数据点的 y 坐标
%       z: 存放给定 n*m 个数据点上的函数值
%       n: x 坐标个数
%       m: y 坐标个数
%       p: 拟合多项式中 x 的最高次为 p-1，要求 p<=min(n,20)
%       q: 拟合多项式中 y 的最高次为 q-1，要求 q<=min(n,20)
% 输出:
%       a: 返回二元拟合多项式的系数
%       dt(1)~dt(3): 分别返回误差平方和、误差绝对值之和、误差绝对值的最大值
%%%%%%%%%%%%%%%%%%%%%%%%%%%%%%%%%%%%%%%%%
z=reshape(z.',numel(z),1);
t=zeros(20,1);
t1=zeros(20,1);
t2=zeros(20,1);
for i=0:p-1
    l=i*q;
    for j=0:q-1
        a(l+j+1)=0;
    end
end
if p>n
    p=n;
end
if p>20
    p=20;
end
if q>m
    q=m;
end
if q>20
    q=20;
end
d1=n;
apx(1)=0;
for i=0:n-1
    apx(1)=apx(1)+x(i+1);
end
```

```
apx(1)=apx(1)/d1;
for j=0:m-1
    v(j+1)=0;
    for i=0:n-1
        v(j+1)=v(j+1)+z(i*m+j+1);
    end
    v(j+1)=v(j+1)/d1;
end
if p>1
    d2=0;
    apx(2)=0;
    for i=0:n-1
        g=x(i+1)-apx(1);
        d2=d2+g^2;
        apx(2)=apx(2)+x(i+1)*g^2;
    end
    apx(2)=apx(2)/d2;
    bx(2)=d2/d1;
    for j=0:m-1
        v(m+j+1)=0;
        for i=0:n-1
            g=x(i+1)-apx(1);
            v(m+j+1)=v(m+j+1)+z(i*m+j+1)*g;
        end
        v(m+j+1)=v(m+j+1)/d2;
    end
    d1=d2;
end
for k=2:p-1
    d2=0;
    apx(k+1)=0;
    for j=0:m-1
        v(k*m+j+1)=0;
    end
    for i=0:n-1
        g1=1;
        g2=x(i+1)-apx(1);
        for j=2:k
            g=(x(i+1)-apx(j))*g2-bx(j)*g1;
            g1=g2;
            g2=g;
        end
        d2=d2+g^2;
        apx(k+1)=apx(k+1)+x(i+1)*g^2;
        for j=0:m-1
            v(k*m+j+1)=v(k*m+j+1)+z(i*m+j+1)*g;
```

```
            end
        end
        for j=0:m-1
            v(k*m+j+1)=v(k*m+j+1)/d2;
        end
        apx(k+1)=apx(k+1)/d2;
        bx(k+1)=d2/d1;
        d1=d2;
    end
    d1=m;
    apy(1)=0;
    for i=0:m-1
        apy(1)=apy(1)+y(i+1);
    end
    apy(1)=apy(1)/d1;
    for j=0:p-1
        u(j+1,1)=0;
        for i=0:m-1
            u(j+1,1)=u(j+1,1)+v(j*m+i+1);
        end
        u(j+1,1)=u(j+1,1)/d1;
    end
    if q>1
        d2=0;
        apy(2)=0;
        for i=0:m-1
            g=y(i+1)-apy(1);
            d2=d2+g^2;
            apy(2)=apy(2)+y(i+1)*g^2;
        end
        apy(2)=apy(2)/d2;
        by(2)=d2/d1;
        for j=0:p-1
            u(j+1,2)=0;
            for i=0:m-1
                g=y(i+1)-apy(1);
                u(j+1,2)=u(j+1,2)+v(j*m+i+1)*g;
            end
            u(j+1,2)=u(j+1,2)/d2;
        end
        d1=d2;
    end
    for k=2:q-1
        d2=0;
        apy(k+1)=0;
        for j=0:p-1
```

```
            u(j+1,k+1)=0;
        end
        for i=0:m-1
            g1=1;
            g2=y(i+1)-apy(1);
            for j=2:k
                g=(y(i+1)-apy(j))*g2-by(j)*g1;
                g1=g2;
                g2=g;
            end
            d2=d2+g^2;
            apy(k+1)=apy(k+1)+y(i+1)*g^2;
            for j=0:p-1
                u(j+1,k+1)=u(j+1,k+1)+v(j*m+i+1)*g;
            end
        end
        for j=0:p-1
            u(j+1,k+1)=u(j+1,k+1)/d2;
        end
        apy(k+1)=apy(k+1)/d2;
        by(k+1)=d2/d1;
        d1=d2;
    end
    v(1)=1;
    v(m+1)=-apy(1);
    v(m+2)=1;
    for i=0:p-1
        for j=0:q-1
            a(i*q+j+1)=0;
        end
    end
    for i=2:q-1
        v(i*m+i+1)=v((i-1)*m+i);
        v(i*m+i)=-apy(i)*v((i-1)*m+i)+v((i-1)*m+i-1);
        if i>=3
            for k=i-2:-1:1
                v(i*m+k+1)=-apy(i)*v((i-1)*m+k+1)+v((i-1)*m+k)-by(i)*v((i-2)*m+k+1);
            end
        end
        v(i*m+1)=-apy(i)*v((i-1)*m+1)-by(i)*v((i-2)*m+1);
    end
    for i=0:p-1
        if i==0
            t(1)=1;
            t1(1)=1;
        else
```

```
        if i==1
            t(1)=-apx(1);
            t(2)=1;
            t2(1)=t(1);
            t2(2)=t(2);
        else
            t(i+1)=t2(i);
            t(i)=-apx(i)*t2(i)+t2(i-1);
            if i>=3
                for k=i-2:-1:1
                    t(k+1)=-apx(i)*t2(k+1)+t2(k)-bx(i)*t1(k+1);
                end
            end
            t(1)=-apx(i)*t2(1)-bx(i)*t1(1);
            t2(i+1)=t(i+1);
            for k=i-1:-1:0
                t1(k+1)=t2(k+1);
                t2(k+1)=t(k+1);
            end
        end
    end
    for j=0:q-1
        for k=i:-1:0
            for l=j:-1:0
                a(k*q+l+1)=a(k*q+l+1)+u(i+1,j+1)*t(k+1)*v(j*m+l+1);
            end
        end
    end
end
dt(1)=0;
dt(2)=0;
dt(3)=0;
for i=0:n-1
    x1=x(i+1);
    for j=0:m-1
        y1=y(j+1);
        x2=1;
        dd=0;
        for k=0:p-1
            g=a(k*q+q);
            for kk=q-2:-1:0
                g=g*y1+a(k*q+kk+1);
            end
            g=g*x2;
            dd=dd+g;
            x2=x2*x1;
```

```
            end
        dd=dd-z(i*m+j+1);
        if abs(dd)>dt(3)
            dt(3)=abs(dd);
        end
        dt(1)=dt(1)+dd^2;
        dt(2)=dt(2)+abs(dd);
        end
    end
end
a=reshape(a, q, p).';
end
```

【例 9-4】设二元函数为 $z(x,y) = e^{x^2-y^2}$，取如下矩形区域内 11×21 个数据点上的函数值 z_{ij}。

$$x_i = 0.2i, \quad i = 0,1,\cdots,10$$
$$y_j = 0.1j, \quad j = 0,1,\cdots,20$$

由这些数据点构造一个最小二乘拟合多项式

$$f(x,y) = \sum_{i=0}^{5} \sum_{j=0}^{4} a_{ij} x^i y^j$$

并分别计算此拟合多项式与数据点误差的平方和 dt(1)、绝对值之和 dt(2)、绝对值的最大值 dt(3)。

在编辑器中编写如下程序。

```
clc, clear
% 矩形域的最小二乘曲面拟合
for i=0:10
    x(i+1)=0.2*i;
end
for i=0:20
    y(i+1)=0.1*i;
end
for i=0:10
    for j=0:20
        z(i+1,j+1)=exp(x(i+1)^2-y(j+1)^2);
    end
end
n=11;
m=21;
p=6;
q=5;
[a,dt]=pir2(x,y,z,n,m,p,q);
fprintf('二元拟合多项式系数矩阵: \n');
disp(a);
fprintf('误差平方和 = %f \n', dt(1));
fprintf('误差绝对值和 = %f \n', dt(2));
fprintf('误差绝对值最大值 = %f \n', dt(3));
```

运行程序，输出结果如下。

二元拟合多项式系数矩阵:

0.8887	0.0961	-1.3868	0.9031	-0.1714
8.5972	0.9296	-13.4154	8.7360	-1.6582
-45.7529	-4.9473	71.3951	-46.4920	8.8248
85.1474	9.2070	-132.8682	86.5229	-16.4231
-62.8532	-6.7963	98.0792	-63.8686	12.1231
16.9900	1.8371	-26.5121	17.2645	-3.2770

误差平方和 = 5.801387

误差绝对值和 = 25.376145

误差绝对值最大值 = 0.555972

第 10 章

数 值 积 分

微积分是高等数学的基石，很多科学问题都存在着不同类型的积分模型。积分计算可分为数值积分和符号积分两类，数值积分是求积分近似值的近似计算方法。当被积函数的原函数没有解析表达式或表达式过于复杂时，就只能用近似求积的数值积分法。数值积分的基本方法是用被积函数在有限个节点处函数值的带权和近似积分。本章介绍数值积分方法及其 MATLAB 实现。

10.1 变步长梯形求积法

利用变步长梯形求积法可以计算定积分 $T = \int_a^b f(x)\mathrm{d}x$，其基本过程如下。

（1）利用梯形公式计算积分值。这相当于将积分区间一等分，即 $n = 1$，$h = b - a$，则有

$$T_n = \frac{h}{2}\sum_{k=0}^{n-1}[f(x_k) + f(x_{k+1})]$$

即实际上为

$$T_1 = \frac{b-a}{2}[f(a) + f(b)]$$

（2）将每个求积小区间再进行一次二等分（即由原来的 n 等分变成 $2n$ 等分），则有

$$T_{2n} = \frac{h}{2}\sum_{k=0}^{n-1}\left[\frac{f(x_k) + f(x_{k+0.5})}{2} + \frac{f(x_{k+0.5}) + f(x_{k+1})}{2}\right]$$

$$= \frac{h}{4}\sum_{k=0}^{n-1}[f(x_k) + f(x_{k+1})] + \frac{h}{2}\sum_{k=0}^{n-1}f(x_{k+0.5})$$

$$= \frac{1}{2}T_n + \frac{h}{2}\sum_{k=0}^{n-1}f(x_{k+0.5})$$

（3）判断二等分前后两次的积分值之差的绝对值是否小于预先所规定的精度要求，即

$$|T_{2n} - T_n| < \varepsilon$$

若不等式成立，即表示已经满足精度要求，二等分后的积分值 T_{2n} 就是最后结果，即

$$\int_a^b f(x)\mathrm{d}x \approx T_{2n}$$

若不等式不成立，则保存当前的等分数、积分值与步长，即

$$2n \Rightarrow n , \quad T_{2n} \Rightarrow T_n , \quad \frac{h}{2} \Rightarrow h$$

并转至步骤（2）继续进行二等分处理。

在 MATLAB 中编写 ffts()函数，利用变步长梯形求积法计算定积分。

```
function t=ffts(a,b,eps,f)
%%%%%%%%%%%%%%%%%%%%%%%%%%%%%%%%%%%%%
% 变步长梯形求积法
% 输入:
%         a: 积分下限
%         b: 积分上限, 要求b>a
%         eps: 积分精度要求
%         f: 指向计算机被积函数 f(x)值的函数名
% 输出:
%         t: 函数返回积分值
%%%%%%%%%%%%%%%%%%%%%%%%%%%%%%%%%%%%%
fa=f(a);
fb=f(b);
n=1;
h=b-a;
t1=h*(fa+fb)/2;
p=eps+1;
while p>=eps
    s=0;
    for k=0:n-1
        x=a+(k+0.5)*h;
        s=s+f(x);
    end
    t= (t1+h*s)/2;
    p=abs(t1-t);
    t1=t;
    n=2*n;
    h=h/2;
end
end
```

【例 10-1】用变步长梯形求积法计算定积分 $T = \int_0^1 \mathrm{e}^{-x^2}\mathrm{d}x$，取 $\varepsilon = 0.000001$。

待计算被积函数 $f(x)$ 值的函数程序如下。

```
function y=fftsf(x)
y=exp(-x^2);
end
```

在编辑器中编写如下程序。

```
clc, clear
% 变步长梯形求积法
a=0;
b=1;
eps=0.000001;
fprintf('t = %f \n',ffts(a,b,eps,@fftsf));
```

运行程序，输出结果如下。

```
t = 0.746824
```

10.2 变步长辛卜生求积法

利用变步长辛卜生求积法可以计算定积分 $S = \int_a^b f(x)\mathrm{d}x$。设利用变步长梯形求积法已经将积分区间 n 等分，其积分值为

$$T_n = \frac{h}{2}\sum_{k=0}^{n-1}\left[f(x_k) + f(x_{k+1})\right]$$

现在将其中的每个小区间再进行一次二等分（即总共为 $2n$ 等分），根据变步长梯形求积法的递推公式得到其积分值为

$$T_{2n} = \frac{1}{2}T_n + \frac{h}{2}\sum_{k=0}^{n-1}f(x_{k+0.5})$$

将二等分前后的梯形求积结果，就可以得到 n 等分下的复化辛卜生公式的求积结果，即

$$S_n = \frac{4T_{2n} - T_n}{3}$$

可以看出，将 n 等分时的复化梯形公式得到的结果 T_n 与 $2n$ 等分时的复化梯形公式得到的结果 T_{2n} 进行线性组合，就可以得到 n 等分时的复化辛卜生公式得到的结果 S_n。因此，可以进一步得到再进行一次二等分后的辛卜生求积的结果为

$$S_{2n} = \frac{4T_{4n} - T_{2n}}{3}$$

由此可以看出，变步长辛卜生求积法的基本公式还是梯形公式，利用变步长梯形求积法，将二等分前后的结果线性组合，就可以得到辛卜生求积结果。

在 MATLAB 中编写 simp() 函数，利用变步长辛卜生求积法计算定积分。

```
function s2=simp(a,b,eps,f)
%%%%%%%%%%%%%%%%%%%%%%%%%%%%%%%%%%%%%
% 变步长辛卜生求积法
% 输入：
%       a：积分下限
%       b：积分上限，要求 b>a
%       eps：积分精度要求
%       f：指向计算机被积函数 f(x) 值的函数名
% 输出：
%       s2：函数返回积分值
%%%%%%%%%%%%%%%%%%%%%%%%%%%%%%%%%%%%%
n=1;
h=b-a;
t1=h*(f(a)+f(b))/2;
s1=t1;
ep=eps+1;
while ep>=eps
```

```
        p=0;
        for k=0:n-1
            x=a+(k+0.5)*h;
            p=p+f(x);
        end
        t2=(t1+h*p)/2;
        s2=(4*t2-t1)/3;
        ep=abs(s2-s1);
        t1=t2;
        s1=s2;
        n=2*n;
        h=h/2;
    end
end
```

【例 10-2】用变步长辛卜生求积法计算定积分 $S = \int_0^1 \dfrac{\ln(1+x)}{1+x^2}dx$，取 $\varepsilon = 0.000001$。

待计算被积函数 $f(x)$ 值的函数程序如下。

```
function y=simpf(x)
y=log(1+x)/(1+x^2);
end
```

在编辑器中编写如下程序。

```
clc, clear
% 变步长辛卜生求积法
a=0;
b=1;
eps=0.000001;
fprintf('t = %f \n',simp(a,b,eps,@simpf));
```

运行程序，输出结果如下。

```
t = 0.272198
```

10.3　自适应梯形求积法

利用自适应梯形求积法可以计算被积函数 $f(x)$ 在积分区间内有强峰的定积分 $T = \int_a^b f(x)dx$。求积分过程如下。

（1）将积分区间 $[a,b]$ 分割为两个相等的子区间（称为 1 级子区间）$\Delta_0^{(1)}$ 和 $\Delta_1^{(1)}$，并在每个子区间上分别用梯形公式计算积分近似值，设其结果为 $t_0^{(1)}$ 和 $t_1^{(1)}$。

（2）将子区间 $\Delta_0^{(1)}$ 再分割为两个相等的子区间（称为 2 级子区间）$\Delta_0^{(2)}$ 和 $\Delta_1^{(2)}$，并在每个子区间上也分别用梯形公式计算积分近似值，设其结果分别为 $t_0^{(2)}$ 和 $t_1^{(2)}$。

如果不等式 $\left| t_0^{(1)} - (t_0^{(2)} + t_1^{(2)}) \right| < \varepsilon/1.4$ 成立，则保留 $t_0^{(2)}$ 和 $t_1^{(2)}$。再将子区间 $\Delta_1^{(1)}$ 也分割为两个相等的 2 级子区间 $\Delta_2^{(2)}$ 和 $\Delta_3^{(2)}$，并在每个子区间上也分别用梯形公式计算积分近似值，设其结果分别为 $t_2^{(2)}$ 和 $t_3^{(2)}$。

如果不等式 $\left| t_1^{(1)} - (t_2^{(2)} + t_3^{(2)}) \right| < \varepsilon/1.4$ 成立，则保留 $t_2^{(2)}$ 和 $t_3^{(2)}$。最后可得到满足精度要求的积分近似值为 $t = t_0^{(2)} + t_1^{(2)} + t_2^{(2)} + t_3^{(2)}$。

如果上述不等式中有一个不成立，则将对应的 2 级子区间再分割为两个相等的 3 级子区间。在考虑 3 级子区间时，其精度要求变为 $\varepsilon/1.4^2$。

同样，3 级子区间中不满足精度要求的子区间又可以分割为两个相等的 4 级子区间，其精度要求为 $\varepsilon/1.4^3$。以此类推，该过程一直进行到在所考虑的所有子区间内都满足精度要求为止。

该算法为递归算法。

在 MATLAB 中编写 fpts() 函数，利用自适应梯形求积法计算被积函数 $f(x)$ 在积分区间内有强峰的定积分。

```
function t=fpts(a,b,eps,f)
%%%%%%%%%%%%%%%%%%%%%%%%%%%%%%%%%%%%%%%
% 自适应梯形求积法
% 输入:
%       a: 积分下限
%       b: 积分上限, 要求b>a
%       eps: 积分精度要求
%       f: 指向计算机被积函数 f(x)值的函数名
% 输出:
%       t: 函数返回积分值
%%%%%%%%%%%%%%%%%%%%%%%%%%%%%%%%%%%%%%%
h=b-a;
t=0;
f0=f(a);
f1=f(b);
t0=h*(f0+f1)/2;
t=ppp(a,b,h,f0,f1,t0,eps,t,f);
end


function t=ppp(x0,x1,h,f0,f1,t0,eps,t,ff)
% 递归函数
x=x0+h/2;
f=ff(x);
t1=h*(f0+f)/4;                          %采用梯形积分公式计算
t2=h*(f+f1)/4;
p=abs(t0-(t1+t2));
if (p<eps)||(h<eps)
    t=t+(t1+t2);
    return;
else
    g=h/2;
    eps1=eps/1.4;
    t=ppp(x0,x,g,f0,f,t1,eps1,t,ff);
    t=ppp(x,x1,g,f,f1,t2,eps1,t,ff);
```

```
end
end
```

【例 10-3】用自适应梯形求积法计算定积分 $S = \int_{-1}^{1} \dfrac{1}{1+25x^2} dx$，取 $\varepsilon = 0.000001$。

待计算被积函数 $f(x)$ 值的函数程序如下。

```
function y=fptsf(x)
y=1/(1+25*x^2);
end
```

在编辑器中编写如下程序。

```
clc, clear
% 自适应梯形求积法
a=-1;
b=1;
eps=0.000001;
fprintf('t = %f \n',fpts(a,b,eps,@fptsf));
```

运行程序，输出结果如下。

```
t = 0.549363
```

10.4　龙贝格求积法

利用龙贝格（Romberg）求积法可以计算定积分 $T = \int_{a}^{b} f(x)dx$。已知 $2m$ 阶牛顿–柯特斯（Newton–Cotes）公式为

$$T_{m+1}(h) = \frac{4^m T_m(h/2) - T_m(h)}{4^m - 1}$$

其中，$T_m(h)$ 为步长为 h 时利用 $2m-2$ 阶牛顿–柯特斯公式计算得到的结果；$T_m(h/2)$ 为将步长 h 减半后用 $2m-2$ 阶牛顿–柯特斯公式计算得到的结果。并且，$T_1(h)$ 为步长为 h 时的梯形公式计算得到的结果；$T_1(h/2)$ 为步长 h 减半后的梯形公式计算得到的结果。

上述数值积分的方法称为龙贝格求积法，计算格式如表 10-1 所示。

根据龙贝格求积法构造出来的序列 $T_1(h), T_2(h), \cdots, T_m(h), \cdots$，其收敛速度比变步长求积法更快。这是因为在龙贝格求积法中同时采用了提高阶数与减小步长这两种提高精度的措施。在实际应用中，一般只做到龙贝格公式为止，然后二等分后再继续做下去。龙贝格求积法又称为数值积分逐次分半加速收敛法。

在实际进行计算时，龙贝格求积法按表 10-1 所示的计算格式进行，直到 $|T_{m+1}(h) - T_m(h)| < \varepsilon$ 为止。在本函数中，最多可以计算到 $m = 10$，如果此时还不满足精度要求，就取 T_{10} 作为最后结果。

表 10-1　龙贝格求积法的计算格式

梯形法则	2阶公式	4阶公式	6阶公式	8阶公式
$T_1(h)$				
$T_1(h/2)$	$T_2(h)$			

梯形法则	2阶公式	4阶公式	6阶公式	8阶公式
$T_1\left(h/2^2\right)$	$T_2\left(h/2\right)$	$T_3(h)$		
$T_1\left(h/2^3\right)$	$T_2\left(h/2^2\right)$	$T_3\left(h/2\right)$	$T_4(h)$	
$T_1\left(h/2^4\right)$	$T_2\left(h/2^3\right)$	$T_3\left(h/2^2\right)$	$T_4\left(h/2\right)$	$T_5(h)$
$\vdots$	$\vdots$	$\vdots$	$\vdots$	$\vdots$
$O(h^2)$	$O(h^4)$	$O(h^6)$	$O(h^8)$	$O(h^{10})$

在 MATLAB 中编写 romb()函数，利用龙贝格求积法计算定积分。

```
function q=romb(a,b,eps,f)
%%%%%%%%%%%%%%%%%%%%%%%%%%%%%%%%%%%%%%
% 龙贝格求积法
% 输入:
%       a: 积分下限
%       b: 积分上限, 要求b>a
%       eps: 积分精度要求
%       f: 指向计算机被积函数 f(x)值的函数名
% 输出:
%       t: 函数返回积分值
%%%%%%%%%%%%%%%%%%%%%%%%%%%%%%%%%%%%%%
h=b-a;
y(1)=h*(f(a)+f(b))/2;
m=1;
n=1;
ep=eps+1;
while (ep>=eps)&&(m<=9)
    p=0;
    for i=0:n-1
        x=a+(i+0.5)*h;                      %梯形计算公式
        p=p+f(x);
    end
    p=(y(1)+h*p)/2;
    s=1;
    for k=1:m
        s=4*s;
        q=(s*p-y(k))/(s-1);                 %牛顿-柯特斯公式
        y(k)=p;
        p=q;
    end
    ep=abs(q-y(m));
    m=m+1;
    y(m)=q;
    n=2*n;
```

```
    h=h/2;
  end
end
```

【例 10-4】用龙贝格求积法计算定积分 $T = \int_0^1 \dfrac{x}{4+x^2}\mathrm{d}x$，取 $\varepsilon = 0.000001$。

待计算被积函数 $f(x)$ 值的函数程序如下。

```
function y=rombf(x)
y=x/(4+x^2);
end
```

在编辑器中编写如下程序。

```
clc, clear
% 龙贝格求积法
a=0;
b=1;
eps=0.000001;
fprintf('t = %f \n',romb(a,b,eps,@rombf));
```

运行程序，输出结果如下。

```
t = 0.111572
```

10.5 连分式求积法

利用连分式求积法可以计算定积分 $S = \int_a^b f(x)\mathrm{d}x$。利用变步长梯形求积法可以得到一系列的积分近似值

$$s_j = S(h_j) = T_n$$

其中，$n = 2^j$，$j = 0,1,2,\cdots$；$h_j = \dfrac{b-a}{n}$。

由此可以看出，积分近似值系列实际上可以构成一个步长为 h 的函数 $S(h)$，选取不同的步长 h，可以得到不同的积分近似值。根据函数连分式的概念，函数 $S(h)$ 可以表示为函数连分式，即

$$S(h) = b_0 + \cfrac{h-h_0}{b_1 + \cfrac{h-h_1}{b_2 + \cdots + \cfrac{h-h_{j-1}}{b_j + \cdots}}}$$

其中，参数 $b_0, b_1, \cdots, b_j$ 可以由一系列积分近似值数据点 $(h_j, s_j)(j = 0,1,\cdots)$ 确定。根据定积分的概念，当步长 h 趋于 0 时，计算的数值将趋于积分的准确值，即

$$S = S(0) = b_0 - \cfrac{h_0}{b_1 - \cfrac{h_1}{b_2 - \cdots - \cfrac{h_{j-1}}{b_j + \cdots}}}$$

如果取 j 节连分式，则可以得到积分的近似值。

综上所述，用连分式法计算一维积分的基本步骤如下。

（1）用梯形公式计算初值，即 $n = 2^0 = 1$（即 $j = 0$），$h_0 = b - a$ 以及

$$s_0 = \frac{h_0}{2}[f(a) + f(b)]$$

从而得到 $b_0 = s_0$，$S^{(0)} = s_0$。

（2）对于 $j = 1, 2, \cdots$，进行以下操作。

利用变步长梯形求积法计算 s_j，即

$$s_j = \frac{1}{2}s_{j-1} + \frac{h_{j-1}}{2}\sum_{k=0}^{n-1} f\left[a + (k + 0.5)h_{j-1}\right]$$

并计算

$$h_j = 0.5h_{j-1}，\quad 2n \Rightarrow n$$

根据新的积分近似值点 (h_j, s_j)，用递推计算公式

$$\begin{cases} u = s_j \\ u = \dfrac{h_j - h_k}{u - b_k}，\quad k = 0, 1, \cdots, j-1 \\ b_j = u \end{cases}$$

递推计算出一个新的 b_j，使连分式插值函数再增加一节，即

$$b_0 + \cfrac{h - h_0}{b_1 + \cfrac{h - h_1}{b_2 + \cdots + \cfrac{h - h_{j-2}}{b_{j-1} + \cfrac{h - h_{j-1}}{b_j}}}}$$

计算近似积分的新校正值，即

$$S^{(j)} = b_0 - \cfrac{h_0}{b_1 - \cfrac{h_1}{b_2 - \cdots - \cfrac{h_{j-2}}{b_{j-1} - \cfrac{h_{j-1}}{b_j}}}}$$

以上过程一直做到满足精度要求为止，即满足 $\left|S^{(j)} - S^{(j-1)}\right| < \varepsilon$。

在实际进行计算过程中，一般做到 7 节连分式为止，如果此时还不满足精度要求，则从最后得到的 h_j 与 s_j 开始重新进行计算。

在 MATLAB 中编写 pqinteg() 函数，利用连分式法计算定积分。

```
function s1=pqinteg(a0,b0,eps,f)
%%%%%%%%%%%%%%%%%%%%%%%%%%%%%%%%%%%%%%
% 连分式求积法
% 输入：
%      a0：积分上限
%      b0：积分下限
%      eps：积分精度要求
%      f：指向计算被积函数 f(x) 值的函数名
% 输出：
```

```
%        s1: 函数返回积分值
%%%%%%%%%%%%%%%%%%%%%%%%%%%%%%%%%%%
il=0;
n=1;
h0=(b0-a0)/n;
flag=0;
g0=h0*(f(a0)+f(b0))/2;                       %梯形公式计算初值
while (il<20)&&(flag==0)
    il=il+1;
    h(1)=h0;
    g(1)=g0;
    b(1)=g(1);                               %计算b(0)
    j=1;
    s1=g(1);
    while j<=7
        d=0;
        for k=0:n-1
            x=a0+(k+0.5)*h(j);
            d=d+f(x);
        end
        g(j+1)=(g(j)+h(j)*d)/2;              %变步长梯形求积法计算新近似值g(j)
        h(j+1)=h(j)/2;
        n=2*n;
        b=funpqj(h,g,b,j);                   %计算b(j)
        s0=s1;
        s1=funpqv(h,b,j,0);                  %连分式法计算积分近似值s1
        if abs(s1-s0)>=eps
            j=j+1;
        else
            fprintf('最后一次迭代连分式节数 = %d \n',j);
            j=10;
        end
    end

    if j==10
        flag=1;
    else
        h0=h(j);
        g0=g(j);
    end
end
fprintf('迭代次数 = %d \n',il);
end

function b=funpqj(x,y,b,j)
%%%%%%%%%%%%%%%%%%%%%%%%%%%%%%%%%%%%%
```

```
% 计算函数连分式新一节
% 输入:
%       x: 存放节点值
%       y: 存放节点函数值
%       b: 存放连分式中的参数
%       j: 连分式增加的节号
% 输出:
%       b: 返回连分式中的参数(新增 b(j))
%%%%%%%%%%%%%%%%%%%%%%%%%%%%%%%%%%%%
flag=0;
u=y(j+1);
for k=0:j-1
    if flag~=0
        break;
    end
    if u-b(k+1)==0
        flag=1;
    else
        u=(x(j+1)-x(k+1))/(u-b(k+1));
    end
end
if flag==1
    u=1e35;
end
b(j+1)=u;

end


function u=funpqv(x,b,n,t)
%%%%%%%%%%%%%%%%%%%%%%%%%%%%%%%%%%%%
% 计算连分式值
% 输入:
%       x: 存放 n 个节点值
%       b: 存放连分式中的 n+1 个参数
%       n: 连分式的节数(注意常数项 b(0) 为第 0 节)
%       t: 自变量值
% 输出:
%       u: 程序返回 t 处的函数连分值
%%%%%%%%%%%%%%%%%%%%%%%%%%%%%%%%%%%%
u=b(n+1);
for k=n-1:-1:0
    if abs(u)==0
        u=1e35*(t-x(k+1))/abs(t-x(k+1));
    else
        u=b(k+1)+(t-x(k+1))/u;
    end
end
```

```
end
end
```

【例 10-5】用连分式法计算定积分 $S = \int_0^{4.3} e^{-x^2} dx$ ，取 $\varepsilon = 0.0000001$ 。

待计算被积函数 $f(x)$ 值的函数程序如下。

```
function y=pgintegf(x)
y=exp(-x^2);
end
```

在编辑器中编写如下程序。

```
clc, clear
% 连分式法计算一维积分
eps=0.0000001;
a0=0;
b0=4.3;
fprintf('s = %f \n',pqinteg(a0,b0,eps,@pgintegf));
```

运行程序，输出结果如下。

```
最后一次迭代连分式节数 = 7
迭代次数 = 1
s = 0.886227
```

10.6　分部求积法

利用分部求积法可以计算高振荡函数的积分 $\int_a^b f(x)\sin mx dx$ 和 $\int_a^b f(x)\cos mx dx$ 。

考虑积分 $I_1(m) = \int_a^b f(x)\cos mx dx$ 和 $I_2(m) = \int_a^b f(x)\sin mx dx$ 。当 m 充分大时，这两个积分均为高振荡积分。令

$$I(m) = \int_a^b f(x)e^{jmx} dx$$

其中，$j = \sqrt{-1}$ 。根据欧拉公式

$$e^{jmx} = \cos mx + j\sin mx$$

则有

$$I(m) = I_1(m) + jI_2(m)$$

反复利用分部积分法，可以得到

$$I(m) = \int_a^b f(x)e^{jmx} dx$$

$$= -\sum_{k=0}^{n-1}\left(\frac{j}{m}\right)^{k+1} f^{(k)}(x)e^{jmx}\bigg|_a^b + \left(\frac{j}{m}\right)^n \int_a^b f^{(n)}(x)e^{jmx} dx$$

对于上式右端的第 2 项有估计式

$$\left|\left(\frac{j}{m}\right)^n \int_a^b f^{(n)}(x)e^{jmx} dx\right| \leqslant \frac{b-a}{m^n} M_n$$

其中，$M_n = \max\limits_{a \leq x \leq b} \left| f^{(n)}(x) \right|$，$b > a$。

由此可知，当 n 充分大时，$\dfrac{M_n}{m^n}$ 将接近于 0。因此，得到积分 $I(m)$ 的近似值为

$$I(m) = \int_a^b f(x) e^{jmx} dx$$

$$\approx -\sum_{k=0}^{n-1} \left(\frac{j}{m}\right)^{k+1} f^{(k)}(x) e^{jmx} \bigg|_a^b$$

$$= -\sum_{k=0}^{n-1} \left(\frac{j}{m}\right)^{k+1} \left[f^{(k)}(b) e^{jmb} - f^{(k)}(a) e^{jma} \right]$$

$$= -\sum_{k=0}^{n-1} \left(\frac{j}{m}\right)^{k+1} \left[\left(f^{(k)}(b)\cos mb - f^{(k)}(a)\cos ma\right) + j\left(f^{(k)}(b)\sin mb - f^{(k)}(a)\sin ma\right) \right]$$

分离出实部和虚部，得到

$$I_1(m) = \int_a^b f(x)\cos mx\, dx \approx \sum_{k=0}^{n-1} \frac{1}{m^{k+1}} \left[f^{(k)}(b)\sin\left(\frac{k\pi}{2} + mb\right) - f^{(k)}(a)\sin\left(\frac{k\pi}{2} + ma\right) \right]$$

和

$$I_2(m) = \int_a^b f(x)\sin mx\, dx \approx \sum_{k=0}^{n-1} \frac{-1}{m^{k+1}} \left[f^{(k)}(b)\cos\left(\frac{k\pi}{2} + mb\right) - f^{(k)}(a)\cos\left(\frac{k\pi}{2} + ma\right) \right]$$

当积分区间为 $[0, 2\pi]$ 时，则变为

$$I_1(m) = \int_0^{2\pi} f(x)\cos mx\, dx \approx \sum_{k=1}^{\left[\frac{\pi}{2}\right]} (-1)^{k+1} \frac{f^{(2k-1)}(2\pi) - f^{(2k-1)}(0)}{m^{2k}}$$

和

$$I_2(m) = \int_0^{2\pi} f(x)\sin mx\, dx \approx \sum_{k=1}^{\left[\frac{n-1}{2}\right]} (-1)^{k+1} \frac{f^{(2k)}(2\pi) - f^{(2k)}(0)}{m^{2k+1}}$$

在 MATLAB 中编写 part() 函数，利用分部求积法计算高振荡函数的积分。

```
function s=part(a,b,m,n,fa,fb)
%%%%%%%%%%%%%%%%%%%%%%%%%%%%%%%%%%%%%%%%
% 分部求积法
% 输入:
%       a: 积分下限
%       b: 积分上限
%       m: 被积函数中振荡函数的角频率
%       n: 积分区间两端点上 f(x) 导数最高阶+1
%       fa: 存放在积分区间左端点 x=a 处 f(x) 的 0~n-1 阶导数值
%       fb: 存放在积分区间右端点 x=b 处 f(x) 的 0~n-1 阶导数值
% 输出:
%       s: s(1)与s(2)分别返回被积函数为 f(x)cosmx 与 f(x)sinmx 的两个积分值
%%%%%%%%%%%%%%%%%%%%%%%%%%%%%%%%%%%%%%%%
sma = sin(m*a);smb = sin(m*b);
cma = cos(m*a);cmb = cos(m*b);
```

```
sa(1)=sma;sa(2)=cma;sa(3)=-sma;sa(4)=-cma;
sb(1)=smb;sb(2)=cmb;sb(3)=-smb;sb(4)=-cmb;
ca(1)=cma;ca(2)=-sma;ca(3)=-cma;ca(4)=sma;
cb(1)=cmb;cb(2)=-smb;cb(3)=-cmb;cb(4)=smb;
s(1)=0;s(2)=0;
mm=1;
for k=0:n-1
    j=k;
    while j>=4
        j=j-4;
    end
    mm=mm*m;
    s(1)=s(1)+(fb(k+1)*sb(j+1)-fa(k+1)*sa(j+1))/mm;
    s(2)=s(2)+(fb(k+1)*cb(j+1)-fa(k+1)*ca(j+1))/mm;
end
s(2)=-s(2);
end
```

【例 10-6】用分部积分法计算高振荡积分 $s_1 = \int_0^{2\pi} x\cos x\cos 30x\mathrm{d}x$ 和 $s_2 = \int_0^{2\pi} x\cos x\sin 30x\mathrm{d}x$ ，其中 $a = 0.0$ ， $b = 6.2831832$ ， $m = 30$ 。

取 $n = 4$ ， $f(x) = x\cos x$ ， $f'(x) = \cos x - x\sin x$ ， $f''(x) = -2\sin x - x\cos x$ ， $f'''(x) = -3\cos x + x\sin x$ ， 则有

$$f_a(0) = f^{(0)}(0) = 0.0 , \quad f_a(1) = f^{(1)}(0) = 1.0$$
$$f_a(2) = f^{(2)}(0) = 0.0 , \quad f_a(3) = f^{(3)}(0) = -3.0$$
$$f_b(0) = f^{(0)}(2\pi) = 6.2831852 , \quad f_b(1) = f^{(1)}(2\pi) = 1.0$$
$$f_b(2) = f^{(2)}(2\pi) = -6.2831852 , \quad f_b(3) = f^{(3)}(2\pi) = -3.0$$

在编辑器中编写如下程序。

```
clc, clear
% 分部求积法
fa=[0 1 0 -3];
fb=[6.2831852 1 -6.2831852 -3];
a=0;
b=6.2831852;
m=30;
n=4;
s=part(a,b,m,n,fa,fb);
fprintf('s(0) = %f \n',s(1));
fprintf('s(1) = %f \n',s(2));
```

运行程序，输出结果如下。

```
s(0) = -0.000001
s(1) = -0.209672
```

10.7 勒让德-高斯求积法

利用变步长勒让德–高斯（Legendre-Gauss）求积法可以计算定积分 $G = \int_a^b f(x)\mathrm{d}x$。

对积分变量 x 做变换

$$x = \frac{b-a}{2}t + \frac{b+a}{2}$$

将原积分转换为在区间 $[-1,1]$ 上的积分，即

$$
\begin{aligned}
G &= \int_a^b f(x)\mathrm{d}x \\
&= \frac{b-a}{2}\int_{-1}^{1} f\left(\frac{b-a}{2}t + \frac{b+a}{2}\right)\mathrm{d}t \\
&= \frac{b-a}{2}\int_{-1}^{1} \varphi(t)\mathrm{d}t
\end{aligned}
$$

根据插值求积公式，有

$$\int_{-1}^{1} \varphi(t)\mathrm{d}t = \sum_{k=0}^{n-1} \lambda_k \varphi(t_k)$$

其中，$t_k\,(k=0,1,\cdots,n-1)$ 为在区间 $[-1,1]$ 上的 n 个求积节点，且

$$\lambda_k = \int_{-1}^{1} A_k(t)\mathrm{d}t, \quad A_k(t) = \prod_{\substack{j=0 \\ j\neq k}}^{n-1} \frac{t-t_j}{t_k-t_j}$$

如果 n 个节点 $t_k\,(k=0,1,\cdots,n-1)$ 取定义在区间 $[-1,1]$ 上的 n 阶勒让德多项式

$$P_n(t) = \frac{1}{2^n n!}\frac{\mathrm{d}^n}{\mathrm{d}t^n}\left[(t^2-1)^n\right], \quad -1 \leqslant t \leqslant 1$$

在区间 $[-1,1]$ 上的 n 个零点，则其插值求积公式

$$\int_{-1}^{1} \varphi(t)\mathrm{d}t = \sum_{k=0}^{n-1} \lambda_k \varphi(t_k)$$

具有 $2n-1$ 次代数精度。上述插值求积公式称为在区间 $[-1,1]$ 上的勒让德–高斯求积公式。

在 MATLAB 中编写 lrgs() 函数，利用变步长勒让德-高斯求积法计算定积分。

在本函数中，取 $n=5$，5 阶勒让德多项式 $P_5(t)$ 在区间 $[-1,1]$ 上的 5 个零点为

$$t_0 = -0.9061798459, \quad t_1 = -0.5384693101, \quad t_2 = 0.0$$
$$t_3 = 0.5384693101, \quad t_4 = 0.9061798459$$

对应的求积系数为

$$\lambda_0 = 0.2369268851, \quad \lambda_1 = 0.4786286705, \quad \lambda_2 = 0.5688888889$$
$$\lambda_3 = 0.4786286705, \quad \lambda_4 = 0.2369268851$$

本函数采用变步长的方法。

```
function g=lrgs(a,b,eps,f)
%%%%%%%%%%%%%%%%%%%%%%%%%%%%%%%%%%%%%
% 勒让德-高斯求积法
% 输入：
%       a：积分下限
%       b：积分上限，要求 b>a
```

```
%        eps: 积分精度要求
%        f: 指向计算机被积函数 f(x) 值的函数名
% 输出:
%        g: 函数返回积分值
%%%%%%%%%%%%%%%%%%%%%%%%%%%%%%%%%%%
t=[-0.9061798459 -0.5384693101 0 0.5384693101 0.9061798459];
c=[0.2369268851 0.4786286705 0.5688888889 0.4786286705 0.2369268851];
m=1;
h=b-a;
s=abs(0.001*h);
p=1e35;
ep=eps+1;
while (ep>=eps)&&(abs(h)>s)
    g=0;
    for i=1:m
        aa=a+(i-1)*h;
        bb=a+i*h;
        w=0;
        for j=0:4
            x=((bb-aa)*t(j+1)+(bb+aa))/2;
            w=w+f(x)*c(j+1);
        end
        g=g+w;
    end
    g=g*h/2;
    ep=abs(g-p)/(1+abs(g));
    p=g;
    m=m+1;
    h=(b-a)/m;
end
end
```

【例 10-7】用勒让德–高斯求积法计算定积分 $G = \int_{2.5}^{8.4}(x^2 + \sin x)\mathrm{d}x$，取 $\varepsilon = 0.000001$。
待计算被积函数 $f(x)$ 值的函数程序如下。

```
function y=lrgsf(x)
y=x^2+sin(x);
end
```

在编辑器中编写如下程序。

```
clc, clear
% 勒让德–高斯求积法
a=2.5;
b=8.4;
eps=0.000001;
fprintf('g = %f \n', lrgs(a,b,eps,@lrgsf));
```

运行程序，输出结果如下。

g = 192.077812

10.8 拉盖尔-高斯求积法

利用拉盖尔–高斯（Laguerre–Gauss）求积公式可以计算半无限区间$[0,\infty)$上的积分$G = \int_0^\infty f(x)\mathrm{d}x$。该方法特别适用于计算如下形式的积分。

$$\int_0^\infty \mathrm{e}^{-x}g(x)\mathrm{d}x$$

设半无限区间$[0,\infty)$上的积分为

$$G = \int_0^\infty f(x)\mathrm{d}x$$

n点拉盖尔–高斯求积公式为

$$G = \sum_{k=0}^{n-1} \lambda_k f(x_k)$$

其中，$x_k(k=0,1,\cdots,n-1)$取以下定义在区间$[0,\infty)$上的n阶拉盖尔多项式的n个零点；λ_k为求积系数。

$$L_n(x) = \mathrm{e}^x \frac{\mathrm{d}^n}{\mathrm{d}x^n}(x^n \mathrm{e}^{-x}), \quad 0 \leqslant x < \infty$$

在 MATLAB 中编写 lags() 函数，利用拉盖尔–高斯求积公式计算半无限区间$[0,\infty)$上的积分。

在本函数中，取$n=5$。5 阶拉盖尔多项式$L_5(x)$在区间$[0,\infty)$上的 5 个零点为

$$x_0 = 0.26355990, \quad x_1 = 1.41340290, \quad x_2 = 3.59642600$$
$$x_3 = 7.08580990, \quad x_4 = 12.64080000$$

对应的求积系数为

$$\lambda_0 = 0.6790941054, \quad \lambda_1 = 1.638487956, \quad \lambda_2 = 2.769426772$$
$$\lambda_3 = 4.315944000, \quad \lambda_4 = 7.104896230$$

```matlab
function g=lags(f)
%%%%%%%%%%%%%%%%%%%%%%%%%%%%%%%%%%%%%%%%%
% 拉盖尔-高斯求积法
% 输入：
%      f: 指向计算被积函数 f(x) 值的函数名
% 输出：
%      g: 函数返回值
%%%%%%%%%%%%%%%%%%%%%%%%%%%%%%%
t=[0.2635599 1.4134029 3.596426 7.0858099 12.6408];
c=[0.6790941054 1.638487956 2.769426772 4.315944 7.10489623];
g=0;
for i=0:4
    x=t(i+1);
    g=g+c(i+1)*f(x);
end
end
```

【例 10-8】计算半无限区间的积分 $G = \int_0^\infty x e^{-x} \mathrm{d}x$ 。

待计算被积函数 $f(x)$ 值的函数程序如下。

```
function y=lagsf(x)
y=x*exp(-x);
end
```

在编辑器中编写如下程序。

```
clc, clear
% 拉盖尔-高斯求积法
fprintf('g = %f \n',lags(@lagsf));
```

运行程序，输出结果如下。

```
g = 0.999995
```

10.9　埃尔米特-高斯求积法

利用埃尔米特–高斯（Hermite–Gauss）求积公式可以计算无限区间 $(-\infty,\infty)$ 上的积分 $G = \int_{-\infty}^{\infty} f(x)\mathrm{d}x$ 。该方法特别适用于计算如下形式的积分。

$$\int_{-\infty}^{\infty} e^{-x^2} g(x) \mathrm{d}x$$

设无限区间 $(-\infty,\infty)$ 上的积分为

$$G = \int_{-\infty}^{\infty} f(x)\mathrm{d}x$$

n 点埃尔米特–高斯求积公式为

$$G = \sum_{k=0}^{n-1} \lambda_k f(x_k)$$

其中，$x_k(k=0,1,\cdots,n-1)$ 取以下定义在区间 $(-\infty,\infty)$ 上的 n 阶埃尔米特多项式的 n 个零点；λ_k 为求积系数。

$$H_n(x) = (-1)^n e^{x^2} \frac{\mathrm{d}^n}{\mathrm{d}x^n}(e^{-x^2}) , \quad -\infty < x < \infty$$

在 MATLAB 中编写 hmgs() 函数，利用埃尔米特–高斯求积公式计算无限区间 $(-\infty,\infty)$ 上的积分。

在本函数中，取 $n=5$ 。5 阶埃尔米特多项式 $H_n(x)$ 在区间 $(-\infty,\infty)$ 上的 5 个零点为

$$x_0 = -2.02018200 , \quad x_1 = -0.95857190 , \quad x_2 = 0.0$$
$$x_3 = 0.95857190 , \quad x_4 = 2.02018200$$

对应的求积系数为

$$\lambda_0 = 1.181469599 , \quad \lambda_1 = 0.9865791417 , \quad \lambda_2 = 0.9453089237$$
$$\lambda_3 = 0.9865791417 , \quad \lambda_4 = 1.181469599$$

```
function g=hmgs(f)
%%%%%%%%%%%%%%%%%%%%%%%%%%%%%%%%%%%%%%
% 埃尔米特-高斯求积法
% 输入:
%       f: 指向计算被积函数 f(x) 值的函数名
```

```
% 输出:
%       g: 函数返回值
%%%%%%%%%%%%%%%%%%%%%%%%%%%%%%%%%%%%%
t=[-2.020182 -0.9585719 0 0.9585719 2.020182];
c=[1.181469599 0.9865791417 0.9453089237 0.9865791417 1.181469599];
g=0;
for i=0:4
    x=t(i+1);
    g=g+c(i+1)*f(x);
end
end
```

【例 10-9】计算无限区间积分 $G = \int_{-\infty}^{\infty} x^2 e^{-x^2} dx$。

待计算被积函数 $f(x)$ 值的函数程序如下。

```
function y=hmgsf(x)
y=x^2*exp(-x^2);
end
```

在编辑器中编写如下程序。

```
clc, clear
% 埃尔米特-高斯求积法
fprintf('g = %f \n',hmgs(@hmgsf));
```

运行程序，输出结果如下。

```
g = 0.886223
```

10.10 切比雪夫求积法

利用变步长切比雪夫（Chebyshev）求积公式可以计算定积分 $S = \int_a^b f(x)dx$。对积分变量 x 做变换

$$x = \frac{b-a}{2}t + \frac{b+a}{2}$$

将原积分转换为在区间 $[-1,1]$ 上的积分，即

$$
\begin{aligned}
S &= \int_a^b f(x)dx \\
&= \frac{b-a}{2} \int_{-1}^{1} f\left(\frac{b-a}{2}t + \frac{b+a}{2}\right)dt \\
&= \frac{b-a}{2} \int_{-1}^{1} \varphi(t)dt
\end{aligned}
$$

切比雪夫求积公式为

$$\int_{-1}^{1} \varphi(t)dt = \frac{2}{n}\sum_{k=0}^{n-1} \varphi(t_k)$$

当 $n=5$ 时，有

$$t_0 = -0.8324975, \quad t_1 = -0.3745414, \quad t_2 = 0.0, \quad t_2 = 0.3745414, \quad t_4 = 0.8324975$$

在 MATLAB 中编写 cbsv()函数，利用切比雪夫求积公式计算无限区间 $(-\infty,\infty)$ 上的积分。函数采用变步长方法。

```
function g=cbsv(a,b,eps,f)
%%%%%%%%%%%%%%%%%%%%%%%%%%%%%%%%%%%%%%%
% 切比雪夫求积法
% 输入：
%        a：积分下限
%        b：积分上限，要求 b>a
%        eps：积分精度要求
%        f：指向计算机被积函数 f(x)值的函数名
% 输出：
%        g：函数返回积分值
%%%%%%%%%%%%%%%%%%%%%%%%%%%%%%%%%%%%%%%
t=[-0.8324875 -0.3745414 0 0.3745414 0.8324975];
m=1;
h=b-a;
d=abs(0.001*h);
p-1c35;
ep=1+eps;
while (ep>=eps)&&(abs(h)>d)
    g=0;
    for i=1:m
        aa=a+(i-1)*h;
        bb=a+i*h;
        s=0;
        for j=0:4
            x=((bb-aa)*t(j+1)+(bb+aa))/2;
            s=s+f(x);
        end
        g=g+s;
    end
    g=g*h/5;
    ep=abs(g-p)/(1+abs(g));
    p=g;
    m=m+1;
    h=(b-a)/m;
end
end
```

【例 10-10】用切比雪夫求积法计算定积分 $S=\int_{2.5}^{8.4}(x^2+\sin x)\mathrm{d}x$，取 $\varepsilon=0.000001$。
待计算被积函数 $f(x)$ 值的函数程序如下。

```
function y=cbsvf(x)
y=x^2+sin(x);
end
```

在编辑器中编写如下程序。

```
clc, clear
% 切比雪夫求积法
a=2.5;
b=8.4;
eps=0.000001;
fprintf('g = %f \n',cbsv(a,b,eps,@cbsvf));
```

运行程序，输出结果如下。

```
g = 192.077916
```

10.11 蒙特卡罗求积法

利用蒙特卡罗（Monte Carlo）法可以计算定积分 $S = \int_a^b f(x)\mathrm{d}x$。取 $0 \sim 1$ 均匀分布的随机数序列 $r_k(k=0,1,\cdots,m-1)$，并令

$$x_k = a+(b-a)r_k, \quad k=0,1,\cdots,m-1$$

只要 m 足够大，则有

$$S = \int_a^b f(x)\mathrm{d}x \approx \frac{b-a}{m}\sum_{k=0}^{m-1}f(x_k)$$

在 MATLAB 中编写 mtcl() 函数，利用蒙特卡罗法计算定积分。在本函数中取 $m=65536$。本函数要调用产生 $0 \sim 1$ 均匀分布随机数的 rnd1() 函数。

```
function s=mtcl(a,b,f)
%%%%%%%%%%%%%%%%%%%%%%%%%%%%%%%%%%%%%
% 蒙特卡罗求积法
% 输入：
%       a：积分下限
%       b：积分上限，要求 b>a
%       f：指向计算机被积函数 f(x) 值的函数名
% 输出：
%       s：函数返回积分值
%%%%%%%%%%%%%%%%%%%%%%%%%%%%%%%%%%%%%
R=1;
s=0;
d=65536;
for m=0:65535
    [p,R]=rnd1(R);
    x=a+(b-a)*p;
    s=s+f(x);
end
s=s*(b-a)/d;
end
```

【例 10-11】用蒙特卡罗法计算定积分 $S = \int_{2.5}^{8.4}(x^2+\sin x)\mathrm{d}x$。

待计算被积函数值 $f(x)$ 的函数程序如下。

```
function y=mtclf(x)
y=x^2+sin(x);
end
```

在编辑器中编写如下程序。

```
clc, clear
% 计算一维积分的蒙特卡罗法
a=2.5;
b=8.4;
fprintf('g = %f \n', mtcl(a,b,@mtclf));
```

运行程序，输出结果如下。

```
g = 192.074905
```

10.12　计算二重积分

1. 变步长辛卜生法

利用变步长辛卜生法可以计算二重积分 $S = \int_a^b \mathrm{d}x \int_{y_0(x)}^{y_1(x)} f(x,y)\mathrm{d}y$。首先将二重积分转化为两个单积分，即

$$g(x) = \int_{y_0(x)}^{y_1(x)} f(x,y)\mathrm{d}y , \quad S = \int_a^b g(x)\mathrm{d}x$$

然后对每个单积分采用变步长辛卜生法。计算步骤如下。

（1）固定一个 x，设为 $\overline{x}$。

用梯形公式计算

$$t_1 = \left[y_1(\overline{x}) - y_0(\overline{x}) \right]\left[f(\overline{x}, y_0(\overline{x})) + f(\overline{x}, y_1(\overline{x})) \right] / 2$$

将区间二等分，每个子区间长度为

$$h_k = \left[y_1(\overline{x}) - y_0(\overline{x}) \right] / 2^k , \quad k = 1, 2, \cdots$$

用辛卜生公式计算

$$t_{k+1} = \frac{1}{2}t_k + h_k \sum_{i=1}^n f\left[\overline{x}, y_0(\overline{x}) + (2i-1)h_k \right]$$

$$g_k = (4t_{k+1} - t_k) / 3$$

其中，$n = 2^{k-1}$。

重复二等分区间并计算，直到 $\left| g_k - g_{k-1} \right| < \varepsilon(1 + \left| g_k \right|)$ 为止，此时即有 $g(\overline{x}) = g_k$。

（2）利用计算得到的一系列 $g(\overline{x})$ 值计算二重积分的近似值 S。

用梯形公式计算

$$u_1 = (b-a)[g(b) + g(a)] / 2$$

将区间二等分，每个子区间长度为

$$h'_k = (b-a) / 2^k , \quad k = 1, 2, \cdots$$

用辛卜生公式计算

$$u_{k+1} = \frac{1}{2}u_k + h_k' \sum_{i=1}^{n} g\left[a + (2i-1)h_k'\right]$$

$$s_k = (4u_{k+1} - u_k)/3$$

其中，$n = 2^{k-1}$。

重复二等分并计算，直到 $|s_k - s_{k-1}| < \varepsilon(1 + |s_k|)$ 为止，此时即有 $S \approx s_k$。

在 MATLAB 中编写 sim2()函数，利用变步长辛卜生法计算二重积分。

```
function s0=sim2(a,b,eps,s,f)
%%%%%%%%%%%%%%%%%%%%%%%%%%%%%%%%%%%%%%
% 变步长辛卜生法计算二重积分
% 输入：
%       a：积分下限
%       b：积分上限，要求 b>a
%       eps：积分精度要求
%       s：指向计算上下限的函数名
%       f：指向计算被积函数 f(x,y)值的函数名
% 输出：
%       s0：函数返回积分值
%%%%%%%%%%%%%%%%%%%%%%%%%%%%%%%%%%%%%%
n=1;
h=(b-a)/2;
s1=simp1(a, eps, s, f);                    %固定 x=a
s2=simp1(b, eps, s, f);                    %固定 x=b
t1=h*(s1+s2);
s0=t1;
ep=1+eps;
while (ep>eps)&&(h>eps)||(n<16)            %变步长辛卜生求积法
    x=a-h;
    t2=t1/2;                               %梯形计算公式
    for j=1:n
        x=x+2*h;
        g=simp1(x, eps, s, f);             %固定 x=x+h;
        t2=t2+h*g;
    end
    ss=(4*t2-t1)/3;
    ep=abs(ss-s0)/(1+abs(ss));
    n=2*n;
    s0=ss;
    t1=t2;
    h=h/2;
end
end


function g0=simp1(x,eps,s,f)
%%%%%%%%%%%%%%%%%%%%%%%%%%%%%%%%%%%%%%
% 固定一个 x,用变步长辛卜生法计算一个对 y 的积分近似值
```

```
%%%%%%%%%%%%%%%%%%%%%%%%%%%%%%%%%%%%%%%%
n=1;
y=s(x);                                  %计算积分上下限 y(1) 与 y(0)
h=0.5*(y(2)-y(1));
t1=h*(f(x,y(1))+f(x,y(2)));
ep=1+eps;
g0=t1;
while (ep>eps)&&(h>eps)||(n<16)           %变步长辛卜生求积法
    yy=y(1)-h;
    t2=0.5*t1;
    for i=1:n
        yy=yy+2*h;
        t2=t2+h*f(x,yy);
    end
    g=(4*t2-t1)/3;
    ep=abs(g-g0)/(1+abs(g));
    n=2*n;
    q0=q;
    t1=t2;
    h=h/2;
end
end
```

【例 10-12】用变步长辛卜生法计算二重积分 $S = \int_0^1 \mathrm{d}x \int_{-\sqrt{1-x^2}}^{\sqrt{1-x^2}} \mathrm{e}^{x^2+y^2} \mathrm{d}y$ ，取 $\varepsilon = 0.0000001$ 。

待计算被积函数 $f(x,y)$ 值的函数程序如下。

```
function z=sim2f(x,y)
z=exp(x^2+y^2);
end
```

上、下限值 $y_1(x)$ 、 $y_0(x)$ 的函数程序如下。

```
function y=sim2s(x)
% 计算上下限 y1(x) 与 y0(x)
y(2)=sqrt(1-x^2);
y(1)=-y(2);
end
```

在编辑器中编写如下程序。

```
clc, clear
% 变步长辛卜生二重积分法
a=0;
b=1;
eps=0.0000001;
fprintf('s = %f \n', sim2(a,b,eps,@sim2s,@sim2f));
```

运行程序，输出结果如下。

```
s = 2.699071
```

2. 连分式法

利用连分式法计算二重积分 $S = \int_a^b \mathrm{d}x \int_{y_0(x)}^{y_1(x)} f(x,y)\mathrm{d}y$。首先将二重积分转化为两个单积分，即

$$s(x) = \int_{y_0(x)}^{y_1(x)} f(x,y)\mathrm{d}y$$

$$S = \int_a^b s(x)\mathrm{d}x$$

然后利用连分式法计算每个单积分。计算二重积分的步骤如下。

（1）固定一个 x，设为 $\bar{x}$。用连分式法计算单积分 $s(\bar{x}) = \int_{y_0(x)}^{y_1(x)} f(\bar{x},y)\mathrm{d}y$。

（2）利用计算得到的一系列 $s(\bar{x})$ 值，再利用连分式法计算二重积分的近似值 S。

在 MATLAB 中编写 pqg2()函数，利用连分式法计算二重积分。

```matlab
function s1=pqg2(a,b,eps,s, )
%%%%%%%%%%%%%%%%%%%%%%%%%%%%%%%%%%%%%
% 连分式法计算二重积分
% 输入:
%       a: 积分上限
%       b: 积分下限, 要求b>a
%       eps: 积分精度要求
%       s: 指向计算上下限的函数名
%       f: 指向计算被积函数 f(x, y)值的函数名
% 输出:
%       s1: 函数返回积分值
%%%%%%%%%%%%%%%%%%%%%%%%%%%%%%%%%%%%%
m=0;
n=1;
h0=b-a;
flag=0;
s0=pqg1(a,eps,s,f);                      %固定 x=a
s1=pqg1(b,eps,s,f);                      %固定 x=b
g0=h0*(s1+s0)/2;                         %梯形公式计算初值
while (m<10)&&(flag==0)
    m=m+1;
    h(1)=h0;
    g(1)=g0;
    bb(1)=g(1);                          %计算 b(0)
    j=1;
    s1=g(1);
    while j<=7
        d=0;
        for k=0:n-1
            x=a+(k+0.5)*h(j);            %固定一个 x
            d=d+pqg1(x, eps, s, f);
        end
        g(j+1)=(g(j)+h(j)*d)/2;          %变步长梯形求积法计算新近似值 g(j+1)
        h(j+1)=h(j)/2;
```

```
            n=2*n;
            bb=funpqj(h, g, bb, j);          %计算 b(j)
            s0=s1;
            s1=funpqv(h,bb,j,0);             %连分式法计算积分近似值 s1
            if abs(s1-s0)>=eps
                j=j+1;
            else
                j=10;
            end
        end
        if j==10
            flag=1;
        else
            h0=h(j);
            g0=g(j);
        end
    end
end


function s1=pqg1(x,eps,s,f)
%%%%%%%%%%%%%%%%%%%%%%%%%%%%%%%%%%
% 固定一个 x, 用连分式法计算一个对 y 的积分近似值
%%%%%%%%%%%%%%%%%%%%%%%%%%%%%%%%%%
m=0;
n=1;
y=s(x);                                      %计算上下限 y(1)与 y(0)
h0=y(2)-y(1);
flag=0;
g0=h0*(f(x,y(1))+f(x,y(2)))/2;               %梯形公式计算初值
while (m<10)&&(flag==0)
    m=m+1;
    h(1)=h0;
    g(1)=g0;
    b(1)=g(1);
    j=1;
    s1=g(1);
    while j<=7
        d=0;
        for k=0:n-1
            yy=y(1)+(k+0.5)*h(j);
            d=d+f(x,yy);
        end
        g(j+1)=(g(j)+h(j)*d)/2;
        h(j+1)=h(j)/2;
        n=2*n;
        b=funpqj(h,g,b,j);                   %计算 b(j)
```

```
        s0=s1;
        s1=funpqv(h,b,j,0);                    %连分式法计算积分近似值 s1
        if abs(s1-s0)>=eps
            j=j+1;
        else
            j=10;
        end
    end

    if j==10
        flag=1;
    else
        h0=h(j);
        g0=g(j);
    end
end
end

function b=funpqj(x,y,b,j)
%%%%%%%%%%%%%%%%%%%%%%%%%%%%%%%%%%%%%%
% 计算函数连分式新一节
% 输入:
%       x: 存放节点值
%       y: 存放节点函数值
%       b: 存放连分式中的参数
%       j: 连分式增加的节号
% 输出:
%       b: 返回连分式中的参数（新增 b(j)）
%%%%%%%%%%%%%%%%%%%%%%%%%%%%%%%%%%%%%%
flag=0;
u=y(j+1);
for k=0:j-1
    if flag~=0
        break;
    end
    if u-b(k+1)==0
        flag=1;
    else
        u=(x(j+1)-x(k+1))/(u-b(k+1));
    end
end
if flag==1
    u=1e35;
end
b(j+1)=u;
end
```

```
function u=funpqv(x,b,n,t)
%%%%%%%%%%%%%%%%%%%%%%%%%%%%%%%%%%%%%%
%  计算连分式值
%  输入：
%       x：存放 n 个节点值
%       b：存放连分式中的 n+1 个参数
%       n：连分式的节数（注意常数项 b(0) 为第 0 节）
%       t：自变量值
%  输出：
%       u：程序返回 t 处的函数连分值
%%%%%%%%%%%%%%%%%%%%%%%%%%%%%%%%%%%%%%
u=b(n+1);
for k=n-1:-1:0
    if abs(u)==0
        u=1e35*(t-x(k+1))/abs(t-x(k+1));
    else
        u=b(k+1)+(t-x(k+1))/u;
    end
end
end
```

【例 10-13】用连分式法计算二重积分 $S = \int_0^1 \mathrm{d}x \int_{-\sqrt{1-x^2}}^{\sqrt{1-x^2}} \mathrm{e}^{x^2+y^2} \mathrm{d}y$ ，取 $\varepsilon = 0.00001$ 。

待计算被积函数 $f(x,y)$ 值的函数程序如下。

```
function z=pqg2f(x,y)
z=exp(x^2+y^2);
end
```

上、下限值 $y_1(x)$ 、 $y_0(x)$ 的函数程序如下。

```
function y=pqg2s(x)
y(2)=sqrt(1-x^2);
y(1)=-y(2);
end
```

在编辑器中编写如下程序。

```
clc, clear
%  计算二重积分的连分式法
a=0;
b=1;
eps=0.00001;
fprintf('s = %f \n',pqg2(a,b,eps,@pqg2s,@pqg2f));
```

运行程序，输出结果如下。

```
s = 2.699074
```

10.13　计算多重积分

1. 高斯法

利用高斯法可以计算 n 重积分

$$S = \int_{c_0}^{d_0} dx_0 \int_{c_1(x_0)}^{d_1(x_0)} dx_1 \int_{c_2(x_0x_1)}^{d_1(x_0x_1)} dx_2 \cdots \int_{c_{n-1}(x_0x_1\cdots x_{n-2})}^{d_{n-1}(x_0x_1\cdots x_{n-2})} f(x_0, x_1, \cdots, x_{n-1}) dx_{n-1}$$

在计算 n 重积分时，分别将 $0,1,\cdots,n-1$ 层区间分为各自相等的 $js_0, js_1, \cdots, js_{n-1}$ 个子区间。首先求出各层积分区间上的第 1 个子区间中第 1 组高斯型点 $\overline{x}_0, \overline{x}_1, \cdots, \overline{x}_{n-1}$。

然后固定 $\overline{x}_0, \overline{x}_1, \cdots, \overline{x}_{n-2}$，按高斯法计算最内层（即第 $n-1$ 层）的积分，再从内到外计算各层积分值。

最后就得到所要求的 n 重积分的近似值。

在 MATLAB 中编写 gaus_int() 函数，利用高斯法计算 n 重积分。在函数中，每个子区间上取 5 个高斯点。

```
function p=gaus_int(n,js,s,f)
%%%%%%%%%%%%%%%%%%%%%%%%%%%%%%%%
% 计算多重积分的高斯法
% 输入:
%        n: 积分重数
%        js: js(k)表示第 k 层积分区间所划分的子区间个数
%        s: 指向计算各层积分上、下限（要求所有上限>下限）的函数名
%        f: 指向计算被积函数 f(x)的函数名
% 输出:
%        p: 函数返回积分值
%%%%%%%%%%%%%%%%%%%%%%%%%%%%%%%%
t=[-0.9061798459 -0.5384693101 0 0.5384693101 0.9061798459];
c=[0.2369268851 0.4786286705 0.5688888889 0.4786286705 0.2369268851];
x=zeros(n,1);
m=1;
l=1;
a(n+1)=1;
a(2*n+2)=1;
while l==1
    for j=m:n
        y=s(j-1, n, x);              %计算 j-1 层积分区间的上、下限 y(1)与 y(0)
        a(j)=0.5*(y(2)-y(1))/js(j);
        b(j)=a(j)+y(1);
        x(j)=a(j)*t(1)+b(j);        %高斯点
        a(n+j+1)=0;
        is(n+j+1)=1;                %这是 j-1 层积分的第 1 个子区间
        is(j)=1;                    %从最内层积分开始
    end
    j=n;
    q=1;                            %从最内层积分开始
    while q==1
        k=is(j);                    %取 j-1 层积分区间当前子区间的高斯点序号
        if j==n
```

```
            p=f(n,x);                    %计算高斯点上的被积函数值
        else
            p=1;
        end
        a(n+j+1)=a(n+j+2)*a(j+1)*p*c(k)+a(n+j+1);
        is(j)=is(j)+1;                   %置j-1层当前子区间的下一个高斯点序号
        if is(j)>5                       %j-1层积分区间当前子区间上的高斯点全部计算完
            if is(n+j+1)>=js(j)          %j-1层积分区间的所有子区间考虑完
                j=j-1;
                q=1;                     %考虑前一层的积分区间
                if j==0                  %已到最外层
                    p=a(n+2)*a(1);
                    return;
                end
            else                         %j-1层积分区间还有子区间
                is(n+j+1)=is(n+j+1)+1;   %置j-1层积分区间的下一个子区间
                b(j)=b(j)+a(j)*2;
                is(j)=1;
                k=is(j);                 %这是j-1层当前子区间的第1个
                x(j)=a(j)*t(k)+b(j);     %高斯点
                if j==n                  %这是最内层
                    q=1;
                else                     %这不是最内层
                    q=0;
                end
            end
        else                             %计算j-1层积分区间当前子区间上的下一个高斯点
            k = is(j);
            x(j)=a(j)*t(k)+b(j);
            if j==n                      %这是最内层
                q=1;
            else                         %这不是最内层
                q=0;
            end
        end
    end
    m=j+1;
end
end
```

【例 10-14】用高斯法计算三重积分 $S = \int_0^1 dx \int_0^{\sqrt{1-x^2}} dy \int_{\sqrt{x^2+y^2}}^{\sqrt{2-x^2-y^2}} z^2 dz$ ，其中 $n = 3$ 。

若将变量 x 、 y 、 z 分别用 x_0 、 x_1 、 x_2 表示，则有

$$c_0 = 0.0 , \quad d_0 = 1.0$$

$$c_1(x_0) = 0.0 , \quad d_1(x_0) = \sqrt{1-x_0^2}$$

$$c_2(x_0, x_1) = \sqrt{x_0^2 + x_1^2}, \quad d_2(x_0, x_1) = \sqrt{2 - x_0^2 - x_1^2}$$
$$f(x_0, x_1, x_2) = x_2^2$$

设将每层的积分区间均分为 4 个子区间，即 $js_0 = js_1 = js_2 = 4$。

待计算被积函数值的函数程序如下。

```
function z=gausf(n,x)
z = x(3)^2;
end
```

各层积分上、下限的函数程序如下。

```
function y=gauss(j,n,x)
switch j
    case 0
        y(1)=0;
        y(2)=1;
    case 1
        y(1)=0;
        y(2)=sqrt(1-x(1)^2);
    case 2
        q=x(1)^2+x(2)^2;
        y(1)=sqrt(q);
        y(2)=sqrt(2-q);
end
end
```

在编辑器中编写如下程序。

```
clc, clear
% 计算多重积分的高斯法
js=[4 4 4];
n=3;
fprintf('s = %f \n',gaus_int(n,js,@gauss,@gausf));
```

运行程序，输出结果如下。

```
s = 0.382944
```

2. 蒙特卡罗法

利用蒙特卡罗法计算多重积分

$$S = \int_{a_0}^{b_0} \int_{a_1}^{b_1} \cdots \int_{a_{n-1}}^{b_{n-1}} f(x_0, x_1, \cdots, x_{n-1}) dx_0 dx_1 \cdots dx_{n-1}$$

取 $0 \sim 1$ 均匀分布的随机数点列 $(t_0^{(k)}, t_1^{(k)}, \cdots, t_{n-1}^{(k)})$，$k = 0, 1, \cdots, m-1$，并令

$$x_j^{(k)} = a_j + (b_j - a_j) t_j^{(k)}, \quad j = 0, 1, \cdots, n-1$$

只要 m 足够大，则有

$$S = \frac{1}{m} \left[\sum_{k=0}^{m-1} f(x_0^{(k)}, x_1^{(k)}, \cdots, x_{n-1}^{(k)}) \right] \prod_{j=0}^{n-1} (b_j - a_j)$$

在 MATLAB 中编写 mtml()函数，利用蒙特卡罗法计算多重积分。在本函数中，取 $m = 65536$。函数需

要调用产生 $0 \sim 1$ 均匀分布随机数的 rnd1() 函数。

```
function s=mtml(n,a,b,f)
%%%%%%%%%%%%%%%%%%%%%%%%%%%%%%%%%%%%%%
% 蒙特卡罗法计算多重积分
% 输入:
%      n: 积分重数
%      a: 各层积分的下限
%      b: 各层积分的上限
%      f: 指向计算被积函数 f(x) 值的函数名
% 输出:
%      s: 函数返回积分值
%%%%%%%%%%%%%%%%%%%%%%%%%%%%%%%%%%%%%%
R=1;
d=65536;
s=0;
for m=0:65535
    for i=0:n-1
        [p,R]=rnd1(R);
        x(i+1)=a(i+1)+(b(i+1)-a(i+1))*p;
    end
    s=s+f(n,x)/d;
end
for i=0:n-1
    s=s*(b(i+1)-a(i+1));
end
end
```

【例 10-15】用蒙特卡罗法计算三重积分 $S = \int_1^2 \int_1^2 \int_1^2 (x_0^2 + x_1^2 + x_2^2) \mathrm{d}x_0 \mathrm{d}x_1 \mathrm{d}x_2$。

待计算被积函数值的函数程序如下。

```
function f=mtmlf(n,x)
f=0;
for i=0:n-1
    f=f+x(i+1)^2;
end
end
```

在编辑器中编写如下程序。

```
clc, clear
% 计算多重积分的蒙特卡罗法
a=[1 1 1];
b=[2 2 2];
n=3;
fprintf('s = %f \n',mtml(n,a,b,@mtmlf));
```

运行程序,输出结果如下。

```
s = 6.999931
```

第 11 章

常微分方程组

科学技术领域中的许多问题往往可归结为微分方程，而单个一阶微分方程的情形比较少见，通常由多个未知函数组成。另外，一般高阶微分方程总可以改写成一阶常微分方程组的形式。本章介绍常微分方程组的数值解法并采用 MATLAB 自编函数实现。

11.1 变步长欧拉法

利用变步长欧拉（Euler）法可以求解一阶微分方程组，该方法是一种单步法。设一阶微分方程组以及初值为

$$
\begin{cases}
y_0' = f_0(t, y_0, y_1, \cdots, y_{n-1}), & y_0(t_0) = y_{00} \\
y_1' = f_1(t, y_0, y_1, \cdots, y_{n-1}), & y_1(t_0) = y_{10} \\
\quad\vdots \\
y_{n-1}' = f_{n-1}(t, y_0, y_1, \cdots, y_{n-1}), & y_{n-1}(t_0) = y_{(n-1)0}
\end{cases}
$$

已知 $t = t_{j-1}$ 点上的函数值 $y_{i,j-1}(i = 0, 1, \cdots, n-1)$，求 $t_j = t_{j-1} + h$ 点处的函数值 $y_{ij}(i = 0, 1, \cdots, n-1)$。

改进的欧拉公式为

$$
\begin{cases}
p_i = y_{i,j-1} + hf_i(t_{j-1}, y_{0,j-1}, \cdots, y_{n-1,j-1}) \\
q_i = y_{i,j-1} + hf_i(t_j, p_0, \cdots, p_{n-1}) \\
y_{ij} = \dfrac{1}{2}(p_i + q_i)
\end{cases}, \quad i = 0, 1, \cdots, n-1
$$

下面编写 Euler() 函数，采用变步长的方法。

根据改进的欧拉公式，以 h 为步长，由 $y_{i,j-1}(i = 0, 1, \cdots, n-1)$ 计算 $y_{ij}^{(h)}$；再以 $h/2$ 为步长，由 $y_{i,j-1}(i = 0, 1, \cdots, n-1)$ 跨两步计算 $y_{ij}^{(h/2)}$。此时，若

$$
\max_{0 \leqslant i \leqslant n-1} \left| y_{ij}^{(h/2)} - y_{ij}^{(h)} \right| < \varepsilon
$$

则停止计算，取 $y_{ij}^{(h/2)}$ 作为 $y_{ij}(i = 0, 1, \cdots, n-1)$；否则，将步长折半再进行计算。

上述过程一直做到满足以下条件为止。

$$
\max_{0 \leqslant i \leqslant n-1} \left| y_{ij}^{(h/2^m)} - y_{ij}^{(h/2^{m-1})} \right| < \varepsilon
$$

最后可取 $y_{ij} = y_{ij}^{(h/2^m)}(i = 0, 1, \cdots, n-1)$。其中，$\varepsilon$ 为预先给定的精度要求。

说明：本章后面编写的函数采用变步长时，方法同上，后面不再赘述。

在 MATLAB 中编写 Euler() 函数，利用变步长欧拉法实现一阶微分方程组的求解。

```
function y=Euler(t,h,n,y,eps,f)
%%%%%%%%%%%%%%%%%%%%%%%%%%%%%%%%%%%%
% 变步长欧拉法
% t: 积分的起始点
% h: 积分的步长
% n: 微分方程中方程个数，也是未知数个数
% y: 存放n个未知函数在起始点t处的函数值
%      返回n个未知函数在起始点t+h处的函数值
% eps: 控制进度要求
% f: 指向计算微分方程组中各方程右端函数值的函数名
%%%%%%%%%%%%%%%%%%%%%%%%%%%%%%%%%%%%
a=zeros(n,1);
b=zeros(n,1);
c=zeros(n,1);
d=zeros(n,1);
hh=h;
m=1;
p=1+eps;
for i=1:n
    a(i)=y(i);                       %存放n个未知函数在起始点t处的函数值
end
while p>=eps
    for i=1:n
        b(i)=y(i);
        y(i)=a(i);
    end
    for j=0:m-1
        for i=1:n
            c(i)=y(i);
        end
        x=t+j*hh;                    %计算微分方程自变量值
        d=f(x,y,n);                  %计算微分方程右端函数值
        for i=1:n
            y(i)=c(i)+hh*d(i);
        end
        x=t+(j+1)*hh;                %计算微分方程自变量值
        d=f(x,y,n);                  %计算微分方程右端函数值
        for i=1:n
            d(i)=c(i)+hh*d(i);
        end
        for i=1:n
            y(i)=(y(i)+d(i))/2;
        end
```

```
        end
    p=0;
    for i=1:n
        q=abs(y(i)-b(i));
        if q>p
            p=q;
        end
    end
    hh=hh/2;                              %步长减半
    m=2*m;
    end
end
```

【**例 11-1**】设一阶微分方程组与初值如下，用改进欧拉公式计算当步长 $h = 0.01$ 时各积分点 $t_j = jh(j = 0,1,\cdots,10)$ 上的未知函数的近似值 y_{0j}、y_{1j}、y_{2j}。取 $\varepsilon = 0.0000001$。

$$\begin{cases} y_0' = y_1, & y_0(0) = -1.0 \\ y_1' = -y_0, & y_1(0) = 0.0 \\ y_2' = -y_2, & y_2(0) = 1.0 \end{cases}$$

计算微分方程组中各方程右端函数值的函数程序如下。

```
function d=f(t,y,n)
%%%%%%%%%%%%%%%%%%%%%%%%%%%%%%%%%%
% 计算微分方程组中各方程右端函数值
% 输入:
%   t: 微分方程自变量
%   y: n 个未知函数在起始点 t 处的函数值
%   n: 微分方程中方程个数，也是未知数个数
% 输出:
%   d: 返回微分方程组中各方程右端函数值
%%%%%%%%%%%%%%%%%%%%%%%%%%%%%%%%%%
    d=zeros(n,1);
    d(1)=y(2);
    d(2)=-y(1);
    d(3)=-y(3);
end
```

在编辑器中编写如下程序。

```
clc, clear
% 变步长欧拉法
% 参数初始化
y=[-1; 0; 1];                      %初始 t 点处 3 个未知函数函数值
t=0;                               %初始 t 点
h=0.01;                            %初始步长
eps=0.0000001;                     %控制精度
% 输出 t 点及各未知函数函数值
fprintf('t = %f',t);
for i=1:3
```

```
        fprintf('   y(%d) = %f',i-1,y(i));
    end
fprintf('\n');
for j=1:10
    y=Euler(t,h,3,y,eps,@f);
    t=t+h;
    fprintf('t = %f',t);
    for i=1:3
        fprintf('   y(%d) = %f',i-1,y(i));
    end
    fprintf('\n');
end
```

运行程序，输出结果如下。

```
t = 0.000000    y(0) = -1.000000    y(1) = 0.000000    y(2) = 1.000000
t = 0.010000    y(0) = -0.999950    y(1) = 0.010000    y(2) = 0.990050
t = 0.020000    y(0) = -0.999800    y(1) = 0.019999    y(2) = 0.980199
t = 0.030000    y(0) = -0.999550    y(1) = 0.029996    y(2) = 0.970446
t = 0.040000    y(0) = -0.999200    y(1) = 0.039989    y(2) = 0.960789
t = 0.050000    y(0) = -0.998750    y(1) = 0.049979    y(2) = 0.951229
t = 0.060000    y(0) = -0.998201    y(1) = 0.059964    y(2) = 0.941765
t = 0.070000    y(0) = -0.997551    y(1) = 0.069943    y(2) = 0.932394
t = 0.080000    y(0) = -0.996802    y(1) = 0.079915    y(2) = 0.923116
t = 0.090000    y(0) = -0.995953    y(1) = 0.089879    y(2) = 0.913931
t = 0.100000    y(0) = -0.995004    y(1) = 0.099834    y(2) = 0.904838
```

11.2　变步长龙格-库塔法

利用变步长 4 阶龙格–库塔（Runge-Kutta）法可以求解一阶微分方程组，该方法是一种单步法。设一阶微分方程组以及初值为

$$\begin{cases} y_0' = f_0(t,y_0,y_1,\cdots,y_{n-1}), & y_0(t_0) = y_{00} \\ y_1' = f_1(t,y_0,y_1,\cdots,y_{n-1}), & y_1(t_0) = y_{10} \\ \quad\vdots \\ y_{n-1}' = f_{n-1}(t,y_0,y_1,\cdots,y_{n-1}), & y_{n-1}(t_0) = y_{(n-1)0} \end{cases}$$

从 t_j 积分一步到 $t_{j+1} = t_j + h$ 的 4 阶龙格–库塔法的计算公式如下。

$$\begin{cases} k_{0i} = f_i(t_j,y_{0j},y_{1j},\cdots,y_{n-1,j}) \\ k_{1i} = f_i\left(t_j + \dfrac{h}{2}, y_{0j} + \dfrac{h}{2}k_{00}, \cdots, y_{n-1,j} + \dfrac{h}{2}k_{0,n-1}\right) \\ k_{2i} = f_i\left(t_j + \dfrac{h}{2}, y_{0j} + \dfrac{h}{2}k_{10}, \cdots, y_{n-1,j} + \dfrac{h}{2}k_{1,n-1}\right), \quad i=0,1,\cdots,n-1 \\ k_{3i} = f_i(t_j + h, y_{0j} + hk_{20}, \cdots, y_{n-1,j} + hk_{2,n-1}) \\ y_{i,j+1} = y_{ij} + \dfrac{h}{6}(k_{0i} + 2k_{1i} + 2k_{2i} + k_{3i}) \end{cases}$$

在 MATLAB 中编写 runge_kutta() 函数，利用变步长 4 阶龙格–库塔法实现对一阶微分方程组的求解。

```matlab
function y=runge_kutta(t,h,n,y,eps,f)
%%%%%%%%%%%%%%%%%%%%%%%%%%%%%%%%%%%%%%%%
% 变步长龙格-库塔法
% t: 积分的起始点
% h: 积分的步长
% n: 一阶微分方程组中方程个数，也是未知数个数
% y: 存放 n 个未知函数在起始点 t 处的函数值
%    返回 n 个未知函数在起始点 t+h 处的函数值
% eps: 控制精度要求
% f: 指向计算微分方程组中各方程右端函数值的函数名
%%%%%%%%%%%%%%%%%%%%%%%%%%%%%%%%%%%%%%%%
a=zeros(4,1);
g=zeros(n,1);
b=zeros(n,1);
c=zeros(n,1);
d=zeros(n,1);
e=zeros(n,1);
hh=h;                             %步长
m=1;                             %步数
p=1+eps;                         %初始误差
x=t;                             %存放初始点
for i=1:n
    c(i)=y(i);                   %存放 n 个未知函数在起始点 t 处的函数值
end
while p>=eps
    a(1)=hh/2;
    a(2)=a(1);
    a(3)=hh;
    a(4)=hh;
    for i=1:n
        g(i)=y(i);
        y(i)=c(i);
    end
    dt=h/m;
    t=x;                         %初始点
    for j=1:m
        d=f(t,y,n);
        for i=1:n
            b(i)=y(i);
            e(i)=y(i);
        end
        for k=1:3
            for i=1:n
                y(i)=e(i)+a(k)*d(i);
                b(i)=b(i)+a(k+1)*d(i)/3;
```

```
                end
                tt=t+a(k);
                d=f(tt,y,n);
            end
            for i=1:n
                y(i)=b(i)+hh*d(i)/6;
            end
            t=t+dt;
        end
        p=0;
        for i=1:n
            q=abs(y(i)-g(i));
            if q>p
                p=q;
            end
        end
        hh=hh/2;                          %更新步长
        m=2*m;                            %更新步数
    end
end
```

【例 11-2】设一阶微分方程组与初值如下，用变步长 4 阶龙格–库塔法计算当步长 $h = 0.1$ 时各积分点 $t_j = jh (j = 0,1,\cdots,10)$ 上的未知函数的近似值 y_{0j}、y_{1j}。取 $\varepsilon = 0.0000001$。

$$\begin{cases} y_0' = y_1, & y_0(0) = 0.0 \\ y_1' = -y_0, & y_1(0) = 1.0 \end{cases}$$

计算微分方程组中各方程右端函数值的函数程序如下。

```
function d=rktf(t,y,n)
%%%%%%%%%%%%%%%%%%%%%%%%%%%%%%%%%%%%
% 计算微分方程组中各方程右端函数值
% t: 微分方程自变量
% y: n 个未知函数在起始点 t 处的函数值
% n: 微分方程中方程个数，也是未知数个数
% d: 返回微分方程组中各方程右端函数值
%%%%%%%%%%%%%%%%%%%%%%%%%%%%%%%%%%%%
d=zeros(n,1);
d(1)=y(2);
d(2)=-y(1);
end
```

在编辑器中编写如下程序。

```
clc, clear
% 变步长龙格-库塔法
% 参数初始化
y=[0;1];                          %初始 t 点处两个未知函数函数值
t=0;                              %初始 t 点
h=0.1;                            %初始步长
eps=0.0000001;                    %控制精度
```

```
% 输出 t 点及各未知函数函数值
fprintf('t = %d',t);
for i=1:2
    fprintf('  y(%d) = %f',i,y(i));
end
fprintf('\n');
for j=1:10
    y=runge_kutta(t,h,2,y,eps,@rktf);
    t =t+h;
    fprintf('t = %d',t);
    for i=1:2
        fprintf('  y(%d) = %f',i,y(i));
    end
    fprintf('\n');
end
```

运行程序，输出结果如下。

```
t = 0    y(1) = 0.000000   y(2) = 1.000000
t = 1.000000e-01   y(1) = 0.099833   y(2) = 0.995004
t = 2.000000e-01   y(1) = 0.198669   y(2) = 0.980067
t = 3.000000e-01   y(1) = 0.295520   y(2) = 0.955336
t = 4.000000e-01   y(1) = 0.389418   y(2) = 0.921061
t = 5.000000e-01   y(1) = 0.479426   y(2) = 0.877583
t = 6.000000e-01   y(1) = 0.564642   y(2) = 0.825336
t = 7.000000e-01   y(1) = 0.644218   y(2) = 0.764842
t = 8.000000e-01   y(1) = 0.717356   y(2) = 0.696707
t = 9.000000e-01   y(1) = 0.783327   y(2) = 0.621610
t = 1.000000e+00   y(1) = 0.841471   y(2) = 0.540302
```

11.3 变步长基尔法

利用变步长基尔（Gill）法可以求解一阶微分方程组，该方法是一种单步法。设一阶微分方程组以及初值为

$$\begin{cases} y_0' = f_0(t, y_0, y_1, \cdots, y_{n-1}), & y_0(t_0) = y_{00} \\ y_1' = f_1(t, y_0, y_1, \cdots, y_{n-1}), & y_1(t_0) = y_{10} \\ \quad\vdots \\ y_{n-1}' = f_{n-1}(t, y_0, y_1, \cdots, y_{n-1}), & y_{n-1}(t_0) = y_{(n-1)0} \end{cases}$$

从 t 点积分到 $t+h$ 点的基尔公式如下。

$$\begin{cases} k_{0i} = hf_i(t, y_0^{(0)}, y_1^{(0)}, \cdots, y_{n-1}^{(0)}) \\ k_{1i} = hf_i\left(t + \dfrac{h}{2}, y_0^{(1)}, y_1^{(1)}, \cdots, y_{n-1}^{(1)}\right) \\ k_{2i} = hf_i\left(t + \dfrac{h}{2}, y_0^{(2)}, y_1^{(2)}, \cdots, y_{n-1}^{(2)}\right) \\ k_{3i} = hf_i(t + h, y_0^{(3)}, y_1^{(3)}, \cdots, y_{n-1}^{(3)}) \end{cases}, \quad i = 0, 1, \cdots, n-1$$

其中，$y_i^{(0)}$ 为 t 点的未知函数值 $y_i(t)$；$y_i^{(4)}$ 为一步积分后，$t+h$ 点的未知函数值 $y_i(t+h)$；$q_i^{(0)}$ 在起始时赋

值为 0，以后每积分一步，将 $q_i^{(4)}$ 作为下一步的 $q_i^{(0)}$。

$$\begin{cases} y_i^{(1)} = y_i^{(0)} + \dfrac{1}{2}(k_{0i} - 2q_i^{(0)}) \\[2mm] y_i^{(2)} = y_i^{(1)} + \left(1 - \sqrt{\dfrac{1}{2}}\right)(k_{1i} - 2q_i^{(1)}) \\[2mm] y_i^{(3)} = y_i^{(2)} + \left(1 + \sqrt{\dfrac{1}{2}}\right)(k_{2i} - 2q_i^{(2)}) \\[2mm] y_i^{(4)} = y_i^{(3)} + \dfrac{1}{6}(k_{3i} - 2q_i^{(3)}) \end{cases}$$

$$\begin{cases} q_i^{(1)} = q_i^{(0)} + 3\left[\dfrac{1}{2}(k_{0i} - 2q_i^{(0)})\right] - \dfrac{1}{2}k_{0i} \\[2mm] q_i^{(2)} = q_i^{(1)} + 3\left[\left(1 - \sqrt{\dfrac{1}{2}}\right)(k_{1i} - 2q_i^{(1)})\right] - \left(1 - \sqrt{\dfrac{1}{2}}\right)k_{1i} \\[2mm] q_i^{(3)} = q_i^{(2)} + 3\left[\left(1 + \sqrt{\dfrac{1}{2}}\right)(k_{2i} - 2q_i^{(2)})\right] - \left(1 + \sqrt{\dfrac{1}{2}}\right)k_{2i} \\[2mm] q_i^{(4)} = q_i^{(3)} + 3\left[\dfrac{1}{6}(k_{4i} - 2q_i^{(3)})\right] - \dfrac{1}{2}k_{3i} \end{cases}, \quad i = 0, 1, \cdots, n-1$$

该方法具有抵消每步中所积累的舍入误差的作用，可以提高精度。

在 MATLAB 中编写 gill() 函数，利用变步长基尔法实现对一阶微分方程组的求解。

```
function [y,q]=gill(t,h,n,y,eps,q,f)
%%%%%%%%%%%%%%%%%%%%%%%%%%%%%%%%%%%%%%%
% 变步长基尔法
% t: 积分的起始点
% h: 积分的步长
% n: 一阶微分方程组中方程个数，也是未知函数个数
% y: 存放 n 个未知函数在起始点 t 处的函数值
%    返回 n 个未知函数在起始点 t+h 处的函数值
% eps: 控制精度要求
% q: 当第 1 次调用本函数时 q[k]=0 (k=0,1,...,n-1)
%       以后每次调用时将使用上一次调用后的返回值
% f: 指向计算微分方程组中各方程右端函数值的函数名
%%%%%%%%%%%%%%%%%%%%%%%%%%%%%%%%%%%%
a=[0.5,0.29289321881,1.7071067812,0.166666667];
b=[2, 1, 1, 2];
c=[0, 0, 0, 0];
e=[0.5, 0.5, 1, 1];
d=zeros(n,1);
u=zeros(n,1);
v=zeros(n,1);
g=zeros(n,1);
```

```
for i=1:3
    c(i)=a(i);
end
c(4)=0.5;
x=t;
p=1+eps;
hh=h;
m=1;
for j=1:n
    u(j)=y(j);                                    %存放 n 个未知函数在起始点处的函数值
end
while p>=eps
    for j=1:n
        v(j)=y(j);
        y(j)=u(j);
        g(j)=q(j);
    end
    dt=h/m;
    t=x;
    for k=1:m
        d=f(t, y, n);
        for ii=1:4
            for j=1:n
                d(j)=d(j)*hh;
            end
            for j=1:n
                r=(a(ii)*(d(j)-b(ii)*g(j))+y(j))-y(j);
                y(j)=y(j)+r;
                s=g(j)+3*r;
                g(j)=s-c(ii)*d(j);
            end
            t0=t+e(ii)*hh;
            d=f(t0,y,n);
        end
        t=t+dt;
    end
    p=0;
    for j=1:n
        qq=abs(y(j)-v(j));
        if qq>p
            p=qq;
        end
    end
    hh=hh/2;                                      %更新步长
    m=2*m;                                        %更新步数
end
```

```
for j=1:n
    q(j)=g(j);
end
end
```

【例 11-3】设一阶微分方程组与初值如下，用变步长基尔法计算当步长 $h=0.1$ 时各积分点 $t_j = jh(j = 0,1,\cdots,10)$ 上的未知函数的近似值 y_{0j} 、 y_{1j} 、 y_{2j} 。取 $\varepsilon = 0.0000001$ 。

$$\begin{cases} y_0' = y_1, & y_0(0) = 0.0 \\ y_1' = -y_0, & y_1(0) = 1.0 \\ y_2' = -y_2, & y_2(0) = 1.0 \end{cases}$$

本例的解析解为

$$\begin{cases} y_0 = \sin t \\ y_1 = \cos t \\ y_2 = e^{-t} \end{cases}$$

计算微分方程组中各方程右端函数值的函数程序如下。

```
function d=gillf(t,y,n)
%%%%%%%%%%%%%%%%%%%%%%%%%%%%%%%%%%%
% 计算微分方程组中各方程右端函数值
% t: 微分方程自变量
% y: n 个未知函数在起始点 t 处的函数值
% n: 微分方程组中方程个数，也是未知数个数
% d: 返回微分方程组中各方程右端函数值
%%%%%%%%%%%%%%%%%%%%%%%%%%%%%%%%%%%
d=zeros(n,1);
d(1)=y(2);
d(2)=-y(1);
d(3)=-y(3);
end
```

在编辑器中编写如下程序。

```
clc, clear
% 变步长基尔法
% 参数初始化
q=[0, 0, 0];                        %初始 t 点处 3 个 q 值
y=[0, 1, 1];                        %初始 t 点处 3 个未知函数函数值
t=0;                                %初始 t 点
h=0.1;                              %初始步长
eps=0.0000001;                      %控制精度
% 输出 t 点及各未知函数函数值
fprintf('t = %d',t);
for i = 1:3
    fprintf('   y(%d) = %f',i,y(i));
end
fprintf('\n');
```

```
for i=1:10
    [y,q]=gill(t,h,3,y,eps,q,@gillf);
    t=t+h;
    fprintf('t = %d',t);
    for i=1:3
        fprintf('   y(%d) = %f',i,y(i));
    end
    fprintf('\n');
end
```

运行程序，输出结果如下。

```
t = 0    y(1) = 0.000000    y(2) = 1.000000    y(3) = 1.000000
t = 1.000000e-01    y(1) = 0.099833    y(2) = 0.995004    y(3) = 0.904837
t = 2.000000e-01    y(1) = 0.198669    y(2) = 0.980067    y(3) = 0.818731
t = 3.000000e-01    y(1) = 0.295520    y(2) = 0.955336    y(3) = 0.740818
t = 4.000000e-01    y(1) = 0.389418    y(2) = 0.921061    y(3) = 0.670320
t = 5.000000e-01    y(1) = 0.479426    y(2) = 0.877583    y(3) = 0.606531
t = 6.000000e-01    y(1) = 0.564642    y(2) = 0.825336    y(3) = 0.548812
t = 7.000000e-01    y(1) = 0.644218    y(2) = 0.764842    y(3) = 0.496585
t = 8.000000e-01    y(1) = 0.717356    y(2) = 0.696707    y(3) = 0.449329
t = 9.000000e-01    y(1) = 0.783327    y(2) = 0.621610    y(3) = 0.406570
t = 1.000000e+00    y(1) = 0.841471    y(2) = 0.540302    y(3) = 0.367879
```

11.4　变步长默森法

利用变步长默森（Merson）法可以求解一阶微分方程组，该方法是一种单步法。设一阶微分方程组以及初值为

$$
\begin{cases}
y_0' = f_0(t, y_0, y_1, \cdots, y_{n-1}), & y_0(t_0) = y_{00} \\
y_1' = f_1(t, y_0, y_1, \cdots, y_{n-1}), & y_1(t_0) = y_{10} \\
\quad\quad\quad\vdots & \\
y_{n-1}' = f_{n-1}(t, y_0, y_1, \cdots, y_{n-1}), & y_{n-1}(t_0) = y_{n-1,0}
\end{cases}
$$

从 t_j 积分一步到 $t_{j+1} = t_j + h$ 的默森法的计算公式如下。

$$
y_i^{(1)} = y_i^{(0)} + \frac{h}{3} f_i(t_j, y_0^{(0)}, y_1^{(0)}, \cdots, y_{n-1}^{(0)})
$$

$$
y_i^{(2)} = y_i^{(1)} + \frac{h}{6}\left[f_i\left(t_j + \frac{h}{3}, y_0^{(1)}, y_1^{(1)}, \cdots, y_{n-1}^{(1)}\right) - f_i(t_j, y_0^{(0)}, y_1^{(0)}, \cdots, y_{n-1}^{(0)}) \right]
$$

$$
y_i^{(3)} = y_i^{(2)} + \frac{3}{8}h\left[f_i\left(t_j + \frac{h}{3}, y_0^{(2)}, y_1^{(2)}, \cdots, y_{n-1}^{(2)}\right) - \right.
$$

$$
\left. \frac{4}{9}\left(f_i\left(t_j + \frac{h}{3}, y_0^{(1)}, y_1^{(1)}, \cdots, y_{n-1}^{(1)}\right) + \frac{1}{4} f_i(t_j, y_0^{(0)}, y_1^{(0)}, \cdots, y_{n-1}^{(0)}) \right) \right]
$$

$$y_i^{(4)} = y_i^{(3)} + 2h\left[f_i\left(t_j + \frac{h}{2}, y_0^{(3)}, y_1^{(3)}, \cdots, y_{n-1}^{(3)}\right) - \right.$$

$$\left. \frac{15}{16}\left(f_i\left(t_j + \frac{h}{3}, y_0^{(2)}, y_1^{(2)}, \cdots, y_{n-1}^{(2)}\right) - \frac{1}{5}f_i(t_j, y_0^{(0)}, y_1^{(0)}, \cdots, y_{n-1}^{(0)})\right)\right]$$

$$y_i^{(5)} = y_i^{(3)} + \frac{h}{6}\left[f_i(t_j + h, y_0^{(4)}, y_1^{(4)}, \cdots, y_{n-1}^{(4)}) - 8\left(f_i\left(t_j + \frac{h}{2}, y_0^{(3)}, y_1^{(3)}, \cdots, y_{n-1}^{(3)}\right) - \right.\right.$$

$$\left.\left. \frac{9}{8}\left(f_i\left(t_j + \frac{h}{3}, y_0^{(2)}, y_1^{(2)}, \cdots, y_{n-1}^{(2)}\right) - \frac{2}{9}f_i(t_j, y_0^{(0)}, y_1^{(0)}, \cdots, y_{n-1}^{(0)})\right)\right)\right]$$

其中，$y_i^{(0)} = y_i(t_j)$；$y_i^{(5)} = y_i(t_j + h)$，$i = 0, 1, \cdots, n-1$。

在 MATLAB 中编写 merson() 函数，利用变步长默森法实现对一阶微分方程组的求解。

```
function y = merson(t, h, n, y, eps, f)
%%%%%%%%%%%%%%%%%%%%%%%%%%%%%%%%%%%%%
% 变步长默森法
% t: 积分的起始点
% h: 积分的步长
% n: 一阶微分方程组中方程个数，也是未知函数个数
% y: 存放 n 个未知函数在起始点 t 处的函数值
%    返回 n 个未知函数在起始点 t+h 处的函数值
% eps: 控制精度要求
% f: 指向计算微分方程组中各方程右端函数值的函数名
%%%%%%%%%%%%%%%%%%%%%%%%%%%%%%%%%%%%%
%系数矩阵
a=zeros(n,1);
b=zeros(n,1);
c=zeros(n,1);
%存放微分方程组中各方程右端函数值
d=zeros(n,1);
u=zeros(n,1);
v=zeros(n,1);
x=t;
nn=1;
hh=h;
for j=1:n
    u(j)=y(j);                          %存放 n 个未知函数在起始点 t 处的函数值
end
p=1+eps;
while p>=eps
    for j=1:n
        v(j)=y(j);
        y(j)=u(j);
    end
    dt=h/nn;
    t=x;
```

```
    for m=1:nn
        d=f(t,y,n);
        for j=1:n
            a(j)=d(j);
            y(j)=y(j)+hh*d(j)/3;
        end
        t0=t+hh/3;
        d=f(t0,y,n);
        for j=1:n
            b(j)=d(j);
            y(j)=y(j)+hh*(d(j)-a(j))/6;
        end
        d=f(t0,y,n);
        for j=1:n
            b(j)=d(j);
            q=(d(j)-4*(b(j)+a(j)/4)/9)/8;
            y(j)=y(j)+3*hh*q;
        end
        t0=t+hh/2;
        d=f(t0,y,n);
        for j=1:n
            c(j)=d(j);
            q=d(j)-15*(b(j)-a(j)/5)/16;
            y(j)=y(j)+2*hh*q;
        end
        t0=t+hh;
        d=f(t0,y,n);
        for j=1:n
            q=c(j)-9*(b(j)-2*a(j)/9)/8;
            q=d(j)-8*q;
            y(j)=y(j)+hh*q/6;
        end
        t=t+dt;
    end
    p=0;
    for j=1:n
        q=abs(y(j)-v(j));
        if q>p
            p=q;
        end
    end
    hh=hh/2;                          %更新步长
    nn=2*nn;                          %更新步数
end
end
```

【例 11-4】设一阶微分方程组与初值如下，用默森法计算当步长 $h = 0.01$ 时各积分点 $t_j = jh(j = 0,1,\cdots,30)$ 上的未知函数的近似值 y_{0j}、y_{1j}。取 $\varepsilon = 0.0000001$。

$$\begin{cases} y_0' = 60[0.06 + t(t - 0.6)]y_1, & y_0(0) = 0.0 \\ y_1' = -60[0.06 + t(t - 0.6)]y_0, & y_1(0) = 1.0 \end{cases}$$

本例的解析解为

$$\begin{cases} y_0 = \sin[20t(t - 0.3)(t - 0.6)] \\ y_1 = \cos[20t(t - 0.3)(t - 0.6)] \end{cases}$$

计算微分方程组中各方程右端函数值的函数程序如下。

```
function d=mrsnf(t,y,n)
%%%%%%%%%%%%%%%%%%%%%%%%%%%%%%%%%%%%%
% 计算微分方程组中各方程右端函数值
% t：微分方程自变量
% y：n 个未知函数在起始点 t 处的函数值
% n：微分方程组中方程个数，也是未知数个数
% d：返回微分方程组中各方程右端函数值
%%%%%%%%%%%%%%%%%%%%%%%%%%%%%%%%%%%%%
q=60*(0.06+t*(t-0.6));
d(1)=q*y(2);
d(2)=-q*y(1);
end
```

在编辑器中编写如下程序。

```
clc, clear
% 变步长默森法
% 参数初始化
y=[0, 1];                        %初始 t 点处两个未知函数函数值
t=0;                             %初始 t 点
h=0.01;                          %初始步长
eps=0.0000001;                   %控制精度
% 输出 t 点及各未知函数函数值
fprintf('t = %d',t);
for i=1:2
    fprintf('   y(%d) = %f',i,y(i));
end
fprintf('\n');
for i=1:30
    y=merson(t,h,2,y,eps,@mrsnf);
    t=t+h;
    fprintf('t = %d',t);
    for i=1:2
        fprintf('   y(%d) = %f',i,y(i));
    end
    fprintf('\n');
end
```

运行程序，输出结果如下。

```
t = 0       y(1) = 0.000000    y(2) = 1.000000
t = 1.000000e-02    y(1) = 0.034213    y(2) = 0.999415
t = 2.000000e-02    y(1) = 0.064914    y(2) = 0.997891
t = 3.000000e-02    y(1) = 0.092209    y(2) = 0.995740
t = 4.000000e-02    y(1) = 0.116217    y(2) = 0.993224
t = 5.000000e-02    y(1) = 0.137067    y(2) = 0.990562
t = 6.000000e-02    y(1) = 0.154894    y(2) = 0.987931
t = 7.000000e-02    y(1) = 0.169833    y(2) = 0.985473
t = 8.000000e-02    y(1) = 0.182020    y(2) = 0.983295
t = 9.000000e-02    y(1) = 0.191588    y(2) = 0.981475
t = 1.000000e-01    y(1) = 0.198669    y(2) = 0.980066
t = 1.100000e-01    y(1) = 0.203391    y(2) = 0.979097
t = 1.200000e-01    y(1) = 0.205877    y(2) = 0.978578
t = 1.300000e-01    y(1) = 0.206249    y(2) = 0.978499
t = 1.400000e-01    y(1) = 0.204624    y(2) = 0.978840
t = 1.500000e-01    y(1) = 0.201119    y(2) = 0.979567
t = 1.600000e-01    y(1) = 0.195846    y(2) = 0.980635
t = 1.700000e-01    y(1) = 0.188918    y(2) = 0.981993
t = 1.800000e-01    y(1) = 0.180446    y(2) = 0.983585
t = 1.900000e-01    y(1) = 0.170542    y(2) = 0.985350
t = 2.000000e-01    y(1) = 0.159318    y(2) = 0.987227
t = 2.100000e-01    y(1) = 0.146887    y(2) = 0.989153
t = 2.200000e-01    y(1) = 0.133361    y(2) = 0.991067
t = 2.300000e-01    y(1) = 0.118858    y(2) = 0.992911
t = 2.400000e-01    y(1) = 0.103494    y(2) = 0.994630
t = 2.500000e-01    y(1) = 0.087388    y(2) = 0.996174
t = 2.600000e-01    y(1) = 0.070661    y(2) = 0.997500
t = 2.700000e-01    y(1) = 0.053435    y(2) = 0.998571
t = 2.800000e-01    y(1) = 0.035832    y(2) = 0.999358
t = 2.900000e-01    y(1) = 0.017979    y(2) = 0.999838
t = 3.000000e-01    y(1) = -0.000000   y(2) = 1.000000
```

11.5 连分式法

利用连分式法可以求解一阶微分方程组，该方法是一种单步法。设常微分方程初值问题为

$$\begin{cases} y' = f(t, y) \\ y(t_0) = y_0 \end{cases}$$

并且已知在 t_m 点的解函数值 $y_m = y(t_m)$，现要求在 t_{m+1} 点的解函数值 $y_{m+1} = y(t_{m+1})$。利用连分式求微分方程初值问题数值解的基本方法如下。

首先用变步长龙格-库塔法（如 4 阶龙格-库塔公式）计算由 t_m 跨不同步数到 t_{m+1} 时解函数值 $y(t_{m+1})$ 的各近似值。即由 t_m 跨 $n = 2^k (k = 0, 1, 2, \cdots)$ 步到 t_{m+1}，其中每步的步长为

$$h_k = \frac{t_{m+1} - t_m}{2^k}, \quad k = 0, 1, 2, \cdots$$

由此可以使用龙格–库塔公式计算出在跨不同步数时在 t_{m+1} 点解函数值 $y_{m+1} = y(t_{m+1})$ 的各近似值为

$$y_{m+1}^{(0)}, y_{m+1}^{(1)}, y_{m+1}^{(2)}, \cdots$$

其中，$y_{m+1}^{(k)}(k = 0,1,2,\cdots)$ 表示从 t_m 跨 $n = 2^k$ 步到 t_{m+1} 时采用龙格–库塔公式计算得到的 $y(t_{m+1})$ 的近似值。

如果将 $y(t_{m+1})$ 的近似值看作 h 的一个函数 $G(h)$，则 $y_{m+1}^{(k)}$ 是当步长 h 为 $h_k = \dfrac{t_{m+1} - t_m}{2^k}$ 时 $G(h)$ 的函数值，即

$$y_{m+1}^{(k)} = G(h_k)$$

显然，h 越小，函数值 $G(h)$ 越接近准确值 $y(t_{m+1})$。

根据函数连分式的概念，可以将函数 $G(h)$ 用函数连分式表示，即

$$G(h) = b_0 + \cfrac{h - h_0}{b_1 + \cfrac{h - h_1}{b_2 + \cdots + \cfrac{h - h_{k-1}}{b_k + \cdots}}}$$

其中，参数 $b_0, b_1, \cdots, b_k$ 可以由解函数的一系列近似值数据点 $(h_k, y_{m+1}^{(k)})$ 来确定；而 $y_{m+1}^{(k)}$ 可以由龙格–库塔公式计算得到；$h_k = \dfrac{t_{m+1} - t_m}{2^k}$。

当步长 h 趋于 0 时，计算的数值将趋于解函数的准确值 $y(t_{m+1})$，即

$$y(t_{m+1}) = G(0) = b_0 - \cfrac{h_0}{b_1 - \cfrac{h_1}{b_2 - \cdots - \cfrac{h_{k-1}}{b_k - \cdots}}}$$

如果取 k 节连分式，则可以得到解函数的近似值，即

$$G^{(k)} = b_0 - \cfrac{h_0}{b_1 - \cfrac{h_1}{b_2 - \cdots - \cfrac{h_{k-1}}{b_k}}}$$

综上所述，用连分式法对常微分方程初值问题求解的基本步骤如下。

（1）用龙格–库塔公式计算由 t_m 跨一步到 t_{m+1} 时的 $y(t_{m+1})$ 的近似值 $y_{m+1}^{(0)}$，即 $h_0 = t_{m+1} - t_m$，从而得到 $b_0 = y_{m+1}^{(0)}$，$G^{(0)} = y_{m+1}^{(0)}$。

（2）对于 $k = 1,2,\cdots$，令 $h_k = \dfrac{h_{k-1}}{2}$，并进行以下操作。

① 以 h_k 为步长，用龙格–库塔公式计算由 t_m 跨 $n = 2^k$ 步到 t_{m+1} 时的 $y(t_{m+1})$ 的第 k 次近似值 $y_{m+1}^{(k)}$。

② 根据第 k 次的近似值点 $(h_k, y_{m+1}^{(k)})$，用递推计算公式

$$\begin{cases} u = y_{m+1}^{(k)} \\ u = \dfrac{h_k - h_j}{u - b_j}, \quad j = 0,1,\cdots,k-1 \\ b_k = u \end{cases}$$

递推计算出一个新的 b_k，使连分式插值函数再增加一节，即

$$b_0 + \cfrac{h - h_0}{b_1 + \cfrac{h - h_1}{b_2 + \cdots + \cfrac{h - h_{k-2}}{b_{k-1} + \cfrac{h - h_{k-1}}{b_k}}}}$$

③ 令 $h = 0$，计算出第 k 次的校正值，即

$$G^{(k)} = b_0 - \cfrac{h_0}{b_1 - \cfrac{h_1}{b_2 - \cdots - \cfrac{h_{k-2}}{b_{k-1} - \cfrac{h_{k-1}}{b_k}}}}$$

以上过程一直做到满足精度要求，即 $\left| G^{(k)} - G^{(k-1)} \right| < \varepsilon$ 为止。

在实际进行计算过程中，一般做到 7 节连分式为止，如果此时还不满足精度要求，则从最后得到的 $y_{m+1}^{(k)}$ 开始重新进行计算。

同理，也可以用连分式法求解一阶微分方程组的初值问题。

$$\begin{cases} y_0' = f_0(t, y_0, y_1, \cdots, y_{n-1}), & y_0(t_0) = y_{00} \\ y_1' = f_1(t, y_0, y_1, \cdots, y_{n-1}), & y_1(t_0) = y_{10} \\ \vdots \\ y_{n-1}' = f_{n-1}(t, y_0, y_1, \cdots, y_{n-1}), & y_{n-1}(t_0) = y_{n-1,0} \end{cases}$$

在 MATLAB 中编写 pqeuler() 函数，利用连分式法实现对一阶微分方程组的求解。

```
function y=pqeuler(t,h,n,y,eps,f)
%%%%%%%%%%%%%%%%%%%%%%%%%%%%%%%%%
% 求解一阶初值连分式法
% t: 积分的起始点
% h: 积分的步长
% n: 一阶微分方程组中方程个数，也是未知函数个数
% y: 存放 n 个未知函数在起始点 t 处的函数值
%      返回 n 个未知函数在起始点 t+h 处的函数值
% eps: 控制精度要求
% f: 指向计算微分方程组中各方程右端函数值的函数名
%%%%%%%%%%%%%%%%%%%%%%%%%%%%%%%%%
s0=zeros(n,1);
s1=zeros(n,1);
g0=zeros(n,1);
yy=zeros(n,1);
b=zeros(10*n,1);
hh=zeros(10,1);
g=zeros(10*n,1);
for i=1:n
    yy(i)=y(i);
end
il=0;
```

```
flag=0;
m=1;
h0=h;
yy=euler1(t,h0,n,yy,m,f);                        %欧拉法计算初值
for i=1:n
    g0(i)=yy(i);
end
while il<20 && flag==0
    il=il+1;
    hh(1)=h0;
    for i=1:n
        g((i-1)*10+1)=g0(i);
        b((i-1)*10+1)=g((i-1)*10+1);
    end
    j=1;
    for i=1:n
        s1(i)=g((i-1)*n+1);
    end
    while j<=7
        for i=1:n
            yy(i)=y(i);
        end
        m=2*m;
        hh(j+1)=hh(j)/2;
        yy=euler1(t, hh(j+1), n, yy, m, f);
        for i=1:n
            g((i-1)*10+j+1)=yy(i);
        end
        for i=1:n
            gg=g((i-1)*10+1:10*i);
            bb=b((i-1)*10+1:10*i);
            bb=funpqj(hh, gg, bb, j);
            b((i-1)*10+1:10*i)=bb;
        end
        for i=1:n
            s0(i)=s1(i);
        end
        for i=1:n
            bb=b((i-1)*10+1:10*i);
            s1(i)=funpqv(hh, bb, j, 0);          %连分式法计算积分近似值
        end
        d=0;
        for i=1:n
            if abs(s1(i)-s0(i))>d
                d=abs(s1(i)-s0(i));
            end
```

```
            end
            if d>eps
                j=j+1;
            else
                j=10;
            end
        end
        h0=hh(j);
        for i=1:n
            g0(i)=g(10*(i-1)+j);
        end
        if j==10
            flag=1;
        end
    end
end
for i=1:n
    y(i)=s1(i);
end
end


function y=euler1(t,h,n,y,m,f)
%%%%%%%%%%%%%%%%%%%%%%%%%%%%%%%%%%%%%%
% 改进欧拉公式，以 h 为步长积分 m 步
% t: 积分的起始点
% h: 积分的步长
% n: 一阶微分方程组中方程个数，也是未知函数个数
% y: 存放 n 个未知函数在起始点 t 处的函数值
%    返回 n 个未知函数在起始点 t+h 处的函数值
% m: 积分步数
% f: 指向计算微分方程组中各方程右端函数值的函数名
%%%%%%%%%%%%%%%%%%%%%%%%%%%%%%%%%%%%%%
c=zeros(n,1);
d=zeros(n,1);
for j=1:m
    for i=1:n
        c(i)=y(i);
    end
    x=t+(j-1)*h;
    d=f(x,y,n);
    for i=1:n
        y(i)=c(i)+h*d(i);
    end
    x=t+j*h;
    d=f(x, y, n);
    for i=1:n
        d(i)=c(i)+h*d(i);
```

```
        end
        for i=1:n
            y(i)=(y(i)+d(i))/2;
        end
    end
end


function u=funpqv(x,b,n,t)
% 计算函数连分式值
u=b(n+1);
for k=n:-1:1
    if abs(u)+1==1
        u=1e+35*(t-x(k))/abs(t-x(k));
    else
        u=b(k)+(t-x(k))/u;
    end
end
end


function b=funpqj(x,y,b,j)
% 计算连分式新的一节
flag=0;
u=y(j+1);
for  k=1:j
    if flag==0
        if (u-b(k)+1)==1
            flag=1;
        else
            u=(x(j+1)-x(k))/(u-b(k));
        end
    else
        break;
    end
end
if flag==1
    u=1e+35;
end
b(j+1)=u;
end
```

【例 11-5】设一阶微分方程组与初值如下，用连分式法计算当步长 $h = 0.1$ 时各积分点 $t_j = jh(j = 0,1,\cdots,10)$ 上的未知函数的近似值 y_{0j}、y_{1j}。取 $\varepsilon = 0.0000001$。

$$\begin{cases} y_0' = -y_1, & y_0(0) = 1.0 \\ y_1' = y_0, & y_1(0) = 0.0 \end{cases}$$

本例的解析解为

$$\begin{cases} y_0 = \cos t \\ y_i = \sin t \end{cases}$$

计算微分方程组中各方程右端函数值的函数程序如下。

```
function d=pqeulerf(t,y,n)
%%%%%%%%%%%%%%%%%%%%%%%%%%%%%%%%%%%%
% 计算微分方程组中各方程右端函数值
% t: 微分方程自变量
% y: n 个未知函数在起始点 t 处的函数值
% n: 微分方程组中方程个数，也是未知数个数
% d: 返回微分方程组中各方程右端函数值
%%%%%%%%%%%%%%%%%%%%%%%%%%%%%%
d=zeros(n,1);
d(1)=-y(2);
d(2)=y(1);
end
```

在编辑器中编写如下程序。

```
clc, clear
% 连分式法
% 参数初始化
t=0;                                    %起始点
h=0.1;                                  %步长
eps=0.0000001;                          %控制精度
y=[1,0];                                %3 个未知函数在起始点 t 处的函数值
% 输出 t 点及各未知函数函数值
fprintf('t=%d',t);
for i=1:2
    fprintf('   y(%d) =%f',i,y(i));
end
fprintf('\n');
for i=1:10
    y=pqeuler(t,h,2,y,eps,@pqeulerf);
    t=t+h;
    fprintf('t=%d',t);
    for i=1:2
        fprintf('   y(%d) = %f',i,y(i));
    end
    fprintf('\n');
end
```

运行程序，输出结果如下。

```
t = 0   y(1) = 1.000000   y(2) = 0.000000
t = 1.000000e-01   y(1) = 0.995004   y(2) = 0.099833
t = 2.000000e-01   y(1) = 0.980067   y(2) = 0.198669
t = 3.000000e-01   y(1) = 0.955336   y(2) = 0.295520
```

```
t = 4.000000e-01    y(1) = 0.921061    y(2) = 0.389418
t = 5.000000e-01    y(1) = 0.877583    y(2) = 0.479426
t = 6.000000e-01    y(1) = 0.825336    y(2) = 0.564642
t = 7.000000e-01    y(1) = 0.764842    y(2) = 0.644218
t = 8.000000e-01    y(1) = 0.696707    y(2) = 0.717356
t = 9.000000e-01    y(1) = 0.621610    y(2) = 0.783327
t = 1.000000e+00    y(1) = 0.540302    y(2) = 0.841471
```

11.6　变步长特雷纳法

利用特雷纳（Treanor）法可以求解一阶刚性微分方程组，该方法是一种单步法。设一阶微分方程组以及初值为

$$\begin{cases} y_0' = f_0(t, y_0, y_1, \cdots, y_{n-1}), & y_0(t_0) = y_{00} \\ y_1' = f_1(t, y_0, y_1, \cdots, y_{n-1}), & y_1(t_0) = y_{10} \\ \qquad\qquad\vdots & \\ y_{n-1}' = f_{n-1}(t, y_0, y_1, \cdots, y_{n-1}), & y_{n-1}(t_0) = y_{n-1,0} \end{cases}$$

如果矩阵

$$\begin{bmatrix} \dfrac{\partial f_0}{\partial y_0} & \dfrac{\partial f_0}{\partial y_1} & \cdots & \dfrac{\partial f_0}{\partial y_{n-1}} \\ \dfrac{\partial f_1}{\partial y_0} & \dfrac{\partial f_1}{\partial y_1} & \cdots & \dfrac{\partial f_1}{\partial y_{n-1}} \\ \vdots & \vdots & \ddots & \vdots \\ \dfrac{\partial f_{n-1}}{\partial y_0} & \dfrac{\partial f_{n-1}}{\partial y_1} & \cdots & \dfrac{\partial f_{n-1}}{\partial y_{n-1}} \end{bmatrix}$$

的特征值 λ_k 具有特性

$$\operatorname{Re}\lambda_k < 0 \text{ 且 } \max_{0 \leqslant k \leqslant n-1}\left|\operatorname{Re}\lambda_k\right| >> \min_{0 \leqslant k \leqslant n-1}\left|\operatorname{Re}\lambda_k\right|$$

则称此微分方程组为刚性的。

求解刚性方程的特雷纳法步骤如下。

设已知 t_j 点处的未知函数值 $y_{ij}(i = 0, 1, \cdots, n-1)$，则计算 $t_{j+1} = t_j + h$ 点处未知函数值 $y_{i,j+1}$ 的公式为

$$y_{i,j+1} = y_{ij} + \Delta_{ij}, \quad i = 0, 1, \cdots, n-1$$

其中

$$\Delta_{ij} = \begin{cases} \dfrac{h}{6}\left[q_i^{(1)} + 2(q_i^{(2)} + q_i^{(3)}) + q_i^{(4)}\right], & p_i \leqslant 0 \\ h\Big\{q_i^{(1)}r_i^{(2)} + \big[-3(q_i^{(1)} + p_i w_i^{(1)}) + 2(q_i^{(2)} + p_i w_i^{(2)}) + \\ \quad 2(q_i^{(3)} + p_i w_i^{(3)}) - (q_i^{(4)} + p_i w_i^{(4)})\big]r_i^{(3)} + \\ \quad 4\big[(q_i^{(1)} + p_i w_i^{(1)}) - (q_i^{(2)} + p_i w_i^{(2)}) - (q_i^{(3)} + p_i w_i^{(3)}) + \\ \quad (q_i^{(4)} + p_i w_i^{(4)})\big]r_i^{(4)}\Big\}, & p_i > 0 \end{cases}$$

$$p_i = \frac{q_i^{(3)} - q_i^{(2)}}{w_i^{(3)} - w_i^{(2)}} , \quad i = 0, 1, \cdots, n-1$$

$$r_i^{(1)} = e^{-p_i h} , \quad r_i^{(2)} = \frac{r_i^{(1)} - 1}{-p_i h} , \quad r_i^{(3)} = \frac{r_i^{(2)} - 1}{-p_i h} , \quad r_i^{(4)} = \frac{r_i^{(3)} - \frac{1}{2}}{-p_i h}$$

$$w_i^{(1)} = y_{ij} , \quad q_i^{(1)} = f_i(t_j, w_0^{(1)}, w_1^{(1)}, \cdots, w_{n-1}^{(1)})$$

$$w_i^{(2)} = w_i^{(1)} + \frac{h}{2} q_i^{(1)} , \quad q_i^{(2)} = f_i\left(t_j + \frac{h}{2}, w_0^{(2)}, w_1^{(2)}, \cdots, w_{n-1}^{(2)}\right)$$

$$w_i^{(3)} = w_i^{(1)} + \frac{h}{2} q_i^{(2)} , \quad q_i^{(3)} = f_i\left(t_j + \frac{h}{2}, w_0^{(3)}, w_1^{(3)}, \cdots, w_{n-1}^{(3)}\right)$$

$$w_i^{(4)} = w_i^{(1)} + h q_i^{(1)} , \quad q_i^{(4)} = f_i(t_j + h, w_0^{(4)}, w_1^{(4)}, \cdots, w_{n-1}^{(4)})$$

$$q_i = \begin{cases} q_i^{(3)}, & p_i \leq 0 \\ 2(q_i^{(3)} - q_i^{(1)})r_i^{(3)} + (q_i^{(1)} - q_i^{(2)})r_i^{(2)} + q_i^{(2)}, & p_i > 0 \end{cases} , \quad i = 0, 1, \cdots, n-1$$

由上述计算公式可知，当 $p_i \leq 0$ 时，本方法便退化为 4 阶龙格–库塔法。

本方法适合求解刚性问题，对一般的一阶微分方程组同样适用。

在 MATLAB 中编写 treanor() 函数，利用特雷纳法实现对一阶刚性微分方程组的求解。

```
function y=treanor(t,h,n,y,eps,f)
%%%%%%%%%%%%%%%%%%%%%%%%%%%%%%%%%%%%%%%
% 变步长特雷纳法
% t: 积分的起始点
% h: 积分的步长
% n: 一阶微分方程组中方程个数，也是未知函数个数
% y: 存放 n 个未知函数在起始点 t 处的函数值
%    返回 n 个未知函数在起始点 t+h 处的函数值
% eps: 控制精度要求
% f: 指向计算微分方程组中各方程右端函数值的函数名
%%%%%%%%%%%%%%%%%%%%%%%%%%%%%%%%%%%%%%%
w=zeros(4*n);
q=zeros(4*n);
r=zeros(4*n);
d=zeros(n);
p=zeros(n);
u=zeros(n);
v=zeros(n);
hh=h;
m=1;
pp=1+eps;
x=t;
for j=1:n
    u(j)=y(j);
end
while pp>=eps
    for j=1:n
```

```
       v(j)=y(j);
       y(j)=u(j);
end
t=x;
dt=hh/m;
for i=1:m
    for j=1:n
        w(j) =y(j);
    end
    d=f(t,y,n);
    for j=1:n
        q(j)=d(j);
        y(j)=w(j)+h*d(j)/2;
        w(n+j)=y(j);
    end
    s=t+h/2;
    d=f(s,y,n);
    for j=1:n
        q(n+j)=d(j);
        y(j)=w(j)+h*d(j)/2;
        w(2*n+j)=y(j);
    end
    d=f(s,y,n);
    for j=1:n
        q(2*n+j)=d(j);
    end
    for j=1:n
        aa=q(2*n+j)-q(n+j);
        bb=w(2*n+j)-w(n+j);
        if (-aa*bb*h>0)
            p(j)=-aa/bb;
            dd=-p(j)*h;
            r(j)=exp(dd);
            r(n+j)=(r(j)-1)/dd;
            r(2*n+j)=(r(n+j)-1)/dd;
            r(3*n+j)=(r(2*n+j)-1)/dd;
        else
            p(j) =0;
        end
        if p(j)<=0
            g=q(2*n+j);
        else
            g=2*(q(2*n+j)-q(j))*r(2*n+j);
            g=g+(q(j)-q(n+j))*r(n+j)+q(n+j);
        end
```

```
        w(3*n+j)=w(j)+g*h;
        y(j)=w(3*n+j);
    end
    s=t+h;
    d=f(s,y,n);
    for j=1:n
        q(3*n+j)=d(j);
    end
    for j=1:n
        if p(j)<=0
            dy=q(j)+2*(q(n+j)+q(2*n+j));
            dy=(dy+q(3*n+j))*h/6;
        else
            dy=-3*(q(j)+p(j)*w(j))+2*(q(n+j)+p(j)*w(n+j));
            dy=dy+2*(q(2*n+j)+p(j)*w(2*n+j));
            dy=dy-(q(3*n+j)+p(j)*w(3*n+j));
            dy=dy*r(2*n+j)+q(j)*r(n+j);
            dy1=q(j)-q(n+j)-q(2*n+j)+q(3*n+j);
            dy1=dy1+(w(j)-w(n+j)-w(2*n+j)+w(3*n+j))*p(j);
            dy=(dy+4*dy1*r(3*n+j))*h;
        end
        y(j)=w(j)+dy;
    end
    t=t+dt;
    end
    pp=0;
    for j=1:n
        dd=abs(y(j)-v(j));
        if dd>pp
            pp=dd;
        end
    end
    h=h/2;                              %更新步长
    m=2*m;                              %更新步数
end
end
```

【例 11-6】设一阶微分方程组与初值如下，用特雷纳法计算当步长 $h=0.001$ 时各积分点 $t_j = jh(j=0,1,\cdots,10)$ 上的未知函数的近似值 y_{0j}、 y_{1j}、 y_{2j}。精度要求为 $\varepsilon = 0.000000.1$。

$$\begin{cases} y_0' = -21y_0 + 19y_1 - 20y_2, & y_0(0)=1.0 \\ y_1' = 19y_0 - 21y_1 + 20y_2, & y_1(0)=0.0 \\ y_2' = 40y_0 - 40y_1 - 40y_2, & y_2(0)=-1.0 \end{cases}$$

本例的解析解为

$$\begin{cases} y_0(t) = \dfrac{1}{2}\mathrm{e}^{-2t} + \dfrac{1}{2}\mathrm{e}^{-40t}(\cos 40t + \sin 40t) \\[2mm] y_1(t) = \dfrac{1}{2}\mathrm{e}^{-2t} - \dfrac{1}{2}\mathrm{e}^{-40t}(\cos 40t + \sin 40t) \\[2mm] y_2(t) = -\mathrm{e}^{-40t}(\cos 40t - \sin 40t) \end{cases}$$

计算微分方程组中各方程右端函数值的函数程序如下。

```
function d=tnrf(t,y,n)
%%%%%%%%%%%%%%%%%%%%%%%%%%%%%%%%%%%%
% 计算微分方程组中各方程右端函数值
% t: 微分方程自变量
% y: n 个未知函数在起始点 t 处的函数值
% n: 微分方程组中方程个数，也是未知数个数
% d: 返回微分方程组中各方程右端函数值
%%%%%%%%%%%%%%%%%%%%%%%%%%%%%%%%%%%%
d=zeros(n,1);
d(1)=-21*y(1)+19*y(2)-20*y(3);
d(2)=19*y(1)-21*y(2)+20*y(3);
d(3)=40*y(1)-40*y(2)-40*y(3);
end
```

在编辑器中编写如下程序。

```
clc, clear
% 变步长特雷纳法
% 参数初始化
y=[1,0,-1];               %3 个未知函数在起始点 t 处的函数值
t=0;                      %起始点
h=0.001;                  %步长
eps=0.0000001;            %控制精度
% 输出 t 点及各未知函数函数值
fprintf('t=%d',t);
for i=1:3
    fprintf('   y(%d) = %f',i,y(i));
end
fprintf('\n');
for i=1:10
    y=treanor(t,h,3,y,eps,@tnrf);
    t=t+h;
    fprintf('t = %d',t);
    for i=1:3
        fprintf('   y(%d) = %f',i,y(i));
    end
    fprintf('\n');
end
```

运行程序，输出结果如下。

```
t = 0    y(1) = 1.000000   y(2) = 0.000000   y(3) = -1.000000
t = 1.000000e-03   y(1) = 0.998222   y(2) = -0.000220   y(3) = -0.921600
t = 2.000000e-03   y(1) = 0.994971   y(2) = 0.001037   y(3) = -0.846393
t = 3.000000e-03   y(1) = 0.990368   y(2) = 0.003650   y(3) = -0.774367
t = 4.000000e-03   y(1) = 0.984527   y(2) = 0.007505   y(3) = -0.705498
t = 5.000000e-03   y(1) = 0.977559   y(2) = 0.012491   y(3) = -0.639754
t = 6.000000e-03   y(1) = 0.969568   y(2) = 0.018503   y(3) = -0.577098
t = 7.000000e-03   y(1) = 0.960656   y(2) = 0.025441   y(3) = -0.517485
t = 8.000000e-03   y(1) = 0.950918   y(2) = 0.033209   y(3) = -0.460864
t = 9.000000e-03   y(1) = 0.940444   y(2) = 0.041717   y(3) = -0.407180
t = 1.000000e-02   y(1) = 0.929320   y(2) = 0.050879   y(3) = -0.356371
```

11.7   变步长维梯法

利用变步长维梯（Witty）法可以求解一阶微分方程组，该方法是一种单步法。设一阶微分方程组以及初值为

$$\begin{cases} y_0' = f_0(t, y_0, y_1, \cdots, y_{n-1}), & y_0(t_0) = y_{00} \\ y_1' = f_1(t, y_0, y_1, \cdots, y_{n-1}), & y_1(t_0) = y_{10} \\ \qquad\qquad\vdots \\ y_{n-1}' = f_{n-1}(t, y_0, y_1, \cdots, y_{n-1}), & y_{n-1}(t_0) = y_{n-1,0} \end{cases}$$

用维梯法由 t_j 积分一步到 $t_{j+1} = t_j + h$ 的计算公式如下。

$$d_{i0} = f_i(t_0, y_{00}, y_{10}, \cdots, y_{(n-1)0}), \quad i = 0, 1, \cdots, n-1$$

$$y_{i\left(j+\frac{1}{2}\right)} = y_{ij} + \frac{1}{2}hd_{ij}, \quad i = 0, 1, \cdots, n-1$$

$$q_i = f_i\left(t_j + \frac{h}{2}, y_{0\left(j+\frac{1}{2}\right)}, y_{1\left(j+\frac{1}{2}\right)}, \cdots, y_{n-1\left(j+\frac{1}{2}\right)}\right), \quad i = 0, 1, \cdots, n-1$$

$$y_{i(j+1)} = y_{ij} + hq_i, \quad i = 0, 1, \cdots, n-1$$

$$d_{i(j+1)} = 2q_i - d_{ij}, \quad i = 0, 1, \cdots, n-1$$

在 MATLAB 中编写 witty()函数，利用变步长维梯法实现对一阶微分方程组的求解。

```
function y=witty(t,h,n,y,eps,f)
%%%%%%%%%%%%%%%%%%%%%%%%%%%%%%%%%%%%%%%
% 变步长维梯法
% t: 积分的起始点
% h: 积分的步长
% n: 一阶微分方程组中方程个数，也是未知函数个数
% y: 存放 n 个未知函数在起始点 t 处的函数值
%    返回 n 个未知函数在起始点 t+h 处的函数值
% eps: 控制精度要求
% f: 指向计算微分方程组中各方程右端函数值的函数名
%%%%%%%%%%%%%%%%%%%%%%%%%%%%%%%%%%%%%%%
q=zeros(n,1);
u=zeros(n,1);
```

```
v=zeros(n,1);
a=zeros(n,1);
d=zeros(n,1);
for i=1:n
    u(i)=y(i);
end
hh=h;
m=1;
p=1+eps;
while p>=eps
    for i=1:n
        v(i)=y(i);
        y(i)=u(i);
    end
    d=f(t,y,n);
    for j=1:m
        for i=1:n
            a(i)=y(i)+hh*d(i)/2;
        end
        x=t+(j-0.5)*hh;
        q=f(x,a,n);
        for i=1:n
            y(i)=y(i)+hh*q(i);
            d(i)=2*q(i)-d(i);
        end
    end
    p=0;
    for i=1:n
        s=abs(y(i)-v(i));
        if s>p
            p=s;
        end
    end
    hh=hh/2;                              %更新步长
    m=2*m;                                %更新步数
end
end
```

【例 11-7】设一阶微分方程组与初值如下，用维梯法计算当步长 $h=0.1$ 时 11 个积分点（包括起始点）$t_j=jh(j=0,1,\cdots,10)$ 上的未知函数的近似值 y_{0j}、y_{1j}、y_{2j}。其中，起始点 $t=0.0$，$n=3$，$h=0.1$，精度要求为 $\varepsilon=0.0000001$。

$$\begin{cases} y_0'=y_1, & y_0(0)=-1.0 \\ y_1'=-y_0, & y_1(0)=0.0 \\ y_2'=-y_2, & y_2(0)=1.0 \end{cases}$$

本例的解析解为

$$\begin{cases} y_0 = -\cos t \\ y_1 = \sin t \\ y_2 = \mathrm{e}^{-t} \end{cases}$$

计算微分方程组中各方程右端函数值的函数程序如下。

```
function d=wityf(t,y,n)
%%%%%%%%%%%%%%%%%%%%%%%%%%%%%%%%%%%
% 计算微分方程组中各方程右端函数值
% t: 微分方程自变量
% y: n 个未知函数在起始点 t 处的函数值
% n: 微分方程组中方程个数, 也是未知数个数
% d: 返回微分方程组中各方程右端函数值
%%%%%%%%%%%%%%%%%%%%%%%%%%%%%%%%%%%
d=zeros(n,1);
d(1)=y(2);
d(2)=-y(1);
d(3)=-y(3);
end
```

在编辑器中编写如下程序。

```
clc, clear
% 变步长维梯法
% 参数初始化
y=[-1,0,1];                          %3 个未知函数在起始点 t 处的函数值
t=0;                                 %起始点
h=0.1;                               %步长
eps=0.0000001;                       %控制精度
% 输出 t 点及各未知函数函数值
fprintf('t = %d',t);
for i=1:3
   fprintf('   y(%d) = %f',i,y(i));
end
fprintf('\n');
for i=1:10
   y=witty(t,h,3,y,eps,@wityf);
   t=t+h;
   fprintf('t = %d',t);
   for i=1:3
      fprintf('   y(%d) = %f',i,y(i));
   end
   fprintf('\n');
end
```

运行程序, 输出结果如下。

```
t = 0   y(1) = -1.000000   y(2) = 0.000000   y(3) = 1.000000
t = 1.000000e-01   y(1) = -0.995004   y(2) = 0.099833   y(3) = 0.904837
```

```
t = 2.000000e-01    y(1) = -0.980067    y(2) = 0.198669    y(3) = 0.818731
t = 3.000000e-01    y(1) = -0.955336    y(2) = 0.295520    y(3) = 0.740818
t = 4.000000e-01    y(1) = -0.921061    y(2) = 0.389418    y(3) = 0.670320
t = 5.000000e-01    y(1) = -0.877583    y(2) = 0.479426    y(3) = 0.606531
t = 6.000000e-01    y(1) = -0.825336    y(2) = 0.564643    y(3) = 0.548812
t = 7.000000e-01    y(1) = -0.764842    y(2) = 0.644218    y(3) = 0.496585
t = 8.000000e-01    y(1) = -0.696707    y(2) = 0.717356    y(3) = 0.449329
t = 9.000000e-01    y(1) = -0.621610    y(2) = 0.783327    y(3) = 0.406570
t = 1.000000e+00    y(1) = -0.540302    y(2) = 0.841471    y(3) = 0.367880
```

11.8 双边法全区间积分

利用双边法进行全区间积分可以求解一阶微分方程组。设一阶微分方程组以及初值为

$$
\begin{cases}
y_0' = f_0(t, y_0, y_1, \cdots, y_{n-1}), & y_0(t_0) = y_{00} \\
y_1' = f_1(t, y_0, y_1, \cdots, y_{n-1}), & y_1(t_0) = y_{10} \\
\quad\vdots \\
y_{n-1}' = f_{n-1}(t, y_0, y_1, \cdots, y_{n-1}), & y_{n-1}(t_0) = y_{n-1,0}
\end{cases}
$$

用双边法（步长为 h ）的计算公式如下。

$$
p_i^{(j+2)} = -4y_i^{(j+1)} + 5y_i^{(j)} + 2h\left[2f_i^{(j+1)} + f_i^{(j)}\right]
$$

$$
q_i^{(j+2)} = 4y_i^{(j+1)} - 3y_i^{(j)} + \frac{2}{3}h\left[f_i^{(j+2)} - 2f_i^{(j+1)} - 2f_i^{(j)}\right]
$$

$$
y_i^{(j+1)} = \frac{1}{2}\left[p_i^{(j+2)} + q_i^{(j+2)}\right], \quad i = 0,1,\cdots,n-1
$$

其中

$$
y_i^{(j)} = y_i(t_j)
$$

$$
f_i^{(j)} = f_i(t_j, y_0^{(j)}, y_1^{(j)}, \cdots, y_{n-1}^{(j)})
$$

$$
f_i^{(j+1)} = f_i(t_j + h, y_0^{(j+1)}, y_1^{(j+1)}, \cdots, y_{n-1}^{(j+1)})
$$

$$
f_i^{(j+2)} = f_i(t_j + 2h, p_0^{(j+2)}, p_1^{(j+2)}, \cdots, p_{n-1}^{(j+2)}), \quad i = 0,1,\cdots,n-1
$$

本方法为多步法，在进行全区间积分时，要求采用某种单步法起步计算出 $y_i(t_1)$, $i = 0,1,\cdots,n-1$ 。在下面编写的函数中，采用变步长龙格-库塔法起步计算出 $y_i(t_1)$, $i = 0,1,\cdots,n-1$ 。

在 MATLAB 中编写 gjfq() 函数，利用双边法进行全区间积分实现对一阶微分方程组的求解。

```
function z=gjfq(t,h,n,y,eps,k,z,f)
%%%%%%%%%%%%%%%%%%%%%%%%%%%%%%%%%%%%%%%%%
% 双边法全区间积分
% t: 积分的起始点
% h: 积分的步长
% n: 一阶微分方程组中方程个数，也是未知函数个数
% y: 存放 n 个未知函数在起始点 t 处的函数值
% eps: 控制精度要求
% k: 积分步数（包括起始点这一步）
% z: 返回 k 个积分点（包括起始点）上的未知函数值
```

```
%  f: 指向计算微分方程组中各方程右端函数值的函数名
%%%%%%%%%%%%%%%%%%%%%%%%%%%%%%%%%%%%
d=zeros(n,1);
p=zeros(n,1);
u=zeros(n,1);
v=zeros(n,1);
w=zeros(n,1);
for i=1:n
    p(i)=0;
    z(i,1)=y(i);
end
a=t;
d=f(t,y,n);
for j=1:n
    u(j)=d(j);
end
y=runge_kutta(t,h,n,y,eps,f);                          %变步长龙格-库塔法
t=a+h;
d=f(t,y,n);
for j=1:n
    z(j,2)=y(j);
    v(j)=d(j);
end
for j=1:n
    p(j)=-4*z(j,2)+5*z(j,1)+2*h*(2*v(j)+u(j));
    y(j)=p(j);
end
t=a+2*h;
d=f(t,y,n);
for j=1:n
    qq=2*h*(d(j)-2*v(j)-2*u(j))/3;
    qq=qq+4*z(j,2)-3*z(j,1);
    z(j,3)=(p(j)+qq)/2;
    y(j)=z(j,3);
end
for i=4:k                                              %继续计算至 k 步
    t=a+i*h;
    d=f(t,y,n);
    for j=1:n
        u(j)=v(j);
        v(j)=d(j);
    end
    for j=1:n
        qq=-4*z(j,i-1)+5*z(j,i-2);
        p(j)=qq+2*h*(2*v(j)+u(j));
        y(j)=p(j);
```

```
        end
        t=t+h;
        d=f(t,y,n);
        for j=1:n
            qq=2*h*(d(j)-2*v(j)-2*u(j))/3;
            qq=qq+4*z(j,i-1)-3*z(j,i-2);
            y(j)=(p(j)+qq)/2;
            z(j,i)=y(j);
        end
    end
end
end


function y=runge_kutta(t,h,n,y,eps,f)
%%%%%%%%%%%%%%%%%%%%%%%%%%%%%%%%%%%%
% 变步长龙格-库塔法
% t: 积分的起始点
% h: 积分的步长
% n: 一阶微分方程组中方程个数，也是未知数个数
% y: 存放 n 个未知函数在起始点 t 处的函数值
%    返回 n 个未知函数在起始点 t+h 处的函数值
% eps: 控制精度要求
% f: 指向计算微分方程组中各方程右端函数值的函数名
%%%%%%%%%%%%%%%%%%%%%%%%%%%%%%%%%%%%
a=zeros(4,1);
g=zeros(n,1);
b=zeros(n,1);
c=zeros(n,1);                    %存放 n 个未知函数在起始点 t 处的函数值
d=zeros(n,1);
e=zeros(n,1);
hh=h;                           %步长
m=1;                            %步数
p=1+eps;                        %初始误差
x=t;                            %存放初始点
for i=1:n
    c(i)=y(i);                  %存放 n 个未知函数在起始点 t 处的函数值
end
while p>=eps
    a(1)=hh/2;
    a(2)=a(1);
    a(3)=hh;
    a(4)=hh;
    for i=1:n
        g(i)=y(i);
        y(i)=c(i);             %存放 n 个未知函数在起始点 t 处的函数值
    end
    dt=h/m;
```

```
    t=x;                                   %初始点
    for j=1:m
        d=f(t,y,n);
        for i=1:n
            b(i)=y(i);
            e(i)=y(i);
        end
        for k=1:3
            for i=1:n
                y(i)=e(i)+a(k)*d(i);
                b(i)=b(i)+a(k+1)*d(i)/3;
            end
            tt=t+a(k);
            d=f(tt,y,n);
        end
        for i=1:n
            y(i)=b(i)+hh*d(i)/6;
        end
        t=t+dt;
    end
    p=0;
    for i=1:n
        q=abs(y(i)-g(i));
        if q>p
            p=q;
        end
    end
    hh=hh/2;                               %更新步长
    m=2*m;                                 %更新步数
end
end
```

【例 11-8】设一阶微分方程组与初值如下。用双边法计算当步长 $h = 0.1$ 时各积分点 $t_j = jh(j = 0,1,\cdots,10)$ 上的未知函数的近似值 y_{0j}、y_{1j}。取 $\varepsilon = 0.0000001$。

$$\begin{cases} y_0' = -y_1, & y_0(0) = 1.0 \\ y_1' = y_0, & y_1(0) = 0.0 \end{cases}$$

本例的解析解为

$$\begin{cases} y_0 = \cos t \\ y_i = \sin t \end{cases}$$

计算微分方程组中各方程右端函数值的函数程序如下。

```
function d=gjfqf(t,y,n)
%%%%%%%%%%%%%%%%%%%%%%%%%%%%%%%%%%%%%%
% 计算微分方程组中各方程右端函数值
% t: 微分方程自变量
% y: n 个未知函数在起始点 t 处的函数值
```

```
% n：微分方程组中方程个数，也是未知数个数
% d：返回微分方程组中各方程右端函数值
%%%%%%%%%%%%%%%%%%%%%%%%%%%%%%%%
d=zeros(n,1);
d(1)=-y(2);
d(2)=y(1);
end
```

在编辑器中编写如下程序。

```
clc, clear
% 全区间积分的双边法
% 参数初始化
t=0;                                    %起始点
h=0.1;                                  %步长
eps=0.0000001;                          %控制精度
y=[1, 0];                               %两个未知函数在起始点 t 处的函数值
z=zeros(2,11);
z=gjfq(t, h, 2, y, eps, 11, z, @gjfqf);
% 输出 t 点及各未知函数函数值
for i=0:10
    t=i*h;
    fprintf('t = %d',t);
    for j=1:2
        fprintf('   y(%d) = %f',i,z(j,i+1));
    end
    fprintf('\n');
end
```

运行程序，输出结果如下。

```
t = 0   y(0) = 1.000000   y(0) = 0.000000
t = 1.000000e-01   y(1) = 0.995004   y(1) = 0.099833
t = 2.000000e-01   y(2) = 0.980067   y(2) = 0.198669
t = 3.000000e-01   y(3) = 0.955337   y(3) = 0.295520
t = 4.000000e-01   y(4) = 0.921061   y(4) = 0.389417
t = 5.000000e-01   y(5) = 0.877583   y(5) = 0.479425
t = 6.000000e-01   y(6) = 0.825336   y(6) = 0.564641
t = 7.000000e-01   y(7) = 0.764843   y(7) = 0.644217
t = 8.000000e-01   y(8) = 0.696708   y(8) = 0.717355
t = 9.000000e-01   y(9) = 0.621611   y(9) = 0.783326
t = 1   y(10) = 0.540304   y(10) = 0.841470
```

11.9　阿当姆斯预报校正法全区间积分

利用阿当姆斯（Adams）预报校正公式进行全区间积分可以求解一阶微分方程组。设一阶微分方程组
以及初值为

$$\begin{cases} y_0' = f_0(t, y_0, y_1, \cdots, y_{n-1}), & y_0(t_0) = y_{00} \\ y_1' = f_1(t, y_0, y_1, \cdots, y_{n-1}), & y_1(t_0) = y_{10} \\ \qquad\qquad\vdots \\ y_{n-1}' = f_{n-1}(t, y_0, y_1, \cdots, y_{n-1}), & y_{n-1}(t_0) = y_{(n-1)0} \end{cases}$$

用阿当姆斯预报校正公式积分一步（步长为 h ）的计算公式如下。

预报公式：

$$\overline{y}_{i(j+1)} = y_{ij} + \frac{h}{24}(55f_{ij} - 59f_{i(j-1)} + 47f_{i(j-2)} - 9f_{i(j-3)})$$

校正公式：

$$y_{i(j+1)} = y_{ij} + \frac{h}{24}(9f_{i(j+1)} + 19f_{ij} - 5f_{i(j-1)} + f_{i(j-2)})$$

其中

$$f_{ik} = f_i(t_k, y_{0k}, y_{1k}, \cdots, y_{(n-1)k}), \quad k = j-3, j-2, j-1, j; \ i = 0, 1, \cdots, n-1$$

$$f_{i(j+1)} = f_i(t_{j+1}, \overline{y}_{0(j+1)}, \overline{y}_{1(j+1)}, \cdots, \overline{y}_{(n-1)(j+1)}), \quad i = 0, 1, \cdots, n-1$$

阿当姆斯预报校正法是线性多步法，在计算新点上的未知函数值时要用到前面 4 个点上的未知函数值。

在 MATLAB 中编写 adams()函数，利用全区间积分的阿当姆斯预报校正公式实现对一阶微分方程组的求解。

本函数中，采用变步长 4 阶龙格–库塔公式计算开始 4 个点上的未知函数值 y_{k0}、y_{k1}、y_{k2}、y_{k3}，$k = 0, 1, \cdots, n-1$，其中 y_{k0} 为给定的初值。

```matlab
function z=adams(t,h,n,y,eps,k,z,f)
%%%%%%%%%%%%%%%%%%%%%%%%%%%%%%%%%%%%%%
% 阿当姆斯预报校正法全区间积分
% t: 积分的起始点
% h: 积分的步长
% n: 一阶微分方程组中方程个数，也是未知函数个数
% y: 存放 n 个未知函数在起始点 t 处的函数值
% eps: 变步长龙格-库塔法控制精度要求
% k: 积分步数（包括起始点这一步）
% z: 返回 k 个积分点（包括起始点）上的未知函数值
% f: 指向计算微分方程组中各方程右端函数值的函数名
%%%%%%%%%%%%%%%%%%%%%%%%%%%%%%%%%%%%%%
b=zeros(4*n,1);
e=zeros(n,1);
s=zeros(n,1);
g=zeros(n,1);
d=zeros(n,1);
a=t;
for i=1:n
    z(i,1)=y(i);
end
d=f(t, y, n);
for i=1:n
    b(i)=d(i);
```

```
end
for i=1:3
    if i<=k-1
        t=a+i*h;
        y=runge_kutta(t,h,n,y,eps,f);              %采用龙格-库塔法计算 y
        for j=1:n
            z(j,i+1)=y(j);
        end
        d=f(t,y,n);
        for j=1:n
            b(i*n+j)=d(j);
        end
    end
end
for i=4:k-1                                         %继续计算至 k 步
    for j=1:n
        q=55*b(3*n+j)-59*b(2*n+j);                  %预报公式
        q=q+37*b(n+j)-9*b(j);
        y(j)=z(j,i)+h*q/24;
        b(j)=b(n+j);
        b(n+j)=b(2*n+j);
        b(2*n+j)=b(3*n+j);
    end
    t=a+i*h;
    d=f(t,y,n);
    for m=1:n
        b(3*n+m)=d(m);
    end
    for j=1:n
        q=9*b(3*n+j)+19*b(2*n+j)-5*b(n+j)+b(j);     %校正公式
        y(j)=z(j,i)+h*q/24;
        z(j,i+1)=y(j);
    end
    d=f(t,y,n);
    for m=1:n
        b(3*n+m)=d(m);
    end
end
end
```

【例 11-9】设一阶微分方程组与初值如下，用阿当姆斯预报校正公式计算当步长 $h=0.05$ 时各积分点 $t_j=jh(j=0,1,\cdots,10)$ 上的未知函数的近似值 y_{0j}、y_{1j}、y_{2j}。取 $\varepsilon=0.0000001$。

$$\begin{cases} y_0'=y_1, & y_0(0)=0.0 \\ y_1'=-y_0, & y_1(0)=1.0 \\ y_2'=-y_2, & y_2(0)=1.0 \end{cases}$$

本例的解析解为

$$\begin{cases} y_0 = \sin t \\ y_1 = \cos t \\ y_2 = e^{-t} \end{cases}$$

计算微分方程组中各方程右端函数值的函数程序如下。

```
function d=adamsf(t,y,n)
%%%%%%%%%%%%%%%%%%%%%%%%%%%%%%%%%%%%%%%%
% 计算微分方程组中各方程右端函数值
% t: 微分方程自变量
% y: n 个未知函数在起始点 t 处的函数值
% n: 微分方程组中方程个数，也是未知数个数
% d: 返回微分方程组中各方程右端函数值
%%%%%%%%%%%%%%%%%%%%%%%%%%%%%%%%%%%%%%%%
d=zeros(n,1);
d(1)=y(2);
d(2)=-y(1);
d(3)=-y(3);
end
```

在编辑器中编写如下程序。

```
clc, clear
% 阿当姆斯预报校正法全区间积分
% 参数初始化
t=0;                              %起始点
h=0.1;                            %步长
eps=0.0000001;                    %控制精度
y=[0,1,1];                        %3 个未知函数在起始点 t 处的函数值
z=zeros(3,11);
z=adams(t,h,3,y,eps,11,z,@adamsf);
% 输出 t 点及各未知函数函数值
for i=0:10
    t=i*h;
    fprintf('t = %d',t);
    for j=1:3
        fprintf('   y(%d) = %f',i,z(j,i+1));
    end
    fprintf('\n');
end
```

运行程序，输出结果如下。

```
t = 0     y(0) = 0.000000   y(0) = 1.000000   y(0) = 1.000000
t = 1.000000e-01  y(1) = 0.099833   y(1) = 0.995004   y(1) = 0.904837
t = 2.000000e-01  y(2) = 0.198669   y(2) = 0.980067   y(2) = 0.818731
t = 3.000000e-01  y(3) = 0.295520   y(3) = 0.955336   y(3) = 0.740818
t = 4.000000e-01  y(4) = 0.389419   y(4) = 0.921061   y(4) = 0.670320
t = 5.000000e-01  y(5) = 0.479426   y(5) = 0.877583   y(5) = 0.606530
t = 6.000000e-01  y(6) = 0.564643   y(6) = 0.825336   y(6) = 0.548811
t = 7.000000e-01  y(7) = 0.644219   y(7) = 0.764842   y(7) = 0.496584
```

```
t = 8.000000e-01   y(8) = 0.717357   y(8) = 0.696706   y(8) = 0.449328
t = 9.000000e-01   y(9) = 0.783329   y(9) = 0.621609   y(9) = 0.406569
t = 1   y(10) = 0.841473   y(10) = 0.540302   y(10) = 0.367878
```

11.10 哈明法全区间积分

利用哈明（Hamming）法进行全区间积分可以求解一阶微分方程组。设一阶微分方程组以及初值为

$$\begin{cases} y_0' = f_0(t, y_0, y_1, \cdots, y_{n-1}), & y_0(t_0) = y_{00} \\ y_1' = f_1(t, y_0, y_1, \cdots, y_{n-1}), & y_1(t_0) = y_{10} \\ \quad\quad\quad\quad \vdots & \\ y_{n-1}' = f_{n-1}(t, y_0, y_1, \cdots, y_{n-1}), & y_{n-1}(t_0) = y_{(n-1)0} \end{cases}$$

用哈明法积分一步（步长为 h）的计算公式如下。

预报：

$$\overline{P}_{i(j+1)} = \overline{y}_{i(j-3)} + \frac{4}{3}h(2f_{ij} - f_{i(j-1)} + 2f_{i(j-2)})$$

修正：

$$P_{i(j+1)} = \overline{P}_{i(j+1)} + \frac{112}{121}(C_{ij} - P_{ij})$$

校正：

$$C_{i(j+1)} = \frac{1}{8}\left[9y_{ij} - y_{i(j-2)} + 3h(f_{i(j+1)} + 2f_{ij} - f_{i(j-1)})\right], \quad i = 0, 1, \cdots, n-1$$

其中

$$f_{ik} = f_i(t_k, y_{0k}, y_{1k}, \cdots, y_{(n-1)k}), \quad k = j-2, j-1, j; \quad i = 0, 1, \cdots, n-1$$

$$f_{i(j+1)} = f_i(t_{j+1}, P_{0(j+1)}, P_{1(j+1)}, \cdots, P_{(n-1)(j+1)}), \quad i = 0, 1, \cdots, n-1$$

终值：

$$y_{i(j+1)} = C_{i(j+1)} - \frac{9}{121}(C_{i(j+1)} - P_{i(j+1)}), \quad i = 0, 1, \cdots, n-1$$

哈明法是线性多步法，在计算新点上的未知函数值时要用到前面 4 个点上的未知函数值。

在 MATLAB 中编写 hamming() 函数，利用哈明法进行全区间积分实现对一阶微分方程组的求解。

本函数中，采用变步长 4 阶龙格-库塔公式计算开始 4 个点上的未知函数值 y_{k0}、y_{k1}、y_{k2}、y_{k3}，$k = 0, 1, \cdots, n-1$，其中 y_{k0} 为给定的初值。

```
function z=hamming(t,h,n,y,eps,k,z,f)
%%%%%%%%%%%%%%%%%%%%%%%%%%%%%%%%%%%%%%%%%%%%
% 哈明法全区间积分
% t: 积分的起始点
% h: 积分的步长
% n: 一阶微分方程组中方程个数，也是未知函数个数
% y: 存放 n 个未知函数在起始点 t 处的函数值
% eps: 变步长龙格-库塔法控制精度要求
% k: 积分步数（包括起始点这一步）
% z: 返回 k 个积分点（包括起始点）上的未知函数值
% f: 指向计算微分方程组中各方程右端函数值的函数名
%%%%%%%%%%%%%%%%%%%%%%%%%%%%%%%%%%%%%%%%%%%%
```

```
b=zeros(4*n,1);
d=zeros(n,1);
u=zeros(n,1);
v=zeros(n,1);
w=zeros(n,1);
g=zeros(n,1);
a=t;
for i=1:n
    z(i,1)=y(i);
end
d=f(t,y,n);
for i =1:n
    b(i)=d(i);
end
for i=1:3
    if i<=k-1
        t=a+i*h;
        y=runge_kutta(t,h,n,y,eps,f);
        for m=1:n
            z(m,i+1)=y(m);
        end
        d=f(t,y,n);
        for m=1:n
            b(i*n+m)=d(m);
        end
    end
end
for i=1:n
    u(i)=0;
end
for i=4:k-1                                          %继续计算至 k 步
    for j=1:n
        q=2*b(3*n+j)-b(2*n+j)+2*b(n+j);              %预报
        y(j)=z(j,i-3)+4*h*q/3;
    end
    for j=1:n
        y(j)=y(j)+112*u(j)/121;                      %修正
    end
    t=a+i*h;
    d=f(t,y,n);
    for j=1:n
        q=9*z(j,i)-z(j,i-2);                         %校正
        q=(q+3*h*(d(j)+2*b(3*n+j)-b(2*n+j)))/8;
        u(j)=q-y(j);
        z(j,i+1)=q-9*u(j)/121;
        y(j)=z(j,i+1);
        b(n+j)=b(2*n+j);
        b(2*n+j)=b(3*n+j);
    end
    d=f(t,y,n);
```

```
    for m=1:n
        b(3*n+m)=d(m);
    end
  end
end
```

【例 11-10】设一阶微分方程组与初值如下，用哈明法计算当步长 $h = 0.05$ 时各积分点 $t_j = jh(j = 0,1,\cdots,10)$ 上的未知函数的近似值 y_{0j}、y_{1j}、y_{2j}。取 $\varepsilon = 0.0000001$。

$$\begin{cases} y_0' = y_1, & y_0(0) = 1.0 \\ y_1' = -y_0, & y_1(0) = 1.0 \\ y_2' = y_2, & y_2(0) = 1.0 \end{cases}$$

本例的解析解为

$$\begin{cases} y_0 = \sin t + \cos t \\ y_1 = \cos t - \sin t \\ y_2 = \mathrm{e}^{-t} \end{cases}$$

计算微分方程组中各方程右端函数值的函数程序如下。

```
function d=hamgf(t,y,n)
%%%%%%%%%%%%%%%%%%%%%%%%%%%%%%%%%
% 计算微分方程组中各方程右端函数值
% t: 微分方程自变量
% y: n 个未知函数在起始点 t 处的函数值
% n: 微分方程组中方程个数，也是未知数个数
% d: 返回微分方程组中各方程右端函数值
%%%%%%%%%%%%%%%%%%%%%%%%%%%%%%%%%
d=zeros(n,1);
d(1)=y(2);
d(2)=-y(1);
d(3)=y(3);
end
```

在编辑器中编写如下程序。

```
clc, clear
% 哈明法全区间积分
% 参数初始化
t=0;                                    %起始点
h=0.1;                                   %步长
eps=0.0000001;                           %控制精度
y=[1,1,1];                               %3 个未知函数在起始点 t 处的函数值
z=zeros(3,11);
z=hamming(t,h,3,y,eps,11,z,@hamgf);
% 输出 t 点及各未知函数函数值
for i=0:10
    t=i*h;
    fprintf('t = %d',t);
    for j=1:3
        fprintf('  y(%d) = %f',i,z(j,i+1));
    end
```

```
    fprintf('\n');
end
```

运行程序，输出结果如下。

```
t = 0     y(0) = 1.000000   y(0) = 1.000000   y(0) = 1.000000
t = 1.000000e-01   y(1) = 1.094838   y(1) = 0.895171   y(1) = 1.105171
t = 2.000000e-01   y(2) = 1.178736   y(2) = 0.781397   y(2) = 1.221403
t = 3.000000e-01   y(3) = 1.250857   y(3) = 0.659816   y(3) = 1.349859
t = 4.000000e-01   y(4) = 1.310479   y(4) = 0.531643   y(4) = 1.491825
t = 5.000000e-01   y(5) = 1.357008   y(5) = 0.398157   y(5) = 1.648721
t = 6.000000e-01   y(6) = 1.389978   y(6) = 0.260693   y(6) = 1.822119
t = 7.000000e-01   y(7) = 1.409060   y(7) = 0.120624   y(7) = 2.013753
t = 8.000000e-01   y(8) = 1.414063   y(8) = -0.020650   y(8) = 2.225541
t = 9.000000e-01   y(9) = 1.404937   y(9) = -0.161718   y(9) = 2.459604
t = 1     y(10) = 1.381774   y(10) = -0.301170   y(10) = 2.718283
```

11.11　吉尔法积分刚性方程组

利用吉尔（Gear）法积分实现求解一阶刚性方程组的初值问题。设一阶微分方程组以及初值为

$$\begin{cases} y_0' = f_0(t, y_0, y_1, \cdots, y_{n-1}), & y_0(t_0) = y_{00} \\ y_1' = f_1(t, y_0, y_1, \cdots, y_{n-1}), & y_1(t_0) = y_{10} \\ \qquad\vdots \\ y_{n-1}' = f_{n-1}(t, y_0, y_1, \cdots, y_{n-1}), & y_{n-1}(t_0) = y_{(n-1)0} \end{cases}$$

吉尔法的计算公式如下。

预报：

$$\boldsymbol{Z}_{i,(0)} = \boldsymbol{P}\boldsymbol{Z}_{i-1}$$

校正：

$$\boldsymbol{Z}_{i,(j+1)} = \boldsymbol{Z}_{i,(j)} - \boldsymbol{L}\left[\left(l_1\boldsymbol{I} - l_0\frac{\partial \boldsymbol{F}}{\partial \boldsymbol{Y}}\right)^{-1}\boldsymbol{G}(\boldsymbol{Z}_{i,(j)})\right]^{\mathrm{T}}$$

终值：

$$\boldsymbol{Z}_i = \boldsymbol{Z}_{i,(M)}$$

其中，$\boldsymbol{Z}_i = \left(Y_i, hY_i', \dfrac{h^2Y_i''}{2}, \cdots, \dfrac{h^pY_i^{(p)}}{p!}\right)^{\mathrm{T}}$ 为 $(p+1)\times n$ 的矩阵；$\boldsymbol{G}(\boldsymbol{Z}_{i,(j)}) = h\boldsymbol{F}(t_i, y_{i,(j)}) - hY_{i,(j)}'$ 为 n 维向量；$\dfrac{\partial \boldsymbol{F}}{\partial \boldsymbol{Y}}$

为 $n\times n$ 的雅可比矩阵，即

$$\frac{\partial \boldsymbol{F}}{\partial \boldsymbol{Y}} = \begin{bmatrix} \dfrac{\partial f_0}{\partial y_0} & \dfrac{\partial f_0}{\partial y_1} & \cdots & \dfrac{\partial f_0}{\partial y_{n-1}} \\ \dfrac{\partial f_1}{\partial y_0} & \dfrac{\partial f_1}{\partial y_1} & \cdots & \dfrac{\partial f_1}{\partial y_{n-1}} \\ \vdots & \vdots & \ddots & \vdots \\ \dfrac{\partial f_{n-1}}{\partial y_0} & \dfrac{\partial f_{n-1}}{\partial y_1} & \cdots & \dfrac{\partial f_{n-1}}{\partial y_{n-1}} \end{bmatrix}$$

P 为 $p+1$ 阶的巴斯卡尔（Pascal）三角矩阵，即

$$P = \begin{bmatrix} 1 & 1 & 1 & 1 & \cdots & 1 & 1 \\ & 1 & 2 & 3 & \cdots & k-1 & k \\ & & 1 & 3 & \cdots & \vdots & \vdots \\ & & & 1 & \cdots & \vdots & \vdots \\ & & & & \ddots & k-1 & k \\ & & & & & 1 & k \\ & & & & & & 1 \end{bmatrix}$$

L 为 $(p+1)$ 维列向量，即

$$L = (l_0, l_1, \cdots, l_p)^\mathrm{T}$$

上述计算过程是自开始、自动变步长且自动变阶的。

在 MATLAB 中编写 gear() 函数，利用吉尔法积分实现刚性方程组初值问题的求解。函数要调用矩阵求逆函数 inv()。其中，取 $M=3$（即迭代校正 3 次）。向量 L 在本函数中自带。

在函数中，为了满足精度要求，首先考虑减小步长，只有当达到最小步长还没有满足精度要求时，才考虑提高方法的阶数。并且，在用某个阶数的方法连续进行几步的计算中均满足精度要求时，考虑降低方法的阶数。

本函数能比较有效地积分刚性方程组，也能积分非刚性方程组。

```
function [nn,y0,t,z]=gear(a,b,hmin,hmax,h,eps,n,y0,k,t,z,ss,f)
%%%%%%%%%%%%%%%%%%%%%%%%%%%%%%%%%%%%%%%
% a: 积分区间的起始点
% b:积分区间的终点
% hmin: 积分过程中允许的最小步长
% hmax: 积分过程中允许的最大步长
% h: 积分的拟定步长, hmin<h<hmax
% eps: 误差检验常数
% n: 方程个数
% y0: n 个未知函数在起始点处的函数值
% k: 拟定输出的积分个数
% t: 返回实际有效输出点（包括起始点）的自变量值
% z: 返回实际有效输出点处的未知函数值
% ss: 指向计算雅可比矩阵的函数名
% f: 指向计算方程组中各方程右端函数值的函数名
% 函数返回实际输出的积分点数。在函数返回之前，会给出下列相应信息参考
% 全区间积分成功，若此时输出点数不够，可增大积分区间终点值
% 步长小于 hmin，精度达不到，积分停止（前输出点有效）
% 阶数已大于 6，积分停止（前输出点有效）
% 对于 h>hmin 校正迭代不收敛，积分停止（前输出点有效）
% 精度要求太高，积分停止（前输出点有效）
%%%%%%%%%%%%%%%%%%%%%%%%%%%%%%%%%%%%%%
global pp d p s s02 ym er yy y aa jt nq t0 hw hd m
global irt kf rm irt1 r idb nqd td rr
global enq1 enq2 enq3 eup e edwn bnd iw r1
global j1 j2 nt dd pr2 pr3 pr1 nqw
```

```
pp=[2.0  4.5  7.333  10.42  13.7  17.15  1.0;
    3.0  6.0  9.167  12.5  15.98  1  1.0;
    1.0  1.0  0.5  0.1667  0.04133  0.008267  1.0]';
d=zeros(n,1);
p=zeros(n,n);
s=zeros(n,10);
s02=zeros(n,1);
ym=zeros(n,1);
er=zeros(n,1);
yy=zeros(n,1);
y=zeros(n,8);
aa(2)=-1.0;
jt=0;
nn=0;
nq=1;
t0=a;

for i=1:n
    for j=1:8
        y(i,j)=0.0;
    end
end

for i=1:n
    y(i,1)=y0(i);
    yy(i)=y(i,1);
end
d=f(t0, yy, n);                              %计算方程组中各方程右端函数值
for i=1:n
    y(i,2)=h*d(i);
end
hw=h;
m=2;
for i=1:n
    ym(i)=1.0;
end
flag=1;
while flag~=0                    %通过 while 循环以及 flag 判断执行相应的程序段
    if flag==1
        [nn,t,z,flag]=S120(a,b,hmin,hmax,h,eps,n,y0,k,t,z,ss,f,nn);
    end
    if flag==2
        [flag]=S160(a,b,hmin,hmax,h,eps,n,y0,k,t,z,ss,f,nn);
    end
    if flag==3
        [h,flag]=S180(a,b,hmin,hmax,h,eps,n,y0,k,t,z,ss,f,nn);
```

```
        end
end

function [nn,t,z,flag]=S120(a,b,hmin,hmax,h,eps,n,y0,k,t,z,ss,f,nn)
global s y jt nq t0 hw hd m
global irt kf rm irt1 r idb nqd td rr
hd=[];
flag=2;
irt=1;
kf=1;
nn=nn+1;
t(nn)=t0;
for i=1:n
    z(i,nn)=y(i,1);
end
if (t0>=b) || (nn==k)                              %全区间积分成功
    fprintf('全区间积分成功\n');
    flag=0;
    return;
end
for i=1:n
    for j=1:m
        s(i,j)=y(i,j);
    end
end
hd=hw;
if h~=hd
    rm=h/hd;
    irt1=0;
    rr=abs(hmin/hd);
    if rm<rr
        rm=rr;
    end
    rr=abs(hmax/hd);
    if rm>rr
        rm=rr;
    end
    r=1.0;
    irt1=irt1+1;
    for j=2:m
        r=r*rm;
        for i=1:n
            y(i,j)=s(i,j)*r;
        end
    end
    h=hd*rm;
```

```
        for i=1:n
            y(i,1)=s(i,1);
        end
        idb=m;
    end
nqd=nq;
td=t0;
rm=1.0;
if jt>0
    flag=3;
    return;
end
end


function [flag]=S160(a,b,hmin,hmax,h,eps,n,y0,k,t,z,ss,f,nn)
global pp ym y aa jt nq m
global irt r idb
global enq1 enq2 enq3 eup e edwn bnd iw r1

r1=[];
switch(nq)
    case 1, aa(1)=-1.0;
    case 2, aa(1)=-2.0/3.0; aa(3)=-1.0/3.0;
    case 3, aa(1)=-6.0/11.0; a(3)=aa(1); aa(4)=-1.0/11.0;
    case 4, aa(1)=-0.48; aa(3)=-0.7; aa(4)=-0.2; aa(5)=-0.02;
    case 5, aa(1)=-120.0/274.0; aa(3)=-225.0/274.0; aa(4)=-85.0/274.0; aa(5)=
-15.0/274.0; aa(6)=-1.0/274.0;
    case 6, aa(1)=-720.0/1764.0; aa(3)=-1624.0/1764.0; aa(4)=-735.0/1764.0; aa(5)=
-175.0/1764.0; aa(6)=-21.0/1764.0; aa(7)=-1.0/1764.0;
    otherwise
        fprintf('阶数已大于 6，积分停止（前输出点有效）\n');
        flag=0;
        return                              %阶数大于 6，积分停止
end
m=nq+1;
idb=m;
enq2=0.5/(nq+1.0);
enq3=0.5/(nq+2.0);
enq1=0.5/(nq+0.0);
eup=pp(nq,2)*eps;
eup=eup^2;
e=pp(nq,1)*eps;
e=e^2;
edwn=pp(nq,3)*eps;
edwn=edwn^2;
```

```
if edwn==0.0                                          %精度要求太高，积分停止
    fprintf('精度要求太高，积分停止（前输出点有效）\n');
    flag=0;
    return
end
bnd=eps*enq3/(n+0.0);
iw=1;
flag=3;
if irt==2
    r1=1.0;
    for j=2:m
        r1=r1*r;
        for i=1:n
            y(i,j)=y(i,j)*r1;
        end
    end
    idb=m;
    for i=1:n
        if ym(i)<abs(y(i,1))
            ym(i)=abs(y(i,1));
        end
    end
    jt=nq;
    flag=1;
end
end


function [h,flag]=S180(a,b,hmin,hmax,h,eps,n,y0,k,t,z,ss,f,nn)
global d p s s02 ym er yy y aa jt nq t0 hw hd m
global irt kf rm irt1 r idb td rr
global enq1 enq2 enq3 eup e edwn bnd iw r1
global j1 j2 nt dd pr2 pr3 pr1 nqw
pr1=[];
pr2=[];
pr3=[];
nqw=[];
t0=t0+h;
for j=2:m
    for j1=j:m
        j2=m-j1+j-1;
        for i=1:n
            y(i,j2)=y(i,j2)+y(i,j2+1);
        end
    end
end
```

```
for i=1:n
    er(i)=0.0;
end
j1=1;
nt=1;
for l=0:2
    if (j1~=0)&&(nt~=0)
        for i=1:n
            yy(i) =y(i,1);
        end
        d=f(t0,yy,n);                        %计算方程组中各方程右端函数值
        if iw>=1
            for i=1:n
                yy(i)=y(i,1);
            end
            p=ss(t0,yy,n);                   %计算雅可比矩阵
            r=aa(1)*h;
            for i=1:n
                for j=1:n
                    p(i,j)=p(i,j)*r;
                end
            end
            for i=1:n
                p(i,i) =1+p(i,i);
            end
            iw=-1;

            if det(p)==0                     %计算雅可比矩阵的逆矩阵，当可逆时 j1=1;否则 j1=0
                j1=0;
            else
                j1=1;
                p=roundn(inv(p),-7);
            end

        end
        if j1~=0
            for i=1:n
                s02(i)=y(i,2)-d(i)*h;
            end
            for i=1:n
                dd=0;
                for j=1:n
                    dd=dd+s02(j)*p(i,j);
                end
                s(i,9)=dd;
            end
```

```
                nt=n;
                for i=1:n
                    y(i,1)=y(i,1)+aa(1)*s(i,9);
                    y(i,2)=y(i,2)-s(i,9);
                    er(i)=er(i)+s(i,9);
                    if abs(s(i,9))<=(bnd*ym(i))
                        nt=nt-1;
                    end
                end.
            end
        end
end
if nt>0
    t0=td;
    if (h>(hmin*1.00001))||(iw>=0)
        if iw~=0
            rm=0.25*rm;
        end
        iw=1;
        irt1=2;
        rr=abs(hmin/hd);
        if rm<rr
            rm=rr;
        end
        rr=abs(hmax/hd);
        if rm>rr
            rm=rr;
        end
        r=1.0;
        for j=2:m
            r=r*rm;
            for i=1:n
                y(i,j)=s(i,j)*r;
            end
        end
        h=hd*rm;
        for i=1:n
            y(i,1)=s(i,1);
        end
        idb=m;
        flag=3;
        return;
    end
    fprintf('对于 h>hmin 校正迭代不收敛, 积分停止, (前输出点有效) \n');
    flag=0;
    return
```

```
        end
    dd=0.0;
    for i=1:n
        dd=dd+(er(i)/ym(i))*(er(i)/ym(i));
    end
    iw=0;
    if dd<=e
        if m>=3
            for j=3:m
                for i=1:n
                    y(i,j)=y(i,j)+aa(j)*er(i);
                end
            end
        end
        kf=1;
        hw=h;
        if idb>1
            idb=idb-1;
            if idb<=1
                for i=1:n
                    s(i,10)=er(i);
                end
            end
            for i=1:n
                if ym(i)<abs(y(i,1))
                    ym(i)=abs(y(i,1));
                end
            end
            jt=nq;
            flag=1;
            return;
        end
    end
    if dd>e
        kf=kf-2;
        if h<=(hmin*1.00001)
            fprintf('步长小于 hmin, 精度达不到, 积分停止（前输出点有效）\n');
            flag=0;
            return
        end
        t0=td;
        if kf<=-5
            if nq==1
                fprintf('精度要求太高, 积分停止（前输出点有效）\n');
                flag=0;
                return
```

```
            end
            for i=1:n
                yy(i)=y(i,1);
            end
            d=f(t0,yy,n);                    %计算方程组中各方程右端函数值
            r=h/hd;
            for i=1:n
                y(i,1)=s(i,1);
                s(i,2)=hd*d(i);
                y(i,2)=s(i,2)*r;
            end
            nq=1;
            kf=1;
            flag=2;
            return;
        end
    end
end
pr2=log(dd/e);
pr2=enq2*pr2;
pr2=exp(pr2);
pr2=1.2*pr2;
pr3=1e+20;
if nq<7
    if kf>-1
        dd=0.0;
        for i=1:n
            pr3=(er(i)-s(i,10))/ym(i);
            dd=dd+pr3^2;
        end
        pr3=log(dd/eup);
        pr3=enq3*pr3;
        pr3=exp(pr3);
        pr3=1.4*pr3;
    end
end

pr1=1.0e+20;
if nq>1
    dd=0.0;
    for i=1:n
        pr1=y(i,m)/ym(i);
        dd=dd+pr1^2;
    end
    pr1=log(dd/edwn);
    pr1=enq1*pr1;
    pr1=exp(pr1);
```

```
        pr1=1.3*pr1;
    end
    if pr2<=pr3
        if pr2>pr1
            r=1.0e+4;
            if pr1>1.0e-4
                r=1.0/pr1;
            end
            nqw=nq-1;
        else
            nqw=nq;
            r=1.0e+4;
            if pr2>1.0e-4
                r=1.0/pr2;
            end
        end
    else
        if pr3<pr1
            r=1.0e+4;
            if pr3>1.0e-4
                r=1.0/pr3;
            end
            nqw=nq+1;
        else
            r=1.0e+4;
            if pr1>1.0e-4
                r=1.0/pr1;
            end
            nqw=nq-1;
        end
    end
    idb=10;
    if kf==1
        if r<1.1
            for i=1:n
                if ym(i)<abs(y(i,1))
                    ym(i)=abs(y(i,1));
                end
            end
            jt=nq;
            flag=1;
            return;
        end
    end

    if nqw>nq
```

```
        for i=1:n
            y(i,nqw+1)=er(i)*aa(m)/(m+0.0);
        end
    end
m=nqw+1;
if kf==1
    irt=2;
    rr=hmax/abs(h);
    if r>rr
        r=rr;
    end
    h=h*r;
    hw=h;
    if nq==nqw
        r1=1.0;
        for j=2:m
            r1=r1*r;
            for i=1:n
                y(i,j)=y(i,j)*r1;
            end

        end
        idb=m;
        for i=1:n
            if ym(i)<abs(y(i,1))
                ym(i)=abs(y(i,1));
            end
        end
        jt=nq;
        flag=1;
        return;
    end
    nq=nqw;
    flag=2;
    return;
end
rm=rm*r;
irt1=3;
rr=abs(hmin/hd);
if rm<rr
    rm=rr;
end
rr=abs(hmax/hd);
if rm>rr
    rm=rr;
end
```

```
r=1.0;
for j=2:m
    r=r*rm;
    for i=1:n
        y(i,j)=s(i,j)*r;
    end
end
h=hd*rm;
for i=1:n
    y(i,1)=s(i,1);
end
idb=m;
if nqw==nq
    flag=3;
    return;
end
nq=nqw;
flag=2;
return;
end
```

【例 11-11】设一阶微分方程组与初值为

$$\begin{cases} y_0' = -21y_0 + 19y_1 - 20y_2, & y_0(0) = 1.0 \\ y_1' = 19y_0 - 21y_1 + 20y_2, & y_1(0) = 0.0 \\ y_2' = 40y_0 - 40y_1 - 40y_2, & y_2(0) = -1.0 \end{cases}$$

这是一个刚性方程组，其解析解为

$$\begin{cases} y_0(t) = \dfrac{1}{2}e^{-2t} + \dfrac{1}{2}e^{-40t}(\cos 40t + \sin 40t) \\ y_1(t) = \dfrac{1}{2}e^{-2t} - \dfrac{1}{2}e^{-40t}(\cos 40t + \sin 40t) \\ y_2(t) = -e^{-40t}(\cos 40t - \sin 40t) \end{cases}$$

用吉尔法求以下 4 种情况区间 $[0,1]$ 中的数值解。其中，$a = 0,0$，$b = 1,0$，$n = 3$，且取 $k = 30$。

（1）$h = 0.01$，hmin $= 0.0001$，hmax $= 0.1$，$\varepsilon = 0.0001$；

（2）$h = 0.01$，hmin $= 0.0001$，hmax $= 0.1$，$\varepsilon = 0.00001$；

（3）$h = 0.01$，hmin $= 0.00001$，hmax $= 0.1$，$\varepsilon = 0.00001$；

（4）$h = 0.01$，hmin $= 0.00001$，hmax $= 0.1$，$\varepsilon = 0.000001$。

计算微分方程组中各方程右端函数值的函数程序与计算雅可比矩阵的函数程序如下。

```
function d=gearf(t,y,n,d)
%%%%%%%%%%%%%%%%%%%%%%%%%%%%%%%%%%%
% 计算微分方程组中各方程右端函数值
% t: 微分方程自变量
% y: n个未知函数在起始点 t 处的函数值
% n: 方程个数
% d: 返回微分方程组中各方程右端函数值
```

```
%%%%%%%%%%%%%%%%%%%%%%%%%%%%%%%%%%%%
d=zeros(n,1);
d(1)=-21.0*y(1)+19.0*y(2)-20.0*y(3);
d(2)=19.0*y(1)-21.0*y(2)+20.0*y(3);
d(3)=40.0*y(1)-40.0*y(2)-40.0*y(3);
end

function p=gears(t,y,n)
%%%%%%%%%%%%%%%%%%%%%%%%%%%%%%%%%%%%
% 计算雅可比矩阵
% t: 微分方程自变量
% y: n 个未知函数在起始点 t 处的函数值
% n: 方程个数
% p: 雅可比矩阵
%%%%%%%%%%%%%%%%%%%%%%%%%%%%%%%%%%%%
p=zeros(n,n);
p=[-21.0 19.0 -20.0;
    19.0 -21.0 20.0;
    40.0 -40.0 -40.0];
end
```

在编辑器中编写如下程序。

```
clc, clear
% 吉尔法积分求解刚性方程组
y=zeros(3,1);
t=zeros(30);
z=zeros(3,30);
hmin=[0.0001 0.0001 0.00001 0.00001];
eps=[0.0001 0.00001 0.00001 0.000001];
a=0;
b=1;
h=0.01;
hmax=0.1;
for k=1:4
    y=[1; 0; -1];
    [m,y,t,z]=gear(a,b,hmin(k),hmax,h,eps(k),3,y,30,t,z,@gears,@gearf);
    fprintf('h=%f\n',h);
    fprintf('hmin=%f\n',hmin(k));
    fprintf('hmax=%f\n',hmax);
    fprintf('eps=%f\n',eps(k));
    for i=1:m
        fprintf('t=(%d) = %f',i,t(i));
        for j=1:3
            fprintf('   y(%d)=%f',j,z(j,i));
        end
        fprintf('\n');
```

```
    end
    fprintf('\n');
end
```

运行程序，输出结果如下。

```
全区间积分成功
h=0.010000
hmin=0.000100
hmax=0.100000
eps=0.000100
t=(1)  = 0.000000    y(1)=1.000000    y(2)=0.000000    y(3)=-1.000000
t=(2)  = 0.000218    y(1)=0.999707    y(2)=-0.000143   y(3)=-0.982702
t=(3)  = 0.000436    y(1)=0.999341    y(2)=-0.000213   y(3)=-0.965556
t=(4)  = 0.001286    y(1)=0.997381    y(2)=0.000050    y(3)=-0.899883
t=(5)  = 0.002137    y(1)=0.994389    y(2)=0.001347    y(3)=-0.836513
t=(6)  = 0.002987    y(1)=0.990432    y(2)=0.003612    y(3)=-0.775437
t=(7)  = 0.004397    y(1)=0.981900    y(2)=0.009346    y(3)=-0.679183
t=(8)  = 0.005806    y(1)=0.971192    y(2)=0.017263    y(3)=-0.589111
t=(9)  = 0.007216    y(1)=0.958606    y(2)=0.027066    y(3)=-0.505107
t=(10) = 0.008626    y(1)=0.944419    y(2)=0.038477    y(3)=-0.427028
t=(11) = 0.010488    y(1)=0.923668    y(2)=0.055575    y(3)=-0.332686
t=(12) = 0.012351    y(1)=0.901097    y(2)=0.074505    y(3)=-0.247980
t=(13) = 0.014213    y(1)=0.877133    y(2)=0.094841    y(3)=-0.172438
t=(14) = 0.016075    y(1)=0.852196    y(2)=0.116165    y(3)=-0.105571
t=(15) = 0.017938    y(1)=0.826670    y(2)=0.138090    y(3)=-0.046872
t=(16) = 0.020597    y(1)=0.789858    y(2)=0.169786    y(3)=0.023808
t=(17) = 0.023255    y(1)=0.753324    y(2)=0.201231    y(3)=0.080457
t=(18) = 0.025914    y(1)=0.717706    y(2)=0.231786    y(3)=0.124615
t=(19) = 0.028573    y(1)=0.683501    y(2)=0.260956    y(3)=0.157780
t=(20) = 0.031231    y(1)=0.651083    y(2)=0.288365    y(3)=0.181384
t=(21) = 0.034925    y(1)=0.609505    y(2)=0.323029    y(3)=0.200821
t=(22) = 0.038619    y(1)=0.572315    y(2)=0.353355    y(3)=0.207723
t=(23) = 0.042312    y(1)=0.539667    y(2)=0.379190    y(3)=0.205041
t=(24) = 0.046006    y(1)=0.511505    y(2)=0.400590    y(3)=0.195330
t=(25) = 0.049699    y(1)=0.487617    y(2)=0.417764    y(3)=0.180755
t=(26) = 0.054126    y(1)=0.464181    y(2)=0.433220    y(3)=0.159374
t=(27) = 0.058552    y(1)=0.445769    y(2)=0.443723    y(3)=0.136009
t=(28) = 0.062979    y(1)=0.431648    y(2)=0.450004    y(3)=0.112477
t=(29) = 0.067406    y(1)=0.421083    y(2)=0.452798    y(3)=0.090062
t=(30) = 0.071832    y(1)=0.413374    y(2)=0.452805    y(3)=0.069606


步长小于 hmin，精度达不到，积分停止（前输出点有效）
h=0.010000
hmin=0.000100
hmax=0.100000
eps=0.000010
```

```
t=(1)  = 0.000000   y(1)=1.000000   y(2)=0.000000    y(3)=-1.000000
```

全区间积分成功
```
h=0.010000
hmin=0.000010
hmax=0.100000
eps=0.000010
t=(1)  = 0.000000   y(1)=1.000000   y(2)=0.000000    y(3)=-1.000000
t=(2)  = 0.000069   y(1)=0.999923   y(2)=-0.000061   y(3)=-0.994497
t=(3)  = 0.000138   y(1)=0.999839   y(2)=-0.000115   y(3)=-0.989009
t=(4)  = 0.000531   y(1)=0.999241   y(2)=-0.000302   y(3)=-0.957984
t=(5)  = 0.000924   y(1)=0.998407   y(2)=-0.000253   y(3)=-0.927454
t=(6)  = 0.001317   y(1)=0.997344   y(2)=0.000026    y(3)=-0.897417
t=(7)  = 0.001956   y(1)=0.995144   y(2)=0.000952    y(3)=-0.849651
t=(8)  = 0.002595   y(1)=0.992388   y(2)=0.002436    y(3)=-0.803183
t=(9)  = 0.003234   y(1)=0.989108   y(2)=0.004446    y(3)=-0.758008
t=(10) = 0.003872   y(1)=0.985334   y(2)=0.006951    y(3)=-0.714120
t=(11) = 0.004727   y(1)=0.979562   y(2)=0.011028    y(3)=-0.657376
t=(12) = 0.005582   y(1)=0.973024   y(2)=0.015873    y(3)=-0.602898
t=(13) = 0.006437   y(1)=0.965781   y(2)=0.021427    y(3)=-0.550659
t=(14) = 0.007292   y(1)=0.957893   y(2)=0.027628    y(3)=-0.500628
t=(15) = 0.008147   y(1)=0.949421   y(2)=0.034416    y(3)=-0.452773
t=(16) = 0.009383   y(1)=0.936262   y(2)=0.045147    y(3)=-0.387413
t=(17) = 0.010618   y(1)=0.922161   y(2)=0.056827    y(3)=-0.326403
t=(18) = 0.011853   y(1)=0.907266   y(2)=0.069307    y(3)=-0.269616
t=(19) = 0.013088   y(1)=0.891715   y(2)=0.082448    y(3)=-0.216919
t=(20) = 0.014323   y(1)=0.875637   y(2)=0.096123    y(3)=-0.168173
t=(21) = 0.016327   y(1)=0.848731   y(2)=0.119143    y(3)=-0.097113
t=(22) = 0.018331   y(1)=0.821203   y(2)=0.142799    y(3)=-0.035428
t=(23) = 0.020335   y(1)=0.793452   y(2)=0.166694    y(3)=0.017540
t=(24) = 0.022339   y(1)=0.765817   y(2)=0.190489    y(3)=0.062455
t=(25) = 0.024343   y(1)=0.738586   y(2)=0.213895    y(3)=0.099976
t=(26) = 0.026838   y(1)=0.705604   y(2)=0.242135    y(3)=0.137347
t=(27) = 0.029334   y(1)=0.673992   y(2)=0.269028    y(3)=0.165480
t=(28) = 0.031829   y(1)=0.644034   y(2)=0.294292    y(3)=0.185539
t=(29) = 0.034325   y(1)=0.615931   y(2)=0.317724    y(3)=0.198621
t=(30) = 0.036820   y(1)=0.589814   y(2)=0.339192    y(3)=0.205752
```

全区间积分成功
```
h=0.010000
hmin=0.000010
hmax=0.100000
eps=0.000001
t=(1)  = 0.000000   y(1)=1.000000   y(2)=0.000000    y(3)=-1.000000
t=(2)  = 0.000022   y(1)=0.999977   y(2)=-0.000021   y(3)=-0.998257
t=(3)  = 0.000044   y(1)=0.999954   y(2)=-0.000041   y(3)=-0.996515
```

```
t=(4)  = 0.000226   y(1)=0.999733   y(2)=-0.000185   y(3)=-0.982016
t=(5)  = 0.000408   y(1)=0.999460   y(2)=-0.000276   y(3)=-0.967623
t=(6)  = 0.000590   y(1)=0.999136   y(2)=-0.000315   y(3)=-0.953337
t=(7)  = 0.000883   y(1)=0.998508   y(2)=-0.000273   y(3)=-0.930587
t=(8)  = 0.001176   y(1)=0.997752   y(2)=-0.000102   y(3)=-0.908112
t=(9)  = 0.001469   y(1)=0.996872   y(2)=0.000193    y(3)=-0.885911
t=(10) = 0.001762   y(1)=0.995871   y(2)=0.000611    y(3)=-0.863983
t=(11) = 0.002157   y(1)=0.994335   y(2)=0.001360    y(3)=-0.834885
t=(12) = 0.002551   y(1)=0.992592   y(2)=0.002318    y(3)=-0.806281
t=(13) = 0.002946   y(1)=0.990649   y(2)=0.003476    y(3)=-0.778171
t=(14) = 0.003341   y(1)=0.988511   y(2)=0.004829    y(3)=-0.750553
t=(15) = 0.003735   y(1)=0.986187   y(2)=0.006370    y(3)=-0.723424
t=(16) = 0.004393   y(1)=0.981918   y(2)=0.009335    y(3)=-0.679305
t=(17) = 0.005050   y(1)=0.977180   y(2)=0.012770    y(3)=-0.636531
t=(18) = 0.005708   y(1)=0.972003   y(2)=0.016647    y(3)=-0.595091
t=(19) = 0.006365   y(1)=0.966414   y(2)=0.020936    y(3)=-0.554973
t=(20) = 0.007372   y(1)=0.957119   y(2)=0.028244    y(3)=-0.496047
t=(21) = 0.008380   y(1)=0.947022   y(2)=0.036359    y(3)=-0.440137
t=(22) = 0.009387   y(1)=0.936211   y(2)=0.045190    y(3)=-0.387183
t=(23) = 0.010394   y(1)=0.924774   y(2)=0.054652    y(3)=-0.337122
t=(24) = 0.011401   y(1)=0.912791   y(2)=0.064664    y(3)=-0.289884
t=(25) = 0.012409   y(1)=0.900339   y(2)=0.075149    y(3)=-0.245400
t=(26) = 0.013416   y(1)=0.887490   y(2)=0.086035    y(3)=-0.203594
t=(27) = 0.014423   y(1)=0.874313   y(2)=0.097253    y(3)=-0.164390
t=(28) = 0.015430   y(1)=0.860870   y(2)=0.108741    y(3)=-0.127708
t=(29) = 0.016437   y(1)=0.847222   y(2)=0.120438    y(3)=-0.093468
t=(30) = 0.017445   y(1)=0.833423   y(2)=0.132289    y(3)=-0.061587
```

11.12　二阶初值问题

1. 欧拉法

利用变步长欧拉法求二阶微分方程初值问题。设二阶微分方程的初值问题为

$$\begin{cases} y'' = f(t, y, y') \\ y(t_0) = y_0, y'(t_0) = y_0' \end{cases}$$

令 $y' = z$ ， $y'(t_0) = y_0' = z_0$ ，则二阶微分方程转化为一阶微分方程组

$$\begin{cases} z' = f(t, y, z), & z(t_0) = z_0 \\ y' = z, & y(t_0) = y_0 \end{cases}$$

然后利用变步长欧拉法求解一阶微分方程组初值问题即可。

在 MATLAB 中编写 euler21()函数，利用变步长欧拉法实现对二阶微分方程初值问题的求解。

```
function [y,z]=euler21(t,h,y,z,m,f)
%%%%%%%%%%%%%%%%%%%%%%%%%%%%%%%%%%%%%%
% 改进欧拉公式，以 h 为步长积分 m 步
% t: 自变量起始点
```

```
% h: 步长
% y: 存放函数初值, 返回终点函数值
% z: 存放函数一阶导数初值, 返回终点函数一阶导数值
% m: 步数
% f: 二阶微分方程右端函数 f(t,y,z)
%%%%%%%%%%%%%%%%%%%%%%%%%%%%%%%%%%%%%%%%%%%%%
yy=y;
zz=z;
for j=1:m
    x=t+(j-1)*h;
    yk1=zz;
    zk1=f(x, yy, zz);
    x=t+j*h;
    yc=yy+h*zk1;                              %预报 t[j+1]处的 y 值
    zc=zz+h*yk1;                              %预报 t[j+1]处的 z 值
    yk2=zc;
    zk2=f(x, yc, zc);
    yy=yy+h*(yk1+yk2)/2;                      %计算 t[j+1]处的 y 值
    zz=zz+h*(zk1+zk2)/2;                      %预报 t[j+1]处的 y 值
end
y=yy;
z=zz;
end


function [y,z]=euler2(t,h,y,z,eps,f)
%%%%%%%%%%%%%%%%%%%%%%%%%%%%%%%%%%%%%%%%%%%%%
% 变步长欧拉法求解二阶初值问题
% t: 自变量起点值
% h: 步长
% y: 存放函数初值, 返回终点函数值
% z: 存放函数一阶倒数初值, 返回终点函数一阶导数值
% eps: 精度要求
% f:二阶微分方程右端函数 f(t,y,z)
%%%%%%%%%%%%%%%%%%%%%%%%%%%%%%%%%%%%%%%%%%%%%
m=1;
p=1+eps;
ya=y;
za=z;
[ya,za]=euler21(t,h,ya,za,m,f);              %跨一步计算
while p>eps
    yb=y;
    zb=z;
    m=2*m;
    h=h/2;
    [yb,zb]=euler21(t,h,yb,zb,m,f);          %跨 m 步计算
    p=abs(yb-ya);                            %取误差
```

```
    za=zb;
    ya=yb;
end
y=ya;
z=za;
end
```

【例 11-12】设二阶微分方程初值问题为

$$\begin{cases} y'' = t + y \\ y(0) = 0, y'(0) = 0.701836 \end{cases}$$

用变步长欧拉法计算当步长 $h = 0.1$ 时，各积分点 $t_j = jh(j = 0,1,\cdots,10)$ 上的未知函数 y_j 以及未知函数一阶导数 y_j' 的近似值。取 $\varepsilon = 0.0000001$ 。

计算二阶微分方程右端函数值的函数程序如下。

```
function d=euler2_f(t,y,z)
%%%%%%%%%%%%%%%%%%%%%%%%%%%%%%%%%%%%%
% 计算微分方程组中各方程右端函数值
% t：微分方程自变量
% y：n 个未知函数在起始点 t 处的函数值
% z：存放函数一阶导数初值
% d：返回微分方程组中各方程右端函数值
%%%%%%%%%%%%%%%%%%%%%%%%%%%%%%%%%%%
d=t+y;
end
```

在编辑器中编写如下程序。

```
clc, clear
% 求解二阶初值问题的欧拉法
% 参数初始化
y=0;                              %函数初值
z=0.701836;                       %函数一阶倒数初值
t=0;                              %起始点
h=0.1;                            %步长
eps=0.0000001;                    %控制精度
% 输出 t 点及各未知函数函数值
fprintf('t=%f',t);
fprintf('    y=%f',y);
fprintf('    z=%f\n',z);
for j=1:10
    [y,z]=euler2(t,h,y,z,eps,@euler2_f);
    t=t+h;
    fprintf('t=%f',t);
    fprintf('    y=%f',y);
    fprintf('    z=%f\n',z);
end
```

运行程序，输出结果如下。

```
t=0.000000    y=0.000000    z=0.701836
t=0.100000    y=0.070467    z=0.710352
t=0.200000    y=0.142641    z=0.735986
t=0.300000    y=0.218244    z=0.778994
t=0.400000    y=0.299033    z=0.839808
t=0.500000    y=0.386819    z=0.919034
t=0.600000    y=0.483480    z=1.017467
t=0.700000    y=0.590985    z=1.136092
t=0.800000    y=0.711411    z=1.276095
t=0.900000    y=0.846963    z=1.438878
t=1.000000    y=1.000000    z=1.626070
```

【例 11-13】设二阶微分方程初值问题为

$$\begin{cases} (1+x^2)y'' = 6x - 3 + 3y + xy' \\ y(0) = 1,\, y'(0) = 0 \end{cases}$$

用变步长欧拉法计算当步长 $h = 0.1$ 时,各积分点 $t_j = jh(j = 0,1,\cdots,10)$ 上的未知函数 y_j 以及未知函数一阶导数 y_j' 的近似值。取 $\varepsilon = 0.0000001$。

计算二阶微分方程右端函数值的函数程序如下。

```
function d=euler22_f(t,y,z)
%%%%%%%%%%%%%%%%%%%%%%%%%%%%%%%%%%%
% 计算二阶微分方程右端函数 f(t,y,z)
%%%%%%%%%%%%%%%%%%%%%%%%%%%%%%%%%%%
d=(6*t-3+t*z+3*y)/(1+t^2);
end
```

在编辑器中编写如下程序。

```
clc, clear
%参数初始化
y=1;                                    %函数初值
z=0;                                    %函数一阶倒数初值
t=0;                                    %起始点
h=0.1;                                  %步长
eps=0.0000001;                          %控制精度
%输出 t 点及各未知函数函数值
fprintf('t=%f',t);
fprintf('   y=%f',y);
fprintf('   z=%f\n',z);
for j=1:10
    [y,z]=euler2(t,h,y,z,eps,@euler22_f);
    t=t+h;
    fprintf('t=%f',t);
    fprintf('   y=%f',y);
    fprintf('   z=%f\n',z);
end
```

运行程序，输出结果如下。

```
t=0.000000    y=1.000000    z=0.000000
t=0.100000    y=1.001000    z=0.030000
t=0.200000    y=1.008000    z=0.120000
t=0.300000    y=1.027000    z=0.270001
t=0.400000    y=1.064000    z=0.480001
t=0.500000    y=1.125000    z=0.750001
t=0.600000    y=1.216000    z=1.080001
t=0.700000    y=1.343000    z=1.470001
t=0.800000    y=1.512000    z=1.920002
t=0.900000    y=1.729000    z=2.430002
t=1.000000    y=2.000000    z=3.000002
```

2. 连分式法

利用连分式法可以求解二阶微分方程初值问题。设二阶微分方程的初值问题为

$$\begin{cases} y'' = f(t, y, y') \\ y(t_0) = y_0, y'(t_0) = y' \end{cases}$$

令

$$y' = z , \quad y'(t_0) = y'_0 = z_0$$

则二阶微分方程转化为一阶微分方程组

$$\begin{cases} z' = f(t, y, z), & z(t_0) = z_0 \\ y' = z, & y(t_0) = y_0 \end{cases}$$

然后利用有关连分式法求解一阶微分方程组初值问题即可。

在 MATLAB 中编写 funpqv()函数，利用连分式法实现对二阶微分方程初值问题的求解。

```
function u=funpqv(x,b,n,t)
% 计算函数连分式值
u=b(n+1);
for k=n:-1:1
    if abs(u)+1==1
        u=1e+35*(t-x(k))/abs(t-x(k));
    else
        u=b(k)+(t-x(k))/u;
    end
end
end


function b=funpqj(x,y,b,j)
%计算连分式新的一节 b[j]
flag=0;
u=y(j+1);
for k=1:j
    if flag==0
        if u-b(k)+1==1
```

```
                flag=1;
            else
                u=(x(j+1)-x(k))/(u-b(k));
            end
        else
            break;
        end
    end
    if flag==1
        u=1e+35;
    end
    b(j+1)=u;
end


function [y,z]=euler21(t,h,y,z,m,f)
%%%%%%%%%%%%%%%%%%%%%%%%%%%%%%%%%%%%%%%
% 改进欧拉公式, 以 h 为步长积分 m 步
% t: 自变量起始点
% h: 步长
% y: 存放函数初值, 返回终点函数值
% z: 存放函数一阶导数初值, 返回终点函数一阶导数值
% m: 步数
% f: 二阶微分方程右端函数 f(t,y,z)
%%%%%%%%%%%%%%%%%%%%%%%%%%%%%%%%%%%%%%%
yy=y;
zz=z;
for j=1:m
    x=t+(j-1)*h;
    yk1=zz;
    zk1=f(x,yy,zz);
    x=t+j*h;
    yc=yy+h*zk1;                            %预报 t[j+1]处的 y 值
    zc=zz+h*yk1;                            %预报 t[j+1]处的 z 值
    yk2=zc;
    zk2=f(x,yc,zc);
    yy=yy+h*(yk1+yk2)/2;                    %计算 t[j+1]处的 y 值
    zz=zz+h*(zk1+zk2)/2;                    %预报 t[j+1]处的 y 值
end
y=yy;
z=zz;
end


function [y,z]=pqeuler2(t,h,y,z,eps,f)
%%%%%%%%%%%%%%%%%%%%%%%%%%%%%%%%%%%%%%%
% 连分式法求解二阶初值问题
% t: 自变量起始点
```

```
    % h: 步长
    % y: 存放函数初值，返回终点函数值
    % z: 存放函数一阶导数初值，返回终点函数一阶导数值
    % eps: 精度要求
    % f: 指向计算二阶微分方程的右端函数 f(t,y,z) 值的函数名
    %%%%%%%%%%%%%%%%%%%%%%%%%%%%%%%%%%%
    yb=zeros(10);
    zb=zeros(10);
    hh=zeros(10);
    gy=zeros(10);
    gz=zeros(10);
    yy=y;
    zz=z;
    il=0;
    flag=0;
    m=1;
    h0=h;
    [yy, zz]=euler21(t,h0,yy,zz,m,f);            %欧拉法计算初值
    y0=yy;
    z0=zz;
    while il<20&&flag==0
        il=il+1;
        hh(1)=h0;
        gy(1)=y0;
        gz(1)=z0;
        yb(1)=gy(1);
        zb(1)=gz(1);
        j=1;
        ys1=gy(1);
        while j<=7
            yy=y;
            zz=z;
            m=2*m;
            hh(j+1)=hh(j)/2;
            [yy,zz]=euler21(t,hh(j+1),yy,zz,m,f);    %欧拉法计算新近似值
            gy(j+1)=yy;
            gz(j+1)=zz;
            yb=funpqj(hh,gy,yb,j);
            zb=funpqj(hh,gz,zb,j);
            ys0=ys1;
            ys1=funpqv(hh,yb,j,0);                    %连分式法计算积分近似值 ys1
            zs=funpqv(hh,zb,j,0);                     %连分式法计算积分近似值 zs
            d=abs(ys1-ys0);
            if d>=eps
```

```
        j=j+1;
    else
        j=10;
    end
end
h0=hh(j);
y0=gy(j);
z0=gz(j);
if j==10
    flag=1;
end
end
y=ys1;
z=zs;
end
```

【例 11-14】设二阶微分方程初值问题为

$$\begin{cases} y'' = t + y \\ y(0) = 0, y'(0) = 0.701836 \end{cases}$$

用连分式法计算当步长 $h = 0.1$ 时各积分点 $t_j = jh(j = 0,1,\cdots,10)$ 上的未知函数 y_j 的近似值。取 $\varepsilon = 0.0000001$。

计算二阶微分方程右端函数值 $f(t, y, y')$ 的函数程序如下。

```
function d=pqeuler2f(t,y,z)
%%%%%%%%%%%%%%%%%%%%%%%%%%%%%%%%%
% 计算微分方程组中各方程右端函数值
% t: 微分方程自变量
% y: n 个未知函数在起始点 t 处的函数值
% z: 存放函数一阶倒数初值
% d: 返回微分方程组中各方程右端函数值
%%%%%%%%%%%%%%%%%%%%%%%%%%%%%%%%%
d=t+y;
end
```

在编辑器中编写如下程序。

```
clc, clear
% 求解二阶初值问题的连分式法
y=0;
z=0.701836;
t=0;
h=0.1;
eps=0.0000001;
fprintf('t=%f',t);
fprintf('   y=%f',y);
fprintf('   z=%f\n',z);
for j=1:10
```

```
    [y,z]=pqeuler2(t,h,y,z,eps,@pqeuler2f);
    t=t+h;
    fprintf('t=%f',t);
    fprintf('   y=%f',y);
    fprintf('   z=%f\n',z);
end
```

运行程序，输出结果如下。

```
t=0.000000    y=0.000000    z=0.701836
t=0.100000    y=0.070467    z=0.710352
t=0.200000    y=0.142641    z=0.735986
t=0.300000    y=0.218244    z=0.778995
t=0.400000    y=0.299033    z=0.839808
t=0.500000    y=0.386819    z=0.919034
t=0.600000    y=0.483480    z=1.017467
t=0.700000    y=0.590985    z=1.136092
t=0.800000    y=0.711411    z=1.276095
t=0.900000    y=0.846963    z=1.438878
t=1.000000    y=1.000000    z=1.626070
```

11.13   二阶边值问题

1. 差分法

利用有限差分法可以求二阶线性微分方程边值问题的数值解。设积分区间为 $[a,b]$，首先将积分区间 n 等分，步长 $h=\dfrac{b-a}{n}$，等距离散节点为

$$x_k = a+kh, \quad k = 0,1,2,\cdots,n$$

然后利用差商代替各离散点上的导数。其中，一阶导数可以用向前差分公式、向后差分公式或中心差分公式（向前差分与向后差分的算术平均值）近似；二阶导数用二阶中心差分公式近似。即

$$y'(x_k)=y'_k \approx \frac{y_{k+1}-y_k}{h} \quad (\text{向前差分公式})$$

$$\approx \frac{y_k - y_{k-1}}{h} \quad (\text{向后差分公式})$$

$$\approx \frac{y_{k+1}-y_{k-1}}{2h} \quad (\text{中心差分公式})$$

$$y''(x_k)=y''_k \approx \frac{y'_{k+1}-y'_k}{h} \approx \frac{\dfrac{y_{k+1}-y_k}{h}-\dfrac{y_k-y_{k-1}}{h}}{h}$$

$$= \frac{y_{k+1}-2y_k+y_{k-1}}{h^2}$$

考虑如下形式的二阶微分方程初值问题。

$$\begin{cases} y'' + p(x)y' + q(x)y = r(x), a \leqslant x \leqslant b \\ y(a)=\alpha, y(b)=\beta \end{cases}$$

并且一阶导数用中心差分公式近似，二阶导数用二阶中心差分公式近似，则相应的差分方程为

$$\frac{y_{k+1}-2y_k+y_{k-1}}{h^2}+p_k\frac{y_{k+1}-y_{k-1}}{2h}+q_ky_k=r_k, \quad k=1,2,\cdots,n-1$$

$$y_0=\alpha, \quad y_n=\beta$$

其中，$p_k=p(x_k)$；$q_k=q(x_k)$；$r_k=r(x_k)$。整理后就得到

$$\begin{cases} y_0=\alpha \\ (1-hp_k/2)y_{k-1}+(-2+h^2q_k)y_k+(1+hp_k/2)y_{k+1}=h^2r_k, \quad k=1,2,\cdots,n-1 \\ y_n=\beta \end{cases}$$

这是一个三对角线方程组，可以用追赶法求解。由该方程组可以解出各离散点上的解函数值 $y(x_k)\approx y_k$。

在 MATLAB 中编写 bound() 函数，利用有限差分法求二阶线性微分方程边值问题的数值解。

```
function y=bound(n,t0,tn,y,f)
%%%%%%%%%%%%%%%%%%%%%%%%%%%%%%%%%%%
% 差分法求解二阶边值问题
% n: 积分区间的等分数
% t0: 积分区间的左端点
% tn: 积分区间的右端点
% y: y[0]存放在左端点边界值 y[a], y[n+1]存放右端点边界值 y[b]
%    返回 n+1 个等距离离散点上的数值解
% f: 指向计算 p[x],q[x],r[x] 函数值的函数名
%%%%%%%%%%%%%%%%%%%%%%%%%%%%%%%%%%%%%%%%
p=[];
q=[];
r=[];
a=zeros(n+1,1);
b=zeros(n+1,1);
c=zeros(n+1,1);
h=(tn-t0)/n;
a(1)=0;
b(1)=1;
c(1)=0;
for k=1:n-1                              %构造三对角方程组
    x=t0+k*h;
    [p,q,r]=f(x,p,q,r);
    c(k+1)=h*p/2;
    a(k+1)=1-c(k+1);
    c(k+1)=1+c(k+1);
    b(k+1)=-2+h*h*q;
    y(k+1)=h*h*r;
end
a(n+1)=0;
b(n+1)=1;
c(n+1)=0;
[a,b,c,y]=trid(n+1,a,b,c,y);            %求解三对角方程组
end
```

```
function [a,b,c,d]=trid(n,a,b,c,d)
%追赶法求解三对角方程组
for k=1:n-1
    c(k)=c(k)/b(k);
    d(k)=d(k)/b(k);
    b(k+1)=b(k+1)-a(k+1)*c(k);
    d(k+1)=d(k+1)-a(k+1)*d(k);
end
d(n)=d(n)/b(n);
for k=n-1:-1:1
    d(k)=d(k)-c(k)*d(k+1);
end
end
```

【例 11-15】用差分法求解以下二阶微分方程边值问题。

$$\begin{cases} (1+x^2)y'' = 6x+3+3y+xy' \\ y(0)=1, y(1)=2 \end{cases}$$

求解区间为 $[0,1]$，等分数 $n=10$（即步长 $h=0.1$）。其中

$$p(x) = -x/(1+x^2)$$
$$q(x) = -3/(1+x^2)$$
$$r(x) = (6x-3)/(1+x^2)$$

计算二阶微分方程中的函数 $p(x)$、$q(x)$、$r(x)$ 值的函数程序如下。

```
function [p,q,r]=boundf(t,p,q,r)
%计算p(x), q(x), r(x)
p=-t/(1+t^2);
q=-3/(1+t^2);
r=(6*t-3)/(1+t^2);
end
```

在编辑器中编写如下程序。

```
clc, clear
% 求解二阶边值问题的差分法
% 参数初始化
y=zeros(11,1);                          %左端点边界值
y(1)=1;
y(11)=2;
y=bound(10,0,1,y,@boundf);
% 输出结果
for k=1:11
    fprintf('x=%f  y=%f\n',0.1*(k-1),y(k));
end
```

运行程序，输出结果如下。

```
       x=0.000000      y=1.000000
       x=0.100000      y=1.000901
       x=0.200000      y=1.007808
       x=0.300000      y=1.026727
       x=0.400000      y=1.063664
       x=0.500000      y=1.124625
       x=0.600000      y=1.215616
       x=0.700000      y=1.342643
       x=0.800000      y=1.511712
       x=0.900000      y=1.728829
       x=1.000000      y=2.000000
```

2. 试射法

利用试射法可以求二阶线性微分方程边值问题的数值解。试射法的基本思想是将边值问题转换为初值问题来求解。求解的过程实际上是根据边界条件寻找与之等价的初始条件，然后用求解常微分方程初值问题的某种方法去求解。

下面举例说明试射法求解微分方程边值问题的基本步骤。考虑在区间 $[a,b]$ 上的二阶常微分方程边值问题

$$\begin{cases} y'' = f(x, y, y') \\ y(a) = \alpha, y(b) = \beta \end{cases}$$

（1）将二阶微分方程边值问题转化为一阶微分方程组初值问题的形式。

首先将边值问题化成初值问题，即

$$\begin{cases} y'' = f(x, y, y') \\ y(a) = \alpha, y'(a) = C \end{cases}$$

其中，C 为需要根据边界条件 $y(b) = \beta$ 确定的参数。如果选定一个初值 C，并令

$$y' = z，\quad y'(a) = C = z(a)$$

则该二阶微分方程初值问题变为一阶微分方程组，即

$$\begin{cases} z' = f(t, y, z), & z(a) = C \\ y' = z, & y(a) = \alpha \end{cases}$$

（2）用求解微分方程组初值问题的方法来求解。

用欧拉法或其他求解微分方程初值问题的方法，以 $h = \dfrac{b-a}{n}$ 为步长，$y_0 = y(a) = \alpha$，$z_0 = y'(a) = C$，逐步递推，最后计算出 $y(b) = y(x_n)$ 的近似值 y_n。

（3）将 y_n 与 $y(b) = \beta$ 这个目标值进行比较。如果 y_n 与 β 很接近，即已经满足精度要求，则二阶微分方程边值问题的数值解为 $y_0 = \alpha, y_1, y_2, \cdots, y_n \approx \beta_0$；如果不满足精度要求，则需要调整 C 的值，转至步骤（2）。该过程一直进行到满足精度要求为止。

由以上步骤可以看出，参数 C 是可选的，因此，当数值解进行到另一个边界 $x = b$ 时，必须满足在这一边界上的条件，即 $y(b) = \beta$。试射法是以迭代过程为基础，由此搜索 C 的近似值，以便满足原问题中的条件。

在 MATLAB 中编写 shoot()函数，利用试射法求二阶线性微分方程边值问题的数值解。本函数直接调用了欧拉法求解二阶微分方程初值问题的 euler2()函数，而在求解二阶微分方程初值问题的这个函数中，又调

用了变步长欧拉法求解一阶微分方程组的函数。

```
function [y,z]=shoot(n,a,b,eps,y,f)
%%%%%%%%%%%%%%%%%%%%%%%%%%%%%%%%%%%%%%%
% 求解二阶边值问题试射法
% n: 积分区间的等分数
% a: 积分区间的左端点
% b: 积分区间的右端点, 要求 b>a
% eps: 控制进度要求
% y: y[0]存放函数左端点边界值 y[a],y[n]存放右端点边界值 y[b]
%     返回 n+1 个等距离散点上的数值解
% f: 指向计算二阶常微分方程右端函数 f(t,y,z)值的函数名
%%%%%%%%%%%%%%%%%%%%%%%%%%%%%%%%%%%%%%%
p=1;
h=(b-a)/n;
y0=y(1);
yn=y(n+1);
z=0;
yy=y(1);                              %取函数 y 的初值
zz=z;                                 %取一阶导数初值
for k=1:n                             %计算 n 个等距离散点上的数值解
    x=a+(k-1)*h;
    [yy,zz]=euler2(x,h,yy,zz,eps,f);  %变步长欧拉法求解二阶初值
    y(k+1)=yy;
end
if y(n+1)-yn>0                        %若终点数值解大于终点边界值
    zz2=z;
    while y(n+1)-yn>0
        zz=zz2-0.1;                   %函数 y 的一阶导数初值缩小
        yy=y(1);                      %函数 y 初值
        for k=1:n                     %计算 n 个等距离散点上的数值解
            x=a+(k-1)*h;
            [yy,zz]=euler2(x,h,yy,zz,eps,f);
            y(k+1)=yy;
        end
        if y(n+1)-yn>0                %保留缩小后的值
            zz2=zz2-0.1;
        end
    end
    zz1=zz2-0.1;                      %保留一阶导数值的下限
else
    zz1=z;
    while y(n+1)-yn<0
        zz=zz1+0.1;                   %函数 y 的一阶导数初值增加
        yy=y(1);                      %函数 y 初值
        for k=1:n                     %计算 n 个等距离散点上的数值解
            x=a+(k-1)*h;
```

```
            [yy,zz]=euler2(x,h,yy,zz,eps,f);
            y(k+1)=yy;
        end
        if y(n+1)-yn<0
            zz1=zz1+0.1;                        %保留增加后的值
        end
    end
    zz2=zz1+0.1;                                %保留一阶导数初值的上限
end
while p>0.0000001                               %对分搜索
    zz=(zz1+zz2)/2;
    z=zz;
    yy=y(1);                                    %函数 y 初值
    for k=1:n                                   %计算 n 个等距离离散点上的数值解
        x=a+(k-1)*h;
        [yy,zz]=euler2(x,h,yy,zz,eps,f);
        y(k+1)=yy;
    end
    p=abs(zz1-zz2);
    if y(n+1)-yn>0
        zz2=z;
    else
        zz1=z;
    end
end
end
```

【例 11-16】设二阶微分方程边值问题如下。其中，$a=0$，$b=1$，取 $n=10$，$\varepsilon=0.0000001$。用试射法求各离散点上的未知函数的函数近似值。

$$\begin{cases} y''=t+y \\ y(0)=0,\ y(1)=1 \end{cases}$$

计算二阶微分方程右端函数值的函数程序如下。

```
function d=shootf1(t,y,z)
%计算二阶微分方程右端函数值
d=t+y;
end
```

在编辑器中编写如下程序。

```
clc, clear
% 试射法求解二阶边值问题
% 参数初始化
y=zeros(11,1);                                  %左端点边界
y(1)=0;
y(11)=1;
[y,dy0]=shoot(10,0,1,0.0000001,y,@shootf1);
% 输出结果
```

```
fprintf('初始斜率=%f\n',dy0);
for k =1:11
    fprintf('x=%f   y=%f\n',0.1*(k-1),y(k));
end
```

运行程序，输出结果如下。

```
初始斜率=0.701836
x=0.000000    y=0.000000
x=0.100000    y=0.070468
x=0.200000    y=0.142641
x=0.300000    y=0.218244
x=0.400000    y=0.299034
x=0.500000    y=0.386819
x=0.600000    y=0.483480
x=0.700000    y=0.590985
x=0.800000    y=0.711411
x=0.900000    y=0.846963
x=1.000000    y=1.000000
```

【例 11-17】设二阶微分方程边值问题如下。其中，$a=0$，$b=1$，取 $n=10$，$\varepsilon=0.0000001$。

$$\begin{cases} (1+x^2)y'' = 6x-3+3y+xy' \\ y(0)=1, y(1)=2 \end{cases}$$

用试射法求各离散点上的未知函数的函数近似值。其中，二阶微分方程右端函数为

$$f(t,y,y') = \frac{6t-3+3y+ty'}{1+t^2}$$

计算二阶微分方程右端函数值的函数程序如下。

```
function d=shootf2(t,y,z)
%计算二阶微分方程右端函数值
d=(6*t-3+t*z+3*y)/(1+t^2);
end
```

在编辑器中编写如下程序。

```
clc, clear
% 试射法求解二阶边值问题
% 参数初始化
y=zeros(11,1);                          %左端点边界
y(1) 1;
y(11)=2;
[y, dy0]=shoot(10,0,1,0.0000001,y,@shootf2);
% 输出结果
fprintf('初始斜率=%f\n',dy0);
for k=1:11
    fprintf('x=%f   y=%f\n',0.1*(k-1),y(k));
end
```

运行程序，输出结果如下。

```
初始斜率=-0.000000
x=0.000000    y=1.000000
x=0.100000    y=1.001000
x=0.200000    y=1.008000
x=0.300000    y=1.027000
x=0.400000    y=1.064000
x=0.500000    y=1.125000
x=0.600000    y=1.216000
x=0.700000    y=1.343000
x=0.800000    y=1.512000
x=0.900000    y=1.729000
x=1.000000    y=2.000000
```

3. 连分式法

利用连分式法可以求二阶线性微分方程边值问题的数值解。二阶常微分方程边值问题为

$$\begin{cases} y'' = f(x, y, y'), & a \leqslant x \leqslant b \\ y(a) = \alpha, y(b) = \beta \end{cases}$$

可以转化为一阶微分方程组初值问题的形式，即

$$\begin{cases} z' = f(t, y, z), & z(a) = C \\ y' = z, & y(a) = \alpha \end{cases}$$

其中，C 为需要根据边界条件 $y(b) = \beta$ 确定的参数。

如果选定一个初值 C，利用欧拉法，对于每步采用连分式法求解，最后计算出 $y(b) = y(x_n)$ 的近似值 y_n。将 y_n 与 $y(b) = \beta$ 这个目标值进行比较，如果 y_n 与 β 很接近，即已经满足精度要求，则二阶微分方程边值问题的数值解为 $y_0 = \alpha$，$y_1, y_2, \ldots, y_n \approx \beta$；如果不满足精度要求，则需要调整 C 的值。该过程一直做到满足精度要求为止。

由此可见，将二阶常微分方程边值问题转化为一阶微分方程组初值问题后，用一阶微分方程组初值问题的求解方法（如变步长欧拉法）得到的数值解中，使用不同的近似于未知函数一阶导数初值的 C 值，所得到的区间终点数值解 y_n 也是不同的。因此，可以把 y_n 看作 C 的函数，即

$$y_n = W(C)$$

且满足

$$\lim_{c \to y'(a)} W(C) = y(a) = \beta$$

以上确定 C 的过程如图 11-1 所示。

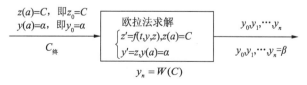

图 11-1　确定 C 的过程

为了减少调整 C 的次数，可以采用连分式法。设 $y_n = W(C)$ 的反函数为

$$C = F(y_n)$$

通过各试验值点 $(y_n^{(j)}, c^{(j)})(j = 0,1,2,\cdots)$，构造 $C = F(y_n)$ 的连分式函数

$$C = F(y_n) = b_0 + \cfrac{y_n - y_n^{(0)}}{b_1 + \cfrac{y_n - y_n^{(1)}}{b_2 + \cdots + \cfrac{y_n - y_n^{(j-1)}}{b_j + \cdots}}}$$

则有

$$y'(a) = C_{\text{终}} = F(\beta) = b_0 + \cfrac{\beta - y_n^{(0)}}{b_1 + \cfrac{\beta - y_n^{(1)}}{b_2 + \cdots + \cfrac{\beta - y_n^{(j-1)}}{b_j + \cdots}}}$$

以此为未知函数一阶导数初值，每步利用变步长欧拉法求解一阶微分方程组所得的数值解就是二阶微分方程边值问题的数值解。

用连分式法计算二阶微分方程边值问题数值解的步骤如下。

首先，将二阶常微分方程边值问题

$$\begin{cases} y'' = f(x, y, y'), & a \leqslant x \leqslant b \\ y(a) = \alpha, y(b) = \beta \end{cases}$$

转化为一阶微分方程组初值问题

$$\begin{cases} z' = f(t, y, z), z(a) = C \\ y' = z, y(a) = \alpha \end{cases}$$

取步长 $h = (b-a)/n$。取初值 $c_0 = 0$，以 c_0 作为未知函数的一阶导数初值，用求解二阶初值问题的连分式法计算数值解 $y_0^{(0)}, y_1^{(0)}, \cdots, y_n^{(0)}$。

根据数据点 $(c_0, y_n^{(0)})$，确定 0 节函数连分式

$$F(y_n) = b_0$$

其中，$b_0 = c_0$。

取第 2 个初值 $c_1 = 0.1$，以 c_1 作为未知函数的一阶导数初值，用求解二阶初值问题的连分式法计算数值解 $y_0^{(1)}, y_1^{(1)}, \cdots, y_n^{(1)}$。

根据数据点 $(c_1, y_n^{(1)})$，确定函数连分式新增一节的部分分母 b_1。此时得到 1 节函数连分式

$$F(y_n) = b_0 + \frac{y_n - y_n^{(0)}}{b_1}$$

对于 $j = 2, 3, \cdots$，做如下迭代。

（1）计算新的迭代值，即

$$c_j = b_0 + \cfrac{\beta - y_n^{(0)}}{b_1 + \cfrac{\beta - y_n^{(1)}}{b_2 + \cdots + \cfrac{\beta - y_n^{(j-2)}}{b_{j-1}}}}$$

（2）以 c_j 作为未知函数的一阶导数初值，用求解二阶初值问题的连分式法计算数值解 $y_0^{(j)}, y_1^{(j)}, \cdots, y_n^{(j)}$。

此时若 $\left|c_j - c_{j-1}\right| < \varepsilon$，则 c_j 作为未知函数的一阶导数初值，用求解二阶初值问题的连分式法计算得到的数值解 $y_0^{(j)}, y_1^{(j)}, \cdots, y_n^{(j)}$ 即为二阶微分方程边值问题的满足精度要求的数值解；否则继续。

（3）根据数据点 $(c_j, y_n^{(j)})$，确定函数连分式新增一节的部分分母 b_j。此时得到 j 节函数连分式

$$F(y_n) = b_0 + \cfrac{y_n - y_n^{(0)}}{b_1 + \cfrac{y_n - y_n^{(1)}}{b_2 + \cdots + \cfrac{y_n - y_n^{(j-1)}}{b_j + \cdots}}}$$

然后转至步骤（1）继续迭代。

上述过程一直做到满足精度要求为止。

在实际迭代过程中，一般做到 7 节连分式为止，如果此时还不满足精度要求，则用最后得到的迭代值作为初值 c_0 重新开始迭代。

在 MATLAB 中编写 pqshoot() 函数，利用连分式法求二阶线性微分方程边值问题的数值解。

```
function [y,z0]=pqshoot(n,a,b,eps,y,f)
%%%%%%%%%%%%%%%%%%%%%%%%%%%%%%%%%%%%%%%%%%
% 连分式法求解二阶边值问题
% n: 积分区间的等分数
% a: 积分区间的左端点
% b: 积分区间的右端点，要求 b>a
% eps: 控制进度要求
% y: y[0]存放函数左端点边界值 y[a],y[n]存放右端点边界值 y[b]
%    返回 n+1 个等距离离散点上的数值解
% f: 指向计算二阶常微分方程右端函数 f(t,y,z)值的函数名
% 函数返回 y 在左端点处的一阶导数值 z0
%%%%%%%%%%%%%%%%%%%%%%%%%%%%%%%%%%%%%%%%%%
bb=zeros(10);
zz=zeros(10);
yn=zeros(10);
h= (b-a)/n;
il=0;
z0=0;
flag=0;
while il<20&&flag == 0
    il=il+1;
    j=0;
    zz(1)=z0;
    t=a;
    y0=y(1);
    for i=1:n
        [y0,z0]=pqeuler2(t,h,y0,z0,eps,f);
        t=t+h;
    end
    yn(1)=y0;
    bb(1)=zz(1);
```

```
        j=1;
        zz(2)=zz(1)+0.1;
        z0=zz(2);
        t=a;
        y0=y(1);
        for i=1:n
            [y0,z0]=pqeuler2(t,h,y0,z0,eps,f);
            t=t+h;
        end
        yn(2)=y0;
        while j<=7
            bb=funpqj(yn,zz,bb,j);
            zz(j+2)=funpqv(yn,bb,j,y(n+1));
            z0=zz(j+2);
            t=a;
            y0=y(1);
            for i=1:n
                [y0,z0]=pqeuler2(t,h,y0,z0,eps,f);
                if i<n
                    y(i+1)=y0;
                end
                t=t+h;
            end
            yn(j+2)=y0;
            z0=zz(j+2);
            if abs(yn(j+2)-y(n+1))>eps
                j=j+1;
            else
                j=10;
            end
        end
        if j==10
            flag=1;
        end
    end
end
```

【例 11-18】设二阶微分方程边值问题如下。其中，$a=0$，$b=1$，取 $n=10$，$\varepsilon=0.0000001$。用连分式法求各离散点上的未知函数的函数近似值。

$$\begin{cases} y''=t+y \\ y(0)=0, y(1)=1 \end{cases}$$

计算二阶微分方程右端函数值的函数程序如下。

```
function d=pqshootf1(t,y,z)
%计算二阶微分方程右端函数值
d=t+y;
end
```

在编辑器中编写如下程序。

```
clc, clear
% 连分式法求解二阶边值问题
% 参数初始化
y=zeros(11,1);                                      %左端点边界
y(1)=0;
y(11)=1;
[y,dy0]=pqshoot(10,0,1,0.0000001,y,@pqshootf1);
% 输出结果
fprintf('初始斜率=%f\n',dy0);
for k =1:11
    fprintf('x=%f    y=%f\n',0.1*(k-1),y(k));
end
```

运行程序，输出结果如下。

```
初始斜率=0.701836
x=0.000000    y=0.000000
x=0.100000    y=0.070467
x=0.200000    y=0.142641
x=0.300000    y=0.218244
x=0.400000    y=0.299033
x=0.500000    y=0.386819
x=0.600000    y=0.483480
x=0.700000    y=0.590985
x=0.800000    y=0.711411
x=0.900000    y=0.846963
x=1.000000    y=1.000000
```

【例 11-19】设二阶微分方程边值问题如下。其中，$a=0$，$b=1$，取 $n=10$，$\varepsilon=0.0000001$。

$$\begin{cases}(1+x^2)y''=6x-3+3y+xy'\\y(0)=1,y(1)=2\end{cases}$$

用连分式法求各离散点上的未知函数的近似值。其中，二阶微分方程右端函数为

$$f(t,y,y')=\frac{6t-3+3y+ty'}{1+t^2}$$

计算二阶微分方程右端函数值的函数程序如下。

```
function d=pqshootf2(t,y,z)
%计算二阶微分方程右端函数值
d=(6*t-3+t*z+3*y)/(1+t^2);
end
```

在编辑器中编写如下程序。

```
clc, clear
% 连分式法求解二阶边值问题
% 参数初始化
y=zeros(11,1);                                      %左端点边界
```

```
y(1)=1;
y(11)=2;
[y,dy0]=pqshoot(10,0,1,0.0000001,y,@pqshootf2);
% 输出结果
fprintf('初始斜率=%f\n',dy0);
for k =1:11
    fprintf('x=%f   y=%f\n',0.1*(k-1),y(k));
end
```

运行程序，输出结果如下。

```
初始斜率=0.000000
x=0.000000    y=1.000000
x=0.100000    y=1.001000
x=0.200000    y=1.008000
x=0.300000    y=1.027000
x=0.400000    y=1.064000
x=0.500000    y=1.125000
x=0.600000    y=1.216000
x=0.700000    y=1.343000
x=0.800000    y=1.512000
x=0.900000    y=1.729000
x=1.000000    y=2.000000
```

第 12 章

数 据 分 析

数据分析和处理在各领域有着广泛的应用，尤其是在数学、物理等科学领域和工程领域的实际应用中，会经常遇到进行数据分析的情况。根据数据统计原理，本章给出随机样本分析、回归分析、半对数/对数拟合在 MATLAB 中的实现方法。

12.1　随机样本分析

设给定随机变量 x 的 n 个样本点值为 x_i，$i = 0, 1, \cdots, n-1$。

（1）计算样本参数值。

随机样本算术平均值为

$$\overline{x} = \sum_{i=0}^{n-1} x_i / n$$

样本方差为

$$s = \sum_{i=0}^{n-1} (x_i - \overline{x})^2 / n$$

样本标准差为

$$t = \sqrt{s}$$

（2）按高斯分布计算出各给定区间上的近似理论样本点数。

设随机变量 x 的起始值为 x_0，区间长度为 h，则第 i 个区间的中点为

$$x_i^* = x_0 + (i - 0.5)h，\quad i = 1, 2, \cdots$$

在第 i 个区间上，按高斯分布所应有的近似理论样本点数为

$$F_i = \frac{\pi}{\sqrt{2\pi s}} \exp\left(-\frac{(x_i^* - \overline{x})^2}{2s}\right) h$$

（3）输出经验直方图。

在直方图上方输出样本点数 n，随机变量起始值 x_0，随机变量区间长度值 h，直方图中区间总数 m，随机变量样本的算术平均值 $\overline{x}$、方差 s 与标准差 t。

在输出的直方图中，左起第 1 列为从小到大输出各区间的中点值，第 2 列输出随机样本中落在对应区间中的实际点数。

右边是直方图本身。各区间对应行上的符号 X 的个数代表样本中随机变量值落在该区间中的点数，而符号*所占的序数则为按高斯分布计算得到的近似理论点数。

在直方图的下方输出直方图的比例 k 。即在直方图中，每个符号表示 k 个点。

在 MATLAB 中编写 rhis()函数，用于实现上述功能，包括计算算术平均值、方差与标准差，按高斯分布计算出在各给定区间上近似的理论样本点数，输出经验直方图。

```matlab
function [g,q,dt,s]=rhis(n,x,m,x0,h,g,q,dt,k)
%%%%%%%%%%%%%%%%%%%%%%%%%%%%%%%%%%
% n:随机样本点数
% x:存放随机变量的 n 个样本点值
% m:直方图中区间总数
% x0:直方图中随机变量的起始值
% h:直方图中随机变量等区间长度
% g:返回 m 个区间按高斯分布索引应有的近似理论样本点数
% q:返回落在 m 个区间中每个区间上的随机样本实际点数
% dt: dt(1)返回随机样本的算术平均值
%      dt(2)返回随机样本的方差
%      dt(3)返回随机样本的标准差
% k:  k=0 表示不需要输出直方图
%      k=1 表示需要输出直方图
%%%%%%%%%%%%%%%%%%%%%%%%%%%%%%%%%%%
a=zeros(1,50);
dt(1)=0;
for i=1:n                                    %计算随机样本的算术平均值
    dt(1)=dt(1)+x(i)/n;
end
dt(2)=0;
for i=1:n                                    %计算随机样本的方差
    dt(2)=dt(2)+(x(i)-dt(1))^2;
end
dt(2)=dt(2)/n;
dt(3)=sqrt(dt(2));                           %计算随机样本的标准差
for i=1:m                                    %按照高斯分布所应有的近似理论样本点数
    q(i)=0;
    s=x0+(i-0.5)*h-dt(1);
    s=exp(-s^2/(2*dt(2)));
    g(i)=fix(n*s*h/(dt(3)*2.5066));
end
s=x0+m*h;
for i=1:n
    if (x(i)-x0)>=0
        if (s-x(i))>=0
            j=fix((x(i)-x0)/h)+1;
            q(j)=q(j)+1;
        end
    end
end
fprintf('n = %d \n',n);
```

```
fprintf('随机变量起始值 x0 = %d\n',x0);
fprintf('随机变量区间长度 h = %d\n',h);
fprintf('直方图中区间总数 m = %d\n',m);
fprintf('样本算术平均值 = %d\n',dt(1));
fprintf('样本的方差 = %d\n',dt(2));
fprintf('样本的标准差 = %d\n',dt(3));
if k==1
    kk=1;
    z=0;
    for i=1:m
        if q(i)>z
            z=q(i);
        end
    end
    while z>50
        z=round(z/2);
        kk=2*kk;
    end
    s=zeros(3,m);
    for i=1:m
        s(1,i)=x0+(i-0.5)*h;          %区间中点值
        s(2,i)=q(i);                  %实际点位置
        s(3,i)=g(i);                  %理论点数位置符号
    end
    bar(s(2:3,:)');
    set(gca,'XTickLabel',s(1,:));
    legend('实际点数','理论点数');
    xlabel('区间中点'); ylabel('点数');
end
end
```

【例 12-1】给定随机变量的 100 个样本点（参考主程序），输出直方图。其中，$x_0 = 192$，$h = 2$，$m = 10$，$k \neq 0$。

在编辑器中编写如下程序。

```
clc, clear
%数据初始化
x=[193.199 195.673 195.757 196.051 196.092 196.596...
   196.579 196.763 196.847 197.267 197.392 197.477...
   198.189 193.850 198.944 199.070 199.111 199.153...
   199.237 199.698 199.572 199.614 199.824 199.908...
   200.188 200.160 200.243 200.285 200.453 200.704...
   200.746 200.830 200.872 200.914 200.956 200.998...
   200.998 201.123 201.208 201.333 201.375 201.543...
   201.543 201.584 201.711 201.878 201.919 202.004...
   202.004 202.088 202.172 202.172 202.297 202.339...
   202.381 202.507 202.591 202.716 202.633 202.884...
```

```
        203.051 203.052 203.094 203.094 203.177 203.178...
        203.219 203.764 203.765 203.848 203.890 203.974...
        204.184 204.267 204.352 204.352 204.729 205.106...
        205.148 205.231 205.357 205.400 205.483 206.070...
        206.112 206.154 205.155 206.615 206.657 206.993...
        207.243 207.621 208.124 208.375 208.502 208.628...
        208.670 208.711 210.012 211.394];
n=100;
m=10;
x0=192;
h=2;
k=1;
g=zeros(1,10);
q=zeros(1,10);
dt=zeros(1,3);
[gg,qq,dtt]=rhis(n,x,m,x0,h,g,q,dt,k);
```

运行程序，结果如下，同时输出直方图，如图 12-1 所示。

```
n=100
随机变量起始值 x0=192
随机变量区间长度 h=2
直方图中区间总数 m=10
样本算术平均值=2.022197e+02
样本的方差=1.291809e+01
样本的标准差=3.594174e+00
```

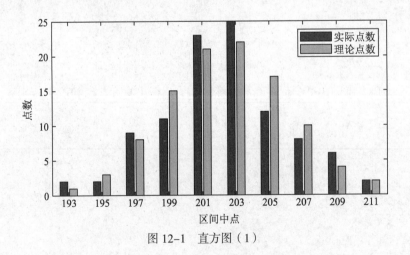

图 12-1 直方图（1）

【例 12-2】产生 500 个均值为 100、方差为 2.25 的正态分布随机数，输出直方图。其中，$x_0 = 91$，$h = 2$，$m = 10$，$k \neq 0$。

在编辑器中编写如下程序。

```
clc, clear
R=1;
```

```
for i=1:500
    [x(i),R]=rndg(100,1.5,R);
end
n=500;
m=10;
x0=91;
h=2;
k=1;
g=zeros(10,1);
q=zeros(10,1);
dt=zeros(3,1);
[g,q,dt,s]=rhis(n,x,m,x0,h,g,q,dt,k);
fprintf('区间中点      实际点数\n')
fprintf('%-10d      %-10d\n', [s(1,:)', q]');
```

运行程序，结果如下，同时输出直方图，如图 12-2 所示。

```
n=500
随机变量起始值 x0 = 91
随机变量区间长度 h = 2
直方图中区间总数 m = 10
样本算术平均值 = 1.000416e+02
样本的方差 = 2.310561e+00
样本的标准差 = 1.520053e+00
区间中点      实际点数
92            0
94            0
96            8
98            121
100           242
102           118
104           10
106           1
108           0
110           0
```

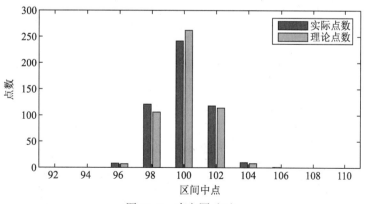

图 12-2　直方图（2）

12.2　一元线性回归分析

设随机变量 y 随自变量 x 变化。给定 n 组观测数据 (x_k, y_k)，$k = 0,1,\cdots,n-1$，用直线 $y = ax + b$ 进行回归分析。其中，a 和 b 为回归系数。

为确定回归系数 a 和 b，通常采用最小二乘法，即令

$$Q = \sum_{i=0}^{n-1}\left[y_i - (ax_i + b)\right]^2$$

达到最小。根据极值原理，a 和 b 应满足

$$\frac{\partial Q}{\partial a} = 2\sum_{i=0}^{n-1}\left[y_i - (ax_i + b)\right](-x_i) = 0$$

$$\frac{\partial Q}{\partial b} = 2\sum_{i=0}^{n-1}\left[y_i - (ax_i + b)\right](-1) = 0$$

解得

$$a = \frac{\sum_{i=0}^{n-1}(x_i - \overline{x})(y_i - \overline{y})}{\sum_{i=0}^{n-1}(x_i - \overline{x})^2}$$

$$b = \overline{y} - a\overline{x}$$

其中，$\overline{x} = \sum_{i=0}^{n-1} x_i / n$；$\overline{y} = \sum_{i=0}^{n-1} y_i / n$。最后可以计算出以下几个量。

（1）偏差平方和：$q = \sum_{i=0}^{n-1}\left[y_i - (ax_i + b)\right]^2$。

（2）平均标准偏差：$s = \sqrt{\dfrac{q}{n}}$。

（3）回归平方和：$p = \sum_{i=0}^{n-1}\left[(ax_i + b) - \overline{y}\right]^2$。

（4）最大偏差：$u_{\max} = \max\limits_{0 \leqslant i \leqslant n-1}\left|y_i - (ax_i + b)\right|$。

（5）最小偏差：$u_{\min} = \min\limits_{0 \leqslant i \leqslant n-1}\left|y_i - (ax_i + b)\right|$。

（6）偏差平均值：$u = \dfrac{1}{n}\sum_{i=1}^{n-1}\left|y_i - (ax_i + b)\right|$。

在 MATLAB 中编写 sqt1() 函数，用于实现一元线性回归分析。

```
function [a,dt]=sqt1(n,x,y,a,dt)
%%%%%%%%%%%%%%%%%%%%%%%%%%%%%%%%%%%%%
% n: 观测点数
% x: 存放 n 个观测点的自变量数值
% y: 存放 n 个观测点的观测值
% a: 返回回归系数,a[1]为常数项,a[2]为一次项系数
% dt: dt[1]返回偏差平方和
%      dt[2]返回平均标准偏差
%      dt[3]返回回归平方和
```

```
%        dt[4]返回最大偏差
%        dt[5]返回最小偏差
%        dt[6]返回偏差平均值
%%%%%%%%%%%%%%%%%%%%%%%%%%%%%%%%%%%%%%%%
xx=0;                                        %  x 的平均值
yy=0;                                        %  y 的平均值
for i=1:n
    xx=xx+x(i)/n;
    yy=yy+y(i)/n;
end
e=0;
f=0;
for i=1:n
    q=x(i)-xx;
    e=e+q^2;
    f=f+q*(y(i)-yy);
end
a(2)-f/e;                                    %计算一次项系数
a(1)=yy-a(2)*xx;                             %计算常数项
q=0;
u=0;
p=0;
umax=0;
umin=inf;
for i=1:n
    s=a(2)*x(i)+a(1);                        %估计值
    q=q+(y(i)-s)^2;                          %偏差平方和
    p=p+(s-yy)^2;                            %回归平方和
    e=abs(y(i)-s);                           %偏差绝对值
    if e>umax
        umax=e;
    end
    if e<umin
        umin=e;
    end
    u=u+e/n;                                 %计算偏差平均值
end
dt(1)=q;
dt(2)=sqrt(q/n);
dt(3)=p;
dt(4)=umax;
dt(5)=umin;
dt(6)=u;
end
```

【例 12-3】给定 11 个观测值，如表 12-1 所示，求回归系数 a 和 b 、偏差平方和 q 、平均标准偏差 s 、

回归平方和 p、最大偏差 u_{max}、最小偏差 u_{min}、偏差平均值 u。

表 12-1 观测值

x	0.0	0.1	0.2	0.3	0.4	0.5	0.6	0.7	0.8	0.9	1.0
y	2.75	2.84	2.965	3.01	3.20	3.25	3.38	3.43	3.55	3.66	3.74

在编辑器中编写如下程序。

```
clc, clear
%数据准备
x=0:0.1:1;
y=[2.75 2.84 2.965 3.01 3.2 3.25 3.38 3.43 3.55 3.66 3.74];
a=zeros(2,1);
dt=zeros(6,1);
%调用函数
[a,dt]=sqt1(11,x,y,a,dt);
%输出结果
fprintf('回归系数: a=%f  b=%f\n',a(2),a(1));
fprintf('偏差平方和 = %f\n',dt(1));
fprintf('平均标准偏差 = %f\n',dt(2));
fprintf('回归平方和 = %f\n',dt(3));
fprintf('最大偏差 = %f\n',dt(4));
fprintf('最小偏差 = %f\n',dt(5));
fprintf('偏差平均值 = %f\n',dt(6));
```

运行程序，输出结果如下。

```
回归系数: a=1.000455  b=2.752045
偏差平方和 = 0.005868
平均标准偏差 = 0.023097
回归平方和 = 1.101000
最大偏差 = 0.047773
最小偏差 = 0.002045
偏差平均值 = 0.017430
```

12.3　多元线性回归分析

根据随机变量 y 及 m 个自变量 $x_0, x_1, \cdots, x_{m-1}$，在给定 n 组观测值 $(x_{0k}, x_{1k}, \cdots, x_{(m-1)k}, y_k)$ $(k = 0, 1, \cdots, n-1)$ 的情况下，用以下线性表达式对观测数据进行回归分析。

$$y = a_0 x_0 + a_1 x_1 + \cdots + a_{m-1} x_{m-1} + a_m$$

其中，$a_0, a_1, \cdots, a_{m-1}, a_m$ 为回归系数。

与一元线性回归分析一样，根据最小二乘原理，为使

$$q = \sum_{i=0}^{n-1} \left[y_i - (a_0 x_{0i} + a_1 x_{1i} + \cdots + a_{m-1} x_{(m-1)i} + a_m) \right]^2$$

达到最小，回归系数 $a_0, a_1, \cdots, a_{m-1}, a_m$ 应满足

$$(CC^{\mathrm{T}})\begin{bmatrix} a_0 \\ a_1 \\ a_2 \\ \vdots \\ a_{m-1} \\ a_m \end{bmatrix} = C\begin{bmatrix} y_0 \\ y_1 \\ y_2 \\ \vdots \\ y_{n-2} \\ y_{n-1} \end{bmatrix}$$

其中

$$C = \begin{bmatrix} x_{00} & x_{01} & x_{02} & \cdots & x_{0(n-1)} \\ x_{10} & x_{11} & x_{12} & \cdots & x_{1(n-1)} \\ \vdots & \vdots & \vdots & \ddots & \vdots \\ x_{(m-1)0} & x_{(m-1)1} & x_{(m-1)2} & \cdots & x_{(m-1)(n-1)} \\ 1 & 1 & 1 & \cdots & 1 \end{bmatrix}$$

采用乔利斯基分解法解出回归系数 $a_0, a_1, \cdots, a_{m-1}, a_m$。为了衡量回归效果，还要计算以下 5 个量。

（1）偏差平方和：$q = \sum_{i=0}^{n-1}\left[y_i - (a_0 x_{0i} + a_1 x_{1i} + \cdots + a_{m-1} x_{(m-1)i} + a_m) \right]^2$。

（2）平均标准偏差：$s = \sqrt{\dfrac{q}{n}}$。

（3）复相关系数：$r = \sqrt{1 - \dfrac{q}{t}}$。

其中，$t = \sum_{i=0}^{n-1}(y_i - \bar{y})^2$；$\bar{y} = \sum_{i=0}^{n-1} y_i / n$。当 r 接近于 1 时，说明相对误差 q/t 接近于 0，线性回归效果好。

（4）偏相关系数：$v_j = \sqrt{1 - \dfrac{q}{q_j}}$，$j = 0, 1, \cdots, m-1$。其中，$q_j = \sum_{i=0}^{n-1}\left[y_i - \left(a_m + \sum_{\substack{k=0 \\ k \neq j}}^{m-1} a_k x_{ki} \right) \right]^2$，$v_j$ 越大时，

说明 x_j 对于 y 的作用越显著，此时不可把 x_j 剔除。

（5）回归平方和：$u = \sum_{i=0}^{n-1}\left[\bar{y} - (a_0 x_{0i} + a_1 x_{1i} + \cdots + a_{m-1} x_{(m-1)i} + a_m) \right]^2$。

在 MATLAB 中编写 sqt2()函数，用于实现多元线性回归分析。

```
function [a,dt,v]=sqt2(m,n,x,y)
%%%%%%%%%%%%%%%%%%%%%%%%%%%%%%%%%%%%%%%%%%
% 多元线性回归分析
% 输入：
%       m：自变量个数
%       n：观测数据的组数
%       x：每列存放 m 个自变量的观测值
%       y：存放随机变量 y 的 n 个观测值
% 输出：
%       a：返回回归系数
%       dt：分别返回偏差平方和、平均标准偏差、复相关系数、回归平方和
%       v：返回 m 个自变量的偏相关系数
%%%%%%%%%%%%%%%%%%%%%%%%%%%%%%%%%%%%%%%%%%
```

```
x=reshape(x.',numel(x),1);
b=zeros((m+1)^2,1);
mm=m+1;
b(mm^2)=n;
for j=0:m-1
    p=0;
    for i=0:n-1
        p=p+x(j*n+i+1);
    end
    b(m*mm+j+1)=p;
    b(j*mm+m+1)=p;
end
for i=0:m-1
    for j=i:m-1
        p=0;
        for k=0:n-1
            p=p+x(i*n+k+1)*x(j*n+k+1);
        end
        b(j*mm+i+1)=p;
        b(i*mm+j+1)=p;
    end
end
a(m+1)=0;
for i=0:n-1
    a(m+1)=a(m+1)+y(i+1);
end
for i=0:m-1
    a(i+1)=0;
    for j=0:n-1
        a(i+1)=a(i+1)+x(i*n+j+1)*y(j+1);
    end
end
bb=reshape(b,m+1,m+1).';
[~,a,~]=chlk(bb,a');                              %求解回归系数
yy=0;
for i=0:n-1
    yy=yy+y(i+1)/n;
end
q=0;
e=0;
u=0;
for i=0:n-1
    p=a(m+1);
    for j=0:m-1
        p=p+a(j+1)*x(j*n+i+1);
    end
```

```
        q=q+(y(i+1)-p)^2;                           %偏差平方和
        e=e+(y(i+1)-yy)^2;
        u=u+(yy-p)^2;
    end
    s=sqrt(q/n);                                    %平均标准偏差
    r=sqrt(1-q/e);                                  %复相关系数
    for j=0:m-1
        p=0;
        for i=0:n-1
            pp=a(m+1);
            for k=0:m-1
                if k~=j
                    pp=pp+a(k+1)*x(k*n+i+1);
                end
            end
            p=p+(y(i+1)-pp)*(y(i+1)-pp);
        end
        v(j+1)=sqrt(1-q/p);                         %各自变量的偏相关系数
    end
    dt(1)=q;
    dt(2)=s;
    dt(3)=r;
    dt(4)=u;
end
```

【例 12-4】随机变量 y 及自变量 x_0、x_1、x_2 的 5 组观测数据如表 12-2 所示，试进行多元线性回归分析。

表 12-2 观测数据

k	x_{0k}	x_{1k}	x_{2k}	y_k
0	1.1	2.0	3.2	10.1
1	1.0	2.0	3.2	10.2
2	1.2	1.8	3.0	10.0
3	1.1	1.9	2.9	10.1
4	0.0	2.1	2.9	10.0

在编辑器中编写如下程序。

```
clc, clear
% 多元线性回归分析
x=[1.1 1 1.2 1.1 0.9;
   2 2 1.8 1.9 2.1;
   3.2 3.2 3 2.9 2.9];
y=[10.1 10.2 10 10.1 10];
m=3;
n=5;
[a,dt,v]=sqt2(m,n,x,y)
```

运行程序，输出结果如下。

```
a =
  -0.8000
  -0.7000
   0.5000
  10.7800
dt =
   0.0120    0.0490    0.7559    0.0160
v =
   0.9984    0.9994    0.9995
```

12.4 逐步回归分析

对多元线性回归进行因子筛选，最后给出一定显著性水平下各因子均为显著的回归方程中的回归系数、偏回归平方和、估计的标准偏差、复相关系数以及 F 检验值、各回归系数的标准偏差、因变量条件期望值的估计值与残差。

设 n 个自变量为 x_j，$j=0,1,\cdots,n-1$，因变量为 y。有 k 个观测点为

$$(x_{i0},x_{i1},\cdots,x_{i(n-1)},y_i)\ ,\quad i=0,1,\cdots,k-1$$

根据最小二乘原理，y 的估计值为

$$\hat{y}=b_{i_0}x_{i_0}+b_{i_1}x_{i_1}+\cdots+b_{i_l}x_{i_l}+b_n$$

其中，$0\le i_0<i_1<\cdots<i_l\le n-1$，且各 $x_{i_t}(t=0,1,\cdots,l)$ 是从 n 个自变量 $x_j(j=0,1,\cdots,n-1)$ 中按一定显著性水平筛选出的统计检验为显著的因子。筛选过程如下。

（1）首先写出 $(n+1)\times(n+1)$ 的规格化系数初始相关阵。

$$\boldsymbol{R}=\begin{bmatrix} r_{00} & r_{01} & \cdots & r_{0(n-1)} & r_{0y} \\ r_{10} & r_{11} & \cdots & r_{1(n-1)} & r_{1y} \\ \vdots & \vdots & \ddots & \vdots & \vdots \\ r_{(n-1)0} & r_{(n-1)1} & \cdots & r_{(n-1)(n-1)} & r_{(n-1)y} \\ r_{y0} & r_{y1} & \cdots & r_{y(n-1)} & r_{yy} \end{bmatrix}$$

矩阵中各元素为

$$r_{ij}=\frac{d_{ij}}{d_id_j}=\frac{\displaystyle\sum_{i=0}^{k-1}(x_i-\overline{x}_i)(x_{ij}-\overline{x}_j)}{\sqrt{\displaystyle\sum_{i=0}^{k-1}(x_{ij}-\overline{x}_i)^2}\sqrt{\displaystyle\sum_{i=0}^{k-1}(x_{ij}-\overline{x}_j)^2}}\ ,\quad i,j=0,1,\cdots,n-1,n$$

其中，下标与 n 对应的是因变量 y，且有

$$\overline{x}_i=\frac{1}{k}\sum_{l=0}^{k-1}x_{li}\ ,\quad i=0,1,\cdots,n-1,n$$

（2）计算偏回归平方和。

$$V_i=\frac{r_{iy}r_{yi}}{r_{ii}}\ ,\quad i=0,1,\cdots,n-1$$

（3）若 $V_i < 0$，则对应的 x_i 为已被选入回归方程的因子。

从所有小于 0 的 V_i 中选出 $V_{min} = \min|V_i|$，其对应的因子为 x_{min}。然后检验因子 x_{min} 的显著性，若

$$\frac{\varphi V_{min}}{r_{yy}} < F_2$$

则剔除因子 x_{min}，并对系数相关阵 $\boldsymbol{R}$ 进行该因子的消元变换。转至步骤（2）。

（4）若 $V_i > 0$，则对应的 x_i 为尚待选入回归方程的因子。

从所有大于 0 的 V_i 中选出 $V_{max} = \max|V_i|$，其对应的因子为 x_{max}。然后检验因子 x_{max} 的显著性，若

$$\frac{(\varphi-1)V_{max}}{r_{yy} - V_{max}} \geqslant F_1$$

则因子 x_{max} 应选入，并对系数相关阵 $\boldsymbol{R}$ 进行该因子的消元变换。转至步骤（2）。

上述过程一直进行到无因子可剔除或可选为止。

在以上步骤中，φ 为相应的残差平方和的自由度。F_1 与 F_2 均是 F 分布值，它们取决于观测点数、已选入的因子数以及取舍显著性水平 α，通常取 $F_1 > F_2$。当选入单个因子的显著性水平取 α 时，则可以从 F 分布值表中取 $m=1$，观测点数为 n 时的 F_a 为 F_2，观测点数为 $n-1$ 时的 F_a 为 F_1。

当要剔除或选入某个因子 x_l 时，均需对系数相关阵 $\boldsymbol{R}$ 进行消元变换，算法如下。

$$r_{ij} = r_{ij} - \frac{r_{ij}}{r_{ll}} r_{il}, \quad i,j = 0,1,\cdots,n; \quad i,j \neq 1$$

$$r_{lj} = \frac{r_{lj}}{r_{ll}}, \quad j = 0,1,\cdots,n; \quad j \neq 1$$

$$r_{il} = -\frac{r_{il}}{r_{ll}}, \quad i = 0,1,\cdots,n; \quad i \neq 1$$

$$r_{ll} = \frac{1}{r_{ll}}$$

当筛选结束时，就可得出规格化回归方程的各回归系数 $b_0, b_1, \cdots, b_n$，其中值为 0 的系数表示对应的自变量可剔除。

回归模型的各有关值计算如下。

选入回归方程的各因子的回归系数为

$$b_i = \frac{d_y}{d_i} r_{iy}, \quad i = 0,1,\cdots,n-1$$

回归方程的常数项为

$$b_n = \bar{y} - \sum_{i=0}^{n-1} b_i \bar{x}_i$$

各因子的偏回归平方和为

$$V_i = \frac{r_{iy} r_{yi}}{r_{ii}}, \quad i = 0,1,\cdots,n-1$$

估计的标准偏差为

$$s = d_y \sqrt{\frac{r_{yy}}{\varphi}}$$

各回归系数的标准偏差为

$$s_i = \frac{s\sqrt{r_{ii}}}{d_i}, \quad i = 0, 1, \cdots, n-1$$

复相关系数为

$$C = \sqrt{1 - r_{yy}}$$

F-检验值为

$$F = \frac{\varphi(1 - r_{yy})}{(k - \varphi - 1)r_{yy}}$$

残差平方和为

$$q = d_y^2 r_{yy}$$

因变量条件期望值的估计值为

$$e_i = b_n + \sum_{j=0}^{n-1} b_j x_{ij}, \quad i = 0, 1, \cdots, k-1$$

残差为

$$\delta_i = y_i - e_i, \quad i = 0, 1, \cdots, k-1$$

在 MATLAB 中编写 sqt3()函数，用于实现逐步回归分析，适用于自变量个数较多且观测点较多的问题。

```matlab
function [xx,b,v,s,dt,ye,yr,r]=sqt3(n,k,x,f1,f2,eps)
%%%%%%%%%%%%%%%%%%%%%%%%%%%%%%%%%%%%%
% 逐步回归分析
% 输入:
%       n: 自变量 x 的个数
%       k: 观测数据的点数
%       x: 前 n 列存放自变量因子 x 的 k 次观测值，最后一列存放因变量 y 的观测值
%       f1: 欲选入因子时显著性检验的 F 分布值
%       f2: 欲剔除因子时显著性检验的 F 分布值
%       eps: 防止系数相关矩阵退化的判据
% 输出:
%       xx: 前 n 个分量返回 n 个自变量因子的算术平均值，最后一个分量返回因变量 y 的算术平均值
%       b: 返回回归方程中各因子的回归系数
%       v: 前 n 个分量返回各因子的偏回归平方和，最后一个分量返回残差平方和
%       s: 前 n 个分量返回各因子回归系数的标准差，最后一个分量返回估计的标准偏差
%       dt: dt(0)返回复相关系数，dt(1)返回 F-检验值
%       ye: 返回对应于 k 个观测值的因变量条件期望值的 k 个估计值
%       yr: 返回因变量的 k 个观测值的残差
%       r: 返回最终的规格化的系数相关矩阵
%%%%%%%%%%%%%%%%%%%%%%%%%%%%%%%%%%%%%
x=reshape(x.',numel(x),1);
m=n+1;
q=0;
for j=0:n
    z=0;
    for i=0:k-1
```

```
                z=z+x(i*m+j+1)/k;
                xx(j+1)=z;
            end
        end
        for i=0:n
            for j=0:i
                z=0;
                for ii=0:k-1
                    z=z+(x(ii*m+i+1)-xx(i+1))*(x(ii*m+j+1)-xx(j+1));
                end
                r(i*m+j+1)=z;
            end
        end
        for i=0:n
            ye(i+1)=sqrt(r(i*m+i+1));
        end
        for i=0:n                                                  %计算系数相关矩阵
            for j=0:i
                r(i*m+j+1)=r(i*m+j+1)/(ye(i+1)*ye(j+1));
                r(j*m+i+1)=r(i*m+j+1);
            end
        end
        phi=k-1;
        sd=ye(n+1)/sqrt(k-1);
        it=1;
        while it==1
            it=0;
            vmi=1e35;
            vmx=0;
            imi=-1;
            imx=-1;
            for i=0:n
                v(i+1)=0;
                b(i+1)=0;
                s(i+1)=0;
            end
            for i=0:n-1
                if r(i*m+i+1)>=eps
                    v(i+1)=r(i*m+n+1)*r(n*m+i+1)/r(i*m+i+1);          %计算回归平方和
                    if v(i+1)>=0
                        if v(i+1)>vmx
                            vmx=v(i+1);
                            imx=i;
                        end
                    else
                        b(i+1)=r(i*m+n+1)*ye(n+1)/ye(i+1);
```

```
                s(i+1)=sqrt(r(i*m+i+1))*sd/ye(i+1);
                if abs(v(i+1))<vmi
                    vmi=abs(v(i+1));
                    imi=i;
                end
            end
        end
    end
    if phi~=n-1
        z=0;
        for i=0:n-1
            z=z+b(i+1)*xx(i+1);
        end
        b(n+1)=xx(n+1)-z;
        s(n+1)=sd;
        v(n+1)=q;
    else
        b(n+1)=xx(n+1);
        s(n+1)=sd;
    end
    fmi=vmi*phi/r(n*m+n+1);              %检验因子 xmin 的显著性
    fmx=(phi-1)*vmx/(r(n*m+n+1)-vmx);    %检验因子 xmax 的显著性
    if (fmi<f2)||(fmx>=f1)
        if fmi<f2
            phi=phi+1;
            l=imi;
        else
            phi=phi-1;
            l=imx;
        end
        for i=0:n
            if i~=l
                for j=0:n
                    if j~=l
                        r(i*m+j+1)=r(i*m+j+1)-(r(l*m+j+1)/r(l*m+l+1))*r(i*m+l+1);
                    end
                end
            end
        end
        for j=0:n
            if j~=l
                r(l*m+j+1)=r(l*m+j+1)/r(l*m+l+1);
            end
        end
        for i=0:n
            if i~=l
```

```
                    r(i*m+l+1)=-r(i*m+l+1)/r(l*m+l+1);
            end
        end
        r(l*m+l+1)=1/r(l*m+l+1);
        q=r(n*m+n+1)*ye(n+1)^2;
        sd=sqrt(r(n*m+n+1)/phi)*ye(n+1);
        dt(1)=sqrt(1-r(n*m+n+1));
        dt(2)=(phi*(1-r(n*m+n+1)))/((k-phi-1)*r(n*m+n+1));
        it=1;
    end
end
for i=0:k-1
    z=0;
    for j=0:n-1
        z=z+b(j+1)*x(i*m+j+1);
    end
    ye(i+1)=b(n+1)+z;
    yr(i+1)=x(i*m+n+1)-ye(i+1);
end
r=reshape(r,n+1,n+1).';
end
```

【例 12-5】设 4 个自变量为 x_0、x_1、x_2、x_3，因变量为 y，13 个观测点值如表 12-3 所示。试对不同的 F_1 与 F_2 值进行逐步回归分析。

（1）当取 $\alpha = 0.25$ 时，查 F 分布值表得 $F_1 = 1.46$，$F_2 = 1.45$。

（2）当取 $\alpha = 0.05$ 时，查 F 分布值表得 $F_1 = 4.75$，$F_2 = 4.67$。

（3）当取 $\alpha = 0.01$ 时，查 F 分布值表得 $F_1 = 9.33$，$F_2 = 9.07$。

表 12-3　观测点值

k	x_0	x_1	x_2	x_3	y
0	7.0	26.0	6.0	60.0	78.5
1	1.0	29.0	15.0	52.0	74.3
2	11.0	56.0	8.0	20.0	104.3
3	11.0	31.0	8.0	47.0	87.6
4	7.0	52.0	6.0	33.0	95.9
5	11.0	55.0	9.0	22.0	109.2
6	3.0	71.0	17.0	6.0	102.7
7	1.0	31.0	22.0	44.0	72.5
8	2.0	54.0	18.0	22.0	93.1
9	21.0	47.0	4.0	26.0	115.9
10	1.0	40.0	23.0	34.0	83.8
11	11.0	66.0	9.0	12.0	113.3
12	10.0	68.0	8.0	12.0	109.4

在编辑器中编写如下程序。

```matlab
clc, clear
x=[7 26 6 60 78.5;      1 29 15 52 74.3;
   11 56 8 20 104.3;    11 31 8 47 87.6;
   7 52 6 33 95.9;      11 55 9 22 109.2;
   3 71 17 6 102.7;     1 31 22 44 72.5;
   2 54 18 22 93.1;     21 47 4 26 115.9;
   1 40 23 34 83.8;     11 66 9 12 113.3;
   10 68 8 12 109.4];
f1=[1.46 4.75 9.33];
f2=[1.45 4.67 9.07];
eps=1e-30;
n=4;
k=13;
for i=1:numel(f1)
    [xx,b,v,s,dt,ye,yr,r]=sqt3(n,k,x,f1(i),f2(i),eps);
    fprintf('f1 = %f , f2 = %f \n',f1(i),f2(i));
    fprintf('观测值: \n');
    [z1,z2]=size(x);
    for j=1:z1
        for q=1:z2-1
            fprintf('x(%d) = %f  ',q,x(j,q));
        end
        fprintf('y(%d) = %f \n',j,x(j,q+1));
    end
    fprintf('平均值: \n');
    for j=1:numel(xx)-1
        fprintf('x(%d) = %f  ',j,xx(j));
    end
    fprintf('y(%d) = %f \n',j+1,xx(j+1));
    fprintf('回归系数: \n');
    for j=1:numel(xx)
        fprintf('b(%d) = %f \n',j,b(j));
    end
    fprintf('各因子的偏回归平方和: \n');
    for j=1:numel(v)-1
        fprintf('v(%d) = %f \n',j,v(j));
    end
    fprintf('残差平方和 = %f \n',v(j+1));
    fprintf('各因子回归系数的标准偏差: \n');
    for j=1:numel(s)-1
        fprintf('s(%d) = %f \n',j,s(j));
    end
    fprintf('残差平方和 = %f \n',s(j+1));
    fprintf('负相关系数 = %f \n',dt(1));
    fprintf('F检验值 = %f \n',dt(2));
```

```
    fprintf('因变量条件期望值的估计值以及观测值的残差：\n');
    for i=1:numel(ye)
        fprintf('ye(%d) = %f  yr(%d) = %f \n',i,ye(i),i,yr(i));
    end
    fprintf('系数相关矩阵：\n');disp(r);
    fprintf(' \n');
end
```

运行程序，输出结果如下。

```
f1 = 1.460000 , f2 = 1.450000
观测值：
x(1) = 7.000000   x(2) = 26.000000   x(3) = 6.000000   x(4) = 60.000000   y(1) = 78.500000
x(1) = 1.000000   x(2) = 29.000000   x(3) = 15.000000   x(4) = 52.000000   y(2) = 74.300000
x(1) = 11.000000   x(2) = 56.000000   x(3) = 8.000000   x(4) = 20.000000   y(3) = 104.300000
x(1) = 11.000000   x(2) = 31.000000   x(3) = 8.000000   x(4) = 47.000000   y(4) = 87.600000
x(1) = 7.000000   x(2) = 52.000000   x(3) = 6.000000   x(4) = 33.000000   y(5) = 95.900000
x(1) = 11.000000   x(2) = 55.000000   x(3) = 9.000000   x(4) = 22.000000   y(6) = 109.200000
x(1) = 3.000000   x(2) = 71.000000   x(3) = 17.000000   x(4) = 6.000000   y(7) = 102.700000
x(1) = 1.000000   x(2) = 31.000000   x(3) = 22.000000   x(4) = 44.000000   y(8) = 72.500000
x(1) = 2.000000   x(2) = 54.000000   x(3) = 18.000000   x(4) = 22.000000   y(9) = 93.100000
x(1) = 21.000000   x(2) = 47.000000   x(3) = 4.000000   x(4) = 26.000000   y(10) =
115.900000
x(1) = 1.000000   x(2) = 40.000000   x(3) = 23.000000   x(4) = 34.000000   y(11) = 83.800000
x(1) = 11.000000   x(2) = 66.000000   x(3) = 9.000000   x(4) = 12.000000   y(12) =
113.300000
x(1) = 10.000000   x(2) = 68.000000   x(3) = 8.000000   x(4) = 12.000000   y(13) =
109.400000
平均值：
x(1) = 7.461538   x(2) = 48.153846   x(3) = 11.769231   x(4) = 30.000000   y(5) = 95.423077
回归系数：
b(1) = 1.451938
b(2) = 0.416110
b(3) = 0.000000
b(4) = -0.236540
b(5) = 71.648307
各因子的偏回归平方和：
v(1) = -0.302275
v(2) = -0.009864
v(3) = 0.000040
v(4) = -0.003657
残差平方和 = 47.972729
各因子回归系数的标准偏差：
s(1) = 0.116998
s(2) = 0.185610
s(3) = 0.000000
s(4) = 0.173288
```

```
残差平方和 = 2.308745
负相关系数 = 0.991128
F 检验值 = 166.831680
```

因变量条件期望值的估计值以及观测值的残差:

```
ye(1) = 78.438314   yr(1) = 0.061686
ye(2) = 72.867337   yr(2) = 1.432663
ye(3) = 106.190967  yr(3) = -1.890967
ye(4) = 89.401637   yr(4) = -1.801637
ye(5) = 95.643753   yr(5) = 0.256247
ye(6) = 105.301777  yr(6) = 3.898223
ye(7) = 104.128673  yr(7) = -1.428673
ye(8) = 75.591878   yr(8) = -3.091878
ye(9) = 91.818225   yr(9) = 1.281775
ye(10) = 115.546117 yr(10) = 0.353883
ye(11) = 81.702268  yr(11) = 2.097732
ye(12) = 112.244386 yr(12) = 1.055614
ye(13) = 111.624668 yr(13) = -2.224668
```

系数相关矩阵:

```
    1.0663    0.2044   -0.8937    0.4606    0.5677
    0.2044   18.7803   -2.2423   18.3226    0.4304
    0.8937    2.2423    0.0213    2.3714    0.0009
    0.4606   18.3226   -2.3714   18.9401   -0.2632
   -0.5677   -0.4304    0.0009    0.2632    0.0177
```

```
f1 = 4.750000 , f2 = 4.670000
```

观测值:

```
x(1) = 7.000000   x(2) = 26.000000  x(3) = 6.000000   x(4) = 60.000000  y(1) = 78.500000
x(1) = 1.000000   x(2) = 29.000000  x(3) = 15.000000  x(4) = 52.000000  y(2) = 74.300000
x(1) = 11.000000  x(2) = 56.000000  x(3) = 8.000000   x(4) = 20.000000  y(3) = 104.300000
x(1) = 11.000000  x(2) = 31.000000  x(3) = 8.000000   x(4) = 47.000000  y(4) = 87.600000
x(1) = 7.000000   x(2) = 52.000000  x(3) = 6.000000   x(4) = 33.000000  y(5) = 95.900000
x(1) = 11.000000  x(2) = 55.000000  x(3) = 9.000000   x(4) = 22.000000  y(6) = 109.200000
x(1) = 3.000000   x(2) = 71.000000  x(3) = 17.000000  x(4) = 6.000000   y(7) = 102.700000
x(1) = 1.000000   x(2) = 31.000000  x(3) = 22.000000  x(4) = 44.000000  y(8) = 72.500000
x(1) = 2.000000   x(2) = 54.000000  x(3) = 18.000000  x(4) = 22.000000  y(9) = 93.100000
x(1) = 21.000000  x(2) = 47.000000  x(3) = 4.000000   x(4) = 26.000000  y(10) =
115.900000
x(1) = 1.000000   x(2) = 40.000000  x(3) = 23.000000  x(4) = 34.000000  y(11) = 83.800000
x(1) = 11.000000  x(2) = 66.000000  x(3) = 9.000000   x(4) = 12.000000  y(12) =
113.300000
x(1) = 10.000000  x(2) = 68.000000  x(3) = 8.000000   x(4) = 12.000000  y(13) =
109.400000
```

平均值:

```
x(1) = 7.461538   x(2) = 48.153846  x(3) = 11.769231  x(4) = 30.000000  y(5) = 95.423077
```

回归系数:

```
b(1) = 1.468306
```

```
b(2)  = 0.662250
b(3)  = 0.000000
b(4)  = 0.000000
b(5)  = 52.577349
```
各因子的偏回归平方和:
```
v(1)  = -0.312410
v(2)  = -0.444730
v(3)  = 0.003606
v(4)  = 0.003657
```
残差平方和 = 57.904483
各因子回归系数的标准偏差:
```
s(1)  = 0.121301
s(2)  = 0.045855
s(3)  = 0.000000
s(4)  = 0.000000
```
残差平方和 = 2.406335
负相关系数 = 0.989282
F 检验值 = 229.503697
因变量条件期望值的估计值以及观测值的残差:
```
ye(1)  = 80.074002   yr(1)  = -1.574002
ye(2)  = 73.250919   yr(2)  = 1.049081
ye(3)  = 105.814740  yr(3)  = -1.514740
ye(4)  = 89.258477   yr(4)  = -1.658477
ye(5)  = 97.292515   yr(5)  = -1.392515
ye(6)  = 105.152489  yr(6)  = 4.047511
ye(7)  = 104.002051  yr(7)  = -1.302051
ye(8)  = 74.575420   yr(8)  = -2.075420
ye(9)  = 91.275487   yr(9)  = 1.824513
ye(10) = 114.537543  yr(10) = 1.362457
ye(11) = 80.535674   yr(11) = 3.264326
ye(12) = 112.437244  yr(12) = 0.862756
ye(13) = 112.293440  yr(13) = -2.893440
```
系数相关矩阵:
```
 1.0551   -0.2412   -0.8360   -0.0243    0.5741
-0.2412    1.0551    0.0518   -0.9674    0.6850
 0.8360   -0.0518    0.3183   -0.1252    0.0339
 0.0243    0.9674   -0.1252    0.0528   -0.0139
-0.5741   -0.6850    0.0339   -0.0139    0.0213
```

```
f1 = 9.330000 , f2 = 9.070000
```
观测值:
```
x(1) = 7.000000   x(2) = 26.000000   x(3) = 6.000000   x(4) = 60.000000   y(1) = 78.500000
x(1) = 1.000000   x(2) = 29.000000   x(3) = 15.000000  x(4) = 52.000000   y(2) = 74.300000
x(1) = 11.000000  x(2) = 56.000000   x(3) = 8.000000   x(4) = 20.000000   y(3) = 104.300000
x(1) = 11.000000  x(2) = 31.000000   x(3) = 8.000000   x(4) = 47.000000   y(4) = 87.600000
x(1) = 7.000000   x(2) = 52.000000   x(3) = 6.000000   x(4) = 33.000000   y(5) = 95.900000
```

```
x(1) = 11.000000  x(2) = 55.000000  x(3) = 9.000000  x(4) = 22.000000  y(6) = 109.200000
x(1) = 3.000000  x(2) = 71.000000  x(3) = 17.000000  x(4) = 6.000000  y(7) = 102.700000
x(1) = 1.000000  x(2) = 31.000000  x(3) = 22.000000  x(4) = 44.000000  y(8) = 72.500000
x(1) = 2.000000  x(2) = 54.000000  x(3) = 18.000000  x(4) = 22.000000  y(9) = 93.100000
x(1) = 21.000000  x(2) = 47.000000  x(3) = 4.000000  x(4) = 26.000000  y(10) =
115.900000
x(1) = 1.000000  x(2) = 40.000000  x(3) = 23.000000  x(4) = 34.000000  y(11) = 83.800000
x(1) = 11.000000  x(2) = 66.000000  x(3) = 9.000000  x(4) = 12.000000  y(12) =
113.300000
x(1) = 10.000000  x(2) = 68.000000  x(3) = 8.000000  x(4) = 12.000000  y(13) =
109.400000
平均值:
x(1) = 7.461538  x(2) = 48.153846  x(3) = 11.769231  x(4) = 30.000000  y(5) = 95.423077
回归系数:
b(1) = 1.439958
b(2) = 0.000000
b(3) = 0.000000
b(4) = -0.613954
b(5) = 103.097382
各因子的偏回归平方和:
v(1) = -0.297929
v(2) = 0.009864
v(3) = 0.008810
v(4) = -0.438523
残差平方和 = 74.762112
各因子回归系数的标准偏差:
s(1) = 0.138417
s(2) = 0.000000
s(3) = 0.000000
s(4) = 0.048645
残差平方和 = 2.734266
负相关系数 = 0.986139
F 检验值 = 176.626963
因变量条件期望值的估计值以及观测值的残差:
ye(1) = 76.339872  yr(1) = 2.160128
ye(2) = 72.611751  yr(2) = 1.688249
ye(3) = 106.657850  yr(3) = -2.357850
ye(4) = 90.081102  yr(4) = -2.481102
ye(5) = 92.916620  yr(5) = 2.983380
ye(6) = 105.429943  yr(6) = 3.770057
ye(7) = 103.733535  yr(7) = -1.033535
ye(8) = 77.523380  yr(8) = -5.023380
ye(9) = 92.470318  yr(9) = 0.629682
ye(10) = 117.373711  yr(10) = -1.473711
ye(11) = 83.662917  yr(11) = 0.137083
ye(12) = 111.569479  yr(12) = 1.730521
```

```
ye(13) = 110.129521  yr(13) = -0.729521
系数相关矩阵：
    1.0641    -0.0109    -0.8693     0.2612     0.5631
    0.0109     0.0532    -0.1194     0.9756     0.0229
    0.8693    -0.1194     0.2891     0.1838    -0.0505
    0.2612    -0.9756    -0.1838     1.0641    -0.6831
   -0.5631     0.0229    -0.0505     0.6831     0.0275
```

12.5   半对数数据拟合

设给定 n 个数据点 (x_i, y_i)，$i = 0,1,\cdots,n-1$，且 $y_i > 0$，用函数 $y = bt^{ax}(t > 0)$ 进行拟合。

为了求拟合参数 a 和 b，两边取对数，即

$$\log_t y = \log_t b + ax$$

令 $\tilde{y} = \tilde{a}\tilde{x} + \tilde{b}$，其中 $\tilde{y} = \log_t y$，$\tilde{a} = a$，$\tilde{x} = x$，$\tilde{b} = \log_t b$。此时，问题就转化为对 n 个数据点 $(\tilde{x}_i, \tilde{y}_i)$ 进行线性拟合。求出 $\tilde{a}$ 和 $\tilde{b}$ 后，就可以得到

$$a = \tilde{a}, \quad b = t^{\tilde{b}}$$

在 MATLAB 中编写 log1()函数，用于实现半对数数据拟合。

```
function [a,dt]=log1(n,x,y,t)
%%%%%%%%%%%%%%%%%%%%%%%%%%%%%%%%%%%%%%
% 半对数数据拟合
% 输入：
%      n: 数据点数
%      x,y: 存放 n 个数据点
%      t: 指数函数的底，要求 t>0
% 输出：
%      a: a(0)返回指数函数前的系数 b，a(1)返回指数函数指数中的系数 a
%      dt: dt(0)返回偏差平方和
%          dt(1)返回平均标准偏差
%          dt(2)返回最大偏差
%          dt(3)返回最小偏差
%          dt(4)返回偏差平均值
%%%%%%%%%%%%%%%%%%%%%%%%%%%%%%%%%%%%%%
xx=0;
yy=0;
for i=0:n-1
   xx=xx+x(i+1)/n;
   yy=yy+log(y(i+1))/log(t)/n;
end
dx=0;
dxy=0;
for i=0:n-1
   a(3)=x(i+1)-xx;
   dx=dx+a(3)^2;
   dxy=dxy+a(3)*(log(y(i+1))/log(t)-yy);
```

```
    end
a(2)=dxy/dx;
a(1)=yy-a(2)*xx;
a(1)=a(1)*log(t);
a(1)=exp(a(1));
dt(1)=0;
dt(5)=0;
dt(3)=0;
dt(4)=1e30;
for i=0:n-1
    dt(2)=a(2)*x(i+1)*log(t);
    dt(2)=a(1)*exp(dt(2));
    dt(1)=dt(1)+(y(i+1)-dt(2))*(y(i+1)-dt(2));
    dx=abs(y(i+1)-dt(2));
    if dx>dt(3)
        dt(3)=dx;
    end
    if dx<dt(4)
        dt(4)=dx;
    end
    dt(5)=dt(5)+dx/n;
end
dt(2)=sqrt(dt(1)/n);
end
```

【例 12-6】给定 12 个数据点，如表 12-4 所示，试用函数 $y = b10^{ax}$ 进行拟合，并求偏差平方和 q、平均标准偏差 s、最大偏差 u_{max}、最小偏差 u_{min}、偏差平均值 u。

表 12-4 数据点（1）

x	0.96	0.94	0.92	0.90	0.88	0.86	0.84	0.82	0.80	0.78	0.76	0.74
y	558.0	313.0	174.0	97.0	55.8	31.3	17.4	9.70	5.58	3.13	1.74	1.00

在编辑器中编写如下程序。

```
clc, clear
x=[0.96 0.94 0.92 0.9 0.88 0.86 0.84 0.82 0.8 0.78 0.76 0.74];
y=[558 313 174 97 55.8 31.3 17.4 9.7 5.58 3.13 1.74 1];
t=10;
n=12;
[a,dt]=logl(n,x,y,t);
fprintf('拟合系数: \n');
fprintf('a = %f   b = %f \n',a(2),a(1));
fprintf('偏差平方和 = %f \n',dt(1));
fprintf('平均标准偏差 = %f \n',dt(2));
fprintf('最大偏差 = %f \n',dt(3));
fprintf('最小偏差 = %f \n',dt(4));
fprintf('偏差平均值 = %f \n',dt(5));
```

运行程序，输出结果如下。

```
拟合系数:
a = 12.492699  b = 0.000000
偏差平方和 = 32.713713
平均标准偏差 = 1.651103
最大偏差 = 5.064987
最小偏差 = 0.011194
偏差平均值 = 0.863060
```

12.6 对数数据拟合

设给定 n 个数据点 (x_k, y_k)，$k = 0,1,\cdots,n-1$，且 x_k，$y_k > 0$，用函数 $y = bx^a(x, y > 0)$ 进行拟合。

为了求拟合参数 a 和 b，两边取对数，即

$$\ln y = \ln b + a \ln x$$

令 $\tilde{y} = \tilde{a}\tilde{x} + \tilde{b}$，其中 $\tilde{y} = \ln y$，$\tilde{a} = a$，$\tilde{x} = \ln x$，$\tilde{b} = \ln b$。此时，问题就转化为对 n 个数据点 $(\tilde{x}_i, \tilde{y}_i)$ 进行线性拟合。求出 $\tilde{a}$ 和 $\tilde{b}$ 后，就可以得到

$$a = \tilde{a}，\quad b = e^{\tilde{b}}$$

在 MATLAB 中编写 log2() 函数，用于实现对数数据拟合。

```
function [a,dt]=log2(n,x,y)
%%%%%%%%%%%%%%%%%%%%%%%%%%%%%%%
% 对数数据拟合
% 输入:
%     n: 数据点数
%     x,y: 存放 n 个数据点, x,y>0
% 输出:
%     a: a(0)返回幂函数前的系数 b, a(1)返回幂函数中的指数 a
%     dt: dt(0)返回偏差平方和
%         dt(1)返回平均标准偏差
%         dt(2)返回最大偏差
%         dt(3)返回最小偏差
%         dt(4)返回偏差平均值
%%%%%%%%%%%%%%%%%%%%%%%%%%%%%%%
xx=0;
yy=0;
for i=0:n-1
    xx=xx+log(x(i+1))/n;
    yy=yy+log(y(i+1))/n;
end
dx=0;
dxy=0;
for i=0:n-1
    dt(1) =log(x(i+1))-xx;
    dx=dx+dt(1)^2;
```

```
        dxy=dxy+dt(1)*(log(y(i+1))-yy);
    end
    a(2)=dxy/dx;
    a(1)=yy-a(2)*xx;
    a(1)=exp(a(1));
    dt(1)=0;
    dt(5)=0;
    dt(3)=0;
    dt(4)=1e30;
    for i=0:n-1
        dt(2)=a(2)*log(x(i+1));
        dt(2)=a(1)*exp(dt(2));
        dt(1)=dt(1)+(y(i+1)-dt(2))*(y(i+1)-dt(2));
        dx=abs(y(i+1)-dt(2));
        if dx>dt(3)
            dt(3)=dx;
        end
        if dx<dt(4)
            dt(4)=dx;
        end
        dt(5)=dt(5)+dx/n;
    end
    dt(2)=sqrt(dt(1)/n);
end
```

【例 12-7】给定 10 个数据点，如表 12-5 所示。用函数 $y = bx^a$ 进行拟合，并求偏差平方和 q、平均标准偏差 s、最大偏差 u_{max}、最小偏差 u_{min}、偏差平均值 u。

表 12-5　数据点（2）

x	0.1	1.0	3.0	5.0	8.0	10.0	20.0	50.0	80.0	100.0
y	0.1	0.9	2.5	4.0	6.3	7.8	14.8	36.0	54.0	67.0

在编辑器中编写如下程序。

```
clc, clear
x=[0.1 1 3 5 8 10 20 50 80 100];
y=[0.1 0.9 2.5 4 6.3 7.8 14.8 36 54 67];
n=10;
[a,dt]=log2(n, x, y);
fprintf('拟合系数: \n');
fprintf('a = %f  b = %f \n',a(2),a(1));
fprintf('偏差平方和 = %f \n',dt(1));
fprintf('平均标准偏差 = %f \n',dt(2));
fprintf('最大偏差 = %f \n',dt(3));
fprintf('最小偏差 = %f \n',dt(4));
fprintf('偏差平均值 = %f \n',dt(5));
```

运行程序，输出结果如下。

拟合系数:
a = 0.941576   b = 0.885773
偏差平方和 = 1.786596
平均标准偏差 = 0.422681
最大偏差 = 0.856169
最小偏差 = 0.001332
偏差平均值 = 0.250615

第 13 章

极 值 问 题

极值问题广泛存在于生产实际与科学研究中，许多实际问题都可以抽象为函数极值问题，因此极值问题在现代数学中有着极其重要的地位，是与现实生活密切联系的重要数学知识。极值也就是一个函数的极大值或极小值。本章给出几种求极值的方法，并编写了 MATLAB 函数。

13.1 一维极值连分式法

利用连分式法可以求目标函数 $f(x)$ 的极值点。设函数 $f(x)$ 在区间 $[a,b]$ 上连续且单峰（或单谷），则函数 $f(x)$ 的极值点为函数 $y(x)$ 的零点。

$$y(x) = \frac{\mathrm{d}[f(x)]}{\mathrm{d}x}$$

求函数 $f(x)$ 的极值点就是求方程 $y(x) = 0$ 的实根。

在用连分式法求方程 $y(x) = 0$ 的实根时，可以在区间 $[a,b]$ 上任意取一个初值 x_0。在迭代过程中，$y_k = y(x_k)$ 可以按以下方式计算。

$$y_k = \frac{f(x_k + \Delta x) - f(x_k)}{\Delta x}$$

即用差商代替 $f(x)$ 的导数 $f'(x)$。其中，Δx 可以取很小的数。当求出极值点 x 后，可以用以下方法判断 x 是极大值点还是极小值点。

当 $f(x+\Delta x) - 2f(x) + f(x-\Delta x) < 0$ 时，x 为极大值点；当 $f(x+\Delta x) - 2f(x) + f(x-\Delta x) > 0$ 时，x 为极小值点；其极值为 $f(x)$。

在 MATLAB 中编写 maxl() 函数，采用连分式法求目标函数 $f(x)$ 的极值点。

```
function [x,k]=maxl(x,eps,f,df)
%%%%%%%%%%%%%%%%%%%%%%%%%%%%%%%%%%%%%%%
% 一维极值连分式法
% 输入：
%     x: 存放极值点初值
%     eps: 控制精度要求
%     f: 指向计算目标函数 f(x) 值的函数名
%     df: 指向计算目标函数一阶导数值的函数名
% 输出：
%     x: 返回极值点
```

```
%        k: 函数返回标志值。若 k>0，则为极大值点；若 k<0，则为极小值点；若 k=0，则不是极值点
%%%%%%%%%%%%%%%%%%%%%%%%%%%%%%%%%%%%%%
flag=20;                                            %最大迭代次数
k=0;
jt=1;
h2=0;
while jt==1
    j=0;
    while j<=7
        if j<=2
            xx=x+0.01*j;
        else
            xx=h2;
        end
        z=df(xx);                                   %计算导数
        if abs(z)<eps
            jt=0;
            j =10;
        else
            h1=z;                                   %更新数据点
            h2=xx;
            if j==0
                y(1)=h1;
                b(1)=h2;
            else
                y(j+1)=h1;
                m=0;
                i=0;
                while (m==0)&&(i<=j-1)
                    if abs(h2-b(i+1))==0
                        m=1;
                    else
                        h2=(h1-y(i+1))/(h2-b(i+1));
                    end
                    i=i+1;
                end
                b(j+1)=h2;
                if m~=0
                    b(j+1)=1e35;
                end
                h2=0;
                for i=j-1:-1:0                       %连分式计算根
                    h2=-y(i+1)/(b(i+2)+h2);
                end
                h2=h2+b(1);
            end
```

```
            j=j+1;
        end
    end
    x=h2;
    k=k+1;
    if k==flag
        jt=0;
    end
end
xx=x;
h=f(xx);
if abs(xx)<=1
    dx=1e-5;
else
    dx=abs(xx*1e-5);
end
xx=x-dx;
h1=f(xx);
xx=x+dx;
h2=f(xx);
if h1+h2-2*h>0                                %判断极大值/极小值
    k=-1;
elseif h1+h2-2*h<0
    k=1;
else
    k=0;
end
end
```

待计算的目标函数 $f(x)$ 形式为

```
function y=maxlf(x)
y=f(x);                                        % 函数 f(x) 的表达式
end
```

导数 $f'(x)$ 函数形式为

```
function y=maxldf(x)
y=f'(x);                                       % 导数 f'(x) 的表达式
end
```

【例 13-1】用连分式法计算目标函数 $f(x)$ 的极值点与极值点处的函数值。取初值 $x(0)=1.0$，$\varepsilon=10^{-10}$。

$$f(x)=(x-1)(10-x)$$

待计算的目标函数程序如下。

```
function y=maxlf(x)
y=(x-1)*(10-x);
end
```

待计算的导数函数 $f'(x)$ 程序如下。

```
function y=maxldf(x)
y=-2*x+11;
end
```

在编辑器中编写如下程序。

```
clc, clear
eps=1e-10;
x=1;
[x, k]=maxl(x,eps,@maxlf,@maxldf);
if k<0
    fprintf('点 x = %f 为极小值，极值 f(x) = %f \n',x,maxlf(x));
elseif k>0
    fprintf('点 x = %f 为极大值，极值 f(x) = %f \n',x,maxlf(x));
else
    fprintf('点 x 不是极值点\n');
end
```

运行程序，输出结果如下。

```
点 x = 5.500000 为极大值，极值 f(x) = 20.250000
```

13.2 n 维极值连分式法

利用连分式法可以求多元函数的极值点与极值点处的函数值。设 n 元函数 $z = f(x_0, x_1, \cdots, x_{n-1})$ 单峰或单谷，则 $f(x_0, x_1, \cdots, x_{n-1})$ 的极值点为以下方程组的一组实数解。

$$\frac{\partial f}{\partial x_i} = 0 , \quad i = 0, 1, \cdots, n-1$$

利用连分式法，轮流求某个方向 x_i 上的极值点（其余 $n-1$ 个变量保持当前值不变）。即对于 $i = 0, 1, \cdots, n-1$，分别求以下函数的零点。

$$y(x_i) = \frac{\partial f}{\partial x_i}$$

反复进行上述过程，直到满足

$$\sum_{i=0}^{n-1} \left| \frac{\partial f}{\partial x_i} \right| < \varepsilon$$

在 MATLAB 中编写 maxn()函数，采用连分式法求多元函数的极值点与极值点处的函数值。

```
function [x,k]=maxn(n,x,eps,f)
%%%%%%%%%%%%%%%%%%%%%%%%%%%%%%%%%%%%%%
% n 维极值连分式法
% 输入：
%      n: 自变量个数
%      x: 存放极值点初值
%      eps: 控制精度要求
%      f: 指向计算目标函数值与各偏导数值的函数名
% 输出：
```

```
%          x: 返回极值点
%          k: 函数返回标志值。若 k>0，则为极大值点；若 k<0，则为极小值点；若 k=0，则不是极值点
%%%%%%%%%%%%%%%%%%%%%%%%%%%%%%%%%%%%%
k=0;
jt=20;
h2=0;
while jt~=0
    t=0;
    for i=1:n
        ff=f(x,n,i);
        t=t+abs(ff);                        %计算各方向的误差总和
    end
    if t<eps                                %判断是否达到精度要求
        jt=0;
    else
        for i=0:n-1
            il=5;
            while il~=0
                j=0;
                t=x(i+1);
                il=il-1;
                while j<=7
                    if j<=2
                        z=t+j*0.01;
                    else
                        z=h2;
                    end
                    x(i+1)=z;
                    ff=f(x,n,i+1);
                    if abs(ff)==0           %如果当前方向极值点已找到，直接寻找下一方向的极值点
                        j=10;
                        il=0;
                    else
                        h1=ff;
                        h2=z;
                        if j==0
                            y(1)=h1;                            %更新数据点
                            b(1)=h2;
                        else
                            y(j+1)=h1;
                            m=0;
                            kk=0;
                            while (m==0)&&(kk<=j-1)
                                p=h2-b(kk+1);
                                if abs(p)==0
                                    m=1;
```

```
                                  else
                                      h2=(h1-y(kk+1))/p;
                                  end
                                  kk=kk+1;
                              end
                              b(j+1)=h2;
                              if m~=0
                                  b(j+1)=1e35;
                              end
                              h2=0;
                              for kk=j-1:-1:0                %连分式计算
                                  h2=-y(kk+1)/(b(kk+2)+h2);
                              end
                              h2=h2+b(1);
                          end
                          j=j+1;
                      end
                  end
                  x(i+1)=h2;
              end
              x(i+1)=z;
          end
          jt=jt-1;
      end
  end

  k=1;
  ff=f(x,n,0);                                   %判断是鞍点还是极值点
  x(n+1)=ff;
  dx=0.00001;
  t=x(1);
  x(1)=t+dx;
  h1=f(x,n,0);
  x(1)=t-dx;
  h2=f(x,n,0);
  x(1)=t;
  t=h1+h2-2*ff;
  if t>0
      k=-1;
  end
  j=1;
  jt=1;
  while jt==1
      j=j+1;
      dx=0.00001;
```

```
        jt=0;
        t=x(j);
        x(j)=t+dx;
        h2=f(x,n,0);
        x(j)=t-dx;
        h1=f(x,n,0);
        x(j)=t;
        t=h1+h2-2*ff;
        if (t*k<0)&&(j<n)
            jt=1;
        end
    end
    if t*k>0
        k=0;
    end
end
```

待计算的目标函数 $f(x)$ 及各偏导数的形式为

```
function y=maxnf(x)
switch j
    case 0
        y=f(x₀,x₁,…,xₙ₋₁);                      %函数 f(x₀,x₁,…,xₙ₋₁) 的表达式
    case 1
        y=f⁰(x₀,x₁,…,xₙ₋₁);                     %导数 y = ∂f/∂x₀ 的表达式
        ⋮
    case n
        y=fⁿ⁻¹(x₀,x₁,…,xₙ₋₁);                   %导数 y = ∂f/∂xₙ₋₁ 的表达式
    end
end
```

【例 13-2】 用连分式法求二元函数 $z = (x_0-1)^2 + (x_1+2)^2 + 2$ 的极值点与极值点处的函数值。取初值 $x_0 = 0.0$，$x_1 = 0.0$，$\varepsilon = 10^{-6}$。

待计算的目标函数与各偏导数值的函数程序如下。

```
function y=maxnf(x,n,j)
switch j
    case 0
        y=(x(1)-1)^2+(x(2)+2)^2+2;
    case 1
        y=2*(x(1)-1);
    case 2
        y=2*(x(2)+2);
    end
end
```

在编辑器中编写如下程序。

```
clc, clear
eps=0.000001;
x(1)=0;
x(2)=0;
n=2;
[x,k]=maxn(n,x,eps,@maxnf);
fprintf('点: \n');
for i=1:numel(x)-1
    fprintf('x(%d)=%f \n',i,x(i));
end
if k==0
    fprintf('为鞍点');
elseif k>0
    fprintf('为极大值点，极值为%f \n',maxnf(x,2,0));
else
    fprintf('为极小值点，极值为%f \n',maxnf(x,2,0));
end
```

运行程序，输出结果如下。

```
点:
x(1) = 1.000000
x(2) = -2.000000
为极小值点，极值为 2.000000
```

13.3　不等式约束线性规划问题求解

针对不等式约束条件下的线性规划问题，即给定 m 阶 n 维不等式约束条件

$$\begin{cases} a_{00}x_0 + a_{01}x_1 + \cdots + a_{0,n-1}x_{n-1} \leqslant b_0 \\ a_{10}x_0 + a_{11}x_1 + \cdots + a_{1,n-1}x_{n-1} \leqslant b_1 \\ \vdots \\ a_{(m-1)0}x_0 + a_{(m-1)1}x_1 + \cdots + a_{(m-1)(n-1)}x_{n-1} \leqslant b_{m-1} \end{cases}, \quad x_j \geqslant 0, \quad j = 0,1,\cdots,n-1$$

求一组 $(x_0, x_1, \cdots, x_{n-1})$ 值，使目标函数 f 达到极小值。

$$f = \sum_{j=0}^{n-1} c_j x_j$$

如果要求极大值，则只要令 $\tilde{f} = -f$，此时就转化为求以下目标函数的极小值。

$$\tilde{f} = -\sum_{j=0}^{n-1} c_j x_j$$

引进 m 个非负松弛变量 $x_n, x_{n+1}, \cdots, x_{n+m-1}$，则上述问题转化为：寻找 X 值，使满足

$$AX = B \tag{13-1}$$
$$X \geqslant 0 \tag{13-2}$$

且使以下目标函数达到极小值。

$$f = \boldsymbol{C}^{\mathrm{T}} \boldsymbol{X} \tag{13-3}$$

其中

$$\boldsymbol{X} = (x_0, x_1, \cdots, x_{n-1}, x_n, \cdots, x_{n+m-1})^{\mathrm{T}}$$
$$\boldsymbol{B} = (b_0, b_1, \cdots, b_{m-1})^{\mathrm{T}}$$
$$\boldsymbol{C} = (c_0, c_1, \cdots, c_{n-1}, 0, \cdots, 0)^{\mathrm{T}}$$
$$\boldsymbol{A} = \begin{bmatrix} a_{00} & a_{01} & \cdots & a_{0(n-1)} & 1 & 0 & \cdots & 0 \\ a_{10} & a_{11} & \cdots & a_{1(n-1)} & 0 & 1 & \cdots & 0 \\ \vdots & \vdots & \ddots & \vdots & \vdots & \vdots & \ddots & \vdots \\ a_{(m-1)0} & a_{(m-1)1} & \cdots & a_{(m-1)(n-1)} & 0 & 0 & \cdots & 1 \end{bmatrix}$$

称满足式（13-1）和式（13-2）的解为容许解，其中正分量的个数不多于 m 个的容许解称为基本解，而称使式（13-3）取极小值的解为最优解。最优解必在基本解中。

寻找最优解的过程如下。

假定已得到一个基本解，其正分量个数为 m，分别设为 $x_{i_0}, x_{i_1}, \cdots, x_{i_{m-1}}$，且与之对应的矩阵 $\boldsymbol{A}$ 中列向量 $\boldsymbol{P}_{i_0}, \boldsymbol{P}_{i_1}, \cdots, \boldsymbol{P}_{i_{m-1}}$ 为线性无关，这组向量称为基底向量。对于矩阵 $\boldsymbol{A}$ 中的每列向量均可用基底向量的线性组合表示，即

$$\boldsymbol{A} = \boldsymbol{PD}$$

其中

$$\boldsymbol{P} = \begin{bmatrix} \boldsymbol{P}_{i_0}, \boldsymbol{P}_{i_1}, \cdots, \boldsymbol{P}_{i_{m-1}} \end{bmatrix}$$
$$\boldsymbol{D} = \begin{bmatrix} d_{00} & d_{01} & \cdots & d_{0(n+m-1)} \\ d_{10} & d_{11} & \cdots & d_{1(n+m-1)} \\ \vdots & \vdots & \ddots & \vdots \\ d_{(m-1)0} & d_{(m-1)1} & \cdots & d_{(m-1)(n+m-1)} \end{bmatrix}$$

而组合系数矩阵 $\boldsymbol{D}$ 可计算为

$$\boldsymbol{D} = \boldsymbol{P}^{-1} \boldsymbol{A}$$

令

$$z_j = c_{i_0} d_{0j} + c_{i_1} d_{1j} + \cdots + c_{i_{m-1}} d_{(m-1)j}, \quad j = 0, 1, \cdots, n+m-1$$

如果对于 $j = 0, 1, \cdots, n+m-1$，满足

$$z_j - c_j \leqslant 0$$

则取 $\boldsymbol{X} = (x_{i_0}, x_{i_1}, \cdots, x_{i_{m-1}})^{\mathrm{T}}$，而 $\boldsymbol{X}$ 的其余 n 个分量均为 0。此时，$\boldsymbol{X}$ 即为最优解。否则，选择对应于 $\max\limits_{0 \leqslant j \leqslant m-1} (z_j - c_j) = z_k - c_k$ 的向量 $\boldsymbol{P}_k$ 进入基底向量组，而将对应于 $\min\limits_{0 \leqslant l \leqslant m-1} (x_{i_l} / d_{lk}) = x_{i_l} / d_{lk}$，$d_{lk} > 0$ 的向量 $\boldsymbol{P}_l$ 从基底向量组中消去。这样，对应新的基底，其目标函数值比原先下降了。如果所有 $d_{lk} \leqslant 0$，$l = 0, 1, \cdots, m-1$，则说明目标函数值无界。

重复以上过程，直至求出最优解，或者确定目标函数值无界为止。

在上述的每个步骤中，新的解可计算为

$$(x_{i_0}, x_{i_1}, \cdots, x_{i_{m-1}})^{\mathrm{T}} = \boldsymbol{P}^{-1} \boldsymbol{B}$$

基底向量组的初值取单位矩阵，即

$$P = I_m$$

也就是说，取初始解为

$$X = (0, 0, \cdots, 0, b_0, b_1, \cdots, b_{m-1})^T$$

在 MATLAB 中编写 lplq() 函数，用于求解不等式约束条件下的线性规划问题。本函数要用到实矩阵求逆以及实矩阵相乘。

```
function [x,flag]=lplq(m,n,a,b,c)
%%%%%%%%%%%%%%%%%%%%%%%%%%%%%%%%%%%%%%
% 不等式约束线性规划问题
% 输入：
%       m：不等式约束条件个数
%       n：变量个数
%       a：左边 n 列存放不等式约束条件（系数矩阵），右边 m 列为单位矩阵
%       b：存放不等式约束条件右端项值
%       c：存放目标函数中的系数，其中 m 各分量为 0
% 输出：
%       x：前 n 个分量返回目标函数 f 的极小值点的 n 个坐标，第 n+1 个分量返回目标函数 f 的极小值
%       flag：函数返回标志值，若等于 0 表示矩阵求逆失败，若小于 0 表示目标函数值无界，若大于 0 表示
%             正常
%%%%%%%%%%%%%%%%%%%%%%%%%%%%%%%%%%%%%%
a=reshape(a.',numel(a),1);
for i=0:m-1
    js(i+1)=n+i;
end
mn=m+n;
s=0;
while 1
    for i=0:m-1
        for j=0:m-1
            p(i*m+j+1)=a(i*mn+js(j+1)+1);
        end
    end
    p_r=reshape(p,m,m).';
    if det(p_r)==0
        flag=0;
        x(n+1)=s;
        return;
    end
    p=reshape(p_r^(-1).',numel(p_r),1);
    p_r=reshape(p,m,m).';
    a_r=reshape(a,mn,m).';
    d=p_r*a_r;
    d=reshape(d.',numel(d),1);
    for i=0:mn-1
        x(i+1)=0;
    end
```

```
for i=0:m-1
    s=0;
    for j=0:m-1
        s=s+p(i*m+j+1)*b(j+1);
    end
    x(js(i+1)+1)=s;
end
k=-1;
dd=1e-35;
for j=0:mn-1                                    %进入基底向量组
    z=0;
    for i=0:m-1
        z=z+c(js(i+1)+1)*d(i*mn+j+1);
    end
    z=z-c(j+1);
    if z>dd
        dd=z;
        k=j;
    end
end
if k==-1
    s=0;
    for j=0:n-1
        s=s+c(j+1)*x(j+1);
    end
    x(n+1)=s;
    flag=1;
    return;
end
j=-1;
dd=1e20;
for i=0:m-1                                     %从向量组消去
    if d(i*mn+k+1)>=1e-20
        y=x(js(i+1)+1)/d(i*mn+k+1);
        if y<dd
            dd=y;
            j=i;
        end
    end
end
if j==-1
    x(n+1)=s;
    flag=-1;
    return;
end
```

```
        js(j+1)=k;
    end
%   flag=0;
end
```

【例 13-3】设不等式约束条件如下，求目标函数 $f = 4x_0 + 9x_1 + 26x_2$ 的极大值。

$$\begin{cases} x_0 + 2x_1 + 7x_2 \leqslant 10 \\ x_0 + 4x_1 + 13x_2 \leqslant 18 \\ 2x_1 + 8x_2 \leqslant 13 \\ x_0, x_1, x_2 \geqslant 0 \end{cases}$$

转化为极小值问题后的目标函数为 $\tilde{f} = -4x_0 - 9x_1 - 26x_2$，在本例中，$m = 3$，$n = 3$，$m+n = 6$，且

$$A = \begin{bmatrix} 1 & 2 & 7 & 1 & 0 & 0 \\ 1 & 4 & 13 & 0 & 1 & 0 \\ 0 & 2 & 8 & 0 & 0 & 1 \end{bmatrix}$$

$$B = (10, 18, 13)^{\mathrm{T}}$$

$$C = (-4, -9, -26, 0, 0, 0)^{\mathrm{T}}$$

$$X = (x_0, x_1, x_2, x_3, x_4, x_5)^{\mathrm{T}}$$

在编辑器中编写如下程序。

```
clc, clear
a=[1 2 7 1 0 0;
   1 4 13 0 1 0;
   0 2 8 0 0 1];
b=[10 18 13];
c=[-4 -9 -26 0 0 0];
m=3;
n=3;
[x,flag]=lplq(m,n,a,b,c);
if flag>0
    fprintf('目标函数极小值点：\n');
    for i=1:n
        fprintf('x(%d) = %f \n',i,x(i));
    end
    fprintf('目标函数极小值 = %f \n',x(i+1));
end
```

运行程序，输出结果如下。

```
目标函数极小值点：
x(1) = 2.000000
x(2) = 4.000000
x(3) = 0.000000
目标函数极小值 = -44.000000
```

13.4　单形调优法求 n 维极值

利用单形调优法可以求解无约束条件下的 n 维极值问题。设具有 n 个变量的目标函数为 $J = f(x_0, x_1, \cdots, x_{n-1})$。利用单形调优法求目标函数 J 的极小值点的迭代过程如下。

（1）在 n 维变量空间中确定一个由 $n+1$ 个顶点所构成的初始单形

$$X_{(i)} = (x_{0i}, x_{1i}, \cdots, x_{(n-1)i}), \quad i = 0, 1, \cdots, n$$

并计算在每个顶点上的函数值

$$f_{(i)} = f(X_{(i)}), \quad i = 0, 1, \cdots, n$$

（2）确定

$$f_{(R)} = f(X_{(R)}) = \max_{0 \leq i \leq n} f_{(i)}$$

$$f_{(G)} = f(X_{(G)}) = \max_{\substack{0 \leq i \leq n \\ i \neq R}} f_{(i)}$$

$$f_{(L)} = f(X_{(L)}) = \min_{0 \leq i \leq n} f_{(i)}$$

其中，$X_{(R)}$ 称为最坏点。

（3）求出最坏点 $X_{(R)}$ 的对称点

$$X_T = 2X_F - X_{(R)}$$

其中

$$X_F = \frac{1}{n} \sum_{\substack{i=0 \\ i \neq R}}^{n} X_{(D)}$$

（4）确定新的顶点代替原顶点，从而构成新的单形。代替原则如下。

① 若 $f(X_T) < f_{(L)}$，则需要将 X_T 扩大为 X_E，即

$$X_E = (1 + \mu)X_T - \mu X_F$$

其中，μ 称为扩张系数，一般取 $1.2 < \mu < 2.0$。

在该情况下，如果 $f(X_E) < f_{(L)}$，则 $X_E \Rightarrow X_{(R)}$，$f(X_E) \Rightarrow f_{(R)}$；否则，$X_T \Rightarrow X_{(R)}$，$f(X_T) \Rightarrow f_{(R)}$。

② 如果 $f(X_T) \leqslant f_{(G)}$，则 $X_T \Rightarrow X_{(R)}$，$f(X_T) \Rightarrow f_{(R)}$；如果 $f(X_T) > f_{(G)}$，$f(X_T) > f_{(R)}$，则 $X_T \Rightarrow X_{(R)}$，$f(X_T) \Rightarrow f_{(R)}$。

然后将 X_T 缩小为 X_E，即

$$X_E = (1 - \lambda)X_F + \lambda X_{(R)}$$

其中，λ 称为收缩系数，一般取 $0 < \lambda < 1.0$。

在该情况下，如果 $f(X_E) < f_{(R)}$，则新的单形的 $n+1$ 个顶点为

$$X_{(i)} = (X_{(i)} + X_{(L)})/2, \quad i = 0, 1, \cdots, n$$

且计算 $f_{(i)} = f(X_{(i)})$，否则 $X_E \Rightarrow X_{(R)}$，$f(X_E) \Rightarrow f_{(R)}$。

重复步骤（2）～步骤（4），直到单形中各顶点距离小于预先给定的精度要求为止。

如果实际问题中需要求极大值，则只要令目标函数为 $\tilde{J} = -J = -f(x_0, x_1, \cdots, x_{n-1})$ 即可。此时，$\tilde{J}$ 的极小值的绝对值即为 J 的极大值。

在 MATLAB 中编写 jsim() 函数，利用单形调优法求解无约束条件下的 n 维极值问题。

```
function [x,xx,kk]=jsim(n,eps,f)
%%%%%%%%%%%%%%%%%%%%%%%%%%%%%%%%%%
% 单形调优法求 n 维极值
% 输入:
%       n: 变量个数
%       x: 前 n 个分量返回极小值点的 n 个坐标, 最后一个分量返回极小值
%       eps: 控制精度要求
%       f: 指向计算目标函数值的函数名
% 输出:
%       xx: 前 n 行返回最后单形的 n+1 个顶点坐标, 最后一行返回最后单形的 n+1 个顶点的目标函数值
%       kk: 函数返回迭代次数, 本函数最多迭代 500 次
%%%%%%%%%%%%%%%%%%%%%%%%%%%%%%%%%%
d=1;                            %初始单形中任意两顶点间的距离
u=1.6;                          %扩张系数 1.2<u<2
v=0.4;                          %收缩系数 0<v<1
k=500;                          %最大迭代次数
kk=0;
nn=n;
fr=sqrt(nn+1);
f1=d*(fr-1)/(1.414*nn);
fg=d*(fr+nn-1)/(1.414*nn);
for i=0:n-1
    for j=0:n
        xx(i*(n+1)+j+1)=0;
    end
end
for i=1:n
    for j=0:n-1
        xx(j*(n+1)+i+1)=f1;
    end
end
for i=1:n
    xx((i-1)*(n+1)+i+1)=fg;
end
for i=0:n
    for j=0:n-1
        xt(j+1)=xx(j*(n+1)+i+1);
    end
    xx(n*(n+1)+i+1) =f(xt,n);
end
ft=1+eps;
while (kk<k)&&(ft>eps)
    kk=kk+1;
    fr=xx(n*(n+1)+1);
    fl=xx(n*(n+1)+1);
    r=0;
```

```
        l=0;
        for i=1:n
            if xx(n*(n+1)+i+1)>fr
                r=i;
                fr=xx(n*(n+1)+i+1);
            end
            if xx(n*(n+1)+i+1)<fl
                l=i;
                fl=xx(n*(n+1)+i+1);
            end
        end
        g=0;
        fg=xx(n*(n+1)+1);
        j=0;
        if r==0
            g=1;
            fg=xx(n*(n+1)+2);
            j=1;
        end
        for i=j+1:n
            if (i~=r)&&(xx(n*(n+1)+i+1)>fg)
                g=i;
                fg=xx(n*(n+1)+i+1);
            end
        end
        for j=0:n-1
            xf(j+1)=0;
            for i=0:n
                if i~=r
                    xf(j+1)=xf(j+1)+xx(j*(n+1)+i+1)/nn;
                end
            end
            xt(j+1)=2*xf(j+1)-xx(j*(n+1)+r+1);
        end
        ft=f(xt,n);
        if ft<xx(n*(n+1)+l+1)
            for j=0:n-1
                xf(j+1)=(1+u)*xt(j+1)-u*xf(j+1);
            end
            ff=f(xf,n);
            if ff<xx(n*(n+1)+l+1)
                for j=0:n-1
                    xx(j*(n+1)+r+1)=xf(j+1);
                    xx(n*(n+1)+r+1)=ff;
                end
            else
```

```
                for j=0:n-1
                    xx(j*(n+1)+r+1)=xt(j+1);
                end
                xx(n*(n+1)+r+1)=ft;
            end
        else
            if  ft<=xx(n*(n+1)+g+1)
                for j=0:n-1
                    xx(j*(n+1)+r+1)=xt(j+1);
                end
                xx(n*(n+1)+r+1)=ft;
            else
                if  ft<=xx(n*(n+1)+r+1)
                    for j=0:n-1
                        xx(j*(n+1)+r+1)=xt(j+1);
                    end
                    xx(n*(n+1)+r+1)=ft;
                end
                for j=0:n-1
                    xf(j+1)=v*xx(j*(n+1)+r+1)+(1-v)*xf(j+1);
                end
                ff=f(xf,n);
                if  ff>xx(n*(n+1)+r+1)
                    for i=0:n
                        for j=0:n-1
                            xx(j*(n+1)+i+1)=(xx(j*(n+1)+i+1)+xx(j*(n+1)+l+1))/2;
                        end
                    end
                    fe=f(xe,n);
                    xx(n*(n+1)+i+1)=fe;
                else
                    for j=0:n-1
                        xx(j*(n+1)+r+1)=xf(j+1);
                    end
                    xx(n*(n+1)+r+1)=ff;
                end
            end
        end
    end
    ff=0;
    ft=0;
    for i=0:n
        ff=ff+xx(n*(n+1)+i+1)/(1+nn);
        ft=ft+xx(n*(n+1)+i+1)*xx(n*(n+1)+i+1);
    end
    ft=(ft-(1+n)*ff^2)/nn;
end
```

```
for j=0:n-1
    x(j+1)=0;
    for i=0:n
        x(j+1)=x(j+1)+xx(j*(n+1)+i+1)/(1+nn);
    end
    xe(j+1)=x(j+1);
end
fe=f(xe,n);
x(n+1)=fe;
xx=reshape(xx,n+1,n+1)';
end
```

待计算的目标函数 $f(x)$ 形式为

```
function y=jsimf x,n)
y=f(x_0, x_1, …, x_{n-1});
end
```

【例 13-4】用单形调优法求目标函数 $J = 100(x_1 - x_0^2)^2 + (1 - x_0)^2$ 的极小值点和极小值。取 $\text{eps} = 10^{-30}$。待计算的目标函数程序如下。

```
function y=jsimf(x,n)
y=x(2)-x(1)^2;
y=100*y^2;
y=y+(1-x(1))^2;
end
```

在编辑器中编写如下程序。

```
clc, clear
eps=1e-30;
n=2;
[x,xx,kk]=jsim(n,eps,@jsimf);
fprintf('迭代次数=%d \n',kk);
fprintf('顶点坐标与目标函数值: \n');
for i=1:n
    fprintf('x(0) = %d   x(1) = %d   f = %f \n',xx(1,i),xx(2,i),xx(n+1,i));
end
fprintf('极小值点与极小值: \n');
for i=1:numel(x)-1
    fprintf('x(%d) = %d \n',i-1,x(i));
end
fprintf('极小值 = %f \n',x(end));
```

运行程序，输出结果如下。

```
迭代次数 = 87
顶点坐标与目标函数值:
x(0) = 1.000000e+00   x(1) = 1.000000e+00   f = 0.000000
x(0) = 1.000000e+00   x(1) = 1.000000e+00   f = 0.000000
极小值点与极小值:
```

```
x(0) = 1.000000e+00
x(1) = 1.000000e+00
极小值 = 0.000000
```

13.5 复形调优法求约束条件下的 n 维极值

利用复形调优法可以求解等式与不等式约束条件下的 n 维极值问题。设多变量目标函数为

$$J = f(x_0, x_1, \cdots, x_{n-1})$$

n 个常量约束条件为

$$a_i \leqslant x_i \leqslant b_i , \quad i = 0, 1, \cdots, n-1$$

m 个函数约束条件为

$$C_j(x_0, x_1, \cdots, x_{n-1}) \leqslant W_j(x_0, x_1, \cdots, x_{n-1}) \leqslant D_j(x_0, x_1, \cdots, x_{n-1}) , \quad j = 0, 1, \cdots, m-1$$

求 n 维目标函数 J 的极小值点和极小值。

如果实际问题中需要求极大值，则只要令目标函数为 $\tilde{J} = -J = -f(x_0, x_1, \cdots, x_{n-1})$ 即可。此时，$\tilde{J}$ 的极小值的绝对值即为 J 的极大值。

复形调优法求目标函数 J 的极小值点的迭代过程如下。

复形共有 $2n$ 个顶点。假设给定初始复形中的第 1 个顶点坐标为 $X_{(0)} = (x_{00}, x_{10}, \cdots, x_{(n-1)0})$，且此顶点坐标满足 n 个常量约束条件和 m 个函数约束条件。

（1）在 n 维变量空间中确定初始复形的其余 $2n-1$ 个顶点，方法如下。利用伪随机数按常量约束条件产生第 j 个顶点 $X_{(j)} = (x_{0j}, x_{1j}, \cdots, x_{(n-1)j})(j = 1, 2, \cdots, 2n-1)$ 中的各分量 $x_{ij}(i = 0, 1, \cdots, n-1)$，即

$$x_{ij} = a_i + r(b_i - a_i) , \quad i = 0, 1, \cdots, n-1 ; \quad j = 1, 2, \cdots, 2n-1$$

其中，r 为 $[0,1]$ 的一个伪随机数。

显然，由上述方法产生的初始复形的各顶点满足常数约束条件。然后检查它们是否符合函数约束条件，如果不符合，则需要调整，直到全部顶点均符合函数约束条件及常量约束条件为止。调整原则如下。

假设前 $j = 1, 2, \cdots, 2n-1$ 个顶点已满足所有约束条件，而第 $j+1$ 个顶点不满足约束条件，则进行调整变换，即

$$X_{(j+1)} = (X_{(j+1)} + T) / 2$$

其中

$$T = \frac{1}{j} \sum_{k=1}^{j} X_{(k)}$$

该过程一直到满足所有约束条件为止。

初始复形的 $2n$ 个顶点确定以后，计算各顶点处的目标函数值

$$f_{(j)} = f(X_{(j)}) , \quad j = 0, 1, \cdots, 2n-1$$

（2）确定

$$f_{(R)} = f(X_{(R)}) = \max_{0 \leqslant i \leqslant n} f_{(i)}$$

$$f_{(G)} = f(X_{(G)}) = \max_{\substack{0 \leqslant i \leqslant n \\ i \neq R}} f_{(i)}$$

其中，$X_{(R)}$ 称为最坏点。

（3）计算最坏点 $X_{(R)}$ 的对称点

$$X_T = (1+\alpha)X_F - \alpha X_{(R)}$$

其中，$X_F = \dfrac{1}{2n-1}\displaystyle\sum_{\substack{i=0 \\ i\neq R}}^{2n-1} X_{(i)}$ ；α 称为反射系数，一般取 1.3 左右。

（4）确定一个新的顶点代替最坏点 $X_{(R)}$ 以构成新的复形，方法如下。

如果 $f(X_T) > f_{(G)}$，则用 $X_T = (X_F + X_T)/2$ 修改 X_T，直到 $f(X_T) \leqslant f_{(G)}$ 为止。检查 X_T 是否满足所有约束条件。如果对于某个分量 $X_T(j)$，不满足常量约束条件，即如果 $X_T(j) < a_j$ 或 $X_T(j) > b_j$，则令

$$X_T(j) = a_j + \delta \text{ 或 } X_T(j) = b_j - \delta$$

其中，δ 为很小的一个正常数，一般取 $\delta = 10^{-6}$。然后重复步骤（4）。

如果 X_T 不满足函数约束条件，则用 $X_T = (X_F + X_T)/2$ 修改 X_T，然后重复步骤（4），直到 $f(X_T) \leqslant f_{(G)}$ 且 X_T 满足所有约束条件为止。此时令

$$X_{(R)} = X_T ，\quad f_{(R)} = f(X_T)$$

重复步骤（2）～步骤（4），直到复形中各顶点距离小于预先给定的精度要求为止。

在 MATLAB 中编写 cplx() 函数，采用复形调优法求解等式与不等式约束条件下的 n 维极值问题。

```
function [x,xx,k]=cplx(n,m,a,b,eps,x,s,f)
%%%%%%%%%%%%%%%%%%%%%%%%%%%%%%%%%%%%%%%%
% 复形调优法
% 输入:
%     n: 变量个数
%     m: 函数约束条件的个数
%     a: 依次存放常数约束条件中的变量 x 的下界
%     b: 依次存放常数约束条件中的变量 x 的上界
%     eps: 控制精度要求
%     x: 前 n 个分量存放初始复形的第 1 个顶点坐标（要求满足所有约束条件）
%     s: 指向计算函数约束条件中的上、下限以及条件值的函数名
%     f: 指向计算目标函数值的函数名
% 输出:
%     x: 返回极小值点各坐标值，最后一个分量返回最小值
%     xx: 前 n 行返回最后复形的 2n 个顶点坐标（一列为一个顶点），最后一行返回最后复形的 2n 个顶点
%         的目标函数值
%     k: 函数返回迭代次数，本函数最多迭代 500 次
%%%%%%%%%%%%%%%%%%%%%%%%%%%%%%%%%%%%%%%%
R=0;
alpha=1.3;                              %反射系数
for i=0:n-1
    xx(i*n*2+1)=x(i+1);
end
xx(n*n*2+1)=f(x,n);
for j=1:2*n-1
    for i=0:n-1
        [p,R]=rnd1(R);
        xx(i*n*2+j+1)=a(i+1)+(b(i+1)-a(i+1))*p;
```

```
            x(i+1)=xx(i*n*2+j+1);
        end
        it=1;
        while it==1
            it=0;
            r=0;
            g=0;
            while (r<n)&&(g==0)
                if (a(r+1)<=x(r+1))&&(b(r+1)>=x(r+1))
                    r=r+1;
                else
                    g=1;
                end
            end
            if g==0
                [c,d,w]=s(n,m,x);
                r=0;
                while (r<m)&&(g==0)
                    if (c(r+1)<=w(r+1))&&(d(r+1)>=w(r+1))
                        r=r+1;
                    else
                        g=1;
                    end
                end
            end
            if g~=0
                for r=0:n-1
                    z=0;
                    for g=0:j-1
                        z=z+xx(r*n*2+g+1)/j;
                    end
                    xx(r*n*2+j+1)=(xx(r*n*2+j+1)+z)/2;
                    x(r+1)=xx(r*n*2+j+1);
                end
                it=1;
            else
                xx(n*n*2+j+1)=f(x,n);
            end
        end
    end
end
flag=500;
k=0;
it=1;
while it==1
    it=0;
    fr=xx(n*n*2+1);
```

```
r = 0;
for i=1:2*n-1
    if xx(n*n*2+i+1)>fr
        r=i;
        fr=xx(n*n*2+i+1);
    end
end
g=0;
j=0;
fg=xx(n*n*2+1);
if r==0
    g=1;
    j=1;
    fg=xx(n*n*2+2);
end
for i=j+1:2*n-1
    if i~=r
        if xx(n*n*2+i+1)>fg
            g=i;
            fg=xx(n*n*2+i+1);
        end
    end
end
for i=0:n-1
    xf(i+1)=0;
    for j=0:2*n-1
        if j~=r
            xf(i+1)=xf(i+1)+xx(i*n*2+j+1)/(2*n-1);
        end
    end
    xt(i+1)=(1+alpha)*xf(i+1)-alpha*xx(i*n*2+r+1);
end
jt=1;
while jt==1
    jt=0;
    z=f(xt,n);
    while z>fg
        for i=0:n-1
            xt(i+1)=(xt(i+1)+xf(i+1))/2;
        end
        z=f(xt,n);
    end
    j=0;
    for i=0:n-1
        if a(i+1)>xt(i+1)
            xt(i+1)=xt(i+1)+0.000001;
```

```
                j=1;
            end
        if b(i+1)<xt(i+1)
            xt(i+1)=xt(i+1)-0.000001;
            j=1;
        end
    end
if j~=0
    jt=1;
else
    [c,d,w]=s(n,m,xt);
    j=0;
    kt=1;
    while (kt==1)&&(j<m)
        if (c(j+1)<=w(j+1))&&(d(j+1)>=w(j+1))
            j=j+1;
        else
            kt=0;
        end
    end
    if j<m
        for i=0:n-1
            xt(i+1)=(xt(i+1)+xf(i+1))/2;
        end
        jt=1;
    end
end
end
end
for i=0:n-1
    xx(i*n*2+r+1)=xt(i+1);
end
xx(n*n*2+r+1)=z;
fr=0;
fg=0;
for j=0:2*n-1
    fj=xx(n*n*2+j+1);
    fr=fr+fj/(2*n);
    fg=fg+fj^2;
end
fr=(fg-2*n*fr^2)/(2*n-1);
k=k+1;
if fr>=eps
    if k<flag
        it=1;
    end
end
```

```
end
for i=0:n-1
    x(i+1)=0;
    for j=0:2*n-1
        x(i+1)=x(i+1)+xx(i*n*2+j+1)/(2*n);
    end
end
z=f(x,n);
x(n+1)=z;
xx=reshape(xx,2*n,n+1);
end
```

待计算的目标函数形式为

```
function y=cplxf(x)
y=f(x₀,x₁,…,xₙ₋₁);
end
```

函数约束条件中的下限、上限以及条件值的函数形式为

```
function [c,d,w]=cplxs(n,m,x)
    c(0)=c₀(x₀,x₁,…,xₙ₋₁) 的表达式;
        ⋮
    c(m-1)=cₙ₋₁(x₀,x₁,…,xₙ₋₁) 的表达式;
    d(0)=d₀(x₀,x₁,…,xₙ₋₁) 的表达式;
        ⋮
    d(m-1)=dₙ₋₁(x₀,x₁,…,xₙ₋₁) 的表达式;
    w(0)=w₀(x₀,x₁,…,xₙ₋₁) 的表达式;
        ⋮
    w(m-1)=wₙ₋₁(x₀,x₁,…,xₙ₋₁) 的表达式;
end
```

【例 13-5】用复形调优法求目标函数满足约束条件的极小值点与极小值。取 $\varepsilon = 10^{-30}$。

目标函数为

$$J = f(x_0, x_1) = -\frac{\left[9 - (x_0 - 3)^2\right] x_1^3}{27\sqrt{3}}$$

约束条件为

$$\begin{cases} x_0 \geqslant 0 \\ x_1 \geqslant 0 \\ 0 \leqslant x_1 \leqslant \dfrac{x_0}{\sqrt{3}} \\ 0 \leqslant x_0 + \sqrt{3}x_1 \leqslant 6 \end{cases}$$

初始复形的第 1 个顶点为 $(0.0, 0.0)$。其中，常量约束条件的下界为 $a_0 = 0.0$，$a_1 = 0.0$，上界取 $b_0 = 10^{35}$，$b_1 = 10^{35}$。函数约束条件的下限、上限及条件函数为

$$C_0(x_0, x_1) = 0.0，\quad C_1(x_0, x_1) = 0.0$$

$$D_0(x_0, x_1) = \frac{x_0}{\sqrt{3}} , \quad D_1(x_0, x_1) = 6.0$$

$$W_0(x_0, x_1) = x_1 , \quad W_1(x_0, x_1) = x_0 + \sqrt{3}x_1$$

目标函数程序如下。

```
function y=cplxf(x,n)
y=-(9-(x(1)-3)*(x(1)-3));
y=y*x(2)^3/(27*sqrt(3));
end
```

约束条件中各值的函数程序如下。

```
function [c,d,w]=cplxs(n,m,x)
c(1)=0;
c(2)=0;
d(1)=x(1)/sqrt(3);
d(2)=6;
w(1)=x(2);
w(2)=x(1)+x(2)*sqrt(3);
end
```

在编辑器中编写如下程序。

```
clc, clear
x=[0 0];
a=[0 0];
b=[1e35 1e35];
eps=1e-30;
n=2;
m=2;
[x,xx,k]=cplx(n,m,a,b,eps,x,@cplxs,@cplxf);
fprintf('迭代次数 = %d \n',k);
fprintf('复形函数坐标与目标函数值: \n');
[z1,z2]=size(xx);
for i=1:z1
    for j=1:z2-1
        fprintf('x(%d) = %f  ',j,xx(i,j));
    end
    fprintf('f = %f \n',xx(i,j+1));
end
fprintf('极小值点坐标与极小值: \n');
for j=1:numel(x)-1
    fprintf('x(%d) = %f  ',j,x(j));
end
fprintf('极小值 = %f \n',x(j+1));
```

运行程序，输出结果如下。

```
迭代次数 = 85
复形函数坐标与目标函数值:
```

```
x(1) = 3.000000  x(2) = 1.732051  f = -1.000000
x(1) = 3.000000  x(2) = 1.732051  f = -1.000000
x(1) = 3.000000  x(2) = 1.732051  f = -1.000000
x(1) = 3.000000  x(2) = 1.732051  f = -1.000000
极小值点坐标与极小值:
x(1) = 3.000000  x(2) = 1.732051  极小值 = -1.000000
```

本问题的理论极小值点为 $x_0 = 3.0$，$x_1 = \sqrt{3}$，极小值为 -1.0。

第 14 章

数学变换与滤波

在研究某些复杂的物理问题时，把复杂的问题转化为简单的问题的数学方法称为数学变换。数学变换是当代科学发展中各领域不可缺少的方法。而滤波是将信号中特定波段频率滤除的操作，是抑制和防止干扰的一项重要措施。本章给出快速傅里叶变换、沃尔什变换、卡尔曼滤波等在 MATLAB 中的实现方法。

14.1 傅里叶级数逼近

根据函数 $f(x)$ 在区间 $[0,2\pi]$ 上的 $2n+1$ 个等距点 x_i 处的函数值 $f_i = f(x_i)$，求傅里叶（Fourier）级数 $f(x)$ 的前 $2n+1$ 个系数 a_k 和 b_k 的近似值，$k = 0,1,\cdots,n$。

$$x_i = \frac{2\pi}{2n+1}(i+0.5)，\quad i = 0,1,\cdots,2n$$

$$f(x) = \frac{1}{2}a_0 + \sum_{k=1}^{\infty}(a_k \cos kx + b_k \sin kx)$$

计算系数 a_k 和 b_k 近似值的方法如下。对于 $k = 0,1,\cdots,n$，进行以下运算。

（1）按以下迭代公式计算 u_1 和 u_2。

$$\begin{cases} u_{2n+2} = u_{2n+1} = 0 \\ u_k = f_k + 2u_{k+1}\cos k\theta - u_{k+2}，\ k = 2n,\cdots,2,1 \end{cases}$$

其中，$\theta = \frac{2\pi}{2n+1}$。计算 $\cos k\theta$ 与 $\sin k\theta$ 的递推公式为

$$\cos k\theta = \cos\theta\cos(k-1)\theta - \sin\theta\sin(k-1)\theta$$

$$\sin k\theta = \sin\theta\cos(k-1)\theta + \cos\theta\sin(k-1)\theta$$

（2）按以下公式计算 a_k 和 b_k。

$$a_k = \frac{2}{2n+1}(f_0 + u_1\cos k\theta - u_2)$$

$$b_k = \frac{2}{2n+1}u_1\sin k\theta$$

在 MATLAB 中编写 four() 函数，实现计算傅里叶级数中的系数。

```
function [a,b]=four(n,f)
%%%%%%%%%%%%%%%%%%%%%%%%%%%%%%%%%%%%%%%%
% 傅里叶级数逼近
% 输入：
```

```
%          n: 等距点数为 2n+1
%          f: 存放区间(0,2*pi)内的 2n+1 个等距点处的函数值
% 输出:
%          a: 返回傅里叶级数中的 a 系数
%          b: 返回傅里叶级数中的 b 系数
%%%%%%%%%%%%%%%%%%%%%%%%%%%%%%%%%%%%
t=6.283185306/(2*n+1);
c=cos(t);
s=sin(t);
t=2/(2*n+1);
c1=1;
s1=0;
for i=0:n
    u1=0;
    u2=0;
    for j=2*n:-1:1
        u0=f(j+1)+2*c1*u1-u2;
        u2=u1;
        u1=u0;
    end
    a(i+1)=t*(f(1)+u1*c1-u2);
    b(i+1)=t*u1*s1;
    u0=c*c1-s*s1;
    s1=c*s1+s*c1;
    c1=u0;
end
end
```

【例 14-1】根据函数 $f(x) = x^2$ 在区间 $[0, 2\pi]$ 上的 61 个等距点 x_i 处的函数值 $f_i = f(x_i)$，求傅里叶级数的系数 a_k 和 $b_k (k = 0, 1, \cdots, 30)$，其中，$n = 30$。

$$x_i = \frac{2\pi}{61}(i + 0.5), \quad i = 0, 1, \cdots, 60$$

在编辑器中编写如下程序。

```
clc, clear
h=6.283185306/61;
for i=0:60
    c=(i+0.5)*h;
    f(i+1)=c^2;
end
n=30;
[a, b]=four(n, f);
fprintf('k        a(k)        b(k) \n');
for i =1:numel(a)
    fprintf('%d      %f      %f \n',i,a(i),b(i));
end
```

运行程序，输出结果如下。

k	a(k)	b(k)
1	26.317177	0.000000
2	3.345742	-12.761082
3	0.345747	-6.363587
4	-0.209799	-4.223527
5	-0.404230	-3.147796
6	-0.494213	-2.497762
7	-0.543081	-2.060539
8	-0.572534	-1.744884
9	-0.591637	-1.505168
10	-0.604720	-1.316034
11	-0.614064	-1.162264
12	-0.620963	-1.034166
13	-0.626195	-0.925274
14	-0.630251	-0.831105
15	-0.633452	-0.748452
16	-0.636017	-0.674957
17	-0.638098	-0.608847
18	-0.639803	-0.548757
19	-0.641213	-0.493623
20	-0.642384	-0.442595
21	-0.643362	-0.394988
22	-0.644179	-0.350240
23	-0.644863	-0.307882
24	-0.645432	-0.267520
25	-0.645903	-0.228816
26	-0.646288	-0.191475
27	-0.646596	-0.155238
28	-0.646835	-0.119872
29	-0.647009	-0.085165
30	-0.647124	-0.050918
31	-0.647180	-0.016942

14.2　快速傅里叶变换

利用快速傅里叶变换（Fast Fourier Transform，FFT）可以计算离散傅里叶变换（Discrete Fourier Transform，DFT）。计算 n 个采样点 $P = \{p_0, p_1, p_2, \cdots, p_{n-1}\}$ 的离散傅里叶变换，可以归结为计算多项式 $F(x)$ 在各 n 次单位根 $1, \omega, \omega^2, \cdots, \omega^{n-1}$ 上的值。

$$F(x) = p_0 + p_1 x + p_2 x^2 + \cdots + p_{n-1} x^{n-1}$$

即

$$F_0 = p_0 + p_1 + p_2 + \cdots + p_{n-1}$$
$$F_1 = p_0 + p_1\omega + p_2\omega^2 + \cdots + p_{n-1}\omega^{n-1}$$
$$F_2 = p_0 + p_1\omega^2 + p_2(\omega^2)^2 + \cdots + p_{n-1}(\omega^2)^{n-1}$$
$$\vdots$$
$$F_{n-1} = p_0 + p_1\omega^{n-1} + p_2(\omega^{n-1})^2 + \cdots + p_{n-1}(\omega^{n-1})^{n-1}$$

其中，$\omega = \mathrm{e}^{-\mathrm{j}\frac{2\pi}{n}}$ 为 n 次单位元根。

若 $n = 2^k$，$k > 0$，则 $F(x)$ 可以分解为关于 x 的偶次幂和奇次幂两部分，即

$$F(x) = p_0 + p_2 x^2 + \cdots + p_{n-2} x^{n-2} + x(p_1 + p_3 x^2 + \cdots + p_{n-1} x^{n-2})$$

若令

$$P_{\text{even}}(x^2) = p_0 + p_2 x^2 + \cdots + p_{n-2} x^{n-2}$$
$$P_{\text{odd}}(x^2) = p_1 + p_3 x^2 + \cdots + p_{n-1} x^{n-2}$$

则有

$$F(x) = P_{\text{even}}(x^2) + x P_{\text{odd}}(x^2)$$

并且有

$$F(-x) = P_{\text{even}}(x^2) - x P_{\text{odd}}(x^2)$$

由此可以看出，为了求 $F(x)$ 在各 n 次单位根上的值，只要求 $P_{\text{even}}(x)$ 和 $P_{\text{odd}}(x)$ 在 $1, \omega^2, \cdots, (\omega^{(n/2)-1})^2$ 上的值即可。

而 $P_{\text{even}}(x)$ 和 $P_{\text{odd}}(x)$ 同样可以分解为关于 x^2 的偶次幂和奇次幂两部分。以此类推，一直分解下去，最后可归结为只要求 2 次单位根 1 和 -1 上的值。

在实际计算时，可以将上述过程倒过来进行，这就是 FFT 算法。

在 MATLAB 中编写 kfft() 函数，采用快速傅里叶变换（FFT）计算离散傅里叶变换（DFT）。

```
function [pr,pi,fr,fi]=kfft(n,k,pr,pi,flag)
%%%%%%%%%%%%%%%%%%%%%%%%%%%%%%%%%%%%%%
% 快速傅里叶变换
% 输入：
%       n：采样点数
%       k：满足 n=2^k
%       pr：存放采样输入（或变换）的实部
%       pi：存放采样输入（或变换）的虚部
%       flag：存放标志，flag=0 表示做变换，flag=1 表示做逆变换
% 输出：
%       pr：返回变换（或逆变换）的模
%       pi：返回变换（或逆变换）的幅角
%       fr：返回变换（或逆变换）的实部
%       fi：返回变换（或逆变换）的虚部
%%%%%%%%%%%%%%%%%%%%%%%%%%%%%%%%%%%%
for it=0:n-1
    m=it;
    is=0;
    for i=0:k-1
        j=fix(m/2);
```

```
            is=2*is+(m-2*j);
            m=j;
        end
        fr(it+1)=pr(is+1);
        fi(it+1)=pi(is+1);
    end
pr(1)=1;
pi(1)=0;
p=6.283185306/n;
pr(2)=cos(p);
pi(2)=-sin(p);
if flag~=0
    pi(2)=-pi(2);                                    %逆变换
end
for i=2:n-1
    p=pr(i)*pr(2);
    q=pi(i)*pi(2);
    s=(pr(i)+pi(i))*(pr(2)+pi(2));
    pr(i+1)=p-q;
    pi(i+1)=s-p-q;
end
for it=0:2:n-2
    vr=fr(it+1);
    vi=fi(it+1);
    fr(it+1)=vr+fr(it+2);
    fi(it+1)=vi+fi(it+2);
    fr(it+2)=vr-fr(it+2);
    fi(it+2)=vi-fi(it+2);
end
m=round(n/2);
nv=2;
for kk=k-2:-1:0
    m=round(m/2);
    nv=2*nv;
    for it=0:nv:(m-1)*nv
        for j=0:round(nv/2)-1
            p=pr(m*j+1)*fr(it+j+round(nv/2)+1);
            q=pi(m*j+1)*fi(it+j+round(nv/2)+1);
            s=pr(m*j+1)+pi(m*j+1);
            s=s*(fr(it+j+round(nv/2)+1)+fi(it+j+round(nv/2)+1));
            poddr=p-q;
            poddi=s-p-q;
            fr(it+j+round(nv/2)+1)=fr(it+j+1)-poddr;
            fi(it+j+round(nv/2)+1)=fi(it+j+1)-poddi;
            fr(it+j+1)=fr(it+j+1)+poddr;
            fi(it+j+1)=fi(it+j+1)+poddi;
```

```
        end
    end
end
if flag~=0                                      %逆变换
    for i=0:n-1
        fr(i+1)=fr(i+1)/n;
        fi(i+1)=fi(i+1)/n;
    end
end
for i=0:n-1                                     %计算变换的模与幅角
    pr(i+1)=sqrt(fr(i+1)^2+fi(i+1)^2);
    if abs(fr(i+1))<0.000001*abs(fi(i+1))
        if fi(i+1)*fr(i+1)>0
            pi(i+1)=90;
        else
            pi(i+1)=-90;
        end
    else
        pi(i+1)=atan(fi(i+1)/fr(i+1))*360/6.283185306;
    end
end
end
```

【例 14-2】设函数 $p(t) = e^{-t}$ ， $t \geqslant 0$ ，取 $n = 64$ ， $k = 6$ ，周期 $T = 6.4$ ，步长为 $h = T/n = 0.1$ 。采样序列为

$$p_i = p\big[(i+0.5)h\big] , \quad i = 0, 1, \cdots, 63$$

试计算：

（1） p_i 的离散傅里叶变换 f_i ，以及 f_i 的模与幅角，即取 flag = 0 ；

（2） f_i 的逆傅里叶变换 p_i ，以及 p_i 的模与幅角，即取 flag = 1 。

在编辑器中编写如下程序。

```
clc, clear
for i=0:63
    pr(i+1)=exp(-0.1*(i+0.5));
    pi(i+1)=0;
end
n=64;
k=6;
flag=0;
fprintf('采样输入序列p: \n');disp(reshape(pr,4,16).');
[pr, pi, fr, fi] = kfft(n, k, pr, pi, flag);
fprintf('采样序列p的变换的实部fr: \n');disp(reshape(fr,4,16).');
fprintf('采样序列p的变换的虚部fi: \n');disp(reshape(fi,4,16).');
fprintf('采样序列p的变换的模: \n');disp(reshape(pr,4,16).');
fprintf('采样序列p的变换的幅角: \n');disp(reshape(pi,4,16).');
flag=1;
```

```
[pr,pi,fr,fi]=kfft(n,k,fr,fi,flag);
fprintf('逆变换的实部 fr: \n');disp(reshape(fr,4,16).');
fprintf('逆变换的虚部 fi: \n');disp(reshape(fi,4,16).');
fprintf('逆变换的模: \n');disp(reshape(pr,4,16).');
fprintf('逆变换的幅角: \n');disp(reshape(pi,4,16).');
```

运行程序，输出结果如下。

采样输入序列 p:

0.9512	0.8607	0.7788	0.7047
0.6376	0.5769	0.5220	0.4724
0.4274	0.3867	0.3499	0.3166
0.2865	0.2592	0.2346	0.2122
0.1920	0.1738	0.1572	0.1423
0.1287	0.1165	0.1054	0.0954
0.0863	0.0781	0.0707	0.0639
0.0578	0.0523	0.0474	0.0429
0.0388	0.0351	0.0317	0.0287
0.0260	0.0235	0.0213	0.0193
0.0174	0.0158	0.0143	0.0129
0.0117	0.0106	0.0096	0.0087
0.0078	0.0071	0.0064	0.0058
0.0052	0.0047	0.0043	0.0039
0.0035	0.0032	0.0029	0.0026
0.0024	0.0021	0.0019	0.0017

采样序列 p 的变换的实部 fr:

9.9792	5.3184	2.4386	1.4644
1.0611	0.8612	0.7489	0.6798
0.6345	0.6032	0.5807	0.5640
0.5513	0.5414	0.5335	0.5273
0.5221	0.5179	0.5145	0.5115
0.5091	0.5070	0.5053	0.5038
0.5026	0.5016	0.5007	0.5000
0.4995	0.4991	0.4988	0.4986
0.4985	0.4986	0.4988	0.4991
0.4995	0.5000	0.5007	0.5016
0.5026	0.5038	0.5053	0.5070
0.5091	0.5115	0.5145	0.5179
0.5221	0.5273	0.5335	0.5414
0.5513	0.5640	0.5807	0.6032
0.6345	0.6798	0.7489	0.8612
1.0611	1.4644	2.4386	5.3184

采样序列 p 的变换的虚部 fi:

0	-4.7397	-3.8249	-2.8677
-2.2399	-1.8185	-1.5201	-1.2984
-1.1271	-0.9904	-0.8784	-0.7848
-0.7049	-0.6357	-0.5750	-0.5210

-0.4725	-0.4284	-0.3881	-0.3508
-0.3161	-0.2836	-0.2530	-0.2239
-0.1961	-0.1694	-0.1436	-0.1186
-0.0942	-0.0703	-0.0466	-0.0233
0	0.0233	0.0466	0.0703
0.0942	0.1186	0.1436	0.1694
0.1961	0.2239	0.2530	0.2836
0.3161	0.3508	0.3881	0.4284
0.4725	0.5210	0.5750	0.6357
0.7049	0.7848	0.8784	0.9904
1.1271	1.2984	1.5201	1.8185
2.2399	2.8677	3.8249	4.7397

采样序列 p 的变换的模：

9.9792	7.1239	4.5361	3.2200
2.4785	2.0122	1.6946	1.4656
1.2934	1.1596	1.0530	0.9664
0.8949	0.8350	0.7844	0.7412
0.7042	0.6722	0.6444	0.6203
0.5993	0.5810	0.5651	0.5513
0.5395	0.5294	0.5209	0.5139
0.5083	0.5040	0.5010	0.4991
0.4985	0.4991	0.5010	0.5040
0.5083	0.5139	0.5209	0.5294
0.5395	0.5513	0.5651	0.5810
0.5993	0.6203	0.6444	0.6722
0.7042	0.7412	0.7844	0.8350
0.8949	0.9664	1.0530	1.1596
1.2934	1.4656	1.6946	2.0122
2.4785	3.2200	4.5361	7.1239

采样序列 p 的变换的幅角：

0	-41.7067	-57.4792	-62.9494
-64.6513	-64.6581	-63.7729	-62.3640
-60.6228	-58.6578	-56.5353	-54.2979
-51.9741	-49.5838	-47.1414	-44.6575
-42.1400	-39.5949	-37.0272	-34.4406
-31.8381	-29.2224	-26.5954	-23.9589
-21.3145	-18.6634	-16.0068	-13.3455
-10.6807	-8.0129	-5.3431	-2.6719
0	2.6719	5.3431	8.0129
10.6807	13.3455	16.0068	18.6634
21.3145	23.9589	26.5954	29.2224
31.8381	34.4406	37.0272	39.5949
42.1400	44.6575	47.1414	49.5838
51.9741	54.2979	56.5353	58.6578
60.6228	62.3640	63.7729	64.6581
64.6513	62.9494	57.4792	41.7067

逆变换的实部 `fr`:

```
  0.9512    0.8607    0.7788    0.7047
  0.6376    0.5769    0.5220    0.4724
  0.4274    0.3867    0.3499    0.3166
  0.2865    0.2592    0.2346    0.2122
  0.1920    0.1738    0.1572    0.1423
  0.1287    0.1165    0.1054    0.0954
  0.0863    0.0781    0.0707    0.0639
  0.0578    0.0523    0.0474    0.0429
  0.0388    0.0351    0.0317    0.0287
  0.0260    0.0235    0.0213    0.0193
  0.0174    0.0158    0.0143    0.0129
  0.0117    0.0106    0.0096    0.0087
  0.0078    0.0071    0.0064    0.0058
  0.0052    0.0047    0.0043    0.0039
  0.0035    0.0032    0.0029    0.0026
  0.0024    0.0021    0.0019    0.0017
```

逆变换的虚部 `fi`:

```
  1.0e-14 *

        0   -0.1462   -0.1218   -0.1717
  -0.0944   -0.1514   -0.1110   -0.1286
  -0.0569   -0.0860   -0.0701   -0.0517
  -0.0298   -0.0376   -0.0372   -0.0296
  -0.0167   -0.0083   -0.0114    0.0052
   0.0007    0.0179    0.0208    0.0275
   0.0114    0.0283    0.0335    0.0405
   0.0142    0.0342    0.0283    0.0326
        0    0.0226    0.0142    0.0392
   0.0208    0.0442    0.0444    0.0490
   0.0319    0.0500    0.0465    0.0510
   0.0312    0.0484    0.0405    0.0454
   0.0167    0.0305    0.0413    0.0454
   0.0368    0.0526    0.0347    0.0483
   0.0135    0.0356    0.0345    0.0226
   0.0205    0.0293    0.0128    0.0109
```

逆变换的模:

```
  0.9512    0.8607    0.7788    0.7047
  0.6376    0.5769    0.5220    0.4724
  0.4274    0.3867    0.3499    0.3166
  0.2865    0.2592    0.2346    0.2122
  0.1920    0.1738    0.1572    0.1423
  0.1287    0.1165    0.1054    0.0954
  0.0863    0.0781    0.0707    0.0639
  0.0578    0.0523    0.0474    0.0429
  0.0388    0.0351    0.0317    0.0287
  0.0260    0.0235    0.0213    0.0193
```

```
        0.0174      0.0158      0.0143      0.0129
        0.0117      0.0106      0.0096      0.0087
        0.0078      0.0071      0.0064      0.0058
        0.0052      0.0047      0.0043      0.0039
        0.0035      0.0032      0.0029      0.0026
        0.0024      0.0021      0.0019      0.0017
逆变换的幅角:
    1.0e-11 *
             0     -0.0097     -0.0090     -0.0140
       -0.0085     -0.0150     -0.0122     -0.0156
       -0.0076     -0.0127     -0.0115     -0.0094
       -0.0060     -0.0083     -0.0091     -0.0080
       -0.0050     -0.0027     -0.0042      0.0021
        0.0003      0.0088      0.0113      0.0165
        0.0076      0.0207      0.0272      0.0363
        0.0141      0.0375      0.0343      0.0436
             0      0.0370      0.0257      0.0782
        0.0459      0.1078      0.1196      0.1458
        0.1050      0.1816      0.1867      0.2264
        0.1532      0.2624      0.2427      0.3004
        0.1219      0.2470      0.3691      0.4490
        0.4015      0.6343      0.4627      0.7121
        0.2204      0.6402      0.6868      0.4978
        0.4974      0.7862      0.3791      0.3580
```

14.3 快速沃尔什变换

计算给定序列的沃尔什（Walsh）变换序列的算法如下。设给定序列为

$$P = \{p_0, p_1, p_2, \cdots, p_{n-1}\}$$

其中，$n = 2^k$，$k \geq 1$。则沃尔什变换定义为

$$x_i = \sum_{j=0}^{n-1} W_{ij}^{(n)} p_j, \quad i = 0, 1, \cdots, n-1$$

沃尔什变换可以看作矩阵与向量的乘积，即

$$\begin{bmatrix} x_0 \\ x_1 \\ \vdots \\ x_{n-1} \end{bmatrix} = w^{(n)} \begin{bmatrix} p_0 \\ p_1 \\ \vdots \\ p_{n-1} \end{bmatrix}$$

其中，$w^{(n)}$ 是一个特殊的矩阵，其元素值只有两个：1 和 -1。

$$w^{(n)} = \begin{bmatrix} w_{00}^{(n)} & w_{01}^{(n)} & \cdots & w_{0(n-1)}^{(n)} \\ w_{10}^{(n)} & w_{11}^{(n)} & \cdots & w_{1(n-1)}^{(n)} \\ \vdots & \vdots & \ddots & \vdots \\ w_{(n-1)0}^{(n)} & w_{(n-1)1}^{(m)} & \cdots & w_{(n-1)(n-1)}^{(n)} \end{bmatrix}$$

$w^{(n)}$ 中的各元素有以下递推关系。

$$w^{(1)} = w_{00}^{(1)} = 1$$

$$w_{(2i)j}^{(2n)} = (w_i^{(n)}, (-1)^i w_{it}^{(n)}), \quad t = 0, 1, \cdots, n-1$$

$$w_{(2n+1)j}^{(2n)} = (w_{it}^{(n)}, (-1)^{i+1} w_{it}^{(n)}), \quad t = 0, 1, \cdots, n-1$$

在 MATLAB 中编写 kfwt() 函数，用于计算给定序列的沃尔什变换序列。

若利用通常的矩阵相乘的方法，计算沃尔什变换序列需要进行 $n(n-1)$ 次加减法。本函数采用与快速傅里叶变换类似的方法，加减法总次数为 $n \operatorname{lb} n$。

```matlab
function x=kfwt(n,k,p)
%%%%%%%%%%%%%%%%%%%%%%%%%%%%%%%%%%%%%%%
% 快速沃尔什变换
% 输入：
%      n：输入序列的长度
%      k：满足 n=2^k
%      p：存放长度为 n 的给定输入序列
% 输出：
%      x：返回给定输入序列的沃尔什变换序列
%%%%%%%%%%%%%%%%%%%%%%%%%%%%%%%%%%%%%%%
m=1;
l=n;
it=2;
x(1)=1;
ii=fix(n/2);
x(ii+1)=2;
for i=1:k-1
    m=2*m;
    l=fix(l/2);
    it=2*it;
    for j=0:m-1
        x(j*l+fix(l/2)+1)=it+1-x(j*l+1);
    end
end
for i=0:n-1
    ii=fix(x(i+1)-1);
    x(i+1)=p(ii+1);
end
l=1;
for i=1:k
    m=fix(n/(2*l))-1;
    for j=0:m
        it=2*l*j;
        for is=0:l-1
            q=x(it+is+1)+x(it+is+l+1);
            x(it+is+l+1)=x(it+is+1)-x(it+is+l+1);
            x(it+is+1)=q;
```

```
        end
    end
    l=2*l;
end
end
```

【例 14-3】设输入序列为 $p_i = i+1$，$i = 0,1,\cdots,7$，试计算 p_i 的沃尔什变换序列 x_i。其中，$k = 3$，$n = 8$。在编辑器中编写如下程序。

```
clc, clear
for i=0:7
    p(i+1)=i+1;
end
n=8;
k=3;
x=kfwt(n, k, p);
for i=1:numel(x)
    fprintf('x(%d)=%f \n', i, x(i));
end
```

运行程序，输出结果如下。

```
x(1) = 36.000000
x(2) = -16.000000
x(3) = 0.000000
x(4) = -8.000000
x(5) = 0.000000
x(6) = 0.000000
x(7) = 0.000000
x(8) = -4.000000
```

14.4   五点三次平滑

利用五点三次平滑公式对等距点上的观测数据进行平滑的算法如下。

设已知 n 个等距点 $x_0 < x_1 < \cdots < x_{n-1}$ 上的观测（或实验）数据为 $y_0, y_1, \cdots, y_{n-1}$，则可以在每个数据点的前后各取两个相邻的点，用以下三次多项式进行逼近。

$$y = a_0 + a_1 x + a_2 x^2 + a_3 x^3$$

根据最小二乘原理确定出系数 a_0、a_1、a_2、a_3，最后可得到五点三次平滑公式如下。

$$\overline{y}_{i-2} = (69y_{i-2} + 4y_{i-1} - 6y_i + 4y_{i+1} - y_{i+2})/70 \qquad (14-1)$$

$$\overline{y}_{i-1} = (2y_{i-2} + 27y_{i-1} + 12y_i - 8y_{i+1} + 2y_{i+2})/35 \qquad (14-2)$$

$$\overline{y}_i = (-3y_{i-2} + 12y_{i-1} + 17y_i + 12y_{i+1} - 3y_{i+2})/35 \qquad (14-3)$$

$$\overline{y}_{i+1} = (2y_{i-2} - 8y_{i-1} + 12y_i + 27y_{i+1} + 2y_{i+2})/35 \qquad (14-4)$$

$$\overline{y}_{i+2} = (-y_{i-2} + 4y_{i-1} - 6y_i + 4y_{i+1} + 69y_{i+2})/70 \qquad (14-5)$$

其中，$\overline{y}_i$ 为 y_i 的平滑值。

对于开始两点和最后两点，分别由式（14-1）、式（14-2）、式（14-4）和式（14-5）进行平滑。该方

法要求数据点数 $n \geqslant 5$。

在 MATLAB 中编写 kspt()函数，采用五点三次平滑公式对等距点上的观测数据进行平滑处理。

```
function yy=kspt(n,y)
%%%%%%%%%%%%%%%%%%%%%%%%%%%%%%%%%%%%%%
% 五点三次平滑
% 输入:
%      n: 等距观测点数
%      y: 存放 n 个等距观测点上的观测数据
% 输出:
%      yy: 返回 n 个等距观测点上的平滑结果
%%%%%%%%%%%%%%%%%%%%%%%%%%%%%%%%%%%%%%
if n<5
    for i=0:n-1
        yy(i+1)=y(i+1);
    end
else
    yy(1)=69*y(1)+4*y(2)-6*y(3)+4*y(4)-y(5);
    yy(1)=yy(1)/70;
    yy(2)=2*y(1)+27*y(2)+12*y(3)-8*y(4);
    yy(2)=(yy(2)+2*y(5))/35;
    for i=2:n-3
        yy(i+1)=-3*y(i-1)+12*y(i)+17*y(i+1);
        yy(i+1)=(yy(i+1)+12*y(i+2)-3*y(i+3))/35;
    end
    yy(n-1)=2*y(n-4)-8*y(n-3)+12*y(n-2);
    yy(n-1)=(yy(n-1)+27*y(n-1)+2*y(n))/35;
    yy(n)=-y(n-4)+4*y(n-3)-6*y(n-2);
    yy(n)=(yy(n)+4*y(n-1)+69*y(n))/70;
end
end
```

【例 14-4】设 9 个等距观测点上的数据 y 为 54.0、145.0、227.0、359.0、401.0、342.0、259.0、112.0、65.0，用五点三次平滑公式对这 9 个观测数据进行平滑。

在编辑器中编写如下程序。

```
clc, clear
y=[54 145 227 359 401 342 259 112 65];
n=9;
yy=kspt(n,y);
for i=1:numel(y)
    fprintf('y(%d) = %f    yy(%d) = %f \n',i,y(i),i,yy(i));
end
```

运行程序，输出结果如下。

```
y(1) = 54.000000      yy(1) = 56.842857
y(2) = 145.000000     yy(2) = 133.628571
```

```
y(3) = 227.000000        yy(3) = 244.057143
y(4) = 359.000000        yy(4) = 347.942857
y(5) = 401.000000        yy(5) = 393.457143
y(6) = 342.000000        yy(6) = 352.028571
y(7) = 259.000000        yy(7) = 241.514286
y(8) = 112.000000        yy(8) = 123.657143
y(9) = 65.000000         yy(9) = 62.085714
```

14.5　卡尔曼滤波

对离散点上的采样数据进行卡尔曼（Kalman）滤波的算法如下。

设 n 维线性动态系统与 m 维线性观测系统由以下差分方程组描述。

$$\begin{cases} X_k = \Phi_{k,k-1}X_{k-1} + W_{k-1} \\ Y_k = H_k X_k + V_k \end{cases}, \quad k = 1, 2, \cdots$$

其中，X_k 为 n 维向量，表示系统在第 k 时刻的状态；Y_k 为 m 维观测向量；$\Phi_{k,k-1}$ 为一个 $n \times n$ 阶矩阵，称为系统的状态转移矩阵，它反映了系统从第 $k-1$ 个采样时刻的状态到第 k 个采样时刻的状态的转换；W_k 为一个 n 维向量，表示在第 k 时刻作用于系统的随机干扰，称为模型噪声，为简单起见，一般假设 $\{W_k\}(k=1,2,\cdots)$ 为高斯白噪声序列，具有已知的零均值和协方差阵 Q_k；H_k 为 $m \times n$ 阶观测矩阵，表示了从状态量 X_k 到观测量 Y_k 的转换；V_k 为 m 维的观测噪声，同样假设 $\{V_k\}(k=1,2,\cdots)$ 为高斯白噪声序列，具有已知的零均值和协方差阵 R_k。

经推导（过程略），可得到以下滤波的递推公式。

$$G_k = P_k H_k^{\mathrm{T}} \left[H_k P_k H_k^{\mathrm{T}} + R_k \right]^{-1}$$

$$\widetilde{X}_k = \Phi_{k,k-1}\widetilde{X}_{k-1} + G_k \left[Y_k - H_k \Phi_{k,k-1} \widetilde{X}_{k-1} \right]$$

$$C_k = (I - G_k H_k) P_k$$

$$P_{k+1} = \Phi_{k+1,k} C_k \Phi_{k+1,k}^{\mathrm{T}} + Q_k$$

其中，Q_k 为 $n \times n$ 阶模型噪声 W_k 的协方差阵；R_k 为 $m \times m$ 阶观测噪声 V_k 的协方差阵；G_k 为 $n \times m$ 阶增益矩阵；$\widetilde{X}_k$ 为 n 维向量，第 k 时刻经滤波后的估值；C_k 为 $n \times n$ 阶估计误差协方差阵。

根据上述公式，可以从 $\widetilde{X}_0 = E\{X_0\}$ 与 P_0（给定）出发，利用已知的矩阵 Q_k、R_k、H_k、$\Phi_{k,k-1}$ 以及 k 时刻的观测值 Y_k，递推计算出每个时刻的状态估计 $\widetilde{X}_k$，$k = 1, 2, \cdots$。

如果线性系统是定常的，则有 $\Phi_{k,k-1} = \Phi$，$H_k = H$，即它们都是常阵；如果模型噪声 W_k 和观测噪声 V_k 都是平稳随机序列，则 Q_k 和 R_k 都是常阵。在这种情况下，常增益的离散卡尔曼滤波是渐近稳定的。

在 MATLAB 中编写 kalman() 函数，用于对离散点上的采样数据进行卡尔曼滤波。函数需要进行实矩阵求逆操作。

```
function [x,p,g,js]=kalman(n,m,k,f,q,r,h,y,x,p)
%%%%%%%%%%%%%%%%%%%%%%%%%%%%%%%%%%%%%%%%%%%
% 卡尔曼滤波
% 输入：
%       n: 动态系统的维数
%       m: 观测系统的维数
```

```
%          k: 观测序列长度
%          f: 系统状态转移矩阵
%          q: 模型噪声 W 的协方差矩阵
%          r: 观测噪声 V 的协方差矩阵
%          h: 观测矩阵
%          y: 观测向量序列
%          x: x(0,j)存放初值
%          p: 存放初值
% 输出:
%          x: x(0,j)存放初值,其余各行返回状态向量估值序列
%          p: 返回最后时刻的估计误差协方差矩阵
%          g: 返回最后时刻的稳定增益矩阵
%          js: 函数返回标志, 若为 0, 表示求逆失败; 若不为 0, 表示正常
%%%%%%%%%%%%%%%%%%%%%%%%%%%%%%%%%%%%%
f=reshape(f.',numel(f),1);
q=reshape(q.',numel(q),1);
r=reshape(r.',numel(r),1);
h=reshape(h.',numel(h),1);
y=reshape(y.',numel(y),1);
x=reshape(x.',numel(x),1);
p=reshape(p.',numel(p),1);

l=m;
if l<n
    l=n;
end
for i=0:n-1
    for j=0:n-1
        ii=i*l+j;
        a(ii+1)=0;
        for kk=0:n-1
            a(ii+1)=a(ii+1)+p(i*n+kk+1)*f(j*n+kk+1);
        end
    end
end
for i=0:n-1
    for j=0:n-1
        ii=i*n+j;
        p(ii+1)=q(ii+1);
        for kk=0:n-1
            p(ii+1)=p(ii+1)+f(i*n+kk+1)*a(kk*l+j+1);
        end
    end
end
for ii=2:k
    for i=0:n-1
```

```
        for j=0:m-1
            jj=i*l+j;
            a(jj+1) =0;
            for kk=0:n-1
                a(jj+1)=a(jj+1)+p(i*n+kk+1)*h(j*n+kk+1);
            end
        end
    end
    for i=0:m-1
        for j=0:m-1
            jj=i*m+j;
            e(jj+1)=r(jj+1);
            for kk=0:n-1
                e(jj+1)=e(jj+1)+h(i*n+kk+1)*a(kk*l+j+1);
            end
        end
    end
    if det(e)==0
        js=-1;
        return;
    else
        js=1;
        e_r=reshape(e,m,m).';
        e_r=inv(e_r);
        e=reshape(e_r.',numel(e_r),1);
    end
    for i=0:n-1
        for j=0:m-1
            jj=i*m+j;
            g(jj+1)=0;
            for kk=0:m-1
                g(jj+1)=g(jj+1)+a(i*l+kk+1)*e(j*m+kk+1);
            end
        end
    end
    for i=0:n-1
        jj= (ii-1)*n+i;
        x(jj+1)=0;
        for j=0:n-1
            x(jj+1)=x(jj+1)+f(i*n+j+1)*x((ii-2)*n+j+1);
        end
    end
    for i=0:m-1
        jj=i*l;
        b(jj+1)=y((ii-1)*m+i+1);
        for j=0:n-1
```

```
                b(jj+1)=b(jj+1)-h(i*n+j+1)*x((ii-1)*n+j+1);
        end
    end
    for i=0:n-1
        jj= (ii-1)*n+i;
        for j=0:m-1
            x(jj+1) =x(jj+1)+g(i*m+j+1)*b(j*l+1);
        end
    end
    if ii<k
        for i=0:n-1
            for j=0:n-1
                jj=i*l+j;
                a(jj+1)=0;
                for kk=0:m-1
                    a(jj+1)=a(jj+1)-g(i*m+kk+1)*h(kk*n+j+1);
                end
                if i==j
                    a(jj+1)=1+a(jj+1);
                end
            end
        end
        for i=0:n-1
            for j=0:n-1
                jj=i*l+j;
                b(jj+1)=0;
                for kk=0:n-1
                    b(jj+1)=b(jj+1)+a(i*l+kk+1)*p(kk*n+j+1);
                end
            end
        end
        for i=0:n-1
            for j=0:n-1
                jj=i*l+j;
                a(jj+1)=0;
                for kk=0:n-1
                    a(jj+1)=a(jj+1)+b(i*l+kk+1)*f(j*n+kk+1);
                end
            end
        end
        for i=0:n-1
            for j=0:n-1
                jj=i*n+j;
                p(jj+1)=q(jj+1);
                for kk=0:n-1
                    p(jj+1)=p(jj+1)+f(i*n+kk+1)*a(j*l+kk+1);
```

```
              end
            end
          end
      end
  end
  x = reshape(x,n,k).';
  end
```

【例 14-5】设信号源运动方程为 $s(t) = 5 - 2t + 3t^2 + v(t)$。其中，$v(t)$ 为均值为 0、方差为 0.25 的高斯白噪声。

状态向量为 $\boldsymbol{X}_k = (s, s', s'')^{\mathrm{T}}$，并取初值 $\boldsymbol{X}_0 = \begin{bmatrix} 0 \\ 0 \\ 0 \end{bmatrix}$。

状态转移矩阵为

$$\boldsymbol{F} = \boldsymbol{\Phi}_{k,k-1} = \begin{bmatrix} 1 & T & \dfrac{T^2}{2} \\ 0 & 1 & T \\ 0 & 0 & 1 \end{bmatrix}$$

其中，T 为采样间隔，在本例中取 $T = 0.05$，即

$$\boldsymbol{F} = \begin{bmatrix} 1 & 0.05 & 0.00125 \\ 0 & 1 & 0.05 \\ 0 & 0 & 1 \end{bmatrix}$$

动态系统维数为 $n = 3$，观测系统维数为 $m = 1$。

模型噪声协方差阵取为

$$\boldsymbol{Q} = \begin{bmatrix} 0.25 & 0 & 0 \\ 0 & 0.25 & 0 \\ 0 & 0 & 0.25 \end{bmatrix}$$

观测矩阵为 $\boldsymbol{H} = (1, 0, 0)$。观测噪声协方差为 $R = 0.25$。

初始估计误差协方差阵取为

$$\boldsymbol{P}_0 = \begin{bmatrix} 0 & 0 & 0 \\ 0 & 0 & 0 \\ 0 & 0 & 0 \end{bmatrix}$$

取观测向量序列长度为 $k = 150$。对输出的状态向量序列每隔 5 个时刻输出一次。

在编辑器中编写如下程序，其中需要调用产生均值为 0、方差为 0.5^2 的高斯白噪声序列的函数。

```
clc, clear
f=[1 0.05 0.00125;0 1 0.05;0 0 1];
q=[0.25 0 0;0 0.25 0;0 0 0.25];
r=0.25;
h=[1 0 0];
for i=0:2
    for j=0:2
```

```
            p(i+1,j+1)=0;
        end
    end
end
for i=0:149
    for j=0:2
        x(i+1,j+1)=0;
    end
end
R=0;
y=zeros(150,1);
for i=0:149
    [t,R]=rndg(0,0.5,R);
    y(i+1,1)=t;
end
for i=0:149
    t=0.05*i;
    y(i+1,1)=5-2*t+3*t*t+y(i+1,1);
end
n=3;
m=1;
k=150;
[x,p,g,js]=kalman(n,m,k,f,q,r,h,y,x,p);
fprintf('    t      s      y     x(0)     x(1)     x(2) \n')
for i=0:5:149
    t=0.05*i;
    s=5-2*t+3*t^2;
    fprintf('%8f   %8f   %8f   %8f   %8f   %8f \n',...
        t,s,y(i+1,1),x(i+1,1),x(i+1,2),x(i+1,3));
end
```

运行程序，输出结果如下。其中，t 为采样时刻值，s 为真值，y 为叠加有高斯白噪声的采样值，x(0)、x(1)、x(2)分别为状态向量各分量的估值。

t	s	y	x(0)	x(1)	x(2)
0.000000	5.000000	4.453659	0.000000	0.000000	0.000000
0.250000	4.687500	5.794601	5.508562	0.076068	0.004848
0.500000	4.750000	4.762497	4.728298	0.021726	0.005155
0.750000	5.187500	5.138596	5.104189	0.130927	0.030762
1.000000	6.000000	6.204147	5.942524	0.510189	0.155950
1.250000	7.187500	5.740402	6.217366	0.581884	0.151985
1.500000	8.750000	9.028610	8.742496	2.162990	0.778554
1.750000	10.687500	10.350021	10.094162	2.976066	1.061182
2.000000	13.000000	13.485886	13.031065	5.002371	1.862898
2.250000	15.687500	16.217453	16.183207	7.107064	2.645101
2.500000	18.750000	19.325974	19.070838	8.714901	3.103052
2.750000	22.187500	22.092697	21.814567	9.951667	3.337508
3.000000	26.000000	25.798874	25.768091	12.121047	4.005074

3.250000	30.187500	30.225754	30.215352	14.370641	4.616506
3.500000	34.750000	34.654587	34.696894	16.270597	4.993038
3.750000	39.687500	40.366623	40.188105	18.794563	5.638742
4.000000	45.000000	44.143112	44.485784	19.629474	5.350010
4.250000	50.687500	50.765305	50.750243	22.120253	5.910251
4.500000	56.750000	57.514450	57.186680	24.303404	6.256663
4.750000	63.187500	63.171799	63.148022	25.586973	6.129899
5.000000	70.000000	69.518600	69.681649	27.022290	6.060447
5.250000	77.187500	77.336105	77.305020	29.220523	6.404718
5.500000	84.750000	84.905563	85.119379	31.139135	6.566711
5.750000	92.687500	92.008224	92.315766	31.966971	6.148932
6.000000	101.000000	101.925339	101.512776	34.554212	6.692876
6.250000	109.687500	109.438156	109.422504	35.323155	6.256643
6.500000	118.750000	118.327927	118.296357	36.758090	6.203206
6.750000	128.187500	127.375900	127.811735	38.369788	6.198350
7.000000	138.000000	137.863327	137.812528	40.128671	6.300167
7.250000	148.187500	148.071457	148.002102	41.666275	6.282102

14.6 α-β-γ 滤波

对等间隔的量测数据进行滤波估值的算法如下。

设一个过程的量测数据为 $X^*(t)$，且

$$X^*(t) = X(t) + \eta(t)$$

其中，$X(t)$ 为有用信号的准确值；$\eta(t)$ 为均值为 0 的白噪声过程，即

$$E\{\eta(t)\} = 0$$
$$E\{\eta(t)\eta(\tau)\} = \gamma\delta(t-\tau)$$

采用 $\alpha - \beta - \gamma$ 滤波方法对量测数据序列 X^* 进行估值的计算公式如下。由上一时刻对当前时刻的一步预测估值公式为

$$\tilde{X}_{n+1/n} = \tilde{X}_n + \tilde{X}'_n T + \tilde{X}''_n (T^2/2)$$
$$\tilde{X}'_{n+1/n} = \tilde{X}'_n + \tilde{X}''_n T$$
$$\tilde{X}''_{n+1/n} = \tilde{X}''_n$$

当前时刻的滤波估值公式为

$$\tilde{X}_{n+1} = \tilde{X}_{n+1/n} + \alpha(X^*_{n+1} - \tilde{X}_{n+1/n})$$
$$\tilde{X}'_{n+1} = \tilde{X}'_{n+1/n} + \frac{\beta}{T}(X^*_{n+1} - \tilde{X}_{n+1/n})$$
$$\tilde{X}''_{n+1} = \tilde{X}''_{n+1/n} + \frac{2\gamma}{T^2}(X^*_{n+1} - \tilde{X}_{n+1/n})$$

其中，T 为采样间隔；α、β、γ 为滤波器的结构参数；X^*_{n+1} 为当前时刻的量测值；$\tilde{X}_{n+1/n}$ 为上一时刻对当前时刻的位置一步预测估值；$\tilde{X}'_{n+1/n}$ 为上一时刻对当前时刻的速度一步预测估值；$\tilde{X}''_{n+1/n}$ 为上一时刻对当前时刻的加速度一步预测估值；$\tilde{X}_{n+1}$ 为当前时刻的位置滤波估值；$\tilde{X}'_{n+1}$ 为当前时刻的速度滤波估值；$\tilde{X}''_{n+1}$ 为当前时刻的加速度滤波估值。

在 MATLAB 中编写 kabg()函数，用于计算等间隔量测数据的滤波估值。

```
function y = kabg(n, x, t, a, b, c)
%%%%%%%%%%%%%%%%%%%%%%%%%%%%%%%%%%
% A_B_G 滤波
% 输入：
%        n: 量测数据的点数
%        x: n 个等间隔点上的量测值
%        t: 采样周期
%        a: 滤波器结构参数 Alpha
%        b: 滤波器结构参数 Beta
%        c: 滤波器结构参数 Gamma
% 输出：
%        y: 返回 n 个等间隔点上的滤波估值
%%%%%%%%%%%%%%%%%%%%%%%%%%%%%%%%%%
aa=0;
vv=0;
ss=0;
for i=0:n-1
    s1=ss+t*vv+t*t*aa/2;
    v1=vv+t*aa;
    a1=aa;
    ss=s1+a*(x(i+1)-s1);
    y(i+1)=ss;
    vv=v1+b*(x(i+1)-s1);
    aa=a1+2*c*(x(i+1)-s1)/t^2;
end
end
```

【例 14-6】设准确信号为 $z(t) = 3t^2 - 2t + 5$，在叠加一个均值为 0、方差为 0.5^2 的正态分布白噪声后，以周期 $T = 0.04$ 采样 150 个点。试取 $\alpha = 0.271$，$\beta = 0.0285$，$\gamma = 0.0005$，对这 150 个采样点进行滤波估值。

在编辑器中编写如下程序，其中需要调用产生均值为 0、方差为 0.5^2 的高斯白噪声序列的 rndg()函数。

```
clc, clear
R=0;
a=0.271;
b=0.0285;
c=0.0005;
dt=0.04;
for i=0:149
    [t,R]=rndg(0,0.5,R);
    y(i+1)=t;
end
for i=0:149
    t=(i+1)*dt;
    z(i+1)=3*t^2-2*t+5;
    x(i+1)=z(i+1)+y(i+1);
```

```
end
n=150;
y=kabg(n,x,dt,a,b,c);
for i=0:5:n-1
    t=(i+1)*dt;
    fprintf('t=%4f  x(t)=%10f  y(t)=%10f  z(t)=%10f \n', t, x(i+1), y(i+1), z(i+1));
end
```

运行程序，输出结果如下（中间数据略）。其中，t 为采样时刻值，x(t) 为叠加上高斯白噪声后的信号值，y(t) 为滤波估值，z(t) 为准确信号值。

```
t=0.040000  x(t)=  4.378459  y(t)=  1.186562  z(t)=  4.924800
t=0.240000  x(t)=  5.799901  y(t)=  4.516264  z(t)=  4.692800
t=0.440000  x(t)=  4.713297  y(t)=  4.770187  z(t)=  4.700800
t=0.640000  x(t)=  4.899896  y(t)=  5.255358  z(t)=  4.948800
t=0.840000  x(t)=  5.640947  y(t)=  5.765773  z(t)=  5.436800
        ⋮              ⋮               ⋮              ⋮
t=5.040000  x(t)= 70.875456  y(t)= 71.509083  z(t)= 71.124800
t=5.240000  x(t)= 76.470727  y(t)= 77.020843  z(t)= 76.892800
t=5.440000  x(t)= 82.089200  y(t)= 83.287489  z(t)= 82.900800
t=5.640000  x(t)= 89.012127  y(t)= 89.403681  z(t)= 89.148800
t=5.840000  x(t)= 95.520757  y(t)= 95.757584  z(t)= 95.636800
```

第 15 章

序 列 排 序

排序就是将杂乱无章的数据元素通过一定的方法按某种规则排列的过程，其目的是将一组"无序"的记录序列调整为"有序"的记录序列，排序分为内部排序和外部排序。常用的排序方法有冒泡排序、快速排序、希尔排序、堆排序等。本章介绍这几种排序在 MATLAB 中的实现。

15.1　冒泡排序

利用冒泡排序法将一个无序序列排成有序（非递减）序列的基本过程如下。

（1）从表头开始向后扫描线性表，在扫描过程中逐次比较相邻两个元素的大小。若前面的元素大于后面的元素，则将它们互换，称为消去了一个逆序。

显然，在扫描过程中，不断地将两相邻元素中的较大者向后移动，最后就将线性表中的最大者换到了表的最后，这也是线性表中最大元素应有的位置。

（2）从后向前扫描剩下的线性表，同样，在扫描过程中逐次比较相邻两个元素的大小。若后面的元素小于前面的元素，则将它们互换，这样就又消去了一个逆序。

显然，在扫描过程中，不断地将两相邻元素中的较小者向前移动，最后就将剩下线性表中的最小者换到了表的最前面，这也是线性表中最小元素应有的位置。

（3）对其余线性表重复上述过程，直到全部线性表变空为止，此时的线性表已经变为有序。

在 MATLAB 中编写 bub_sort() 函数，该函数采用冒泡排序法将一个无序序列排成有序（非递减）序列。

```
function p=bub_sort(n,p)
%%%%%%%%%%%%%%%%%%%%%%%%%%%%%%%%%%%%%
% 冒泡排序
% 输入:
%       n: 待排序序列的长度
%       p: 待排序序列
% 输出:
%       p: 排序后序列
%%%%%%%%%%%%%%%%%%%%%%%%%%%%%%%%
k=0;
m=n-1;
while k<m
    j=m-1;
    m=0;
```

```
    for i=k:j                          %从前向后扫描
        if p(i+1)>p(i+2)               %顺序不对，交换
            d=p(i+1);
            p(i+1)=p(i+2);
            p(i+2)=d;
            m=i;
        end
    end
    j=k+1;
    k=0;
    for i=m:-1:j                        %从后向前扫描
        if p(i)>p(i+1)                  %顺序不对，交换
            d=p(i+1);
            p(i+1)=p(i);
            p(i)=d;
            k=i;
        end
    end
end
end
end
```

【例 15-1】产生 0~999 的 70 个随机数，然后对其中第 8 个随机数开始的后 49 个数进行排序。在主函数中要调用产生 0~1 的随机数的 rnd1() 函数。

在编辑器中编写如下程序。

```
clc, clear
R=5;
for i=0:69                             %产生 70 个 0~1 随机数
    [ss,R]=rnd1(R);
    p(i+1)=ss;
end
for i=0:69                             %转换为 0~999 的随机数
    p(i+1)=999*p(i+1);
end
fprintf('排序前: \n');disp(reshape(p,7,10).');
s=p(8:end);
s=bub_sort(49,s);
fprintf('排序后: \n');disp(reshape(s,7,9).');
```

运行程序，输出结果如下。

```
排序前:
  367.5825   612.9576   872.0519   325.6171   371.9117   509.7284   730.5309
  492.1374   580.1383   426.9865   691.4465   171.8403   352.2780   161.8101
  739.1893   285.6790   297.0964   760.0272   108.8998     6.3566   274.1092
  520.2160   283.4687   754.3261   392.5819   987.7045   997.5366   203.7908
   12.5302   960.5711   237.4942   274.7037   741.7197   485.6436   235.4821
  139.7679   441.6660   858.5004   476.3908   220.4367   220.6349   627.4694
```

694.8611	188.9131	437.6418	588.6289	875.2835	966.1502	702.4524
788.8070	252.7987	725.8512	874.5823	525.5817	310.2973	888.4692
64.2972	345.2812	782.4199	127.2073	628.6127	44.9837	654.5572
362.0186	179.2944	670.5172	160.8497	765.6063	573.8579	520.4599

排序后：

6.3566	12.5302	108.8998	139.7679	161.8101	171.8403	188.9131
203.7908	220.4367	220.6349	235.4821	237.4942	252.7987	274.1092
274.7037	283.4687	285.6790	297.0964	310.2973	352.2780	392.5819
426.9865	437.6418	441.6660	476.3908	485.6436	492.1374	520.2160
525.5817	580.1383	588.6289	627.4694	691.4465	694.8611	702.4524
725.8512	739.1893	741.7197	754.3261	760.0272	788.8070	858.5004
874.5823	875.2835	888.4692	960.5711	966.1502	987.7045	997.5366
64.2972	345.2812	782.4199	127.2073	628.6127	44.9837	654.5572
362.0186	179.2944	670.5172	160.8497	765.6063	573.8579	520.4599

15.2 快速排序

利用快速排序法将一个无序序列排成有序（非递减）序列的基本思想如下。

从线性表中选取一个元素，设为 T。然后将线性表后面小于 T 的元素移到前面，而前面大于 T 的元素移到后面，结果就将线性表分成了两部分（称为两个子表），将 T 插入其分界线的位置处。

上述过程称为线性表的分割。通过对线性表的一次分割，就以 T 为分界线将线性表分成前、后两个子表，且前面子表中的所有元素均不大于 T，而后面子表中的所有元素均不小于 T。

如果对分割后的各子表再按上述原则进行分割，并且这种分割过程可以一直做下去，直到所有子表为空为止，则此时的线性表就变成了有序表。

在对线性表或子表进行实际分割时，可以按如下步骤进行。

（1）在表的第 1 个、中间一个与最后一个元素中选取中项，设为 $P(k)$，并将 $P(k)$ 赋给 T，再将表中的第 1 个元素移到 $P(k)$ 的位置上。

（2）设置两个指针 i 和 j，分别指向表的起始与最后的位置。反复进行以下两步操作。

① 将 j 逐渐减小，并逐次比较 $P(j)$ 与 T，直到发现一个 $P(j) < T$ 为止，将 $P(j)$ 移到 $P(i)$ 的位置上。

② 将 i 逐渐增大，并逐次比较 $P(i)$ 与 T，直到发现一个 $P(i) > T$ 为止，将 $P(i)$ 移到 $P(j)$ 的位置上。

上述两步操作交替进行，直到指针 i 与 j 指向同一个位置（即 $i = j$）为止，此时将 T 移到 $P(i)$ 的位置上。

在 MATLAB 中编写 qck_sort()函数，该函数采用快速排序法将一个无序序列排成有序（非递减）序列。函数需要调用冒泡排序函数 bub_sort()。

```
function p=qck_sort(n,p)
%%%%%%%%%%%%%%%%%%%%%%%%%%%%%%%%%%%%%%
% 快速排序
% 输入:
%       n: 待排序序列的长度
%       p: 待排序序列
% 输出:
%       p: 排序后序列
```

```
%%%%%%%%%%%%%%%%%%%%%%%%%%%%%%%%%%%%%%%
if n>10                                      %子表长度大于 10，用快速排序
    [i,p]=split(n,p);                        %对表进行分割
    p=qck_sort(i,p);                         %对前边的子表进行快速排序
    m=n-i;
    p(i+1:end)=qck_sort(m,p(i+1:end));       %对后面的子表进行快速排序
else                                         %子表长度小于 10，用冒泡排序
    p=bub_sort(n,p);
end
end


function [i,p]=split(n,p)
%%%%%%%%%%%%%%%%%%%%%%%%%%%%%%%%%%%%%%%
% 表的分割
%%%%%%%%%%%%%%%%%%%%%%%%%%%%%%%%%%%%%%%
i=0;
j=n-1;
k=fix((i+j)/2);
if (p(i+1)>=p(j+1))&&(p(j+1)>=p(k+1))
    l=j;
elseif (p(i+1)>=p(k+1))&&(p(k+1)>=p(j+1))
    l=k;
else
    l=i;
end
t=p(l+1);                                    %选取一个元素为 t
p(l+1)=p(i+1);
while i~=j
    while (i<j)&&(p(j+1)>=t)                  %逐渐减小 j，直到发现 p(j+1)<t
        j=j-1;
    end
    if i<j
        p(i+1)=p(j+1);
        i=i+1;
        while (i<j)&&(p(i+1)<=t)              %逐渐增加 i，直到发现 p(i+1)>t
            i=i+1;
        end
        if i<j
            p(j+1)=p(i+1);
            j=j-1;
        end
    end
end
p(i+1)=t;
i=i+1;
end
```

【例 15-2】产生 1～999 的 100 个随机整数，然后对其中第 11 个随机数开始的后 70 个数进行排序。在主函数中要调用产生随机整数的 rndab() 函数。

在编辑器中编写如下程序。

```
clc, clear
R=5;
for i=0:99                                    %产生 100 个 1～999 随机数
    [ss,R]=rndab(1,999,R);
    p(i+1)=ss;
end
fprintf('排序前: \n');disp(reshape(p,10,10).');
s=p;
s(11:end)=qck_sort(70,s(11:end));             %对第 2～8 行数据用快速排序法进行排序
fprintf('排序后: \n');disp(reshape(s,10,10).');
```

运行程序，输出结果如下。

排序前:

7	32	157	782	835	76	377	858	191	952
661	230	123	612	946	631	80	397	958	691
380	873	266	303	488	389	918	491	404	993
866	231	128	637	110	547	684	345	698	415
24	117	582	859	196	977	786	855	176	877
286	403	988	841	106	527	584	869	246	203
961	706	455	224	93	462	259	268	313	538
639	120	597	934	571	804	945	626	55	272
333	638	115	572	809	970	751	680	325	598
939	596	929	546	679	320	573	814	995	876

排序后:

7	32	157	782	835	76	377	858	191	952
24	55	80	93	106	110	117	120	123	128
176	196	203	224	230	231	246	259	266	268
272	286	303	313	345	380	389	397	403	404
415	455	462	488	491	527	538	547	571	582
584	597	612	626	631	637	639	661	684	691
698	706	786	804	841	855	859	866	869	873
877	918	934	945	946	958	961	977	988	993
333	638	115	572	809	970	751	680	325	598
939	596	929	546	679	320	573	814	995	876

15.3 希尔排序

利用希尔（Shell）排序法将一个无序序列排成有序（非递减）序列，基本思想为将整个无序序列分割成若干小的子序列分别进行插入排序。子序列的分割方法如下。

将相隔某个增量 h 的元素构成一个子序列。在排序过程中，逐次减小该增量，最后当 h 减到 1 时，进行一次插入排序，排序完成。

增量序列一般取 $h_i = n/2^k$，$k = 1, 2, \cdots, [\mathrm{lb}\, n]$，其中 n 为待排序序列的长度。

在 MATLAB 中编写 shel_sort() 函数，该函数采用希尔排序法将一个无序序列排成有序（非递减）序列。

```matlab
function p=shel_sort(n,p)
%%%%%%%%%%%%%%%%%%%%%%%%%%%%%%%%%%%%
% 希尔排序
% 输入：
%      n: 待排序序列的长度
%      p: 待排序序列
% 输出：
%      p: 排序后序列
%%%%%%%%%%%%%%%%%%%%%%%%%%%%%%%%%%%%
k=fix(n/2);                         %初始化增量
while k>0
    for j=k+1:n
        t=p(j);
        i=j-k;
        while (i>0)&&(p(i)>t)        %子序列排序
            p(i+k)=p(i);
            i=i-k;
        end
        p(i+k)=t;
    end
    k=fix(k/2);                     %更新增量
end
end
```

【例 15-3】产生 1～999 的 100 个随机整数，然后对其中第 11 个随机数开始的后 70 个数进行排序。在主函数中要调用产生随机整数的 rndab() 函数。

在编辑器中编写如下程序。

```matlab
clc, clear
R=5;
for i=0:99                          %产生 100 个 1～999 的随机数
    [ss,R]=rndab(1,999,R);
    p(i+1)=ss;
end
fprintf('排序前：\n');disp(reshape(p,10,10).');
s=p;
s(11:end)=shel_sort(70,s(11:end));  %对第 2～8 行数据用希尔排序法排序
fprintf('排序后：\n');disp(reshape(s,10,10).');
```

运行程序，输出结果如下。

排序前：

7	32	157	782	835	76	377	858	191	952
661	230	123	612	946	631	80	397	958	691
380	873	266	303	488	389	918	491	404	993

866	231	128	637	110	547	684	345	698	415
24	117	582	859	196	977	786	855	176	877
286	403	988	841	106	527	584	869	246	203
961	706	455	224	93	462	259	268	313	538
639	120	597	934	571	804	945	626	55	272
333	638	115	572	809	970	751	680	325	598
939	596	929	546	679	320	573	814	995	876

排序后：

7	32	157	782	835	76	377	858	191	952
24	55	80	93	106	110	117	120	123	128
176	196	203	224	230	231	246	259	266	268
272	286	303	313	345	380	389	397	403	404
415	455	462	488	491	527	538	547	571	582
584	597	612	626	631	637	639	661	684	691
698	706	786	804	841	855	859	866	869	873
877	918	934	945	946	958	961	977	988	993
333	638	115	572	809	970	751	680	325	598
939	596	929	546	679	320	573	814	995	876

15.4 堆排序

利用堆（Heap）排序法可以将一个无序序列排成有序（非递减）序列。具有 n 个元素的序列 $(h_1, h_2, \cdots, h_n)$，当且仅当满足以下条件时称为堆。

$$\begin{cases} h_i \geqslant h_{2i} \\ h_i \geqslant h_{2i+1} \end{cases} \text{或} \begin{cases} h_i \leqslant h_{2i} \\ h_i \leqslant h_{2i+1} \end{cases}, \quad i = 1, 2, \cdots, n/2$$

下面只讨论满足前者条件的堆。

由堆的定义可以看出，堆顶元素（即第 1 个元素）必为最大项。将一个无序序列建成为堆的方法如下。

假设无序序列 $H(1:n)$ 以完全二叉树表示。从完全二叉树的最后一个非叶子节点（即第 $n/2$ 个元素）开始，直到根节点（即第 1 个元素）为止，对每个节点进行调整建堆，最后就可以得到与该序列对应的堆。

其中，调整建堆的方法为：将根节点值与左、右子树的根节点值进行比较，若不满足堆的条件，则将左、右子树根节点值中的较大者与根节点值进行交换。该调整过程一直做到所有子树均为堆为止。

根据堆的定义，可以得到堆排序的方法如下。

（1）将一个无序序列建成堆。

（2）将堆顶元素（序列中的最大项）与堆中最后一个元素交换（最大项应该在序列的最后）。不考虑已经换到最后的那个元素，只考虑前 $n-1$ 个元素构成的子序列，显然，该子序列已不是堆，但左、右子树仍为堆，可以将该子序列调整为堆。

（3）反复执行步骤（2），直到剩下的子序列为空为止。

在 MATLAB 中编写 hap_sort() 函数，该函数采用堆排序法将一个无序序列排成有序（非递减）序列。

```
function p=hap_sort(n,p)
%%%%%%%%%%%%%%%%%%%%%%%%%%%%%%%%%%%%%
% 堆排序
% 输入：
```

```
%        n: 待排序序列的长度
%        p: 待排序序列
% 输出:
%        p: 排序后序列
%%%%%%%%%%%%%%%%%%%%%%%%%%%%%%%%%%%%
mm=fix(n/2);
for i=mm:-1:1                              %无序序列建堆
    p=sift(p,i,n);                         %调整建堆
end
for i=n:-1:2
    t=p(1);
    p(1)=p(i);
    p(i)=t;                                %堆顶元素换到最后
    p=sift(p,1,i-1);                       %调整建堆
end
end


function p=sift(p,i,n)
%%%%%%%%%%%%%%%%%%%%%%%%%%%%%%%%%%%%
% 调整建堆
%%%%%%%%%%%%%%%%%%%%%%%%%%%%%%%%%%%%
t=p(i);
j=2*i;
while j<=n
    if (j<n)&&(p(j)<p(j+1))                %选出左、右节点中的最大值
        j=j+1;
    end
    if t<p(j)                              %判断是否交换节点
        p(i)=p(j);
        i=j;
        j=2*i;
    else
        j=n+1;
    end
end
p(i)=t;
end
```

【例 15-4】产生 0～999 的 70 个随机数，然后对其中第 8 个随机数开始的后 49 个数进行排序。在主函数中要调用产生 0～1 的随机数的 rnd1() 函数。

在编辑器中编写如下程序。

```
clc, clear
R=5;
for i=0:69                                 %产生 70 个 0～1 的随机数
    [ss,R]=rnd1(R);
    p(i+1)=ss;
```

```
end
for i=0:69                                    %转换为 0 ~ 999 的随机数
    p(i+1)=999*p(i+1);
end
fprintf('排序前: \n');disp(reshape(p,7,10).');
s=p;
s(8:end)=hap_sort(49,s(8:end));              %对第 2 ~ 8 行的数据用堆排序法排序
fprintf('排序后: \n');disp(reshape(s,7,10).');
```

运行程序，输出结果如下。

```
排序前:
  367.5825   612.9576   872.0519   325.6171   371.9117   509.7284   730.5309
  492.1374   580.1383   426.9865   691.4465   171.8403   352.2780   161.8101
  739.1893   285.6790   297.0964   760.0272   108.8998     6.3566   274.1092
  520.2160   283.4687   754.3261   392.5819   987.7045   997.5366   203.7908
   12.5302   960.5711   237.4942   274.7037   741.7197   485.6436   235.4821
  139.7679   441.6660   858.5004   476.3908   220.4367   220.6349   627.4694
  694.8611   188.9131   437.6418   588.6289   875.2835   966.1502   702.4524
  788.8070   252.7987   725.8512   874.5823   525.5817   310.2973   888.4692
   64.2972   345.2812   782.4199   127.2073   628.6127    44.9837   654.5572
  362.0186   179.2944   670.5172   160.8497   765.6063   573.8579   520.4599
排序后:
  367.5825   612.9576   872.0519   325.6171   371.9117   509.7284   730.5309
    6.3566    12.5302   108.8998   139.7679   161.8101   171.8403   188.9131
  203.7908   220.4367   220.6349   235.4821   237.4942   252.7987   274.1092
  274.7037   283.4687   285.6790   297.0964   310.2973   352.2780   392.5819
  426.9865   437.6418   441.6660   476.3908   485.6436   492.1374   520.2160
  525.5817   580.1383   588.6289   627.4694   691.4465   694.8611   702.4524
  725.8512   739.1893   741.7197   754.3261   760.0272   788.8070   858.5004
  874.5823   875.2835   888.4692   960.5711   966.1502   987.7045   997.5366
   64.2972   345.2812   782.4199   127.2073   628.6127    44.9837   654.5572
  362.0186   179.2944   670.5172   160.8497   765.6063   573.8579   520.4599
```

特殊函数求值

在研究工程和物理问题时，经常会遇到一些特定微分方程的解和某些特定形式的积分。由于它们很多不能用初等函数表示，为便于研究和应用，通常将它们归类为特殊函数，本章介绍如何在 MATLAB 中编写程序求这些特殊函数的值。

16.1 伽马函数

1. 计算实变量 x 的伽马函数值

伽马（Gamma）函数的定义为

$$\Gamma(x) = \int_0^\infty e^{-t} t^{x-1} dt , \quad x > 0$$

（1）当 $2 < x \leqslant 3$ 时，$\Gamma(x)$ 由切比雪夫多项式逼近，即

$$\Gamma(x) \approx \sum_{i=0}^{10} a_i (x-2)^{10-i}$$

其中，$a_0 = 0.0000677106$，$a_1 = -0.0003442342$，$a_2 = 0.0015397681$，$a_3 = -0.0024467480$，$a_4 = 0.0109736958$，$a_5 = -0.0002109075$，$a_6 = 0.0742379071$，$a_7 = 0.0815782188$，$a_8 = 0.4118402518$，$a_9 = 0.4227843370$，$a_{10} = 1.0$。

（2）当 $0 < x \leqslant 2$ 时，有

$$\Gamma(x) = \frac{1}{x} \Gamma(x+1) , \quad 1 < x \leqslant 2$$

或

$$\Gamma(x) = \frac{1}{x(x+1)} \Gamma(x+2) , \quad 0 < x \leqslant 1$$

（3）当 $x > 3$ 时，有

$$\Gamma(x) = (x-1)(x-2)\cdots(x-i)\Gamma(x-i)$$

直到满足 $2 < x - i \leqslant 3$ 为止。

利用伽马函数也可以计算贝塔（Beta）函数，即

$$B(x,y) = B(y,x) = \int_0^1 t^{x-1}(1-t)^{y-1} dt , \quad x > 0 , \quad y > 0$$

其计算公式为

$$B(x, y) = \frac{\Gamma(x)\Gamma(y)}{\Gamma(x+y)}$$

在 MATLAB 中编写 gammadjb()函数，用于计算伽马函数值。

```matlab
function s=gammadjb(x)
%%%%%%%%%%%%%%%%%%%%%%%%%%%%%%%%%%%%%%%%%
% 伽马函数
% 输入:
%       x: 自变量值, 要求 x>0, 若 x<=0, 返回函数值-1
% 输出:
%       s: 返回伽马函数值
%%%%%%%%%%%%%%%%%%%%%%%%%%%%%%%%
a=[0.0000677106 -0.0003442342 0.0015397681 -0.002446748 0.0109736958 ...
   -0.0002109075 0.0742379071 0.0815782188 0.4118402518 0.422784337 1];
if x<=0
    fprintf('err * * x <= 0! \n');
    s=-1;
    return;
end
y=x;
if y<=1
    t=1/(y*(y+1));
    y=y+2;
elseif y<=2
    t=1/y;
    y=y+1;
elseif y<=3
    t=1;
else
    t=1;
    while y>3
        y=y-1;
        t=t*y;
    end
end
s=a(1);
u=y-2;
for i=1:10                          %用切比雪夫多项式逼近
    s=s*u+a(i+1);
end
s=s*t;
end
```

【例 16-1】计算 0.5～5.0 每隔 0.5 的伽马函数值以及贝塔函数值 $B(1.5, 2.5)$。
在编辑器中编写如下程序。

```matlab
clc, clear
for i=1:10
```

```
    x=0.5*i;
    y=gammadjb(x);
    fprintf('x = %f    gamma(x)=%f \n',x,y);
end
y=gammadjb(1.5)*gammadjb(2.5)/gammadjb(4);                    %利用伽马函数计算贝塔函数值
fprintf('B(1.5, 2.5) = %f \n', y);
```

运行程序，输出结果如下。

```
x = 0.500000     gamma(x)=1.772454
x = 1.000000     gamma(x)=1.000010
x = 1.500000     gamma(x)=0.886227
x = 2.000000     gamma(x)=1.000010
x = 2.500000     gamma(x)=1.329341
x = 3.000000     gamma(x)=2.000020
x = 3.500000     gamma(x)=3.323351
x = 4.000000     gamma(x)=6.000060
x = 4.500000     gamma(x)=11.631730
x = 5.000000     gamma(x)=24.000240
B(1.5, 2.5) = 0.196348
```

2. 计算不完全伽马函数值

不完全伽马（Incomplete Gamma）函数的定义为

$$\Gamma(\alpha, x) = \frac{P(\alpha, x)}{\Gamma(\alpha)}, \quad \alpha > 0, x > 0 \tag{16-1}$$

其中

$$P(\alpha, x) = \int_0^x \mathrm{e}^{-t} t^{\alpha-1} \mathrm{d}t$$

对于不完全伽马函数，有

$$\Gamma(\alpha, 0) = 0, \quad \Gamma(\alpha, \infty) = 1$$

也可表示为

$$\Gamma(\alpha, x) = 1 - \frac{Q(\alpha, x)}{\Gamma(\alpha)}, \quad \alpha > 0, \quad x > 0 \tag{16-2}$$

其中，$\dfrac{Q(\alpha, x)}{\Gamma(\alpha)}$ 也称为余不完全伽马函数，且

$$Q(\alpha, x) = \int_x^\infty \mathrm{e}^{-t} t^{\alpha-1} \mathrm{d}t$$

当 $x < \alpha + 1$ 时，用式（16-1）计算，其中 $P(\alpha, x)$ 用以下级数计算。

$$P(\alpha, x) = \mathrm{e}^{-x} x^\alpha \sum_{k=0}^\infty \frac{\Gamma(\alpha)}{\Gamma(\alpha+1+k)} x^k$$

当 $x \geq \alpha + 1$ 时，用式（16-2）计算，其中 $Q(\alpha, x)$ 用以下公式计算。

$$Q(\alpha, x) = \mathrm{e}^{-x} x^\alpha \varphi(\alpha, x)$$

$$\varphi(\alpha,x)=\cfrac{1}{x+\cfrac{1-\alpha}{1+\cfrac{1}{x+\cfrac{2-\alpha}{1+\cfrac{2}{x+\cdots+\cfrac{n-a}{1+\cfrac{n}{x+\cdots}}}}}}}$$

在 MATLAB 中编写 ingamma()函数，用于计算不完全伽马函数值。函数需要调用 gammadjb()函数，计算伽马函数值。

```matlab
function s=ingamma(a,x)
%%%%%%%%%%%%%%%%%%%%%%%%%%%%%%%%%%%%%%
% 不完全伽马函数
% 输入:
%        a: 自变量值，要求 a>0
%        x: 自变量值，要求 x>=0
% 输出:
%        s: 返回不完全伽马函数值
%%%%%%%%%%%%%%%%%%%%%%%%%%%%%%%%%%%%%%
if (a<=0)||(x<0)
    if a<=0
        fprintf('err * * a<=0! \n');
    end
    if x<=0
        fprintf('err * * x<=0! \n');
    end
    s=-1;
    return;
end
if x==0                              %右端趋于 0，值为 0
    s=0;
    return;
end
if x>1e35                            %右端趋于 1，值为 1
    s=1;
    return;
end
q=log(x);
q=a*q;
qq=exp(q);
if x<1+a                             %运用级数计算
    p=a;
    d=1/a;
    s=d;
    n=0;
```

```
        flag=1;
        while (n<=100)&&(flag==1)
            n=n+1;
            p=p+1;
            d=d*x/p;
            s=s+d;
            if abs(d)>=abs(s)*1e-7
                flag=1;
            else
                flag=0;
            end
        end
        if flag==0
            s=s*exp(-x)*qq/gammadjb(a);
            return;
        end
    else                                          %运用连分式计算
        s=1/x;
        p0=0;
        p1=1;
        q0=1;
        q1=x;
        for n=1:100
            p0=p1+(n-a)*p0;
            q0=q1+(n-a)*q0;
            p=x*p0+n*p1;
            q=x*q0+n*q1;
            if abs(q)~=0
                s1=p/q;
                p1=p;
                q1=q;
                if abs((s1-s)/s1)<1e-7
                    s=s1*exp(-x)*qq/gammadjb(a);
                    s=1-s;
                    return;
                end
                s=s1;
            end
            p1=p;
            q1=q;
        end
    end
    fprintf('a too large! \n');
    s=1-s*exp(-x)*qq/gammadjb(a);
end
```

【例 16-2】计算当 $\alpha = 0.5$，5.0，50.0，$x = 0.1$，1.0，10.0 时的不完全伽马函数值 $\Gamma(\alpha, x)$。
在编辑器中编写如下程序。

```
clc, clear
%初始化自变量
a=[0.5 5 50];
x=[0.1 1 10];
for i=0:2
    for j=0:2
        s=a(i+1);
        t=x(j+1);
        fprintf('ingamma(%f, %f) = %f \n',s,t,ingamma(s,t));    %计算不完全伽马函数值
    end
end
```

运行程序，输出结果如下。

```
ingamma(0.500000, 0.100000) = 0.345279
ingamma(0.500000, 1.000000) = 0.842701
ingamma(0.500000, 10.000000) = 0.999992
ingamma(5.000000, 0.100000) = 0.000000
ingamma(5.000000, 1.000000) = 0.003660
ingamma(5.000000, 10.000000) = 0.970748
ingamma(50.000000, 0.100000) = 0.000000
ingamma(50.000000, 1.000000) = 0.000000
ingamma(50.000000, 10.000000) = 0.000000
```

16.2　误差函数

实变量 x 的误差函数的定义为

$$\mathrm{erf}(x) = \frac{2}{\sqrt{\pi}} \int_0^x \mathrm{e}^{-t^2} \mathrm{d}t$$

误差函数具有极限值与对称性，即

$$\mathrm{erf}(0) = 0, \quad \mathrm{erf}(\infty) = 1, \quad \mathrm{erf}(-x) = -\mathrm{erf}(x)$$

当 $x \geqslant 0$ 时，可以采用不完全伽马函数计算误差函数，即

$$\mathrm{erf}(x) = \Gamma(0.5, x^2)$$

利用误差函数可以计算余误差函数

$$\mathrm{erfc}(x) = \frac{2}{\sqrt{\pi}} \int_x^\infty \mathrm{e}^{-t^2} \mathrm{d}t = 1 - \mathrm{erf}(x)$$

也可以计算正态概率积分

$$\Phi(x) = \frac{1}{\sqrt{2\pi}} \int_{-\infty}^x \mathrm{e}^{-\frac{t^2}{2}} \mathrm{d}t = \frac{1}{2} + \frac{1}{2}\mathrm{erf}\left(\frac{x}{\sqrt{2}}\right)$$

在 MATLAB 中编写 errf()函数,用于计算误差函数值。函数需要调用 ingamma()函数,计算不完全伽马函数值。

```
function y=errf(x)
%%%%%%%%%%%%%%%%%%%%%%%%%%%%%%%%%%%
% 误差函数
% 输入:
%        x: 自变量
% 输出:
%        y: 返回误差函数值
%%%%%%%%%%%%%%%%%%%%%%%%%%%%%%%%%%%
if x>=0                              %用不完全伽马函数计算误差函数
    y=ingamma(0.5,x^2);
else
    y=-ingamma(0.5,x^2);
end
end
```

【例 16-3】计算 0~2 间隔为 0.05 的误差函数值。

在编辑器中编写如下程序。

```
clc, clear
x=0;
y=errf(x);
fprintf('%f \n',y);
for i=0:7
    for j=0:4
        x=x+0.05;
        y=errf(x);
        fprintf('%f        ',y);
    end
    fprintf('\n');
end
```

运行程序,输出结果如下。

```
0.000000
0.056372      0.112463      0.167996      0.222703      0.276326
0.328627      0.379382      0.428392      0.475482      0.520500
0.563323      0.603856      0.642029      0.677801      0.711156
0.742101      0.770668      0.796908      0.820891      0.842701
0.862436      0.880205      0.896124      0.910314      0.922900
0.934008      0.943762      0.952285      0.959695      0.966105
0.971623      0.976348      0.980376      0.983790      0.986672
0.989091      0.991111      0.992790      0.994179      0.995322
```

16.3　贝塞尔函数

1.　计算实变量x的第1类整数阶贝塞尔函数值$J_n(x)$

第 1 类整数阶贝塞尔（Bessel）函数的定义为

$$J_n(x) = \left(\frac{x}{2}\right)^n \sum_{k=0}^{\infty} \frac{(-1)^k}{k!(n+k)!}\left(\frac{x}{2}\right)^{2k}$$

其中，n 为非负整数。其积分形式为

$$J_n(x) = \frac{1}{2\pi}\int_{-\pi}^{\pi}\cos(nt - x\sin t)\mathrm{d}t$$

第 1 类整数阶贝塞尔函数具有以下递推关系。

$$J_{n+1}(x) = \frac{2n}{x}J_n(x) - J_{n-1}(x) \tag{16-3}$$

$J_0(x)$ 与 $J_1(x)$ 计算公式如下。

当 $|x| < 8.0$ 时，有

$$J_0(x) = \frac{A(y)}{B(y)}$$

其中，$y = x^2$，且

$$A(y) = a_0 + a_1 y + a_2 y^2 + a_3 y^3 + a_4 y^4 + a_5 y^5$$
$$B(y) = b_0 + b_1 y + b_2 y^2 + b_3 y^3 + b_4 y^4 + b_5 y^5$$

各系数分别为 $a_0 = 57568490574.0$，$a_1 = -13362590354.0$，$a_2 = 651619640.7$，$a_3 = -11214424.18$，$a_4 = 77392.33017$，$a_5 = -184.9052456$，$b_0 = 57568490411.0$，$b_1 = 1029532985.0$，$b_2 = 9494680.718$，$b_3 = 59272.64853$，$b_4 = 267.8532712$，$b_5 = 1.0$。

$$J_1(x) = x\frac{C(y)}{D(y)}$$

其中，$y = x^2$，且

$$C(y) = c_0 + c_1 y + c_2 y^2 + c_3 y^3 + c_4 y^4 + c_5 y^5$$
$$D(y) = d_0 + d_1 y + d_2 y^2 + d_3 y^3 + d_4 y^4 + d_5 y^5$$

各系数分别为 $c_0 = 72362614232.0$，$c_1 = -7895059235.0$，$c_2 = 242396853.1$，$c_3 = -2972611.439$，$c_4 = 15704.4826$，$c_5 = -30.16036606$，$d_0 = 144725228443.0$，$d_1 = 2300535178.0$，$d_2 = 18583304.74$，$d_3 = 99447.43394$，$d_4 = 376.9991397$，$d_5 = 1.0$。

当 $|x| \geqslant 8.0$ 时，令 $z = \dfrac{8.0}{|x|}$，$y = z^2$，则有

$$J_0(x) = \sqrt{\frac{2}{\pi|x|}}[E(y)\cos\theta - zF(y)\sin\theta]$$

其中，$\theta = |x| - \dfrac{\pi}{4}$，且

$$E(y) = e_0 + e_1 y + e_2 y^2 + e_3 y^3 + e_4 y^4$$
$$F(y) = f_0 + f_1 y + f_2 y^2 + f_3 y^3 + f_4 y^4$$

各系数分别为 $e_0 = 1.0$ ，$e_1 = -0.1098628627 \times 10^{-2}$ ，$e_2 = 0.2734510407 \times 10^{-4}$ ，$e_3 = -0.2073370639 \times 10^{-5}$ ，$e_4 = 0.2093887211 \times 10^{-6}$ ，$f_0 = -0.1562499995 \times 10^{-1}$ ，$f_1 = 0.1430488765 \times 10^{-3}$ ，$f_2 = -0.6911147651 \times 10^{-5}$ ，$f_3 = 0.7621095161 \times 10^{-6}$ ，$f_4 = -0.934935152 \times 10^{-7}$ 。

$$J_1(x) = \sqrt{\frac{2}{\pi|x|}}[G(y)\cos\theta - zH(y)\sin\theta], \quad x > 0$$

$$J_1(-x) = -J_1(x)$$

其中，$\theta = |x| - \dfrac{3\pi}{4}$ ，且

$$G(y) = g_0 + g_1 y + g_2 y^2 + g_3 y^3 + g_4 y^4$$

$$H(y) = h_0 + h_1 y + h_2 y^2 + h_3 y^3 + h_4 y^4$$

各系数分别为 $g_0 = 1.0$ ，$g_1 = 0.183105 \times 10^{-2}$ ，$g_2 = -0.3516396496 \times 10^{-4}$ ，$g_3 = 0.2457520174 \times 10^{-5}$ ，$g_4 = -0.240337019 \times 10^{-6}$ ，$h_0 = 0.4687499995 \times 10^{-1}$ ，$h_1 = -0.2002690873 \times 10^{-3}$ ，$h_2 = 0.8449199096 \times 10^{-5}$ ，$h_3 = -0.88228987 \times 10^{-6}$ ，$h_4 = 0.105787412 \times 10^{-6}$ 。

当 $n \geq 2$ 时，如果 $|x| > n$ ，则可以用递推公式（16-3）进行递推计算；否则用以下递推公式计算。

$$J_{n-1}(x) = \frac{2n}{x}J_n(x) - J_{n+1}(x) \tag{16-4}$$

在 MATLAB 中编写 bessel_1() 函数，用于计算第 1 类整数阶贝塞尔函数值。

```matlab
function p=bessel_1(n,x)
%%%%%%%%%%%%%%%%%%%%%%%%%%%%%%%%%%%%%
% 第 1 类整数阶贝塞尔函数
% 输入：
%        n：阶数，要求 n>=0，当 n<0 时，按|n|计算
%        x：自变量
% 输出：
%        p：函数返回第 1 类整数阶贝塞尔函数值
%%%%%%%%%%%%%%%%%%%%%%%%%%%%%%%%%%%%%
a=[57568490574 -13362590354 651619640.7 -11214424.18 77392.33017 -184.9052456];
b=[57568490411 1029532985 9494680.718 59272.64853 267.8532712 1];
c=[72362614232 -7895059235 242396853.1 -2972611.439 15704.4826 -30.16036606];
d=[144725228443 2300535178 18583304.74 99447.43394 376.9991397 1];
e=[1 -0.1098628627e-2 0.2734510407e-4 -0.2073370639e-5 0.2093887211e-6];
f=[-0.1562499995e-1 0.1430488765e-3 -0.6911147651e-5 0.7621095161e-6
-0.934935152e-7];
g=[1 0.183105e-2 -0.3516396496e-4 0.2457520174e-5 -0.240337019e-6];
h=[0.4687499995e-1 -0.2002690873e-3 0.8449199096e-5 -0.88228987e-6 0.105787412e-6];
p=0;
t=abs(x);
if n<0
    n=-n;
end
if n~=1                                          %计算 J0
    if t<8
        y=t^2;
```

```
            p=a(6);
            q=b(6);
            for i=4:-1:0
                p=p*y+a(i+1);
                q=q*y+b(i+1);
            end
            p=p/q;
        else
            z=8/t;
            y=z^2;
            p=e(5);
            q=f(5);
            for i=3:-1:0
                p=p*y+e(i+1);
                q=q*y+f(i+1);
            end
            s=t-0.785398164;
            p=p*cos(s)-z*q*sin(s);
            p=p*sqrt(0.636619772/t);
        end
    end
    if n==0
        return;
    end
    b0=p;
    if t<8                                          %计算 J1
        y=t^2;
        p=c(6);
        q=d(6);
        for i=4:-1:0
            p=p*y+c(i+1);
            q=q*y+d(i+1);
        end
        p=x*p/q;
    else
        z=8/t;
        y=z^2;
        p=g(5);
        q=h(5);
        for i=3:-1:0
            p=p*y+g(i+1);
            q=q*y+h(i+1);
        end
        s=t-2.356194491;
        p=p*cos(s)-z*q*sin(s);
        p=p*x*sqrt(0.636619772/t)/t;
```

```
        end
    if n==1
        return;
    end
    b1=p;
    if x==0
        p=0;
        return;
    end
    s=2/t;
    if t>n                                          %根据递推公式（16-3）进行计算
        if x<0
            b1=-b1;
        end
        for i=1:n-1
            p=s*i*b1-b0;
            b0=b1;
            b1=p;
        end
    else                                            %根据递推公式（16-4）进行计算
        m=fix((n+fix(sqrt(40*n)))/2);
        m=2*m;
        p=0;
        q=0;
        b0=1;
        b1=0;
        for i=m-1:-1:0
            t=s*(i+1)*b0-b1;
            b1=b0;
            b0=t;
            if abs(b0)>1e10
                b0=b0*1e-10;
                b1=b1*1e-10;
                p=p*1e-10;
                q=q*1e-10;
            end
            if mod(i+2,2)==0
                q=q+b0;
            end
            if i+1==n
                p=b1;
            end
        end
        q=2*q-b0;
        p=p/q;
    end
```

```
if (x<0)&&(mod(n,2)==1)
    p=-p;
end
end
```

【例 16-4】计算 $n = 0$，1，2，3，4，5；$x = 0.05$，0.5，5，0，50.0 时的 $J_n(x)$。

在编辑器中编写如下程序。

```
clc, clear
for n=0:5
    x=0.05;
    for i=1:4
        y=bessel_1(n,x);
        fprintf('n = %d  x = %f J(n,x) = %f \n',n,x,y);
        x=x*10;
    end
end
```

运行程序，输出结果。

```
n = 0  x = 0.050000      J(n,x) = 0.999375
n = 0  x = 0.500000      J(n,x) = 0.938470
n = 0  x = 5.000000      J(n,x) = -0.177597
n = 0  x = 50.000000     J(n,x) = 0.055812
n = 1  x = 0.050000      J(n,x) = 0.024992
n = 1  x = 0.500000      J(n,x) = 0.242268
n = 1  x = 5.000000      J(n,x) = -0.327579
n = 1  x = 50.000000     J(n,x) = -0.097512
n = 2  x = 0.050000      J(n,x) = 0.000312
n = 2  x = 0.500000      J(n,x) = 0.030604
n = 2  x = 5.000000      J(n,x) = 0.046565
n = 2  x = 50.000000     J(n,x) = -0.059713
n = 3  x = 0.050000      J(n,x) = 0.000003
n = 3  x = 0.500000      J(n,x) = 0.002564
n = 3  x = 5.000000      J(n,x) = 0.364831
n = 3  x = 50.000000     J(n,x) = 0.092735
n = 4  x = 0.050000      J(n,x) = 0.000000
n = 4  x = 0.500000      J(n,x) = 0.000161
n = 4  x = 5.000000      J(n,x) = 0.391232
n = 4  x = 50.000000     J(n,x) = 0.070841
n = 5  x = 0.050000      J(n,x) = 0.000000
n = 5  x = 0.500000      J(n,x) = 0.000008
n = 5  x = 5.000000      J(n,x) = 0.261141
n = 5  x = 50.000000     J(n,x) = -0.081400
```

2. 计算实变量 x 的第 2 类整数阶贝塞尔函数值 $Y_n(x)$

第 2 类整数阶贝塞尔函数具有以下递推关系。

$$Y_{n+1}(x) = \frac{2n}{x} Y_n(x) - Y_{n-1}(x), \quad x \geq 0$$

该递推公式是稳定的。$Y_0(x)$ 与 $Y_1(x)$ 计算公式如下。

（1）当 $x < 8.0$ 时，有

$$Y_0(x) = \frac{A(y)}{B(y)} + \frac{2}{\pi} J_0(x) \ln x$$

其中，$y = x^2$，且

$$A(y) = a_0 + a_1 y + a_2 y^2 + a_3 y^3 + a_4 y^4 + a_5 y^5$$
$$B(y) = b_0 + b_1 y + b_2 y^2 + b_3 y^3 + b_4 y^4 + b_5 y^5$$

各系数分别为 $a_0 = -2.957821389 \times 10^9$，$a_1 = 7.062834065 \times 10^9$，$a_2 = -5.123598036 \times 10^8$，$a_3 = 1.087988129 \times 10^7$，$a_4 = -8.632792757 \times 10^4$，$a_5 = 2.284622733 \times 10^2$，$b_0 = 4.0076544269 \times 10^{10}$，$b_1 = 7.452499648 \times 10^8$，$b_2 = 7.189466438 \times 10^6$，$b_3 = 4.74472647 \times 10^4$，$b_4 = 2.261030244 \times 10^2$，$b_5 = 1.0$。

$$Y_1(x) = x \frac{C(y)}{D(y)} + \frac{2}{\pi} \left[J_1(x) \ln x - \frac{1}{x} \right]$$

其中，$y = x^2$，且

$$C(y) = c_0 + c_1 y + c_2 y^2 + c_3 y^3 + c_4 y^4 + c_5 y^5$$
$$D(y) = d_0 + d_1 y + d_2 y^2 + d_3 y^3 + d_4 y^4 + d_5 y^5 + d_6 y^6$$

各系数分别为 $c_0 = -4.900604943 \times 10^{12}$，$c_1 = 1.27527439 \times 10^{12}$，$c_2 = -5.153438139 \times 10^{10}$，$c_3 = 7.349264551 \times 10^8$，$c_4 = -4.237922726 \times 10^6$，$c_5 = 8.511937935 \times 10^3$，$d_0 = 2.49958057 \times 10^{13}$，$d_1 = 4.244419664 \times 10^{11}$，$d_2 = 3.733650367 \times 10^9$，$d_3 = 2.245904002 \times 10^7$，$d_4 = 1.02042605 \times 10^5$，$d_5 = 3.549632885 \times 10^2$，$d_6 = 1.0$。

（2）当 $x \geq 8.0$ 时，令 $z = \frac{8.0}{x}$，$y = z^2$，则有

$$Y_0(x) = \sqrt{\frac{2}{\pi x}} [E(y) \sin \theta + z F(y) \cos \theta]$$

其中，$\theta = x - \frac{\pi}{4}$，且

$$E(y) = e_0 + e_1 y + e_2 y^2 + e_3 y^3 + e_4 y^4$$
$$F(y) = f_0 + f_1 y + f_2 y^2 + f_3 y^3 + f_4 y^4$$

各系数分别为 $e_0 = 1.0$，$e_1 = -0.1098628627 \times 10^{-2}$，$e_2 = 0.2734510407 \times 10^{-4}$，$e_3 = -0.2073370639 \times 10^{-5}$，$e_4 = 0.2093887211 \times 10^{-6}$，$f_0 = -0.1562499995 \times 10^{-1}$，$f_1 = 0.1430488765 \times 10^{-3}$，$f_2 = -0.6911147651 \times 10^{-5}$，$f_3 = 0.7621095161 \times 10^{-6}$，$f_4 = -0.934935152 \times 10^{-7}$。

$$Y_1(x) = \sqrt{\frac{2}{\pi x}} [G(y) \sin \theta + z H(y) \cos \theta]$$

其中，$\theta = x - \frac{3\pi}{4}$，且

$$G(y) = g_0 + g_1 y + g_2 y^2 + g_3 y^3 + g_4 y^4$$
$$H(y) = h_0 + h_1 y + h_2 y^2 + h_3 y^3 + h_4 y^4$$

各系数分别为 $g_0 = 1.0$，$g_1 = 0.183105 \times 10^{-2}$，$g_2 = -0.3516396496 \times 10^{-4}$，$g_3 = 0.2457520174 \times 10^{-5}$，$g_4 = -0.240337019 \times 10^{-6}$，$h_0 = 0.4687499995 \times 10^{-1}$，$h_1 = -0.2002690873 \times 10^{-3}$，$h_2 = 0.8449199096 \times 10^{-5}$，

$h_3 = -0.88228987 \times 10^{-6}$，$h_4 = 0.105787412 \times 10^{-6}$。

　　在 MATLAB 中编写 bessel_2()函数，用于计算第 2 类整数阶贝塞尔函数值。函数需要调用 bessel_1()函数计算第 1 类整数阶贝塞尔函数值。

```matlab
function p=bessel_2(n, x)
%%%%%%%%%%%%%%%%%%%%%%%%%%%%%%%%%%%%%%
% 第2类整数阶贝塞尔函数
% 输入:
%       n: 阶数, 要求 n>=0, 当n<0 时, 按|n|计算
%       x: 自变量值
% 输出:
%       p: 返回第2类整数阶贝塞尔函数值
%%%%%%%%%%%%%%%%%%%%%%%%%%%%%%%%%%%%%%
a=[-2.957821389e9 7.062834065e9 -5.123598036e8 1.087988129e7 ...
    -8.632792757e4 2.284622733e2];
b=[4.0076544269e10 7.452499648e8 7.189466438e6 4.74472647e4 ...
    2.261030244e2 1];
c=[-4.900604943e12 1.27527439e12 -5.153438139e10 7.349264551e8 ...
    -4.237922726e6 8.511937935e3];
d=[2.49958057e13 4.244419664e11 3.733650367e9 2.245904002e7 ...
    1.02042605e5 3.549632885e2 1];
e=[1 -0.1098628627e-2 0.2734510407e-4 -0.2073370639e-5 0.2093887211e-6];
f=[-0.1562499995e-1 0.1430488765e-3 -0.6911147651e-5 0.7621095161e-6 ...
-0.934935152e-7];
g=[1 0.183105e-2 -0.3516396496e-4 0.2457520174e-5 -0.240337019e-6];
h=[0.4687499995e-1 -0.2002690873e-3 0.8449199096e-5 -0.88228987e-6 0.105787412e-6];
p=0;

if n<0
    n=-n;
end
if x<0
    x=-x;
elseif x==0
    p=-1e70;
    return;
end
if n~=1                                      %计算 Y0
    if x<8
        y=x^2;
        p=a(6);
        q=b(6);
        for i=4:-1:0
            p=p*y+a(i+1);
            q=q*y+b(i+1);
```

```
            end
            p=p/q+0.636619772*bessel_1(0,x)*log(x);
        else
            z=8/x;
            y=z^2;
            p=e(5);
            q=f(5);
            for i=3:-1:0
                p=p*y+e(i+1);
                q=q*y+f(i+1);
            end
            s=x-0.785398164;
            p=p*sin(s)+z*q*cos(s);
            p=p*sqrt(0.636619772/x);
        end
    end
    if n==0
        return;
    end
    b0=p;
    if x<8                                              %计算 Y1
        y=x^2;
        p=c(6);
        q=d(7);
        for i=4:-1:0
            p=p*y+c(i+1);
            q=q*y+d(i+2);
        end
        q=q*y+d(1);
        p=x*p/q+0.636619772*(bessel_1(1,x)*log(x)-1/x);
    else
        z=8/x;
        y=z^2;
        p=g(5);
        q=h(5);
        for i=3:-1:0
            p=p*y+g(i+1);
            q=q*y+h(i+1);
        end
        s=x-2.356194491;
        p=p*sin(s)+z*q*cos(s);
        p=p*sqrt(0.636619772/x);
    end
    if n==1
        return;
    end
```

```
b1=p;
s=2/x;
for i=1:n-1                              %根据递推公式计算
    p=s*i*b1-b0;
    b0=b1;
    b1=p;
end
end
```

【例 16-5】计算 $n = 0$，1，2，3，4，5；$x = 0.05$，0.5，5.0，50.0 时的 $Y_n(x)$。
在编辑器中编写如下程序。

```
clc, clear
for n=0:5
    x=0.05;
    for i=1:4
        y=bessel_2(n,x);
        fprintf('n = %d    x = %f   Y(n,x) = %f \n',n,x,y);
        x=x*10;
    end
end
```

运行程序，输出结果如下。

```
n = 0    x = 0.050000    Y(n,x) = -1.979311
n = 0    x = 0.500000    Y(n,x) = -0.444519
n = 0    x = 5.000000    Y(n,x) = -0.308518
n = 0    x = 50.000000   Y(n,x) = -0.098065
n = 1    x = 0.050000    Y(n,x) = -12.789855
n = 1    x = 0.500000    Y(n,x) = -1.471472
n = 1    x = 5.000000    Y(n,x) = 0.147863
n = 1    x = 50.000000   Y(n,x) = -0.056796
n = 2    x = 0.050000    Y(n,x) = -509.614896
n = 2    x = 0.500000    Y(n,x) = -5.441371
n = 2    x = 5.000000    Y(n,x) = 0.367663
n = 2    x = 50.000000   Y(n,x) = 0.095793
n = 3    x = 0.050000    Y(n,x) = -40756.401788
n = 3    x = 0.500000    Y(n,x) = -42.059494
n = 3    x = 5.000000    Y(n,x) = 0.146267
n = 3    x = 50.000000   Y(n,x) = 0.064459
n = 4    x = 0.050000    Y(n,x) = -4890258.599667
n = 4    x = 0.500000    Y(n,x) = -499.272560
n = 4    x = 5.000000    Y(n,x) = -0.192142
n = 4    x = 50.000000   Y(n,x) = -0.088058
n = 5    x = 0.050000    Y(n,x) = -782400619.544997
n = 5    x = 0.500000    Y(n,x) = -7946.301474
n = 5    x = 5.000000    Y(n,x) = -0.453695
n = 5    x = 50.000000   Y(n,x) = -0.078548
```

3. 计算实变量 x 的变形第1类整数阶贝塞尔函数值 $I_n(x)$

变形第 1 类整数阶贝塞尔函数表示为

$$I_n(x) = (-1)^n J_n(jx)$$

其中，n 为非负整数；j 为虚数（即 $\sqrt{-1}$ ）；$J_n(jx)$ 为纯虚变量 (jx) 的第 1 类贝塞尔函数。

$I_0(x)$ 与 $I_1(x)$ 的计算公式如下。

（1）当 $|x| < 3.75$ 时，令 $y = \left(\dfrac{x}{3.75}\right)^2$，则有

$$I_0(x) = a_0 + a_1 y + a_2 y^2 + a_3 y^3 + a_4 y^4 + a_5 y^5 + a_6 y^6$$

$$I_1(x) = x(b_0 + b_1 y + b_2 y^2 + b_3 y^3 + b_4 y^4 + b_5 y^5 + b_6 y^6)$$

各系数分别为 $a_0 = 1.0$，$a_1 = 3.5156229$，$a_2 = 3.0899424$，$a_3 = 1.2067492$，$a_4 = 0.2659732$，$a_5 = 0.0360768$，$a_6 = 0.0045813$，$b_0 = 0.5$，$b_1 = 0.87890594$，$b_2 = 0.51498869$，$b_3 = 0.15084934$，$b_4 = 0.02658773$，$b_5 = 0.00301532$，$b_6 = 0.00032411$。

（2）当 $|x| \geqslant 3.75$ 时，令 $y = \dfrac{3.75}{|x|}$，则有

$$I_0(x) = \frac{e^{|x|}}{\sqrt{|x|}} C(y)$$

$$I_1(|x|) = \frac{e^{|x|}}{\sqrt{|x|}} D(y) , \quad I_1(-|x|) = -I_1(|x|)$$

其中

$$C(y) = c_0 + c_1 y + c_2 y^2 + c_3 y^3 + c_4 y^4 + c_5 y^5 + c_6 y^6 + c_7 y^7 + c_8 y^8$$

$$D(y) = d_0 + d_1 y + d_2 y^2 + d_3 y^3 + d_4 y^4 + d_5 y^5 + d_6 y^6 + d_7 y^7 + d_8 y^8$$

各系数分别为 $c_0 = 0.39894228$，$c_1 = 0.01328592$，$c_2 = 0.00225319$，$c_3 = -0.00157565$，$c_4 = 0.00916281$，$c_5 = -0.02057706$，$c_6 = 0.02635537$，$c_7 = -0.01647633$，$c_8 = 0.00392377$，$d_0 = 0.39894228$，$d_1 = -0.03988024$，$d_2 = -0.00362018$，$d_3 = 0.00163801$，$d_4 = -0.01031555$，$d_5 = 0.02282967$，$d_6 = -0.02895312$，$d_7 = 0.01787654$，$d_8 = -0.00420059$。

（3）当 $n \geqslant 2$ 时，变形为第 1 类贝塞尔函数，具有以下递推关系。

$$I_{n+1}(x) = -\frac{2n}{x} I_n(x) + I_{n-1}(x)$$

但该递推公式是不稳定的。实际计算时，采用以下递推关系。

$$I_{n-1}(x) = \frac{2n}{x} I_n(x) + I_{n+1}(x)$$

在 MATLAB 中编写 bbessel_1() 函数，用于计算变形第 1 类整数阶贝塞尔函数值。

```
function p = bbessel_1(n,x)
%%%%%%%%%%%%%%%%%%%%%%%%%%%%%%%%%
% 变形第 1 类整数阶贝塞尔函数
% 输入:
%       n: 阶数, 要求 n>=0, 当 n<0 时, 按|n|计算
%       x: 自变量值
% 输出:
```

```
%         p: 返回变形第 1 类整数阶贝塞尔函数值
%%%%%%%%%%%%%%%%%%%%%%%%%%%%%%%%%%%%%%%
a=[1 3.5156229 3.0899424 1.2067492 0.2659732 0.0360768 0.0045813];
b=[0.5 0.87890594 0.51498869 0.15084934 0.02658773 0.00301532 0.00032411];
c=[0.39894228 0.01328592 0.00225319 -0.00157565 0.00916281 ...
    -0.02057706 0.02635537 -0.01647633 0.00392377];
d=[0.39894228 -0.03988024 -0.00362018 0.00163801 -0.01031555 ...
    0.02282967 -0.02895312 0.01787654 -0.00420059];
p=0;
if n<0
    n=-n;
end
t=abs(x);
if n~=1                                        %计算 I0
    if t<3.75
        y= (x/3.75)^2;
        p=a(7);
        for i=5:-1:0
            p=p*y+a(i+1);
        end
    else
        y=3.75/t;
        p=c(9);
        for i=7:-1:0
            p=p*y+c(i+1);
        end
        p=p*exp(t)/sqrt(t);
    end
end
if n==0
    return;
end
q=p;
if t<3.75                                      %计算 I1
    y= (x/3.75)^2;
    p=b(7);
    for i=5:-1:0
        p=p*y+b(i+1);
    end
    p=p*t;
else
    y=3.75/t;
    p=d(9);
    for i=7:-1:0
        p=p*y+d(i+1);
    end
```

```
        p=p*exp(t)/sqrt(t);
end
if x<0
    p=-p;
end
if n==1
    return;
end
if x==0
    p=0;
    return;
end
y=2/t;
t=0;
b1=1;
b0=0;
m=n+fix(sqrt(40*n));
m=2*m;
for i=m:-1:1                          %根据递推公式计算
    p=b0+i*y*b1;
    b0=b1;
    b1=p;
    if abs(b1)>1e10
        t=t*1e-10;
        b0=b0*1e-10;
        b1=b1*1e-10;
    end
    if i==n
        t=b0;
    end
end
p=t*q/b1;
if (x<0)&&(mod(n,2)==1)
    p=-p;
end
end
```

【例 16-6】计算 $n=0$，1，2，3，4，5；$x=0.05$，0.5，5.0，50.0 时的 $I_n(x)$。
在编辑器中编写如下程序。

```
clc, clear
for n=0:5
    x=0.05;
    for i=1:4
        y=bbessel_1(n,x);
        fprintf('n = %d  x = %f I(n,x) = %f \n',n,x,y);
        x=x*10;
```

```
        end
    end
```

运行程序，输出结果如下。

```
n = 0   x = 0.050000    I(n,x) = 1.000625
n = 0   x = 0.500000    I(n,x) = 1.063483
n = 0   x = 5.000000    I(n,x) = 27.239872
n = 0   x = 50.000000   I(n,x) = 2932552914638475755552.000000
n = 1   x = 0.050000    I(n,x) = 0.025008
n = 1   x = 0.500000    I(n,x) = 0.257894
n = 1   x = 5.000000    I(n,x) = 24.335642
n = 1   x = 50.000000   I(n,x) = 2903079589822898176000.000000
n = 2   x = 0.050000    I(n,x) = 0.000313
n = 2   x = 0.500000    I(n,x) = 0.031906
n = 2   x = 5.000000    I(n,x) = 17.505615
n = 2   x = 50.000000   I(n,x) = 2816468946864746659840.000000
n = 3   x = 0.050000    I(n,x) = 0.000003
n = 3   x = 0.500000    I(n,x) = 0.002645
n = 3   x = 5.000000    I(n,x) = 10.331150
n = 3   x = 50.000000   I(n,x) = 2677759555789762396160.000000
n = 4   x = 0.050000    I(n,x) = 0.000000
n = 4   x = 0.500000    I(n,x) = 0.000165
n = 4   x = 5.000000    I(n,x) = 5.108235
n = 4   x = 50.000000   I(n,x) = 2495098204689002332160.000000
n = 5   x = 0.050000    I(n,x) = 0.000000
n = 5   x = 0.500000    I(n,x) = 0.000008
n = 5   x = 5.000000.   I(n,x) = 2.157975
n = 5   x = 50.000000   I(n,x) = 2278547632546690498560.000000
>>
```

4. 计算实变量x的变形第2类整数阶贝塞尔函数值$K_n(x)$

变形第 2 类整数阶贝塞尔函数表示为

$$K_n(x) = \frac{\pi}{2}(\mathrm{j})^{n+1}\left[J_n(\mathrm{j}x) + \mathrm{j}Y_n(\mathrm{j}x)\right], \quad x > 0$$

其中，n 为非负整数；j 为虚数（即 $\sqrt{-1}$）；$J_n(\mathrm{j}x)$ 为纯虚变量 $(\mathrm{j}x)$ 的第 1 类贝塞尔函数；$Y_n(\mathrm{j}x)$ 为纯虚变量 $(\mathrm{j}x)$ 的第 2 类贝塞尔函数。

$K_0(x)$ 与 $K_1(x)$ 的计算公式如下。

（1）当 $x \leqslant 2.0$ 时，令 $y = \dfrac{x^2}{4.0}$，则有

$$K_0(x) = A(y) - I_0(x)\ln\left(\frac{x}{2}\right)$$

$$K_1(x) = B(y) + I_1(x)\ln\left(\frac{x}{2}\right)$$

其中，$I_0(x)$ 和 $I_1(x)$ 分别为变形第 1 类零阶和一阶贝塞尔函数，且

$$A(y) = a_0 + a_1y + a_2y^2 + a_3y^3 + a_4y^4 + a_5y^5 + a_6y^6$$

$$B(y) = b_0 + b_1y + b_2y^2 + b_3y^3 + b_4y^4 + b_5y^5 + b_6y^6$$

各系数分别为 $a_0 = -0.57721566$，$a_1 = 0.4227842$，$a_2 = 0.23069756$，$a_3 = 0.0348859$，$a_4 = 0.00262698$，$a_5 = 0.0001075$，$a_6 = 0.0000074$，$b_0 = 1.0$，$b_1 = 0.15443144$，$b_2 = -0.67278579$，$b_3 = -0.18156897$，$b_4 = -0.01919402$，$b_5 = -0.00110404$，$b_6 = -0.00004686$。

（2）当 $x > 2.0$ 时，令 $y = \dfrac{2.0}{x}$，则有

$$K_0(x) = \frac{e^{-x}}{\sqrt{x}}C(y)$$

$$K_1(|x|) = \frac{e^{-x}}{\sqrt{x}}D(y)$$

其中

$$C(y) = c_0 + c_1y + c_2y^2 + c_3y^3 + c_4y^4 + c_5y^5 + c_6y^6$$

$$D(y) = d_0 + d_1y + d_2y^2 + d_3y^3 + d_4y^4 + d_5y^5 + d_6y^6$$

各系数分别为 $c_0 = 1.25331414$，$c_1 = -0.07832358$，$c_2 = 0.02189568$，$c_3 = -0.01062446$，$c_4 = 0.00587872$，$c_5 = -0.0025154$，$c_6 = 0.00053208$，$d_0 = 1.25331414$，$d_1 = 0.23498619$，$d_2 = -0.0365562$，$d_3 = 0.01504268$，$d_4 = -0.00780353$，$d_5 = 0.00325614$，$d_6 = -0.00068245$。

（3）当 $n \geq 2$ 时，变形第 2 类贝塞尔函数实现利用以下递推关系计算。

$$K_{n+1}(x) = \frac{2n}{x}K_n(x) + K_{n-1}(x)$$

在 MATLAB 中编写 bbessel_2() 函数，用于计算变形第 2 类整数阶贝塞尔函数值。函数需要调用 bbessel_1() 函数计算变形第 1 类整数阶贝塞尔函数值。

```
function p=bbessel_2(n,x)
%%%%%%%%%%%%%%%%%%%%%%%%%%%%%%%%%%%%%%%
% 变形第 2 类整数阶贝塞尔函数
% 输入:
%        n: 阶数，要求 n>=0，当 n<0 时，按|n|计算
%        x: 自变量值
% 输出:
%        p: 返回变形第二类整数阶贝塞尔函数值
%%%%%%%%%%%%%%%%%%%%%%%%%%%%%%%%%%%%%%%
a=[-0.57721566 0.4227842 0.23069756 0.0348859 0.00262698 0.0001075 0.0000074];
b=[1 0.15443144 -0.67278579 -0.18156897 -0.01919402 -0.00110404 -0.00004686];
c=[1.25331414 -0.07832358 0.02189568 -0.01062446 0.00587872 -0.0025154 0.00053208];
d=[1.25331414 0.23498619 -0.03665562 0.01504268 -0.00780353 0.00325614 -0.00068245];
p=0;
if n<0
    n=-n;
end
if x<0
    x=-x;
elseif x==0
```

```
        p=1e70;
        return;
    end
    if n~=1                                    %计算 K0
        if x<=2
            y=x^2/4;
            p=a(7);
            for i=5:-1:0
                p=p*y+a(i+1);
            end
            p=p-bbessel_1(0,x)*log(x/2);
        else
            y=2/x;
            p=c(7);
            for i=5:-1:0
                p=p*y+c(i+1);
            end
            p=p*exp(-x)/sqrt(x);
        end
    end
    if n==0
        return;
    end
    b0=p;
    if x<=2                                    %计算 K1
        y=x^2/4;
        p=b(7);
        for i=5:-1:0
            p=p*y+b(i+1);
        end
        p=p/x+bbessel_1(1,x)*log(x/2);
    else
        y=2/x;
        p=d(7);
        for i=5:-1:0
            p=p*y+d(i+1);
        end
        p=p*exp(-x)/sqrt(x);
    end
    if n==1
        return;
    end
    b1=p;
    y=2/x;
    for i=1:n-1                                %根据递推公式进行计算
```

```
    p=b0+i*y*b1;
    b0=b1;
    b1=p;
end
end
```

【例 16-7】计算 $n = 0$，1，2，3，4，5；$x = 0.05$，0.5，5.0，50.0 时的 $K_n(x)$。
在编辑器窗口中编写如下程序。

```
clc, clear
for n=0:5
    x=0.05;
    for i=1:4
        y=bbessel_2(n,x);
        fprintf('n = %d    x = %f    K(n,x) = %f \n',n,x,y);
        x=x*10;
    end
end
```

运行程序，输出结果如下。

```
n = 0    x = 0.050000    K(n,x) = 3.114234
n = 0    x = 0.500000    K(n,x) = 0.924419
n = 0    x = 5.000000    K(n,x) = 0.003691
n = 0    x = 50.000000   K(n,x) = 0.000000
n = 1    x = 0.050000    K(n,x) = 19.909674
n = 1    x = 0.500000    K(n,x) = 1.656441
n = 1    x = 5.000000    K(n,x) = 0.004045
n = 1    x = 50.000000   K(n,x) = 0.000000
n = 2    x = 0.050000    K(n,x) = 799.501207
n = 2    x = 0.500000    K(n,x) = 7.550184
n = 2    x = 5.000000    K(n,x) = 0.005309
n = 2    x = 50.000000   K(n,x) = 0.000000
n = 3    x = 0.050000    K(n,x) = 63980.006244
n = 3    x = 0.500000    K(n,x) = 62.057910
n = 3    x = 5.000000    K(n,x) = 0.008292
n = 3    x = 50.000000   K(n,x) = 0.000000
n = 4    x = 0.050000    K(n,x) = 7678400.250510
n = 4    x = 0.500000    K(n,x) = 752.245098
n = 4    x = 5.000000    K(n,x) = 0.015259
n = 4    x = 50.000000   K(n,x) = 0.000000
n = 5    x = 0.050000    K(n,x) = 1228608020.087807
n = 5    x = 0.500000    K(n,x) = 12097.979471
n = 5    x = 5.000000    K(n,x) = 0.032706
n = 5    x = 50.000000   K(n,x) = 0.000000
```

16.4　不完全贝塔函数

不完全贝塔函数的定义为

$$B_x(a,b) = \frac{1}{B(a,b)} \int_0^x t^{a-1}(1-t)^{b-1}\,\mathrm{d}t$$

其中，$a>0$；$b>0$；$0 \le x \le 1$；$B(a,b)$ 为贝塔函数，即

$$B(a,b) = \frac{\Gamma(a)\Gamma(b)}{\Gamma(a+b)}$$

不完全贝塔函数具有对称关系以及极限值，即

$$B_x(a,b) = 1 - B_{1-x}(a,b)$$
$$B_0(a,b) = 0 , \quad B_1(a,b) = 1$$

不完全贝塔函数可以用以下连分式表示。

$$B_x(a,b) = \frac{x^a(1-x)^b}{aB(a,b)} \varphi(x)$$

$$\varphi(x) = \cfrac{1}{1 + \cfrac{d_1}{1 + \cfrac{d_2}{1 + \cdots}}}$$

其中

$$\begin{cases} d_{2k-1} = -\dfrac{(a+k)(a+b+k)x}{(a+2k)(a+2k+1)} \\ d_{2k} = -\dfrac{k(b-k)x}{(a+2k-1)(a+2k)} \end{cases}, \quad k=1,2,\cdots$$

当 $x < \dfrac{a+1}{a+b+2}$ 时，连分式的收敛速度很快；而当 $x > \dfrac{a+1}{a+b+2}$ 时，可以利用对称关系进行计算。

在 MATLAB 中编写 inbeta() 函数，用于计算不完全贝塔函数值。函数需要调用 gammadjb() 函数计算伽马函数值。

```
function y=inbeta(a,b,x)
%%%%%%%%%%%%%%%%%%%%%%%%%%%%%%%%%
% 不完全贝塔函数
% 输入:
%     a: 参数,要求 a>0,否则返回函数值-1
%     b: 参数,要求 b>0,否则返回函数值-1
%     x: 自变量,要求 0<=x<=1,否则返回函数值 1e37
% 输出:
%     s1: 返回不完全贝塔函数值
%%%%%%%%%%%%%%%%%%%%%%%%%%%%%%%%%
if a<=0
    fprintf('err * * a<=0! \n');
    y=-1;
    return;
```

```
    end
    if b<=0
        fprintf('err * * b<=0! \n');
        y=-1;
        return;
    end
    if (x<0)||(x>1)
        fprintf('err * * x<0 or x>1 ! \n');
        y=1e70;
        return;
    end
    if (x==0)||(x==1)
        y=0;
    else
        y=a*log(x)+b*log(1-x);
        y=exp(y);
        y=y*gammadjb(a+b)/(gammadjb(a)*gammadjb(b));         %计算系数
    end
    if x<(a+1)/(a+b+2)
        y=y*bt(a,b,x)/a;
    else
        y=1-y*bt(b,a,1-x)/b;                                 %利用对称关系进行计算
    end
end

function s1=bt(a,b,x)                                        %采用连分式计算
p0=0;
q0=1;
p1=1;
q1=1;
for k=1:100
    d=(a+k)*(a+b+k)*x;
    d=-d/((a+2*k)*(a+2*k+1));
    p0=p1+d*p0;
    q0=q1+d*q0;
    s0=p0/q0;
    d=k*(b-k)*x;
    d=d/((a+2*k-1)*(a+2*k));
    p1=p0+d*p1;
    q1=q0+d*q1;
    s1=p1/q1;
    if abs(s1-s0)<abs(s1)*1e-7
        return;
    end
end
fprintf('a or b too big! \n');
end
```

【例 16-8】计算 (a,b) 取值为 $(0.5,0.5)$ 、$(0.5,5.0)$ 、$(1.0,3.0)$ 、$(5.0,0.5)$ 、$(8.0,10.0)$ ，x 取值为 0.0、0.2、0.4、0.6、0.8、1.0 时不完全贝塔函数值 $B_x(a,b)$ 。

在编辑器中编写如下程序。

```
clc, clear
a=[0.5 0.5 1 5 8];
b=[0.5 5 3 0.5 10];
x=0;
for j=0:5
    for i=0:4
        a0=a(i+1);
        b0=b(i+1);
        y=inbeta(a0,b0,x);
        fprintf('x = %d  K(%f,%f) = %f \n',x,a0,b0,y);
    end
    x=x+0.2;
end
```

运行程序，输出结果如下。

```
x = 0  K(0.500000,0.500000) = 0.000000
x = 0  K(0.500000,5.000000) = 0.000000
x = 0  K(1.000000,3.000000) = 0.000000
x = 0  K(5.000000,0.500000) = 0.000000
x = 0  K(8.000000,10.000000) = 0.000000
x = 2.000000e-01  K(0.500000,0.500000) = 0.273989
x = 2.000000e-01  K(0.500000,5.000000) = 0.916541
x = 2.000000e-01  K(1.000000,3.000000) = 0.363530
x = 2.000000e-01  K(5.000000,0.500000) = 0.000082
x = 2.000000e-01  K(8.000000,10.000000) = 0.009585
x = 4.000000e-01  K(0.500000,0.500000) = 0.365257
x = 4.000000e-01  K(0.500000,5.000000) = 0.979039
x = 4.000000e-01  K(1.000000,3.000000) = 0.856001
x = 4.000000e-01  K(5.000000,0.500000) = 0.002712
x = 4.000000e-01  K(8.000000,10.000000) = 0.228213
x = 6.000000e-01  K(0.500000,0.500000) = 0.634743
x = 6.000000e-01  K(0.500000,5.000000) = 0.997288
x = 6.000000e-01  K(1.000000,3.000000) = 0.947637
x = 6.000000e-01  K(5.000000,0.500000) = 0.020961
x = 6.000000e-01  K(8.000000,10.000000) = 0.929174
x = 8.000000e-01  K(0.500000,0.500000) = 0.726011
x = 8.000000e-01  K(0.500000,5.000000) = 0.999918
x = 8.000000e-01  K(1.000000,3.000000) = 0.992615
x = 8.000000e-01  K(5.000000,0.500000) = 0.560966
x = 8.000000e-01  K(8.000000,10.000000) = 0.999546
x = 1  K(0.500000,0.500000) = 1.000000
x = 1  K(0.500000,5.000000) = 1.000000
```

```
x = 1  K(1.000000,3.000000) = 1.000000
x = 1  K(5.000000,0.500000) = 1.000000
x = 1  K(8.000000,10.000000) = 1.000000
```

16.5 概率分布函数

1. 计算随机变量x的正态分布函数P(a,σ,x)值

正态分布函数的定义为

$$P(a,\sigma,x)=\frac{1}{\sqrt{2\pi}\sigma}\int_{\infty}^{x}\mathrm{e}^{-\frac{(t-a)^2}{2\sigma^2}}\,\mathrm{d}t$$

其中，a 为随机变量的数学期望（平均值）；$\sigma>0$ 为随机变量的方差。

正态分布函数可以用误差函数计算，即

$$P(a,\sigma,x)=\frac{1}{2}+\frac{1}{2}\mathrm{erf}\left(\frac{x-a}{\sqrt{2}\sigma}\right)$$

在 MATLAB 中编写 gass()函数，用于计算正态分布函数值。函数需要调用 errf()函数计算误差函数值。

```
function y=gass(a,d,x)
%%%%%%%%%%%%%%%%%%%%%%%%%%%%%%%%%%%%
% 正态分布函数
% 输入：
%       a: 数学期望值
%       d: d*d 为方差值，要求 d>0
%       x: 随机变量值
% 输出：
%       y: 返回正态分布函数值
%%%%%%%%%%%%%%%%%%%%%%%%%%%%%%%%%%%%
if d<=0
    d=1e-10;
end
y=0.5+0.5*errf((x-a)/(sqrt(2)*d));        %利用误差函数进行计算
end
```

【例 16-9】计算 (a,σ) 取值为 $(-1,0,0.5)$、$(3.0,15.0)$ 时，x 取值为 -10.0、-5.0、0.0、5.0、10.0 时的正态分布函数值 $P(a,\sigma,x)$。

在编辑器中编写如下程序。

```
clc, clear
a=[-1 3];
d=[0.5 15];
for i=0:1
    a0=a(i+1);
    d0=d(i+1);
    x=-10;
    for j=0:4
        y=gass(a0,d0,x);
```

```
        fprintf('P(%f,%f) = %f \n',a0,d0,y);
        x=x+5;
    end
end
```

运行程序，输出结果如下。

```
P(-1.000000,0.500000) = 0.000000
P(-1.000000,0.500000) = 0.000000
P(-1.000000,0.500000) = 0.977250
P(-1.000000,0.500000) = 1.000000
P(-1.000000,0.500000) = 1.000000
P(3.000000,15.000000) = 0.193062
P(3.000000,15.000000) = 0.296901
P(3.000000,15.000000) = 0.420740
P(3.000000,15.000000) = 0.553035
P(3.000000,15.000000) = 0.679631
```

2. 计算t分布函数$P(t,n)$值

t 分布又称为 Student 分布，它的定义为

$$P(t,n) = \frac{\Gamma\left(\dfrac{n+1}{2}\right)}{\sqrt{n\pi}\,\Gamma\left(\dfrac{n}{2}\right)} \int_{-t}^{t}\left(1+\frac{x^2}{n}\right)^{-\frac{-1+1}{2}}\mathrm{d}x$$

其中，t 为随机变量，且 $t \geqslant 0$；n 为自由度。它的极限值为

$$P(0,n)=0 ,\quad P(\infty,n)=1$$

t 分布函数可以用不完全贝塔函数表示，即

$$P(t,n) = 1 - B_{n,n}\left(\frac{n}{2}, 0.5\right)$$

在 MATLAB 中编写 student()函数，用于计算 t 分布函数值。函数需要调用 inbeta()函数计算不完全贝塔函数值。

```
function y = student(t,n)
%%%%%%%%%%%%%%%%%%%%%%%%%%%%%%%%%%%%
% t 分布函数
% 输入:
%       t: 随机变量值，要求 t>=0
%       n: 自由度
% 输出:
%       y: 返回 t 分布函数值
%%%%%%%%%%%%%%%%%%%%%%%%%%%%%%%%%%%%
if t<0
    t=-t;
end
y=1-inbeta(n/2,0.5,n/(n+t^2));          %采用不完全贝塔函数计算
end
```

【例 16-10】计算当 $n=1$，2，3，4；$t=0.5$，5.0 时的 t 分布函数值 $P(t,n)$。

在编辑器中编写如下程序。

```
clc, clear
for n=1:5
    t=0.5;
    y=student(t,n);
    fprintf('P(%f,%f) = %f \n',t,n,y);
    t=5;
    y=student(t,n);
    fprintf('P(%f,%f) = %f \n',t,n,y);
end
```

运行程序，输出结果如下。

```
P(0.500000,1.000000) = 0.273989
P(5.000000,1.000000) = 0.875927
P(0.500000,2.000000) = 0.311108
P(5.000000,2.000000) = 0.963219
P(0.500000,3.000000) = 0.325943
P(5.000000,3.000000) = 0.985174
P(0.500000,4.000000) = 0.333855
P(5.000000,4.000000) = 0.992855
P(0.500000,5.000000) = 0.338772
P(5.000000,5.000000) = 0.996117
```

3. 计算 χ^2 分布函数值 $P(\chi^2,n)$

χ^2 分布函数的定义为

$$P(\chi^2,n) = \frac{1}{2^{\frac{n}{2}}\Gamma\left(\frac{n}{2}\right)} \int_0^{\chi^2} t^{\frac{n}{2}-1} \mathrm{e}^{-\frac{t}{2}} \mathrm{d}t$$

其中，n 为自由度；$\chi^2 \geq 0$。它的极限值为

$$P(0,n) = 0, \quad P(\infty,n) = 1$$

χ^2 分布函数可以用不完全伽马函数表示，即

$$P(\chi^2,n) = \Gamma\left(\frac{n}{2}, \frac{\chi^2}{2}\right)$$

在 MATLAB 中编写 chii() 函数，用于计算 χ^2 分布函数值。函数需要调用 ingamma() 函数计算不完全伽马函数值。

```
function y=chii(x,n)
%%%%%%%%%%%%%%%%%%%%%%%%%%%%%%%%%%%%%%%
% 输入:
%       x: 自变量值
%       n: 自由度
% 输出:
%       y: 返回函数值
%%%%%%%%%%%%%%%%%%%%%%%%%%%%%%%%%%%%%%%
```

```
if x<0
    x=-x;
end
y=ingamma(n/2,x/2);                        %采用不完全伽马函数值
end
```

【例 16-11】计算当 $n=1$，2，3，4，5；$\chi^2=0.5$，5.0 时的 χ^2 分布函数值 $P(\chi^2,n)$。

在编辑器中编写如下程序。

```
clc, clear
for n=1:5
    t=0.5;
    y=chii(t,n);
    fprintf('P(%f,%f) = %f \n',t,n,y);
    t=5;
    y=chii(t,n);
    fprintf('P(%f,%f) = %f \n',t,n,y);
end
```

运行程序，输出结果如下。

```
P(0.500000,1.000000) = 0.520500
P(5.000000,1.000000) = 0.974653
P(0.500000,2.000000) = 0.221197
P(5.000000,2.000000) = 0.917916
P(0.500000,3.000000) = 0.081109
P(5.000000,3.000000) = 0.828203
P(0.500000,4.000000) = 0.026499
P(5.000000,4.000000) = 0.712695
P(0.500000,5.000000) = 0.007877
P(5.000000,5.000000) = 0.584120
```

4. 计算随机变量 F 的 F 分布函数值 $P(F,n_1,n_2)$

随机变量 F 的 F 分布函数的定义为

$$P(F,n_1,n_2) = \frac{\Gamma\left(\dfrac{n_1+n_2}{2}\right)}{\Gamma\left(\dfrac{n_1}{2}\right)\Gamma\left(\dfrac{n_2}{2}\right)} n_1^{\frac{n_1}{2}} n_2^{\frac{n_2}{2}} \int_F^\infty \frac{t^{\frac{n_1}{2}-1}}{(n_2+n_1t)^{\frac{n_1+n_2}{2}}}\mathrm{d}t$$

其中，随机变量 $F \geqslant 0$；n_1 与 n_2 为自由度。它的极限值为

$$P(0,n_1,n_2)=1, \quad P(\infty,n_1,n_2)=0$$

F 分布函数可以用不完全贝塔函数来计算，即

$$P(F,n_1,n_2) = B_{\frac{n_2}{n_2+n_1F}}\left(\frac{n_2}{2},\frac{n_1}{2}\right)$$

在 MATLAB 中编写 ffff() 函数，用于计算 F 分布函数值。函数需要调用 inbeta() 函数计算不完全贝塔函数值。

```
function y=ffff(f,n1,n2)
%%%%%%%%%%%%%%%%%%%%%%%%%%%%%%%%%%%%%%%
% F 分布函数
% 输入:
%       f: 随机变量值, 要求 f>=0
%       n1: 自由度
%       n2: 自由度
% 输出:
%       y: 返回 F 分布函数值
%%%%%%%%%%%%%%%%%%%%%%%%%%%%%%%%%%%
if f<0
    f=-f;
end
y=inbeta(n2/2,n1/2,n2/(n2+n1*f));              %采用不完全贝塔函数计算
end
```

【例 16-12】计算当 (n_1, n_2) 取值为 $(2,3)$ 、 $(5,10)$ ，随机变量 F 取值为 3.5、9.0 时的 F 分布函数值 $P(F, n_1, n_2)$ 。

在编辑器中编写如下程序。

```
clc, clear
n=[2 5];
m=[3 10];
for i=0:1
    n1=n(i+1);
    n2=m(i+1);
    f=3.5;
    y=ffff(f,n1,n2);
    fprintf('P(%f, %f) = %f \n',n1,n2,y);
    f=9;
    y=ffff(f,n1,n2);
    fprintf('P(%f, %f) = %f \n',n1,n2,y);
end
```

运行程序，输出结果如下。

```
P(2.000000, 3.000000) = 0.138025
P(2.000000, 3.000000) = 0.050271
P(5.000000, 10.000000) = 0.035716
P(5.000000, 10.000000) = 0.001689
```

16.6 积分函数

1. 计算正弦积分值

正弦积分的定义为

$$Si(x) = \int_0^x \frac{\sin t}{t} dt , \quad x > 0$$

在 MATLAB 中编写 sinn()函数，用于计算正弦积分值。函数采用勒让德–高斯求积公式计算正弦积分。

```
function g = sinn(x)
%%%%%%%%%%%%%%%%%%%%%%%%%%%%%%%%%%%%
% 正弦积分
% 输入：
%        x：自变量值
% 输出：
%        g：函数返回正弦积分值
%%%%%%%%%%%%%%%%%%%%%%%%%%%%%%%%%%%%
t=[-0.9061798459 -0.5384693101 0 0.5384693101 0.9061798459];
c=[0.2369268851 0.4786286705 0.5688888889 0.4786286705 0.2369268851];
m=1;
if x==0
    g=0;
    return;
end
h=abs(x);
s=abs(0.0001*h);
p=1e35;
ep=0.000001;
g=0;
while (ep>=0.0000001)&&(abs(h)>s)
    g=0;
    for i=1:m
        aa=(i-1)*h;
        bb=i*h;
        w=0;
        for j=0:4
            xx=((bb-aa)*t(j+1)+(bb+aa))/2;
            w=w+sin(xx)/xx*c(j+1);
        end
        g=g+w;
    end
    g=g*h/2;
    ep=abs(g-p)/(1+abs(g));
    p=g;
    m=m+1;
    h=abs(x)/m;
end
end
```

【例 16-13】计算自变量 x 从 0.5 开始每隔 2.0 的 10 个正弦积分值。
在编辑器中编写如下程序。

```
clc, clear
for i=0:9
    x=0.5+2*i;
```

```
    y=sinn(x);
    fprintf('x = %f,   Si(x) = %f \n',x,y);
end
```

运行程序，输出结果如下。

```
x = 0.500000,   Si(x) = 0.493107
x = 2.500000,   Si(x) = 1.778520
x = 4.500000,   Si(x) = 1.654140
x = 6.500000,   Si(x) = 1.421794
x = 8.500000,   Si(x) = 1.629597
x = 10.500000,  Si(x) = 1.622941
x = 12.500000,  Si(x) = 1.492337
x = 14.500000,  Si(x) = 1.590723
x = 16.500000,  Si(x) = 1.615626
x = 18.500000,  Si(x) = 1.521282
```

2. 计算余弦积分值

余弦积分的定义为

$$\mathrm{Ci}(x) = -\int_x^\infty \frac{\cos t}{t}\mathrm{d}t , \quad x > 0$$

计算余弦积分的公式为

$$\mathrm{Ci}(x) = \gamma + \ln x - \int_0^x \frac{1-\cos t}{t}\mathrm{d}t$$

其中，γ 为欧拉常数，$\gamma = 0.57721566490153286060651$。

积分部分 $\int_0^x \frac{1-\cos t}{t}\mathrm{d}t$ 采用勒让德–高斯求积公式计算。

在 MATLAB 中编写 coss()函数，用于计算余弦积分值。

```
function g=coss(x)
%%%%%%%%%%%%%%%%%%%%%%%%%%%%%%%%%
% 余弦积分
% 输入:
%      x: 自变量值
% 输出:
%      g: 返回余弦积分值
%%%%%%%%%%%%%%%%%%%%%%%%%%%%%%%%%
t=[-0.9061798459 -0.5384693101 0 0.5384693101 0.9061798459];
c=[0.2369268851 0.4786286705 0.5688888889 0.4786286705 0.2369268851];
m=1;
if x==0
   x=1e-35;
   return;
end
if x<0
   x=-x;
end
```

```
r=0.57721566490153286060651;
q=r+log(x);
h=x;
s=abs(0.0001*h);
p=1e35;
ep=0.000001;
g=0;
while (ep>=0.0000001)&&(abs(h)>s)
    g=0;
    for i=1:m
        aa=(i-1)*h;
        bb=i*h;
        w=0;
        for j=0:4
            xx=((bb-aa)*t(j+1)+(bb+aa))/2;
            w=w+(1-cos(xx))/xx*c(j+1);
        end
        g=g+w;
    end
    g=g*h/2;
    ep=abs(g-p)/(1+abs(g));
    p=g;
    m=m+1;
    h=x/m;
end
g=q-g;
end
```

【例 16-14】计算自变量 x 从 0.5 开始每隔 2.0 的 10 个余弦积分值。

在编辑器中编写如下程序。

```
clc, clear
for i=0:9
    x=0.5+2*i;
    y=coss(x);
    fprintf('x = %f   Ci(x) = %f \n',x,y);
end
```

运行程序，输出结果如下。

```
x = 0.500000    Ci(x) = -0.177784
x = 2.500000    Ci(x) = 0.285871
x = 4.500000    Ci(x) = -0.193491
x = 6.500000    Ci(x) = 0.011102
x = 8.500000    Ci(x) = 0.099431
x = 10.500000   Ci(x) = -0.078284
x = 12.500000   Ci(x) = -0.011408
x = 14.500000   Ci(x) = 0.065537
```

```
x = 16.500000   Ci(x) = -0.040308
x = 18.500000   Ci(x) = -0.021107
```

3. 计算指数积分值

指数积分的定义为

$$Ei(x) = -\int_x^\infty \frac{e^{-t}}{t}dt , \quad x > 0$$

或

$$Ei(x) = \int_{-\infty}^x \frac{e^t}{t}dt , \quad x < 0$$

计算指数积分的公式为

$$Ei(x) = \gamma + \ln x + \int_0^x \frac{e^{-t}-1}{t}dt , \quad x > 0$$

其中，γ 为欧拉常数，$\gamma = 0.57721566490153286060651$。

积分部分 $\int_0^x \frac{e^{-t}-1}{t}dt$ 采用勒让德-高斯求积公式计算。

在 MATLAB 中编写 expp() 函数，用于计算指数积分值。

```
function g=expp(x)
%%%%%%%%%%%%%%%%%%%%%%%%%%%%%%%%%%%%%%
% 指数积分
% 输入:
%       x: 自变量值
% 输出:
%       g: 返回指数积分值
%%%%%%%%%%%%%%%%%%%%%%%%%%%%%%%%%%%%%
t=[-0.9061798459 -0.5384693101 0 0.5384693101 0.9061798459];
c=[0.2369268851 0.4786286705 0.5688888889 0.4786286705 0.2369268851];
m=1;
if x==0
    x=1e-10;
    return;
end
if x<0
    x=-x;
end
r=0.57721566490153286060651;
q=r+log(x);
h=x;
s=abs(0.0001*h);
p=1e35;
ep=0.000001;
g=0;
while (ep>=0.0000001)&&(abs(h)>s)
    g=0;
    for i=1:m
```

```
        aa=(i-1)*h;
        bb=i*h;
        w=0;
        for j=0:4
            xx=((bb-aa)*t(j+1)+(bb+aa))/2;
            w=w+(exp(-xx)-1)/xx*c(j+1);
        end
        g=g+w;
    end
    g=g*h/2;
    ep=abs(g-p)/(1+abs(g));
    p=g;
    m=m+1;
    h=x/m;
end
g=q+g;
end
```

【例 16-15】计算自变量 x 从 0.05 开始每隔 0.2 的 10 个指数积分值。

在编辑器中编写如下程序。

```
clc, clear
for i=0:9
    x=0.05+0.2*i;
    y=expp(x);
    fprintf('x = %f   Ei(x) = %f \n',x,y);
end
```

运行程序，输出结果如下。

```
x = 0.050000   Ei(x) = -2.467898
x = 0.250000   Ei(x) = -1.044283
x = 0.450000   Ei(x) = -0.625331
x = 0.650000   Ei(x) = -0.411517
x = 0.850000   Ei(x) = -0.284019
x = 1.050000   Ei(x) = -0.201873
x = 1.250000   Ei(x) = -0.146413
x = 1.450000   Ei(x) = -0.107777
x = 1.650000   Ei(x) = -0.080248
x = 1.850000   Ei(x) = -0.060295
```

4.　计算第 1 类椭圆积分

第 1 类椭圆积分的定义为

$$F(k,\varphi) = \int_0^\varphi \frac{1}{\sqrt{1-k^2\sin^2\theta}}\mathrm{d}\theta, \quad 0 \leqslant k \leqslant 1$$

当 $\varphi = \dfrac{\pi}{2}$ 时，$F\left(k, \dfrac{\pi}{2}\right)$ 称为第 1 类完全椭圆积分。

当 $|\varphi| > \dfrac{\pi}{2}$ 时，第 1 类椭圆积分有如下关系。

$$F(k, n\pi \pm \varphi) = 2nF\left(k, \frac{\pi}{2}\right) \pm F(k, \varphi)$$

采用勒让德-高斯求积公式计算积分。

在 MATLAB 中编写 e1p1()函数，用于计算第 1 类椭圆积分值。

```
function ff=e1p1(k,f)
%%%%%%%%%%%%%%%%%%%%%%%%%%%%%%%%%%%%%%%
% 第 1 类椭圆积分
% 输入:
%        k: 要求 0<=k<=1
%        f: 参数
% 输出:
%        ff: 返回第 1 类椭圆积分值
%%%%%%%%%%%%%%%%%%%%%%%%%%%%%%%%%%%%%%%
if k<0
    k=-k;
end
if k>1
    k=1/k;
end
pi=3.1415926;
y=abs(f);
n=0;
while y>=pi
    n=n+1;
    y=y-pi;
end
e=1;
if y>=pi/2
    n=n+1;
    e=-e;
    y=pi-y;
end
if n==0
    ff=fk(k,y);
else
    ff=fk(k,pi/2);
    ff=2*n*ff+e*fk(k,y);
end

end

function g=fk(k,f)
t=[-0.9061798459 -0.5384693101 0 0.5384693101 0.9061798459];
```

```
c=[0.2369268851 0.4786286705 0.5688888889 0.4786286705 0.2369268851];
m=1;
g=0;
h=abs(f);
s=abs(0.0001*h);
p=1e35;
ep=0.000001;
g=0;
while (ep>=0.0000001)&&(abs(h)>s)
    g=0;
    for i=1:m
        aa=(i-1)*h;
        bb=i*h;
        w=0;
        for j=0:4
            xx=((bb-aa)*t(j+1)+(bb+aa))/2;
            q=sqrt(1-k*k*sin(xx)*sin(xx));
            w=w+c(j+1)/q;
        end
        g=g+w;
    end
    g=g*h/2;
    ep=abs(g-p)/(1+abs(g));
    p=g;
    m=m+m;
    h=0.5*h;
end
end
```

【例 16-16】 k =0.5，1.0；φ 取 $\varphi_i = \dfrac{\pi}{18} i (i = 0,1,\cdots,10)$，计算第 1 类椭圆积分值 $F(k,\varphi)$。

在编辑器中编写如下程序。

```
clc, clear
for i=0:10
    f=i*3.1415926/18;
    k=0.5;
    y=e1p1(k,f);
    fprintf('F(%f) = %f  ',f,y);
    k=1;
    y=e1p1(k,f);
    fprintf(' F(%f) = %f \n',f,y);
end
```

运行程序，输出结果如下。

```
F(0.000000) = 0.000000    F(0.000000) = 0.000000
F(0.174533) = 0.174754    F(0.174533) = 0.175426
```

```
F(0.349066) = 0.350819    F(0.349066) = 0.356378
F(0.523599) = 0.529429    F(0.523599) = 0.549306
F(0.698132) = 0.711647    F(0.698132) = 0.762910
F(0.872665) = 0.898245    F(0.872665) = 1.010683
F(1.047198) = 1.089551    F(1.047198) = 1.316958
F(1.221730) = 1.285301    F(1.221730) = 1.735415
F(1.396263) = 1.484555    F(1.396263) = 2.436246
F(1.570796) = 1.685750    F(1.570796) = 13.810643
F(1.745329) = 1.886946    F(1.745329) = 25.185040
```

5. 计算第2类椭圆积分

第 2 类椭圆积分的定义为

$$E(k,\varphi) = \int_0^\varphi \sqrt{1 - k^2 \sin^2\theta}\,\mathrm{d}\theta\,,\quad 0 \leqslant k \leqslant 1$$

当 $\varphi = \dfrac{\pi}{2}$ 时，$E\left(k, \dfrac{\pi}{2}\right)$ 称为第 2 类完全椭圆积分。

当 $|\varphi| > \dfrac{\pi}{2}$ 时，第 2 类椭圆积分有以下关系。

$$E(k, n\pi \pm \varphi) = 2nE\left(k, \frac{\pi}{2}\right) \pm E(k, \varphi)$$

采用勒让德–高斯求积公式计算积分。

在 MATLAB 中编写 e1p2()函数，用于计算第 2 类椭圆积分值。

```matlab
function ff=e1p2(k,f)
%%%%%%%%%%%%%%%%%%%%%%%%%%%%%%%%%%%%%%%%%
% 第2类椭圆积分
% 输入:
%       k: 要求 0<=k<=1
%       f: 参数
% 输出:
%       ff: 函数返回第2类椭圆积分值
%%%%%%%%%%%%%%%%%%%%%%%%%%%%%%%%%%%%%%%%%
if k<0
    k=-k;
end
if k>1
    k=1/k;
end
pi=3.1415926;
y=abs(f);
n=0;
while y>=pi
    n=n+1;
    y=y-pi;
end
e=1;
```

```
    if y>=pi/2
        n=n+1;
        e=-e;
        y=pi-y;
    end
    if n==0
        ff=ek(k,y);
    else
        ff=ek(k,pi/2);
        ff=2*n*ff+e*ek(k,y);
    end
    if f<0
        ff=-ff;
    end
end

function g=ek(k,f)
t=[-0.9061798459 -0.5384693101 0 0.5384693101 0.9061798459];
c=[0.2369268851 0.4786286705 0.5688888889 0.4786286705 0.2369268851];
m=1;
g=0;
h=abs(f);
s=abs(0.0001*h);
p=1e35;
ep=0.000001;
g=0;
while (ep>=0.0000001)&&(abs(h)>s)
    g=0;
    for i=1:m
        aa=(i-1)*h;
        bb=i*h;
        w=0;
        for j=0:4
            xx=((bb-aa)*t(j+1)+(bb+aa))/2;
            q=sqrt(1-k*k*sin(xx)*sin(xx));
            w=w+c(j+1)*q;
        end
        g=g+w;
    end
    g=g*h/2;
    ep=abs(g-p)/(1+abs(g));
    p=g;
    m=m+m;
    h=0.5*h;
end
end
```

【例 16-17】 $k = 0.5$，1.0；φ 取 $\varphi_i = \dfrac{\pi}{18} i (i = 0,1,\cdots,10)$，计算第 2 类椭圆积分值 $E(k,\varphi)$。

在编辑器中编写如下程序。

```
clc, clear
for i=0:10
    f=i*3.1415926/18;
    k=0.5;
    y=e1p2(k,f);
    fprintf('F(%f) = %f  ',f,y);
    k==1;
    y=e1p2(k,f);
    fprintf('  F(%f) = %f \n',f,y);
end
```

运行程序，输出结果如下。

```
F(0.000000) = 0.000000   F(0.000000) = 0.000000
F(0.174533) = 0.174312   F(0.174533) = 0.173648
F(0.349066) = 0.347329   F(0.349066) = 0.342020
F(0.523599) = 0.517882   F(0.523599) = 0.500000
F(0.698132) = 0.685060   F(0.698132) = 0.642788
F(0.872665) = 0.848317   F(0.872665) = 0.766044
F(1.047198) = 1.007556   F(1.047198) = 0.866025
F(1.221730) = 1.163177   F(1.221730) = 0.939693
F(1.396263) = 1.316058   F(1.396263) = 0.984808
F(1.570796) = 1.467462   F(1.570796) = 1.000000
F(1.745329) = 1.618866   F(1.745329) = 1.015192
```

参 考 文 献

[1] MATHEWS J H，FINK K K. 数值方法：MATLAB 版[M]. 周璐，陈渝，钱方，等译. 4 版. 北京：电子工业出版社，2017.

[2] GREENBAUM A，CHARTIER T P. 数值方法：设计、分析和算法实现[M]. 吴兆金，王国英，范红军，译. 北京：机械工业出版社，2017.

[3] 徐士良. 常用算法程序集：C++描述[M]. 6 版. 北京：清华大学出版社，2019.

[4] 徐士良. 常用算法程序集：C 语言描述[M]. 3 版. 北京：清华大学出版社，2007.

[5] 刘浩，韩晶. MATLAB R2020a 完全自学一本通[M]. 北京：电子工业出版社，2020.

[6] 魏鑫. MATLAB R2020a 从入门到精通：升级版[M]. 北京：电子工业出版社，2021.

[7] 李昕. MATLAB 数学建模[M]. 北京：清华大学出版社，2017.

[8] 温正. MATLAB 科学计算[M]. 北京：清华大学出版社，2017.

[9] 付文利，刘刚. MATLAB 编程指南[M]. 北京：清华大学出版社，2017.

[10] 马昌凤，柯艺芬，谢亚君. 最优化计算方法及其 MATLAB 程序实现[M]. 北京：国防工业出版社，2015.

[11] 薛定宇. 高等应用数学问题的 MATLAB 求解[M]. 4 版. 北京：清华大学出版社，2018.

[12] 何光渝. Visual C++常用数值算法集[M]. 北京：科学出版社，2002.

内部运算符及函数一览

表A-1　基本运算符

序　号	运 算 符	功　能	序　号	运 算 符	功　能
1	+	加法	6	.\	数组左除
2	−	减法	7	/	对线性方程组 $xA = B$ 求解 x
3	.*	乘法	8	\	对线性方程组 $Ax = B$ 求解 x
4	*	矩阵乘法	9	.^	按元素求幂
5	./	数组右除	10	^	矩阵幂

表A-2　初等数学函数

分　类	函　数	功　能
算术运算	sum	数组元素总和
	cumsum	累积和
	movsum	移动总和
	diff	差分和近似导数
	prod	数组元素的乘积
	cumprod	累积乘积
	uminus	一元减法
	uplus	一元加法
	mod	除后的余数（取模运算）
	rem	除后的余数
	idivide	带有舍入选项的整除
	ceil	向正无穷大四舍五入
	fix	向零四舍五入
	floor	向负无穷大四舍五入
	round	四舍五入为最近的小数或整数
	bsxfun	对两个数组应用按元素运算（启用隐式扩展）
三角学	sin	参数的正弦，以弧度为单位
	sind	参数的正弦，以度为单位

续表

分　类	函　数	功　能
三角学	sinpi	准确地计算sin(X*pi)
	asin	反正弦（以弧度为单位）
	asind	反正弦（以度为单位）
	sinh	双曲正弦
	asinh	反双曲正弦
	cos	以弧度为单位的参数的余弦
	cosd	以度为单位的参数的余弦
	cospi	准确地计算cos(X*pi)
	acos	反余弦（以弧度为单位）
	acosd	反余弦（以度为单位）
	cosh	双曲余弦
	acosh	反双曲余弦
	tan	以弧度表示的参数的正切
	tand	以度表示的参数的正切
	atan	反正切（以弧度为单位）
	atand	反正切（以度为单位）
	atan2	四象限反正切
	atan2d	四象限反正切（以度为单位）
	tanh	双曲正切
	atanh	反双曲正切
	csc	输入角的余割（以弧度为单位）
	cscd	以度为单位的参数的余割
	acsc	反余割（以弧度为单位）
	acscd	反余割（以度为单位）
	csch	双曲余割
	acsch	反双曲余割
	sec	角的正割（以弧度为单位）
	secd	参数的正割，以度为单位
	asec	反正割（以弧度为单位）
	asecd	反正割（以度为单位）
	sech	双曲正割
	asech	反双曲正割
	cot	角的余切（以弧度为单位）
	cotd	以度为单位的参数的余切
	acot	反余切（以弧度为单位）
	acotd	反余切（以度为单位）

续表

分　类	函　数	功　能
三角学	coth	双曲余切
	acoth	反双曲余切
	hypot	平方和的平方根（斜边）
	deg2rad	将角从以度为单位转换为以弧度为单位
	rad2deg	将角的单位从弧度转换为度
	cart2pol	将笛卡儿坐标转换为极坐标或柱坐标
	cart2sph	将笛卡儿坐标转换为球面坐标
	pol2cart	将极坐标或柱坐标转换为笛卡儿坐标
	sph2cart	将球面坐标转换为笛卡儿坐标
指数和对数	exp	指数
	expm1	针对较小的x值正确计算$\exp(x)-1$
	log	自然对数
	log10	常用对数（以10为底）
	log1p	针对较小的x值正确计算$\log(1+x)$
	log2	以2为底的对数和浮点数分解
	nextpow2	2的更高次幂的指数
	nthroot	实数的第n次实根
	pow2	求以2为底的幂值并对浮点数字进行缩放
	reallog	非负实数数组的自然对数
	realpow	仅实数输出的数组幂
	realsqrt	非负实数数组的平方根
	sqrt	平方根
复数	abs	绝对值和复数的模
	angle	相位角
	complex	创建复数数组
	conj	复共轭
	cplxpair	将复数排序为复共轭对组
	imag	复数的虚部
	isreal	确定数组是否为实数数组
	real	复数的实部
	sign	Sign函数（符号函数）
	unwrap	平移相位角
离散数学	factor	质因数
	factorial	输入的阶乘
	gcd	最大公约数
	isprime	确定哪些数组元素为质数

分　类	函　数	功　能
离散数学	lcm	最小公倍数
	nchoosek	二项式系数或所有组合
	perms	所有可能的排列
	matchpairs	求解线性分配问题
	primes	小于或等于输入值的质数
	rat	有理分式近似值
	rats	有理输出
多项式	poly	具有指定根的多项式或特征多项式
	polyeig	多项式特征值问题
	polyfit	多项式曲线拟合
	residue	部分分式展开式（部分分式分解）
	roots	多项式根
	polyval	多项式计算
	polyvalm	矩阵多项式计算
	conv	卷积和多项式乘法
	deconv	去卷积和多项式除法
	polyint	多项式积分
	polyder	多项式微分
特殊函数	airy	Airy函数
	besselh	第3类贝塞尔函数（Hankel函数）
	besseli	第1类修正贝塞尔函数
	besselj	第1类贝塞尔函数
	besselk	第2类修正贝塞尔函数
	bessely	第2类贝塞尔函数
	beta	贝塔函数
	betainc	不完全贝塔函数
	betaincinv	贝塔逆累积分布函数
	betaln	贝塔函数的对数
	ellipj	雅可比椭圆函数
	ellipke	第1类和第2类完全椭圆积分
	erf	误差函数
	erfc	补余误差函数
	erfcinv	逆补余误差函数
	erfcx	换算补余误差函数
	erfinv	逆误差函数
	expint	指数积分

分　类	函　数	功　能
特殊函数	gamma	伽马函数
	gammainc	不完全伽马函数
	gammaincinv	逆不完全伽马函数
	gammaln	伽马函数的对数
	legendre	连带勒让德函数
	psi	Psi(polygamma)函数
常量和测试矩阵	eps	浮点相对精度
	flintmax	浮点格式的最大连续整数
	Inf	创建所有值均为Inf的数组
	pi	圆的周长与其直径的比率
	NaN	创建所有值均为NaN的数组
	isfinite	确定哪些数组元素为有限值
	isinf	确定哪些数组元素为无限值
	isnan	确定哪些数组元素为NaN
	compan	伴随矩阵
	gallery	测试矩阵
	hadamard	Hadamard矩阵
	hankel	Hankel矩阵
	hilb	Hilbert矩阵
	invhilb	Hilbert矩阵的逆矩阵
	magic	幻方矩阵
	pascal	帕斯卡矩阵
	rosser	典型对称特征值测试问题
	toeplitz	托普利茨矩阵
	vander	Vandermonde矩阵
	wilkinson	Wilkinson的特征值测试矩阵

表A-3　线性代数函数

序　号	函　数	功　能
1	mldivide	对线性方程组$Ax = B$求解x
2	mrdivide	对线性方程组$xA = B$求解x
3	decomposition	求解线性方程组的矩阵分解
4	lsqminnorm	线性方程的最小范数最小二乘解
5	linsolve	对线性方程组求解
6	inv	矩阵求逆
7	pinv	Moore−Penrose伪逆

续表

序　号	函　数	功　能
8	lscov	存在已知协方差情况下的最小二乘解
9	lsqnonneg	求解非负线性最小二乘问题
10	sylvester	求Sylvester方程$AX + XB = C$的X解
11	eig	特征值和特征向量
12	eigs	特征值和特征向量的子集
13	balance	对角线缩放以提高特征值准确性
14	svd	奇异值分解
15	svds	奇异值和向量的子集
16	gsvd	广义奇异值分解
17	ordeig	拟三角矩阵的特征值
18	ordqz	在QZ分解中将特征值重新排序
19	ordschur	在Schur分解中将特征值重新排序
20	polyeig	多项式特征值问题
21	qz	广义特征值的QZ分解
22	hess	矩阵的Hessenberg形式
23	schur	Schur分解
24	rsf2csf	将实数Schur形式转换为复数Schur形式
25	cdf2rdf	将复数对角形转换为实数分块对角形
26	lu	LU矩阵分解
27	ldl	Hermitian不定矩阵的分块LDL分解
28	chol	Cholesky分解
29	cholupdate	Cholesky分解的秩1更新
30	qr	QR分解
31	qrdelete	从QR分解中删除列或行
32	qrinsert	将列或行插入QR分解
33	qrupdate	QR分解的秩1更新
34	planerot	Givens平面旋转
35	transpose	转置向量或矩阵
36	ctranspose	复共轭转置
37	mtimes	矩阵乘法
38	mpower	矩阵幂
39	sqrtm	矩阵平方根
40	expm	矩阵指数
41	logm	矩阵对数
42	funm	计算常规矩阵函数
43	kron	Kronecker张量积

续表

序　号	函　数	功　能
44	cross	叉积
45	dot	点积
46	bandwidth	矩阵的上下带宽
47	tril	矩阵的下三角形部分
48	triu	矩阵的上三角部分
49	isbanded	确定矩阵是否在特定带宽范围内
50	isdiag	确定矩阵是否为对角矩阵
51	ishermitian	确定矩阵是Hermitian矩阵还是斜Hermitian矩阵
52	issymmetric	确定矩阵是对称矩阵还是斜对称矩阵
53	istril	确定矩阵是否为下三角矩阵
54	istriu	确定矩阵是否为上三角矩阵
55	norm	向量范数和矩阵范数
56	normest	2-范数估值
57	vecnorm	向量范数
58	cond	逆运算的条件数
59	condest	1-范数条件数估计
60	rcond	条件数倒数
61	condeig	与特征值有关的条件数
62	det	矩阵行列式
63	null	矩阵的零空间
64	orth	适用于矩阵范围的标准正交基
65	rank	矩阵的秩
66	rref	简化的行阶梯形矩阵（Gauss–Jordan消元法）
67	trace	对角线元素之和
68	subspace	两个子空间之间的角度

表A-4　随机数生成函数

序　号	函　数	功　能
1	rand	均匀分布的随机数
2	randn	正态分布的随机数
3	randi	均匀分布的伪随机整数
4	randperm	整数的随机排列
5	rng	控制随机数生成
6	RandStream	随机数流

表A-5　插值与优化函数

分　类	函　数	功　能
差值	interp1	一维数据插值（表查找）
	interp2	meshgrid格式的二维网格数据的插值
	interp3	meshgrid格式的三维网格数据的插值
	interpn	ndgrid格式的一维、二维、三维和N维网格数据的插值
	griddedInterpolant	网格数据插值
	pchip	分段三次Hermite插值多项式(PCHIP)
	makima	修正Akima分段三次Hermite插值
	spline	三次方样条数据插值
	ppval	计算分段多项式
	mkpp	生成分段多项式
	unmkpp	提取分段多项式详细信息
	padecoef	时滞的Padé逼近
	interpft	一维插值（FFT方法）
	ndgrid	N维空间中的矩形网格
	meshgrid	二维和三维网格
	griddata	插入二维或三维散点数据
	griddatan	插入N维散点数据
	scatteredInterpolant	插入二维或三维散点数据
优化	fminbnd	查找单变量函数在定区间上的最小值
	fminsearch	使用无导数法计算无约束的多变量函数的最小值
	lsqnonneg	求解非负线性最小二乘问题
	fzero	非线性函数的根
	optimget	优化选项值
	optimset	创建或修改优化options结构体

表A-6　数值积分和微分方程函数

分　类	函　数	功　能
常微分方程	ode45	求解非刚性微分方程（中阶方法）
	ode23	求解非刚性微分方程（低阶方法）
	ode113	求解非刚性微分方程（变阶方法）
	ode15s	求解刚性微分方程和DAE（变阶方法）
	ode23s	求解刚性微分方程（低阶方法）
	ode23t	求解中等刚性的ODE和DAE（梯形法则）
	ode23tb	求解刚性微分方程（梯形法则+后向差分公式）
	ode15i	解算全隐式微分方程（变阶方法）
	decic	为ode15i函数计算一致的初始条件

分　类	函　数	功　能
常微分方程	odeget	提取ODE选项值
	odeset	为ODE和PDE求解器创建或修改options结构体
	deval	计算微分方程解结构体
	odextend	扩展ODE的解
边界值问题	bvp4c	求解边界值问题（4阶方法）
	bvp5c	求解边界值问题（5阶方法）
	bvpinit	得出边界值问题求解器的初始估计值
	bvpget	提取使用bvpset函数创建的options结构体中的属性
	bvpset	创建或更改边界值问题的options结构体
	deval	计算微分方程解结构体
	bvpxtend	构造用于扩展边界值解的估计值结构体
时滞微分方程	dde23	求解带有固定时滞的时滞微分方程(DDE)
	ddesd	求解带有常规时滞的时滞微分方程(DDE)
	ddensd	求解中立型时滞微分方程(DDE)
	ddeget	从时滞微分方程options结构体中提取属性
	ddeset	创建或更改时滞微分方程options结构体
	deval	计算微分方程解结构体
一维偏微分方程	pdepe	求解一维抛物型和椭圆形PDE
	odeget	提取ODE选项值
	odeset	为ODE和PDE求解器创建或修改options结构体
	pdeval	对PDE的数值解进行插值
数值积分和微分	integral	数值积分
	integral2	对二重积分进行数值计算
	integral3	对三重积分进行数值计算
	quadgk	计算数值积分（高斯–勒让德积分法）
	quad2d	计算二重数值积分（tiled方法）
	cumtrapz	累积梯形数值积分
	trapz	梯形数值积分
	del2	离散拉普拉斯算子
	diff	差分和近似导数
	gradient	数值梯度
	polyint	多项式积分
	polyder	多项式微分

表A-7 傅里叶分析和滤波函数

序　号	函　数	功　能
1	fft	快速傅里叶变换
2	fft2	二维快速傅里叶变换
3	fftn	N维快速傅里叶变换
4	fftshift	将零频分量移到频谱中心
5	fftw	定义用来确定FFT算法的方法
6	ifft	快速傅里叶逆变换
7	ifft2	二维快速傅里叶逆变换
8	ifftn	多维快速傅里叶逆变换
9	ifftshift	逆零频平移
10	nextpow2	2的更高次幂的指数
11	interpft	一维插值（FFT方法）
12	conv	卷积和多项式乘法
13	conv2	二维卷积
14	convn	N维卷积
15	deconv	去卷积和多项式除法
16	filter	一维数字滤波器
17	filter2	二维数字滤波器
18	ss2tf	将状态空间表示形式转换为传递函数
19	padecoef	时滞的Padé逼近

表A-8 稀疏矩阵函数

序　号	函　数	功　能
1	spalloc	为稀疏矩阵分配空间
2	spdiags	提取非零对角线并创建稀疏带状对角矩阵
3	speye	稀疏单位矩阵
4	sprand	稀疏均匀分布随机矩阵
5	sprandn	稀疏正态分布随机矩阵
6	sprandsym	稀疏对称随机矩阵
7	sparse	创建稀疏矩阵
8	spconvert	从稀疏矩阵外部格式导入
9	issparse	确定输入是否为稀疏矩阵
10	nnz	非零矩阵元素的数目
11	nonzeros	非零矩阵元素
12	nzmax	为非零矩阵元素分配的存储量
13	spfun	将函数应用于非零稀疏矩阵元素
14	spones	将非零稀疏矩阵元素替换为1

序　号	函　数	功　能
15	spparms	为稀疏矩阵例程设置参数
16	spy	可视化矩阵的稀疏模式
17	find	查找非零元素的索引和值
18	full	将稀疏矩阵转换为满存储
19	dissect	嵌套剖分置换
20	amd	近似最小度置换
21	colamd	列近似最小度排列
22	colperm	基于非零项计数的稀疏列置换
23	dmperm	Dulmage-Mendelsohn分解
24	randperm	整数的随机排列
25	symamd	对称近似最小度置换
26	symrcm	稀疏反向Cuthill-McKee排序
27	pcg	预处理共轭梯度法
28	minres	最小残差法
29	symmlq	对称的LQ方法
30	gmres	广义最小残差法（通过重新启动）
31	bicg	双共轭梯度法
32	bicgstab	双共轭梯度稳定法
33	bicgstabl	双共轭梯度稳定法(l)
34	cgs	共轭梯度二乘法
35	qmr	拟最小残差法
36	tfqmr	无转置拟最小残差法
37	lsqr	LSQR方法
38	equilibrate	缩放矩阵以改善条件
39	ichol	不完全Cholesky分解
40	ilu	不完全LU分解
41	eigs	特征值和特征向量的子集
42	svds	奇异值和向量的子集
43	normest	2-范数估值
44	condest	1-范数条件数估计
45	sprank	结构秩
46	etree	消去树
47	symbfact	符号分解分析
48	spaugment	构造最小二乘增广方程组
49	dmperm	Dulmage-Mendelsohn分解
50	etreeplot	绘制消去树

续表

序　号	函　数	功　能
51	treelayout	设置树或森林的布局
52	treeplot	绘制树形图
53	gplot	绘制邻接矩阵中的节点和边
54	unmesh	将边矩阵转换为坐标和拉普拉斯矩阵

表A-9　图和网络算法函数

序　号	函　数	功　能
1	graph	具有无向边的图
2	digraph	具备有向边的图
3	addnode	将新节点添加到图
4	rmnode	从图中删除节点
5	addedge	向图添加新边
6	rmedge	从图中删除边
7	flipedge	反转边的方向
8	numnodes	图中节点的数量
9	numedges	图中边的数量
10	findnode	定位图中的节点
11	findedge	定位图中的边
12	edgecount	两个节点之间的边数
13	reordernodes	对图节点重新排序
14	subgraph	提取子图
15	bfsearch	广度优先图搜索
16	dfsearch	深度优先图搜索
17	centrality	衡量节点的重要性
18	maxflow	图中的最大流
19	conncomp	图的连通分量
20	biconncomp	双连通图分量
21	condensation	图凝聚
22	bctree	块割点树图
23	minspantree	图的最小生成树
24	toposort	有向无环图的拓扑顺序
25	isdag	确定图是否为无环
26	transclosure	传递闭包
27	transreduction	传递归约
28	isisomorphic	确定两个图是否同构
29	isomorphism	计算两个图之间的同构

续表

序　号	函　数	功　能
30	ismultigraph	确定图是否具有多条边
31	simplify	将多重图简化为简单图
32	shortestpath	两个单一节点之间的最短路径
33	shortestpathtree	从节点的最短路径树
34	distances	所有节点对组的最短路径距离
35	adjacency	图邻接矩阵
36	incidence	图关联矩阵
37	laplacian	图拉普拉斯矩阵
38	degree	图节点的度
39	neighbors	图节点的相邻节点
40	nearest	半径范围内最近的邻点
41	indegree	节点的入度
42	outdegree	节点的出度
43	predecessors	前趋节点
44	successors	后继节点
45	inedges	节点的入向边
46	outedges	节点的出向边
47	plot	绘制图节点和边
48	labeledge	为图边添加标签
49	labelnode	为图节点添加标签
50	layout	更改图论图布局
51	highlight	突出显示绘制的图中的节点和边
52	GraphPlot	有向图和无向图的图论图

表A-10　计算几何学函数

分　类	函　数	功　能
三角剖分表示法	triangulation	二维或三维三角剖分
	barycentricToCartesian	将重心坐标转换为笛卡儿坐标
	cartesianToBarycentric	将坐标从笛卡儿坐标转换为重心坐标
	circumcenter	三角形或四面体的外心
	edgeAttachments	连接到指定边缘的三角形或四面体
	edges	三角剖分边缘
	faceNormal	三角剖分单位法向量
	featureEdges	处理三角剖分的锐边
	freeBoundary	自由边界面
	incenter	三角剖分元素的内心

续表

分　类	函　数	功　能
三角剖分表示法	isConnected	测试两个顶点是否通过一条边相连接
	nearestNeighbor	最近顶点
	neighbors	三角形或四面体的相邻对象
	pointLocation	包围点的三角形或四面体
	size	三角剖分连接列表的大小
	vertexAttachments	连接到顶点的三角形或四面体
	vertexNormal	三角剖分顶点法向
	boundaryshape	从二维三角剖分创建polyshape
	stlread	从STL文件创建三角剖分
	stlwrite	从三角剖分创建STL文件
	tetramesh	四面体网格图
	trimesh	三角网格图
	triplot	二维三角图
	trisurf	三角曲面图
三角剖分	delaunay	Delaunay三角剖分
	delaunayn	N维Delaunay三角剖分
	delaunayTriangulation	二维和三维Delaunay三角剖分
	convexHull	Delaunay三角剖分的凸包
	isInterior	查询Delaunay三角剖分的内部点
	voronoiDiagram	Delaunay三角剖分的Voronoi图
	barycentricToCartesian	将重心坐标转换为笛卡儿坐标
	cartesianToBarycentric	将坐标从笛卡儿坐标转换为重心坐标
	circumcenter	三角形或四面体的外心
	edgeAttachments	连接到指定边缘的三角形或四面体
	edges	三角剖分边缘
	faceNormal	三角剖分单位法向量
	featureEdges	处理三角剖分的锐边
	freeBoundary	自由边界面
	incenter	三角剖分元素的内心
	isConnected	测试两个顶点是否通过一条边相连接
	nearestNeighbor	最近顶点
	neighbors	三角形或四面体的相邻对象
	pointLocation	包围点的三角形或四面体
	size	三角剖分连接列表的大小
	vertexAttachments	连接到顶点的三角形或四面体
	vertexNormal	三角剖分顶点法向

分　类	函　数	功　能
三角剖分	boundaryshape	从二维三角剖分创建polyshape
	stlwrite	从三角剖分创建STL文件
	tetramesh	四面体网格图
	trimesh	三角网格图
	triplot	二维三角图
	trisurf	三角曲面图
空间搜索	triangulation	二维或三维三角剖分
	delaunayTriangulation	二维和三维Delaunay三角剖分
	dsearchn	最近点搜索
	tsearchn	N维最近单纯形搜索法
	delaunay	Delaunay三角剖分
	delaunayn	N维Delaunay三角剖分
边界区域	boundary	二维或三维空间内的一组点的边界
	convhull	凸包
	convhulln	N维凸包
	alphaShape	依据二维和三维中的点构建的多边形和多面体
	alphaSpectrum	提供不同alpha形状的alpha值
	criticalAlpha	定义形状中关键变换的alpha半径
	numRegions	alpha形状中的区域数
	inShape	确定点是否在alpha形状内部
	alphaTriangulation	填充alpha形状的三角剖分
	boundaryFacets	alpha形状的边界面
	perimeter	二维alpha形状的周长
	area	二维alpha形状的面积
	surfaceArea	三维alpha形状的表面积
	volume	三维alpha形状的体积
	plot	绘制alpha形状
	nearestNeighbor	确定最近的alpha形状边界点
Voronoi图	voronoi	Voronoi图
	voronoin	N维Voronoi图
	patch	绘制一个或多个填充多边形区域
基础多边形	boundaryshape	从二维三角剖分创建polyshape
	inpolygon	位于多边形区域边缘内部或边缘上的点
	nsidedpoly	正多边形
	polyarea	多边形的面积
	polybuffer	围绕点、线或polyshape对象创建缓冲区

续表

分　类	函　数	功　能
基础多边形	rectint	矩形交叉区域
	polyshape	二维多边形
	addboundary	添加polyshape边界
	polybuffer	围绕点、线或polyshape对象创建缓冲区
	rmboundary	删除polyshape边界
	rmholes	删除polyshape中的孔
	rmslivers	删除polyshape边界离群值
	rotate	旋转polyshape
	scale	缩放polyshape
	simplify	简化polyshape边界
	sortboundaries	对polyshape边界进行排序
	sortregions	对polyshape区域进行排序
	translate	平移polyshape
	boundary	polyshape边界的顶点坐标
	holes	将polyshape孔边界转换为polyshape对象数组
	ishole	确定polyshape边界是否为孔
	isinterior	polyshape内的查询点
	issimplified	确定polyshape是否明确定义
	nearestvertex	查询最近的polyshape顶点
	numboundaries	polyshape的边界数
	numsides	polyshape的边数
	overlaps	确定polyshape对象是否重叠
	plot	绘制polyshape
	regions	访问polyshape区域
	area	polyshape的面积
	boundingbox	polyshape的边界框
	centroid	polyshape的矩心
	convhull	polyshape的凸包
	turningdist	计算polyshape对象之间的形变量
	triangulation	三角剖分polyshape
	perimeter	polyshape的周长
	intersect	polyshape对象的交集
	subtract	两个polyshape对象的差集
	union	polyshape对象的并集
	xor	两个polyshape对象的异或